JN424451

2판

쉽게배우는 전기전자 공학

정용욱 · 정구섭 지음

GS인터비전

머리말

산업의 급속한 발전으로 인하여 각종 전기전자 장치는 우리주변 모든 생필품의 전부라고 할 정도로 그 차지하고 있는 비중이 급증하고 있다. 전기·전자 산업의 중요성이 산업전반에 확산되고 있고, 모든 기계장치의 진보된 기술 가운데 전기·전자 시스템은 장치 전반에 걸쳐 갈수록 다양하게 적용되고 첨예화 되어가고 있다.

이렇게 전기·전자분야는 복잡 다양하기 때문에 선뜻 접하기를 꺼려하고 어렵게만 생각한다. 대부분 전기·전자를 처음 접하는 학생들이나 관련분야 종사자들은 전기·전자 분야에 익숙하지 못하여 여러 가지 면에서 고충을 겪고 있다. 따라서 현실에 발맞추어 각종 장치의 전기·전자소자에 대한 확실한 지침서를 필요로 하고 있는 실정이다. 이런 상황에 맞추어 본 교재는 다음과 같이 엮었다.

첫째, 전기·전자 강의 및 실무에 중점을 두어 전기·전자 기초분야에서부터 전문분야에 이르기까지 폭넓은 내용으로 다양하게 구성하였다.

둘째, 체계적인 내용과 더불어 자세한 그림을 곁들여 더욱 알기 쉽게 꾸몄다.

이와 같이 만들어진 이 교재는 기계공학 분야 혹은 전기·전자업계에 종사하는 공학도들이 전기·전자분야의 기본 지식을 습득하는데 보탬이 되었으면 한다.

본 교재를 개발함에 있어 수차례 내용을 검증하였음에도 불구하고 미비한 점이나 오류가 다수 있으리라 생각되므로 독자 여러분의 계속적인 지도 편달을 바라며, 계속적인 보충 · 보완을 할 것을 약속하는 바이다. 또한 교재의 출판되기까지 많은 보탬을 준 본 대학 학생 여러분과 정성을 들여서 만들어 주신 출판사 여러분께 진심으로 감사를 드린다.

2018년 9월

정용욱, 정구섭

차 례

1장

전기기초

그림 1-1 터미네이터

터미네이터, 로보캅, 전기자동차, 자율주행자동차, 무인자동차. 이 모든 것들은 현재 우리주위에서 상용화의 단계를 밟고 있거나 혹은 우리가 추구하고 있는 최첨단 기계장치들이다. 기존 기계중심의 여러 장치들이 이와 같이 최첨단의 편의장치들로 발돋음할 수 있었든 핵심 기술의 근원은 전기전자장치들이다.

자동차는 사고를 예방하기 위해 안전벨트나 에어백 같은 다양한 안전장치를 갖추고 있다. 하지만 이들 장치는 기본 중의 기본으로서, 이미 구식이 된 지 오래다. 이제는 ICT 기술과 다양한 센서기술이 융합된 첨단 안전시스템을 통해 탑승자들의 안전을 보호해 주고 있다. '능동안전 시스템(Active Safety System)'이라는 명칭의 이 안전장치들은 위험한 상황이 닥칠 것을 미리 감지하여, 사고를 미연에 방지해주는 기술로 이루어져 있다. 특히 최근에는 요즘 한창 이슈가 되고 있는 인공지능 기술까지 적용하여, 안전시스템의 최종 목표라 할 수 있는 교통사고 없는 도로를 만드는데 기여하고 있다.

늘 우리 곁에 있어 오히려 고마움을 느끼지 못하는 것들이 있다. 공기, 물, 불, 전기 등이다. 이 중에서 발견되고 활용된 역사에 비해 인류의 역사를 가장 극적으로 바꾼 것을 들라면 전기만한 것이 없을 것이다.

현대 문명은 전기가 없으면 얼마 지나지 않아 붕괴할 정도로 전기는 필수다. 전기가 끊어진 세상을 상상해보라. 컴퓨터, 영화, 인터넷 등의 문화를 즐길 수도 없다. 문화적인 욕구보다 생존이 더 큰 문제다. 어둡고, 춥거나 더운 것을 막을 수도 없고, 음식을 저장할 수도 없다.

'전기'하면 떠오르는 것은 아무래도 전기 그 자체보다는 전기의 힘을 이용한 각종 문명의 이기들일 것이다. 전보, 전화, 라디오, 텔레비전, 컴퓨터 등에 이르기까지 문명의 이기들이 전기를 이용하여 만들어진 전기기구들이다. 전기 기구의 발달은 전기의 성질에 대한 새로운 발견과 그 궤를 같이 한다. 전기가 전선을 통해 흐르는 일종의 물 같은 흐름이라고 생각하던 '전류'의 시절에는 전보와 전화가 만들어졌다. 전류가 '전자'라는 일종의 알갱이들에 의해 이루어진다는 사실을 발견했을 때 '전구'가 만들어졌다. '전기장'과 '자기장'의 실체가 밝혀지자 무선 장비들인 라디오, 레이더, 텔레비전 등이 만들어진 것이다.

또 양자역학의 결과 오늘날의 컴퓨터가 만들어질 수 있었다. 지금 보기에는 아주 평범한 기구들이 당시로서는 혁명적인 것들로 사람들의 삶을 크게 바꿔 놓았다.

전기는 더 이상 기계만을 움직일 수 있는 힘이 아니다. 전기는 생물학적인 관점에서 생명체를 움직이고 유지시키는 필수 요소다. 오늘날 우리 지구와 우리 몸 구석구석에서 벌어지는 모든 일상 활동에 전기력은 활발히 관여하고 있다.

그림 1-2 산업혁명의 시대별변화

우리 몸은 전기의 작용으로 움직인다. 사람의 뇌에는 구석구석 깊숙이까지 비비 꼬인 모양의 살아 있는 전선들이 뻗쳐 있다. 강한 전기장과 자기장은 세포들에 침투하여 영양물질을 공급하기도 하고, 신경전달물질이 미세한 세포막의 장벽을 통과하도록 도와주기도 한다. DNA조차도 전기력의 통제를 받는다.

전기란 무엇인가?

간단하게 표현 한다면 '무형의 에너지'이다. 우리 주변에서도 전기를 에너지로써 사용되는 많은 물건들을 볼 수 있다. 라디오 텔레비전 등을 들을 수 있게 하는 것도 전기이며 전기는 현대 생활에 없어서는 안될 중요한 것임에 틀림없다. 과학 실험에서 전구가 켜지는 것을 보면 쉽게 전기의 존재를 알 수 있다. 전기는 일단 직류와 교류가 있다. 그런데, 전기라는 말은 누구나 잘 알고 있지만 정확히 전기란 무엇인가라고 질문하면 명쾌한 답을 하는 사람은 적은 것 같다. 플러스에서 마이너스로 흐르는 보이지 않는 에너지라고 말하는 사람도 있고 대전을 통해 발생하는 에너지를 전기라고 하는 사람도 있는것 같고 전기란 모든 원소 중에 포함되는 원자핵 가운데 양자(+)와 이것을 둘러싼 전자(-)가 그 근원이 된다.

전기의 사전적 의미는 다음과 같다. 전기(electricity)란 전하의 존재 및 흐름과 관련된 물리현상들의 총체이다. 즉 (+)전하와 (-)전하의 흐름을 말한다. 전기는 번개, 정전기, 전자기 유도, 전류 등 일상적인 효과들의 원인이다. 또한 전기는 전파 따위의 전자기 복사를 발산하고 또한 수집할 수 있다.

그림 1-3 천둥번개

저리거나 무엇에 부딪혔을 때 몸에 짜릿하게 오는 느낌을 비유적으로 이르는 말이다.

전기의 역사

오랜 기간 인류는 전기라는 것이 자연에 존재한다는 사실을 알고 있었지만, 그것을 마음대로 이용하기 시작한 것은 그리 오래되지 않았다. 기원전에도 알려져 있는 전기이지만, 거의 2000년이 지난 1700년대까지도 전기라는 것은 마찰로 만들어지는 정전기가 있고, 이를 이용해서 빛을 내는 불꽃방전을 일으킬 수 있다는 것외에는 크게 알려지지 못했다. 1746년 네델란드 라이덴대학에서 유리병에 전기를 모아두는 데 성공하였고, 이것이 라이덴병이라고 불리는 세계 최초의 축전지, 즉 전기를 모아두는 장치입니다. 정말 오랜 시간이 지난 후에야 겨우 전기를 모으는 방법을 알게 된 것입니다. 이렇게 오랜 기간 베일에 싸여있던 전기에 대한 것들이 조금씩 알려진 것은 1791년 이탈리아의 생의학자 루이지 갈바니(Luigi Aloisio Galvani, 1737-1798)로부터 시작되었다고 볼 수 있다. 갈바니는 개구리를 해부하던 중 뒷다리가 해부도구에 닿자 경련을 일으키는 것을 발견했다. 그는 이것이 개구리의 생체 내부에 전기를 일으키는 발생장치가 있다고 생각했다. 우리가 정전기를 만질 때 감전이 되는 것이 외부에서 전기가 들어오는 것이 아니라 일정 조건이 만족되면 생체 내에서 전기가 만들어지는 것이라고 생각한 것입니다. 이상하게 들릴 수 있지만, 당시에는 이미 알려진 전기뱀장어 등의 존재와 함께 꽤나 설득력이 있는 설명이라고 받아들여졌다.

그림 1-4 볼타

하지만, 모든 과학자들이 갈바니의 주장에 동의하는 것은 아니었다. 갈바니의 절친이었던 또 다른 이탈리아의 과학자 알레산드로 볼타(Alessandro Volta, 1745-1827)는 많은 다른 실험들을 통해 전기가 발생되는 데에 있어서 생체조직은 꼭 필요한 부분이 아니라며 갈바니의 생체전기이론에 반기를 들기 시작합니다. 이후 많은 실험을 반복한 후 1800년 드디어 '볼타의 전기더미(Voltaic pile)'라는 이름의 세계 최초의 전지(battery)를 만드는데 성공합니다. 볼타의 전기더미는 개구리와 같은 생체조직은 사용하지 않고, 원판 모양의 은(Ag)과 아연(Zn)판을 전해질을 적신 천사이에 끼워 여러 층으로 쌓은 '더미' 형태를 가지고 있었으며, 이는 마치 건전지 여러 개를 직렬로 연결해 놓은 것과 같은 원리라고 생각하실 수 있다. 볼타 전지의 발견은 전기가 생체가 아니라 금속판들을 연결함으로써 만들어진다는 것을 발견한 것과 함께, 라이덴병에 모아진 전기처럼 가두어진 전기가 아니라 한쪽에서 다른 한쪽으로 흐르는 전기, 즉 전류(current)를 만들어 냈다는 것에 큰 의미

그림 1-5 에디슨

가 있다. 재미있는 사실은 볼타가 전지를 처음 만들어냈을 당시에는 전기회로라는 것이 없던 시절이니, 전류의 세기를 재기 위한 측정도구가 있을 리 만무합니다. 그렇기 때문에 볼타는 얼마나 센 전류가 흐르는 지를 직접 자신의 몸에 감전을 시켜 보며 측정을 했다고 알려져 있다. 장하석박사의 쓴 '과학, 철학을 만나다'라는 책에 따르면, 볼타가 눈 주변에 전기를 흐르게 한 후, 눈 앞에 불꽃이 튀는 것을 보기도 했다는 식의 설명을 했다고 합니다. 지금도 건전지의 전압을 나타내기 위해 사용하는 '볼트(Volt)'라는 단위가 볼타의 이름에서 비롯된 것이다.

1.1 전기의 기초

1.1.1 전기와 물질

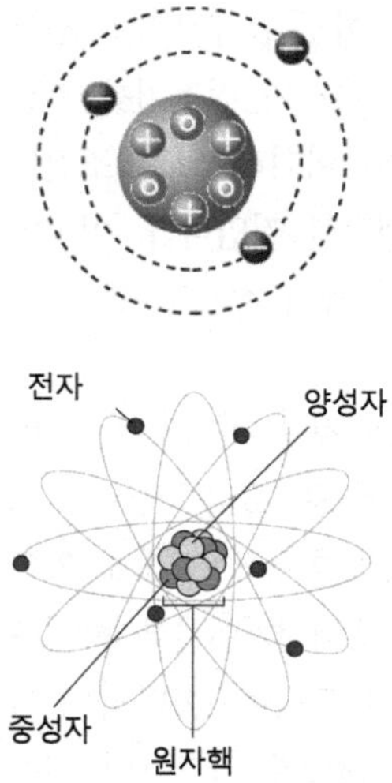

그림 1-7 원자의 구조

모든 물질은 분자로 구성되어 있으며 분자는 원자의 집합체이다. 또한 원자는 다시 양전기를 띤 원자핵과 음전기를 띤 전자로 다시 분류되며, 물질의 분류상태를 보면 다음과 같다.

원자의 구조는 중심에 핵이 있고 그 둘레에 음전기를 가진 전자가 유성이 태양의 궤도를 돌듯이 빙빙 돌고 있다고 가정한다.

원자핵은 (+)의 양성자와 (0)의 중성자로 되어 있는데 원자핵의 질량은 전자 보다 무거워 원자의 중심이 된다.

전자가 많아질수록 궤도는 증가하고 바깥쪽 궤도의 전자들은 핵에서 멀어져 약한 핵력으로 인해 이탈이 쉬워진다.

물질은 원자핵이 가진 양전기와 전자가 가진 음전기의 양이 같기 때문에 서로 상쇄되어 전기적 성질을 띠지 않는 상태를 중성상태라고 한다.

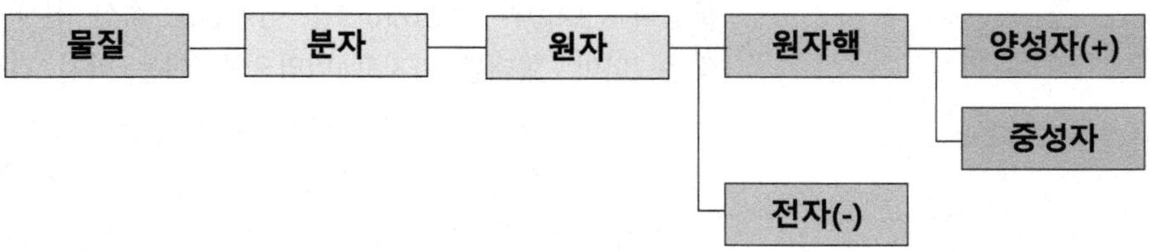

그림 1-6 물질의 분류상태

[입자의 특성]

입 자	심 벌	전 하	질 량	전 하 량
양성자	p	+e	1.6725×10^{-27}[kg]	1.602×10^{-19}[Coulomb]
중성자	n	0	1.6725×10^{-27}[kg]	0
전　자	e-	-e	9.1091×10^{-31}[kg]	1.602×10^{-19}[Coulomb]

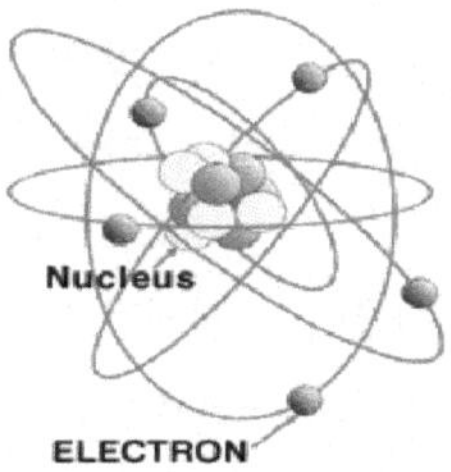

그림 1-8　자유전자

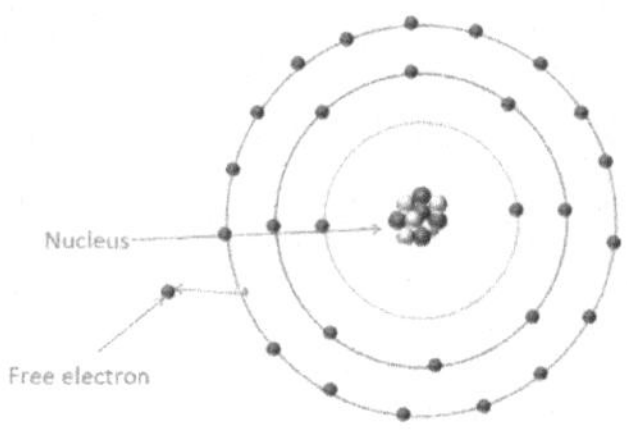

그림 1-9　자유전자

자유전자(free electron)

원자의 구조에서 제일 바깥에 돌고 있는 원자로부터 분리되어 자유로이 돌아다닐 수 있는 것도 있으며 외부에서 열이나 빛 마찰을 가하면 궤도를 이탈하여 자유로워지는 전자를 자유전자라고 말한다. 전기의 여러 현상은 자유전자의 움직임에 의한 것이 많으며 어떤 중성물질에서 자유전자가 튀어나오면 물질은 양전기가 우세하여 ⊕전기를 띠게 되며 반대로 전자가 들어오면 ⊖전기를 띠게 된다.

전자가 에너지를 얻어(예로써, 마찰을 통하여), 에너지가 증가하면, 금지대를 벗어나 자유전자가 되고 자유전자는 원자 사이를 이동하게 된다. 이렇게 생긴 전기를 전하라 한다. 이렇게 원자가 전자를 잃거나 얻어서 전기적인 성질이 (0)에서 (+), (-)로 변한 것을 대전되었다고 말하고 대전된 물체를 대전체라 한다.

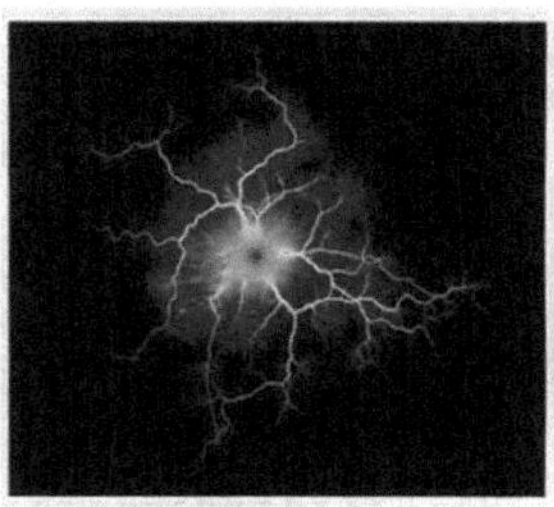

그림 1-10　static electricity

정전기(static electricity)

전기가 물질에 정지되어 있는 상태를 정전기라 한다. 즉, 정전기(靜電氣)는 말 그대로 '정지된, 또는 움직이지 못하는' 전기이다.

정전기 현상에 대한 가장 오래 된 기록은 고대 그리스의 철학자 탈레스가 양의 가죽으로 호박(송진이 굳어서 된 보석)을 닦을 때 생긴 현상을 적어 놓은 것이다. 이 때문에 영어로 '전기'를 뜻하는 'electric-'이라는 말은 그리스어로 '호박(electron)'에서 유래한 것이다.

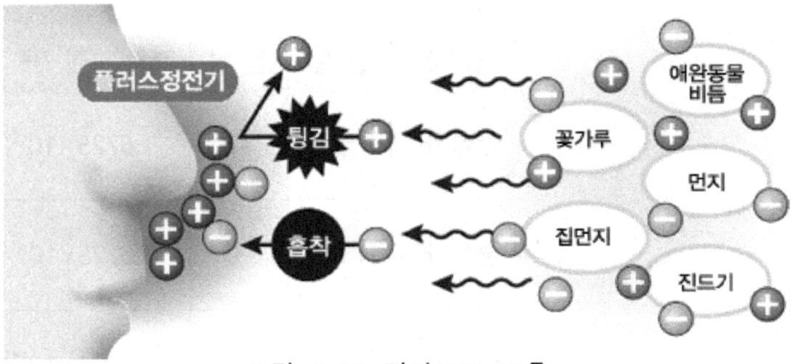

그림 1-11 정전기의 이동

종이나 나무, 금속, 플라스틱 등 모든 물질들을 잘게 쪼개고 또 쪼개면 '원자'라는 아주 작은 알갱이 단계에 이르게 된다. 원자는 전자와 양성자라는 더 작은 알갱이들로 이루어져 있다. 이 알갱이들의 수가 많고 적음에 따라 물질의 전기적 성질이 좌우된다.

보통 상태에서는 전자와 양성자의 숫자가 서로 균형을 이루어서 전체적으로 는 중성을 띠게 된다. 그러나 물체가 외부와의 마찰이나 다른 특별한 힘을 받게 되면 이것들이 어느 한 곳으로 몰려서 그 물체가 양(+)전하(전자보다 양성자가 많은 경우)나 음(-)전하(양성자보다 전자가 많은 경우)를 띠게 된다.

이 전하들이 전선 같은 도체를 타고 흘러 다니는 것이 우리가 알고 있는 전기이다. 그런데 이 전하들이 흘러 다니지 못하고 한 곳에 고여 있는 것, 그것이 바로 정전기인 것이다.

정전기로 무얼하나

- 한쪽으로 몰려 있던 정전기 전하들이 도체와 접촉하게 되거나 전하들이 쌓이고 쌓여서 더 이상 견딜 수 없는 특별한 상황이 되면, 마주 보고 있던 두 물체 사이의 공기들이 전기성을 띠고 번개처럼 빠르게 한쪽으로 내달리게 된다.
- 이 때 번개처럼 불꽃이 튀는데 이것을 '코로나 방전'이라고 한다. 스웨터를 벗을 때 따끔하면서 불꽃이 반짝이는 것이나 하늘에서 번개가 땅으로 떨어지는 것도 이런 정전기의 방전 현상이다.
- 번개(낙뢰)는 구름 속에 있는 매우 작은 얼음 알갱이와 물방울이 심하게 움직이면서 서로 부딪혀서 만들어진 강력한 정전기가 방전되는 것이다.
- 정전기는 사실 일상생활 속에서는 그저 따끔거리게 하거나 기분 나쁘게 하는 정도로 아무 쓸모가 없다. 가끔은 방전된 불꽃이 화재를

일으키기도 하고, 반도체 생산 공장에서는 정밀한 회로들을 망쳐 놓기도 하며, 정밀 기기의 오작동 등 아주 큰 문제를 일으키는 말썽꾸러기라고 볼 수 있다.

- 반면 정전기를 이용하는 분야도 많다. 가장 대표적인 것이 공기 중의 먼지를 없애는 집진기(먼지 제거기)이다. 가정에서 사용하는 먼지 청소기나, 전자 인쇄, 복사기 등에도 정전기가 활용된다. 최근에는 정전기를 이용하여 발자국 흔적이나 타이어 흔적을 채취하여 사건 현장 감식을 돕는 기계도 만들어 졌다고 한다. 그러니 정전기가 꼭 나쁜 것만은 아니다.

겨울에 정전기가 많은 이유

- 겨울이면 유난히 우리 몸에 정전기가 많이 생기는 이유는 무엇일까?
- 정전기는 우리 몸에 늘 생긴다. 그런데, 습기가 많으면 이것이 전기가 흘러갈 수 있는 도체 구실을 해서 정전기를 수시로 방전한다. 이 때문에 습도가 높은 여름에는 정전기를 덜 느끼게 된다.
- 면으로 만든 옷보다는 털로 만든 옷, 자연 섬유보다는 인공 섬유가 습기를 머금는 성질이 적기 때문에 정전기가 더 많이 발생한다. 겨울철에 옷을 보관할 때 신문지를 옷 사이에 끼워두거나 털옷과 면옷을 교대 교대로 걸어 놓으면 정전기를 조금은 방지할 수 있다.

그림 1-12 정전기 발생

말 그대로 한 물체에서 다른 물체로 이동하지 않고 '정지되어 있는 전기'를 뜻한다. 보통 우리가 알고 있는 전기는 전하가 전깃줄과 같은 도체를 타고 흐르는 것이다. 하지만 정전기는 전하가 흐르지 못하고 한 곳에 머물러 있다.

또한 정전기는 마찰 전기의 일종이다. 마른 머리카락을 빗으면 머리카락은 빗에 달라붙어 따라온다. 머리카락과 빗의 마찰로 인해 전기가 발생했기 때문이다. 이렇듯 물체의 마찰로 발생한 전기를 마찰전기라고 한다. 인체는 의복과 마찰 등으로 늘 전하가 생긴다. 정전기는 특히 겨울에 유난히 많이 발생을 하는데 옷을 입을 때 등의 경우에 정전기가 많이 일어난다. 누구나 한번쯤은 경험해봤으리라 생각이 되어진다. 옷을 입을 때에 정전기를 완전히 방지는 하지 못해도 어느 정도 정전기를 줄이기 위해서 옷과 옷사이에 신문지를 넣어두면 정전기가 줄어드는 효과가 있다고 한다.

남성보다 여성이 더 민감하다. 정전기를 느끼는 정도는 사람마다 크게 다르다. 젊은 사람보다는 피부가 건조한 노인들이 정전기로 고생하는 경우가 많으며, 특히 피부질환을 앓고 있는 사람은 정전기에 각별히 주의를 기울여야 한다. 수만 볼트의 전압으로 인해 피부염증이 악화할 수도 있기 때문이다. 정전기는 남성보다 여성이 더 민감하게 느낀다. 남자는 4,000볼트 이상

돼야 정전기를 느끼는 반면, 여성은 2,500볼트만 돼도 느낄 수 있다. 이 밖에 통통한 사람보다는 마른 사람이 정전기를 민감하게 느낀다. 반면 몸이 습하거나 땀을 많이 흘리는 사람은 비교적 정전기의 영향을 덜 받는다.

정전기 발생을 근본적으로 해결하는 방법은 없다. 이에 대해 모 대학병원의 의사는 "피부가 건조하지 않도록 해주고 체질적으로 피부가 건조한 사람은 보습제 등을 온몸에 충분히 발라주면 도움이 된다."고 말했다. 실내에 가습기를 틀어 습도를 높여주고 손을 자주 씻는 것도 정전기를 줄이는 한 방법이다. 또한 빨래할 때 정전기를 줄여주는 섬유 유연제, 정전기 방지 스프레이와 정전기 방지 기능을 포함한 구두 등도 도움이 된다. 정전기는 모발끝이 갈라지거나 끊어지게 만들기도 한다. 따라서 건강한 모발을 유지하기 위해서는 지성모발이라도 겨울에는 샴푸를 한 뒤 반드시 린스를 해서 정전기를 막아야 한다.

물에 살짝 담가 정전기를 예방해야 한다. 차에서 내릴 때에도 차문을 열고 한쪽 손으로 차 문짝을 잡은 상태에서 땅에 발을 내딛으면 정전기를 피할 수 있다. 자동차 문을 열 때에도 동전이나 열쇠 등으로 차체를 툭툭 건드려 정전기를 흘려 보낸 뒤 연다. 열쇠의 뾰족한 부분과 자동차 문은 둘 다 금속이기 때문에 정전기가 쉽게 이동한다. 옷의 소재도 정전기와 밀접한 연관이 있다. 화학섬유 소재보다는 천연섬유나 순면으로 된 것을 입어야 정전기 발생을 줄일 수 있다

1) 마찰전기 :

서로 다른 어떤 물질로 마찰시켰을 때 물질 상호간에 마찰전기가 발생한다. 즉 건조한 유리막대를 비단으로 마찰시키면 비단은 다같이 종이조각과 같은 가벼운 물체를 끌어당긴다. 이것은 마찰로 인하여 온도가 상승하고 자유전자가 유리막대에서 비단으로 이동되어 유리막대에는 새로운 전자가 필요하며 이러한 것이 종이조각의 전자를 끌어당기는 힘으로 작용한다. 이러한 현상을 정전기가 발생하였다고 하며 모든 물체는 마찰시켰을 때 정전기가 발생한다.

2) 정전유도(전기유도) :

도체에 대전체를 가까이 하면 대전체 가까운 쪽에 대전체와 다른 전하를 먼 쪽에는 같은 전하가 발생하는 현상을 말한다. 즉, 정전유도에서 같이 중성인 도체 A에 음전하를 가진 대전체를 B를 음전하에 반발되어 B쪽의 먼쪽에 모이고 B로부터 가까운 쪽에는 양전하를 가지게 된다. 이와 같이 가까

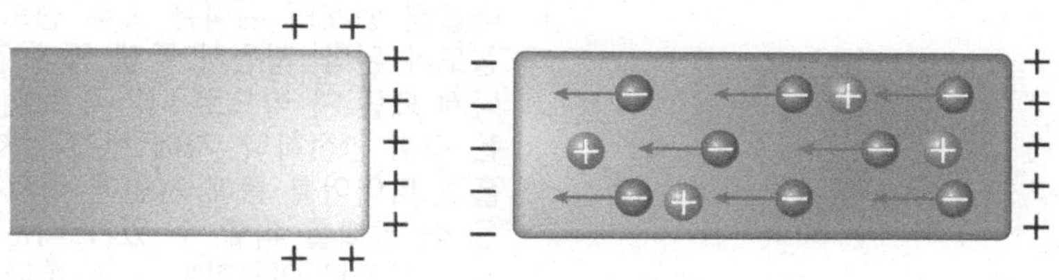

그림 1-13 정전유도

운 쪽에는 다른 종류의 전하를 먼 쪽에는 같은 종류의 전하를 발생하게 하는 현상을 정전유도라 한다.

3) 전하의 성질 :

전하는 서로 같은 전하(⊕와 ⊕)는 반발하는 힘으로 작용하며 서로 다른 전하(⊕와 ⊖)는 끌어당기는 힘으로 작용한다. 이러한 현상이 전하가 도선을 이동하여 전류가 되는 원리가 된다.

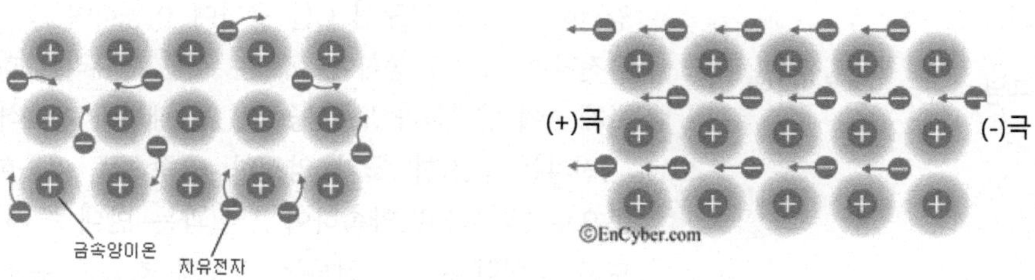

(a) 전류가 흐르기 전　　(b) 전류가 흐를 때

그림 1-14 자유전자의 이동방향

자동차에 번개가 치면

- 자동차가 번개를 맞으면 전류는 차체 표면을 따라 흐르다 타이어를 통해 땅으로 흐른다. 그렇다면 고무는 절연체인데 왜 타이어는 번개의 전류를 땅으로 흐르게 할 수 있을까? 여기엔 몇가지 중요한 사실이 있다. 타이어는 완전히 고무가 아니라 그 성분 중에 몇 %의 탄소를 포함하고 있다. 따라서 공기보다는 덜 절연체다. 즉, 공기보다는 타이어가 몇배 전류가 쉬운 성질을 띄고 있다.

- 아울러 번개의 위력은 고무 정도의 절연체는 그냥 무시할 수 있을 정도가 된다. 자동차 주행 중에 갑자기 비바람과 번개나 천둥을 만나게 되면 차 밖으로 나가기 보다는 차를 세우고 차 안에 그대로 있는 것이 안전하다. 차에 번개가 치면 전류는 도체인 차 표면을 따라 흘러 타이어를 통해 지면에 접지된다. 차체가 접지, 어스(earth)역할을 해 낙뢰를 피할 수 있기 때문이다. 이 때 라디오 안테나는 접고 낮은 곳으로 이동하는 것이 좋다.

1.2 동전기

1.2.1 전류(Ampere)

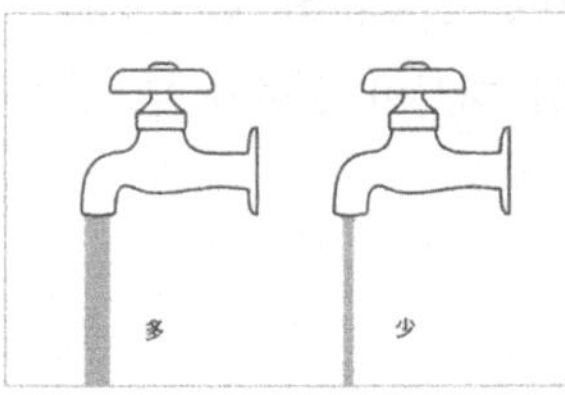

그림 1-15 전류의 예

전류는 전위차에 의해 전자의 이동에 따른 전하의 흐름을 일컫는 말이다. 도체의 단면적을 통하여 자유전자가 이동할 때 전류가 흐른다고 말한다. 즉 전류란 전하의 이동을 말하며, 자유전자의 이동으로 양전하를 가진 물체 A와 음전하를 가진 물체 B를 도선 C로 연결하면 음전하 ⊖가 도선을 통하여 양전하 ⊕쪽으로 도선 C를 통하여 이동하여 결합하고 중화된다. 이렇게 자유전자가 도선을 통하여 흐르는 것을 전류라고 하며, 이러한 전자의 이동은 물체 A에 양전하가 모두 중성이 될 때까지 계속하여 일어난다.

전자는 음전하 ⊖가 양전하 ⊕쪽으로 이동하나 전류는 (+)쪽에서 (-)쪽으로 흐른다고 약속하여 사실과는 반대로 사용하고 있으므로 착오 없도록 주의한다. 즉, 전류는 정공의 흐름과 동일하며, (+)에서 (-)로 흐른다고 약속하였다.

전류

- 전류를 흐르게 하는 원동력이 되는 전원의 능력을 기전력, 전류가 흐르는 통로를 전기회로, 전류에 의하여 에너지를 공급받는 장치를 부하라 한다. 전류의 세기는 도선의 임의의 단면적을 1sec 동안 1C(쿨롬)의 정전하가 통과할 때의 값을 단위로 하여 1 A(암페어)라 하며, 정전하의 이동방향을 전류의 양의 방향으로 정한다.

(1) 전류의 단위

전선에 흐르는 전류의 크기는 1초(sec)동안 도선의 단위 단면적을 통과하는 전하의 양을 나타내며 단위는 암페어(Ampere)를 사용한다. 즉, 1[A]는 도체 내의 임의의 한 점을 1C(Coulomb)의 전하가 통과할 때 1[A]의 전류가 흘렀다고 한다.

I = 전류[A], Q = 전기량[Coulomb], t = 시간[sec]
1[A] = 1,000[mA], 1[mA] = 1,000[μA]

쿨롱의 법칙

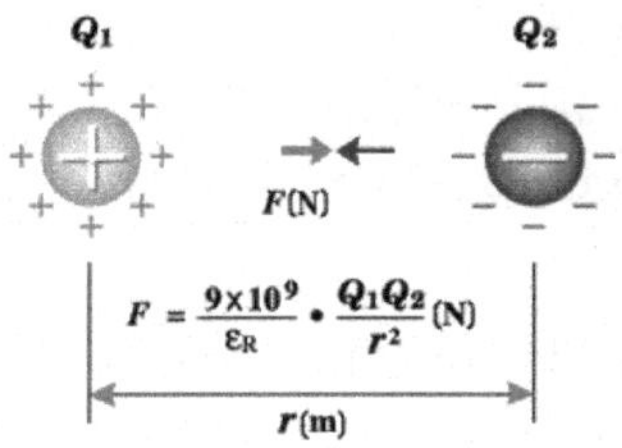

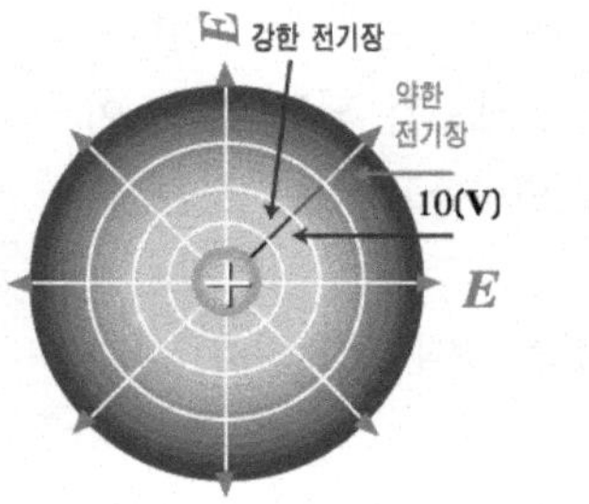

- 두 전하 사이에 작용하는 힘은 전하의 크기의 곱에 비례하고 전하 사이의 거리에 곱에 반비례 한다.
- 어떤 물체가 대전되어 전하가 생기면 (전기를 띠면) 공간에 전기의 에너지가 꽃의 향기처럼 내보내진다.
- 전하의 전기력이 작용하게 되는 이 공간을 전기장이라 하고, 그림처럼 에너지가 퍼져나가는 공간은 화살과 같은 점의 연결이 아닌 면적의 공간확장으로 펼쳐진다.
- 따라서 에너지의 세기는 급격히 감소하는데 두개의 전하가 있다면 전하의 크기에는 곱에 비례하지만 전하 사이의 거리에는 제곱에 반비례하게 된다.
- 두 전하 사이에 존재하는 공간의 에너지 전달율을 유전율[ε]이라 한다. 전하는 공간 속을 무한원을 그리며 퍼져나간다. 전기장은 양파처럼 점점 넓게 지구의 모양으로 퍼져나가며, 전하가 만들어나가는 선을 전기력선이라 한다.

(2) 전류의 3대 작용

정전기는 순간적인 전류의 흐름이므로 에너지원으로는 사용할 수 없지만 전지나 발전기는 항상 전류를 흐르게 하려고 하는 힘을 가지고 있어 연속적으로 전기를 흐르게 할 수 있다.

이 전류의 작용에는 3작용이 있다.

① **발열작용** : 저항체에 전류가 흐르면 열이 발생한다. 일정 시간동안 발생하는 열량은 저항이 크고 전류가 많이 흐를수록 크다. 또한, 열이 발생하는 부분의 온도가 높아지면 빛이 많이 발생하게 된다. 이러한 열이나 빛을 이용한 것이 전열기나 백열전구이다.

② **화학작용** : 전기 에너지를 화학 에너지로 변환하는 작용을 이용한 것으로 전기 분해, 축전지, 전기도금 등이 있다.

③ **자기작용** : 코일에 전류를 흘리면 주위에 자기장이 생기고, 자기장 속에서 도선에 전류를 흘리면 도선은 힘을 받는다. 이 작용을 응용하여 전기 에너지를 동력으로 이용하는 것으로 전동기, 발전기, 변압기 등이 있다.

(3) 전류의 종류

건전지에 저항을 연결해서 회로를 만들면 이 회로를 흐르는 전류는 항상 크기가 일정하며 흐르는 방향도 변화하지 않는다. 이러한 전류나 전압을 직류라고 하는데, 문자기호로는 DC(Direct Current)로 나타낸다.

이에 비해 우리가 가정에서 사용하는 전기는 전류나 전압이 주기적으로 변화한다. 이러한 전류나 전압을 교류라고 하며 문자기호는 AC(Alternating Current)로 나타낸다.

같은 전기인데도 직류와 교류는 본질적으로 어떤 점이 다른가.

전류나 전압의 시간적인 변화를 보는 장치에는 브라운관 오실로 스코프라는 것이 있다. 이것을 사용해서 직류와 교류를 관찰하면 직류는 평탄한 직선이지만, 교류는 일정 시간마다 (+), (-)가 반복되는 등, 주기적인 변화를 일으키며 삼각함수에서 배운 정현파(사인 웨이브)의 그래프가 되고 있다. 이 교류의 파형을 보면, 전류와 전압이 시시각각으로 변화하고 있는 것을 알 수 있다.

각 시각에 있어서의 값을 순시값이라 하고, 파형의 최대값을 진폭, 파가 1진동하는 데 걸리는 시간을 주기라고 한다.

1초간에 진동을 반복하는 회수를 주파수라고 하는데, 옛날에는 사이클(Cycle)이란 단위도 썼으나 지금은 헤르쯔(문자기호로 Hz)로 통일되어 있다. 우리나라에서 사용하고 있는 교류 주파수는 60헤르쯔. 그러나 외국에서는 50헤르쯔를 사용하는 곳도 있다.

우리가 일반가정에서 사용하고 있는 교류파형을 살펴보면 1주기 사이에 플러스와 마이너스가 한번씩 찾아오고 그 사이에 두 번 제로가 되고 있다. 따라서 60헤르쯔의 교류로 전등을 켜면 1초 사이에 120회 점멸하는 것을 알 수 있다. 그 때문에 형광등 밑에서 손을 빨리 흔들면 깜박거려 보이는 것이다. 레코드 플레이어의 스트로보·스코프는 이 원리를 이용한 것이다. 즉, 전등의 규칙적인 점멸을 이용하여 레코드의 회전수를 체크하는 것이다.

1) 직류(DC : Direct Current) :

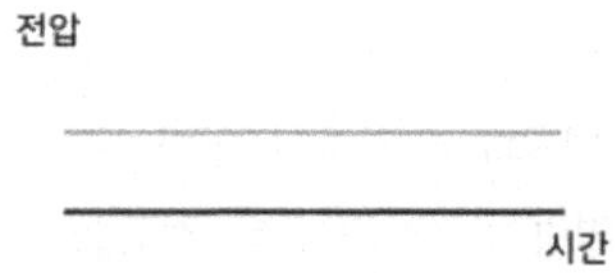

그림 1-16
DC : Direct Current

항상 크기가 일정하며 흐르는 방향도 변하지 않는 일정한 전류. 이때 자유전자는 계속해서 같은 방향으로 일정한 속도로 이동한다.

라디오 건전지의 극을 반대로 해서 끼우면 소리가 나지 않는다. 이것은 건전지에 의해 발생한 전류는 흐르는 방향이 변하지 않기 때문이다. 이와 같이 한 방향으로 흐르는 전류를 직류라 한다. 직류는 전류의 세기가 고르기 때문에 전기 제품에 손상을 주지 않지만, 직류 발전기의 구조가 복잡하고 전압을 높이기가 쉽지 않아 장거리 송전이 어렵고 교류로 변환이 어려워 현재는 소형 전자제품을 제외하고는 잘 쓰이지 않는다.

2) 교류(AC : Alternating Current) :

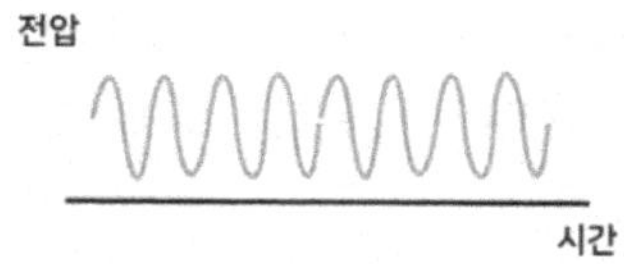

그림 1-17
Alternating Current

흐르는 방향이 주기적으로 바뀌면서, 세기가 연속적으로 변화하는 전류를 교류(AC)라 한다. 이때 전하는 도체 축에서 같은 거리로 왕복 진동한다. 진동 사이클을 주기하고 하고 1초당 진동수를 주파수(frequency)라 한다.

텔레비전이나 냉장고의 플러그는 꽂는 방향에 관계없이 작동이 된다. 가정에서 사용하는 전기의 전류는 방향이 계속 바뀌기 때문이다. 이와 같이 도선을 따라서 흐르는 전류의 방향이 바뀌는 전류를 교류(AC)라 한다. 1초 동안에 +와 -가 서로 교대되는 횟수를 사이클 또는 헤르쯔(Hz)라고 한다. 교류 전류는 전압이 고르지 않아 전기 회로에 손상을 주기도 하지만 여러 특징 때문에 현재 직류보다 많이 사용된다.

이제 교류란 주기적으로 진동하는 전기라는 것을 알았다. 교류발전기에 의해 만들어지는 교류전압은 정현파(사인 웨이브)라고 하는 규칙적으로 변화하는 파형으로 되어 있다. 정현파란 자연계에 존재하는 모든 파형 중 가장 순수한 파형이다. 음차(音叉)를 두드릴 때 생기는 음파도 정현파이며, 맑은 플룻의 음색도 정현파에 가까운 것이다.

반대로 어떤 복잡한 물결도 진동수와 진폭이 다른 정현파의 합성으로 나타낼 수 있다. 이것을 푸리에 분석이라고 하는데, 전자음 등은 이렇게 해서 만들어진 것이다.

앞서 교류의 주파수란 1초간에 진동하는 회수라고 말한 바 있는데, 이 주파수는 아주 정확한 것이다. 교류의 주파수는 발전소의 발전기(교류발전기) 회전수에 비례하기 때문에 발전소에서는 항상 엄격하게 발전기의 회전수를 일정하게 유지하지 않으면 안 된다. 전기에도 질이 있는데, 주파수가 일정하며 전압이 변동하지 않는 전기를 양질의 전기라고 한다.

그러나 교류는 전압과 전류의 크기가 끊임없이 변화한다. 따라서 그 크기를 표시하려면 어떻게 하면 좋을까도 문제이다. 예를 들어 전압이 100 V라고 하면 전압 파형의 어느 지점을 말하는 것일까.

이런 것은 직류가 하는 일과 교류가 하는 일을 비교해서 정하고 있다. 즉 저항이 같은 히터에 직류와 교류의 전압을 걸고 열량이 같아지도록 전압을 조정한다.

그때의 직류전압의 값을 교류전압의 값으로 정한다. 이 값을 교류전압의 실효치라고 한다. 전류에 관해서도 마찬가지. 히터에 직류와 교류의 전류를 흘려서 교류전류의 실효치를 정한다.

이론상의 계산에 의하면, 교류 파형의 가장 큰 곳은 실효치의 약 1.41배($\sqrt{2}$ 배) 정도인 것으로 되어 있다. 따라서 실효치가 100 V라면 최대값은 141볼트가 된다.

또 교류파형의 높이를 평균한 평균값이라는 것도 있다. 평균값은 실효치보다 조금 낮아진다. 교류를 측정하는 데 쓰는 전압계나 전류계는 실효치가 표시되도록 만들어져 있다.

직류 교류의 차이점

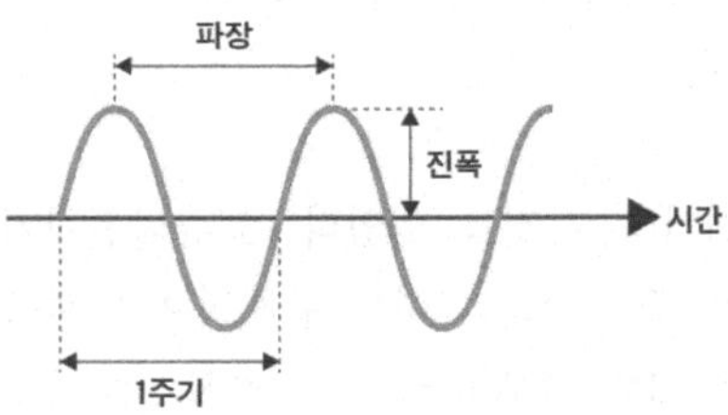

같은 전기인데도 직류와 교류는 본질적으로 어떤 점이 다른가?

전류나 전압의 시간적인 변화를 보는 장치에 브라운관 오실로스코프라는 것이 있다. 이것을 사용해서 직류와 교류를 관찰하면 쉽게 구분이 가능하다. 즉 교류는 평탄한 직선이지만, 교류는 일정 시간마다 주가가 반복되는 등, 주기적인 변화를 일으키며 삼각함수에서 배운 정현파(사인파형)의 그래프가 되고 있다.

- 이 교류의 파형을 보면, 전류와 전압이 시시각각으로 변화하고 있는 것을 알 수 있다. 파형의 최대 값을 진폭, 파가 1 진동하는데 걸리는 시간을 주기(Cycle)라고 한다. 1초간에 진동을 반복하는 회수를 주파수라고 하는데, 옛날에는 사이클(Cycle)이란 단위도 썼으나 지금은 헤르쯔(Hz)로 통일되어 있다.
- 우리나라에서 사용하고 있는 교류 주파수는 60헤르쯔, 그러나 외국에서는 50헤르쯔를 사용하는 곳도 있다. 다시 한번 교류파형을 살펴보면 1주기 사이에 (+)와 (-)가 한번씩 찾아오고 그 사이에 두 번 제로가 되고 있다. 따라서 60헤르쯔의 교류로 전등을 켜면 1초 사이에 120회 점멸하는 것을 알 수 있다. 그 때문에 형광등 밑에서 손을 빨리 흔들면 깜박거려 보이는 것이다.

(4) 전류의 측정방법

전류를 측정하려면 전류계를 회로에 직렬로 연결하여야 하며, 배선은 전류계에 전류가 흘러 들어가는 방향(전원 쪽)에 (+)단자를 연결하고, 그 반대 쪽에 (-)단자를 연결하여 측정한다.

전류계 및 전압계는 측정할 수 있는 정격값이 정해져 있으므로 측정할 때 사용하는 최대 측정값을 넘지 않도록 주의하여야 한다.

그리고 전류계 자체의 내부 저항은 매우 작아 0에 가까우므로 전류계를 잘못 접속하여 병렬로 연결하면 단락되어 전류계가 손상된다.

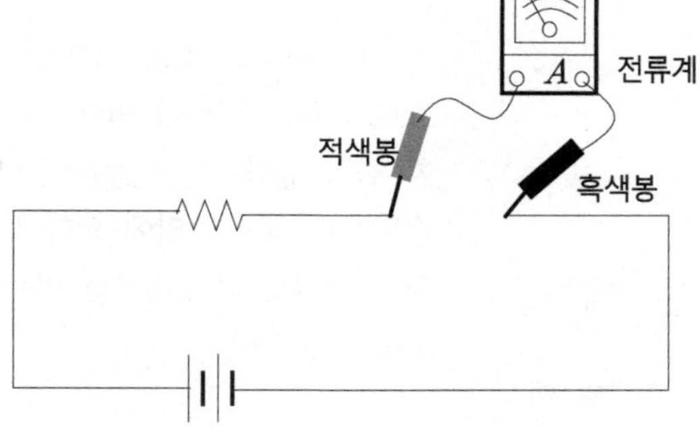

그림 1-18 전류 측정방법

차단기의 허용전류

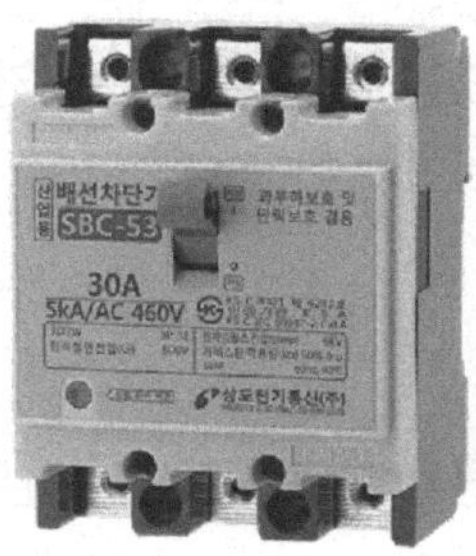

- 전선의 허용전류란 무엇인가?. 그것은 전선의 굵기와 비례한다.
- 허용전류란 그 전선이 손상되지 않고 흘릴 수 있는 최대의 전류 값을 의미한다. 즉 허용 전류 값 이상으로 전선에 전류가 흐르면 전선이 손상이 되거나 전기화재가 발생할 수 있다.
- 그럼 왜 차단기의 정격전류 값을 전선의 허용전류 값에 맞추려 하는가? 예를 들어 어떤 전선의 허용 전류 값이 10암페어라고 하자. 그리고 그 전선의 앞단에 10암페어의 정격전류를 가지는 차단기가 설치되어 있다고 하자. 그런데 어떤 이유에서인지는 몰라도 그 전선에 15암페어가 흐르는 불상사가 발생했다고 하자. 그러면 그 전선의 피복은 손상이 되거나 아니면 그 피복에서 열이 발생하여 전기화재가 발생할 것이다.

- 왜? 허용 전류값 10암페어를 초과하였으므로 차단기의 임무는 그 차단기의 정격전류 값 이상의 전류가 그 차단기에 흐르면 차단이 되어 그 차단기 2차 측의 설비를 보호하는 것이다. 그래서 이름이 차단기인 것이다.
- 전기설계자는 전선의 굵기라든지 차단기의 정격전류 값을 결정할 때는 우선 부하의 전류 값을 결정하고 그 다음에 그 부하 전류 값보다 큰 허용전류를 가지는 전선을 선정하고 이어서 그 전선의 허용전류보다는 작고 부하전류 값보다는 큰 값의 정격전류 값을 가지는 차단기를 선정을 한다.

1.2.2 전압(Voltage)

그림 1-19 전압의 예

전압은 전기 또는 전자회로에 있는 두 지점간의 전위의 차이로, 전기가 흐르게 하는 원인이 되며, 전하를 미는 세기이다. 도체를 통하는 전류는 마치 물과 같다. 물은 높은 곳에서 낮은 곳으로 흐르며 물의 흐르는 세기는 수위차에 의한 수압에 의하여 결정된다. 이와 같이 도선에 흐르는 전자(⊖)의 전기적인 압력(전하를 미는 세기)을 전압(Voltage)이라 하며 단위[V], 기호[E]라고 한다.

$$1\,[V] = 1{,}000\,[mV] = 0.001\,[kV]$$

두개의 서로 다른 전하, 즉 전자과잉 상태의 음 전위와 전자 부족상태의 양 전위를 금속선으로 연결하면 전자가 과잉된 부분(음극)에서 부족한 부분(양극)으로 자유전자가 이동하면서 전기적인 일을 하게 된다. 이때 두개의 전하가 각각 가지는 '일을 할 수 있는 능력, 즉 전하는 미는 세기'를 전위(potential)라고 하고, '두 전하간의 일을 할 수 있는 능력의 차이'를 전위차(electric potential difference) 또는 전압(voltage)이라 한다.

전압의 측정방법

전압을 측정하려면 전압계는 회로에 병렬로 연결하여야 하며, 배선은 전압이 높은 쪽(전원 쪽)에 (+)단자를 연결하고 전압이 낮은 쪽(접지 쪽)에 (-)단자를 연결하여 측정한다.

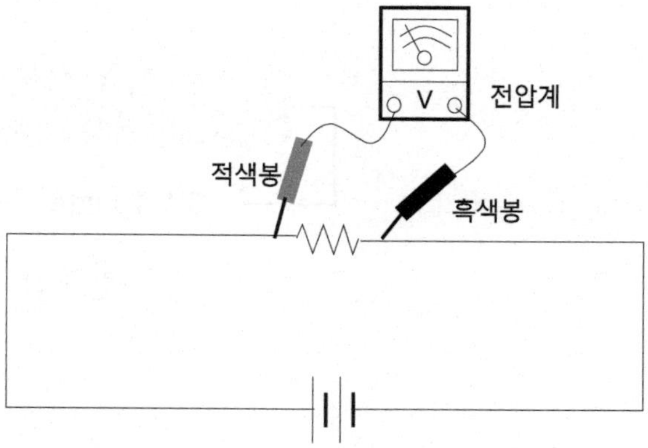

그림 1-20 전압 측정방법

1.2.3 전력원과 기전력

충전된 건전지가 접지되면 전류는 흐른다. 전류가 흐르게 되는 이유는 건전지와 대지간에 전압이 서로 다르기 때문이다.

전력원(전원)이란 지속적으로 전류를 흐를 수 있는 기능을 가진 것으로서 예를 들면 발전기 혹은 축전지의 경우이다.

(1) 전원의 병렬연결

전기회로에서 전류가 흐르는 길, 즉 도선이 여러 개의 길로 나뉘어서 전지나 전구 등을 지나고 다시 하나의 길로 합해질 때 전지나 전구가 병렬로 연결되었다고 한다. 단순히 전선만 나뉘어져서는 의미가 없고, 전지가 병렬로 연결된 경우와 전구와 같은 저항이 병렬로 연결된 경우가 가장 대표적이다.

우리가 보통 사용하는 전지의 전압은 1.5 V(볼트)이다. 이런 전지를 병렬로 연결하면 전체 전압은 변하지 않는다. 대신 전지 2개를 병렬로 연결하면 전지 1개를 사용할 때보나 2배 더 오랫동안 사용할 수 있다. 병렬로 연결하는 전지의 개수가 늘어날수록 전체 전압은 변하지 않고, 그만큼 오래도록 사용할 수 있는 것이다.

전구와 같은 저항의 연결은 전지의 경우와 조금 다르다. 같은 크기의 저항을 가지는 전구 2개를 병렬로 연결하면 전체의 저항은 전구 1개의 저항의 1/2로 줄어든다. 병렬로 연결하는 전구의 개수가 늘어날수록 그만큼 전체 저항은 작아지는 것이다. 크기가 다른 저항 여러 개를 병렬로 연결하더라도 전체 저항은 병렬로 연결한 저항 중에서 가장 작은 저항보다 더 작아진다.

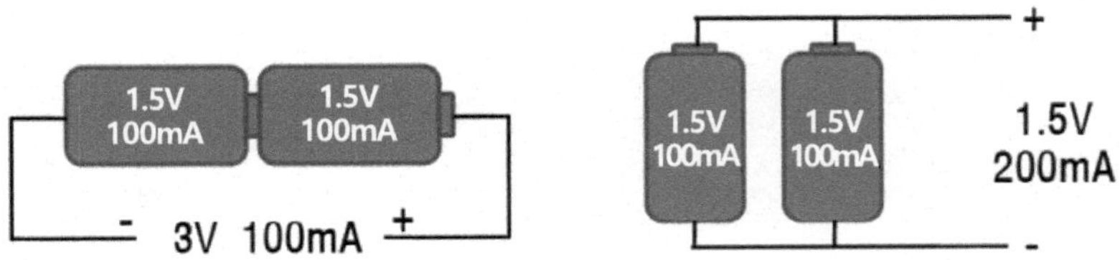

그림 1-21 전지의 직렬연결과 병렬연결

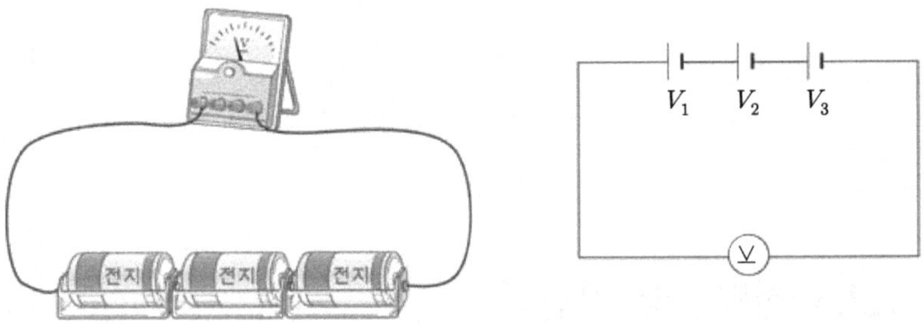

그림 1-21 전지의 직렬연결

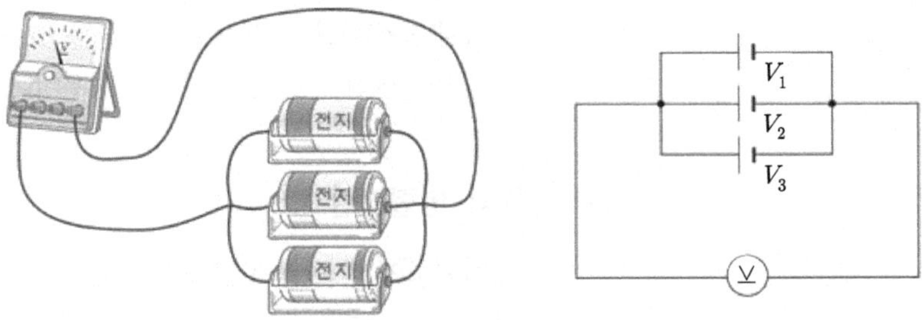

그림 1-21 전지의 병렬연결

(2) 전원의 직렬연결

전기가 흐르는 길이 나누어지지 않고 하나의 길을 따라 흐르는 것을 직렬이라 하고, 그 가운데 전구나 전동기와 같은 전기 부품이 차례대로 연결된 것을 직렬 연결이라고 한다. 전지의 (+)극에서 출발하여 도선을 따라가면 여러 전기 부품을 거치면서 도선이 나누어지지 않고 하나로 연결된 경우가 가장 간단한 직렬 연결이고, 도선이 나누어진다고 해도 여러 전기 부품이 한 줄에 차례대로 연결되어 있는 경우에도 직렬로 연결되었다고 한다.

우리가 보통 사용하는 전지의 전압은 1.5 V(볼트)이다. 이런 전지를 직렬로 연결하면 연결한 전지의 개수만큼 전체 전압은 높아진다. 높은 전압을 얻을 수 있지만 전지를 사용하는 시간은 전지 한 개를 사용할 때와 같다. 또한 저항을 직렬로 연결하여 사용하면 전체 저항은 각 저항의 합과 같다. 그러므로 큰 저항을 한 개 사용하는 경우와 작은 저항 여러 개를 직렬로 연결하여 사용하는 경우 전체 저항은 같다. 직렬연결은 접속이 쉽기 때문에 마우스나 키보드를 컴퓨터에 연결하는 방식으로 많이 사용된다.

[직렬 연결과 병렬 연결의 특징]

구분	장점	단점
직렬연결	전구의 밝기가 밝다.	오래 쓰지 못한다.
병렬연결	오래 쓸 수 있다.	전구가 밝지 않다.

전원의 연결방법

□ 전원의 직렬회로

- 자동차용 축전지의 경우 단자전압이 2 V인 셀을 3개 혹은 6개 직렬로 연결하여, 6 V 또는 12 V 축전지로 생산한다. 대형차량의 전원은 주로 24 V가 사용되는데, 이 경우에는 12 V 축전지 2개를 직렬로 결선하여 사용한다.
- 물론 전압이 서로 다른 셀 또는 축전지를 직렬로 연결할 수 있다. 그러나 이 경우에는 반드시 전류의 세기가 서로 일치해야한다. 즉 6 V 축전지와 12 V의 축전지를 직렬로 연결하면 양단의 전압은 18 V가 된다.

□ 전원의 병렬연결

- 전원의 병렬연결은 각 셀의 (+)극은 (+)극끼리, (-)극은(-)극끼리 연결하는 방법을 말한다. 직렬접속과는 달리 병렬접속 시에는 셀 전압이 서로 같아야한다. 그렇지 않으면 **전압이 높은 셀에서 전압이 낮은 셀로 전류가 흐르게 되며**(전위차 발생) 최악의 경우에는 셀이 파손되게 된다.
- 전원을 병렬연결 시키면 총 전압은 한 개의 셀 전압 그대로 변화가 없으나, 전류의 세기는 각 셀 전류의 총 대수합과 같다.

(3) 기전력(Electric motive force)

전력원에서 발생된 전압으로 표시되며 전지와 같이 전위차를 만들어 주는 힘을 기전력이라 한다. 즉 이와 같이 계속적으로 전압을 발생시키는 힘을 기전력이라고 하고, 기전력을 발생시키는 장치를 전원이라고 한다.

기전력과 전압의 차이

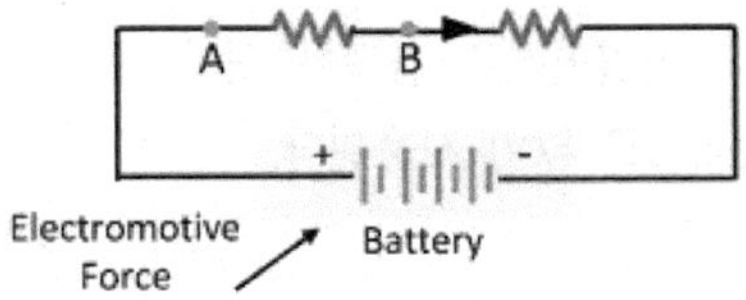

- 기전력과 전압의 단위가 볼트(V)로서 같으므로 일단은 서로 같다고 보아도 무방하다. 그러나 기전력은 전봇대 선로나 가정집 혹은 공장 사무실에서 사용하는 전기에서는 그 용어를 사용하지 않는다.
- 기전력(electricmotive force)은 전기를 흐르게 하는 힘이라고 정의를 해도 무방하겠죠. 발전소의 발전기에서 출력되는 전압, 혹은 열전쌍에서 나타나는 출력의 전압 등등, 전기를 생산하는 곳에서 혹은 물건에서의 전압을 일컫는다.
- "2개의 서로 다른 종류의 금속의 양단을 묶고 양단에 온도차를 주면 그 금속에서는 기전력이 발생 한다"에서 "기전력이 발생 한다"라는 의미는 "전압이 나타나서 전기가 흐른다."라는 뜻이다.

1.2.4 저항(Resistance)

전자가 물질 속을 이동할 때에 물질 내의 원자와 충돌하여 저항을 받는다. 이 저항은 물질이 지니고 있는 자유 전자의 수나 원자핵의 구조, 물질의 형상 또는 온도에 따라서 변화한다. 이와 같이 물질 속을 전류가 흐르기 쉬운가 또는 어려운가의 정도를 표시하는 것을 전기 저항이라고 한다.

저항의 종류에는 전선의 전기 저항도 있으나 전구나 전동기 등의 부하에도 그 나름대로의 저항을 지니고 있다. 저항은 전류의 흐름을 방해하는 요소이므로 전선의 저항이 크면 부하에 흐르는 전류가 감소하여 충분한 전기를 공급하지 못하므로 전선의 저항은 작아야 한다.

그림 1-22 저항의 종류

(1) 저항의 단위

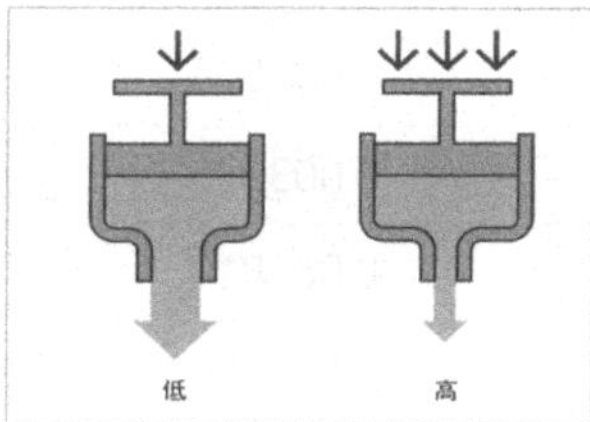

그림 1-23 저항의 예

전기는 전압이 같더라도 전선의 단면적이 적으면 전류가 잘 흐르지 못하고 전선의 단면적이 크면 전류가 잘 흐르게 되는데, 이것은 전선의 저항에 의하여 발생되는 것으로써 저항의 단위는 옴(ohm, 기호는 [Ω])이다.
단위의 종류에는

$$1[M\Omega] = 1{,}000{,}000[\Omega] = 10^6[\Omega]$$

$$1[k\Omega] = 1{,}000[\Omega] = 10^3[\Omega]$$

$$1[\mu\Omega] = 1/1{,}000{,}000[\Omega] = 10^{-6}[\Omega]$$

[SI 접두사]

인자	접두사	기호	인자	접두사	기호
10^{18}	**exa**	E	10^{-18}	**atto**	a
10^{15}	**peta**	P	10^{-15}	**femto**	f
10^{12}	**tera**	T	10^{-12}	**pico**	p
10^{9}	**giga**	G	10^{-9}	**nano**	n
10^{6}	**mega**	M	10^{-6}	**micro**	μ
10^{3}	**kiro**	K	10^{-3}	**mili**	m

(2) 물질의 고유 저항

① 도체의 전기저항은 재료의 종류, 형상, 온도에 따라 달라지며 온도가 같은 경우에 재질에 따라 다르다.

② 도체의 저항은 길이에 비례하고 단면적에 반비례한다(즉, 전기는 전압이 같아도 도선이 굵으면 전류가 잘 흐르고 가늘면 잘 흐르지 않는다).

도체의 저항 $R = \rho \dfrac{\ell}{A}$ $\quad [\Omega] = [\Omega \cdot m]\dfrac{m}{m^2}$

ρ : 고유저항[Ω·m] $\quad$ ℓ : 길이[m]
A : 단면적[m^2] $\quad$ R : 저항[Ω]

[금속의 고유저항, [%] 전도율, 온도계수]

물 질	고유저항	[%] 전도율	온도지수
은	1.584	109	0.004505
순동	1.7241	100	0.003930
경동선	1.7774	97	0.003810
순 알루미늄	2.733	63.3	0.004200
순 니켈	7.5	23.1	0.005400
아연도금 철선	13.262	13	-
니크롬 1	109	1.57	0.0001900
니크롬 2	112	1.54	0.0001720

③ 고유저항 또는 저항률 : 단면적 $1[m^2]$, 길이 1[m]의 임의의 도체 양면 사이의 저항값을 나타낸다. 물질의 저항은 재질, 형상, 온도에 따라서 변화하여 형상과 온도를 일정하게 하면 재질에 따라서 저항 값이 변화한다. 따라서 여러 가지 도체 재료의 저항의 크기를 비교할 때에는 모두 같은 크기의 도체에 대한 저항을 비교한다.

도체의 저항은 단면적과 길이에 따라 다르며 같은 재질의 전선이라도 전류가 흐르는 방향과 수직되는 방향의 단면적이 커지면 저항이 감소하고, 전류가 흐르는 거리가 증가하면 그 만큼 원자 사이를 뚫고 나가야 하므로 저항이 커진다. 즉 도체의 저항은 길이에 비례하고 단면적에 반비례한다.

따라서 자동차에서 사용하는 전선은 각 구성품에 알맞은 굵기를 사용하여야 하며 전선의 길이도 저항을 적게 하기 위하여 가능한 한 짧은 것을 사용하는 것이 바람직하다.

저항과 물체

- 은이나 구리, 알루미늄과 같은 금속종류는 비교적 자유전자가 쉽게 이동할 수 있는 물질이기 때문에 전기저항이 매우 적은 값이다. 이러한 물질을 도체(Conductor)라 하며 전선종류로 많이 사용되어진다. 이에 비해 유리, 사기, 종이, 플라스틱, 고무, 비닐 종류는 자유전자를 거의 이동시킬 수 없기 때문에 부도체 또는 절연체(Insulator)라 하며 주로 전기절연재료로 사용된다.

그리고 길이가 2배로 증가하면 저항도 2배로 증가하지만, 단면적이 2배로 증가하면 저항은 1/2로 감소되는데 이를 정리하면 다음과 같다.

① 단면적이 클수록 저항은 감소하고 전류는 잘 흐른다.
② 길이가 짧을수록 저항은 감소하고 전류는 잘 흐른다.
③ 단면적이 적을수록 저항이 증가하고 전류가 잘 흐르지 못한다.
④ 길이가 길수록 저항이 증가하고 전류가 잘 흐르지 못한다.

(3) 온도와 저항의 관계

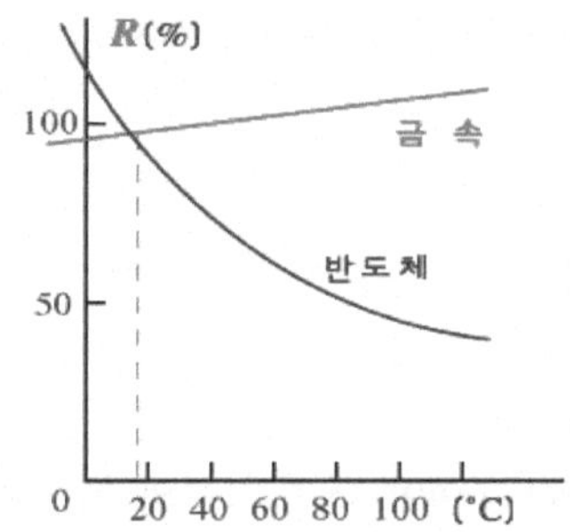

그림 1-24 도체와 반도체의 저항-온도특성

도체의 저항은 온도에 따라서 변화하며, 온도의 상승에 따라서 저항이 증가하는 것과 반대로 감소하는 것이 있다. 일반적으로 금속은 온도의 상승에 따라서 저항이 증가하지만, 탄소, 반도체, 절연체 등에서는 반대로 감소한다. 금속의 저항은 온도 상승에 비례하여 직선적으로 증가한다.

온도 1[℃] 상승하였을 때 저항값이 어느 정도 크게 되었는가의 비율을 표시하는 것을 그 저항의 온도계수라고 한다. 따라서 물체의 저항을 생각할 경우에는 항상 물체의 온도를 고려하여야 한다. 또 저항이 온도와 함께 변화하는 것을 이용하여 온도 변화에서 저항값을 알 수 있고, 저항 변화에서 상승한 온도를 알 수 있다.

자유전자가 많은 물질인 금속은 온도 증가가 원자의 접촉을 심화시켜, 오히려 전자운동이 방해가 되어 저항이 심해지는 결과를 가져오고, 반도체는 온도증가가 전자의 에너지 증가로 이동이 더욱 쉬워져 저항의 감소현상이 일어난다.

반도체의 온도계수는 (-)부의 특성을 갖는다. 반도체를 이용하는 컴퓨터의 부품 등은 온도 증가를 방치하면 과전류로 인하여 부품의 손상을 가져오므로 냉각 장치를 가지고 있다. 서미스터는 Thermal + Resistor의 합성어로, 온도에 민감한 저항이다. 온도를 감지하는 장치, 기기 등에 사용된다.

자동차의 예

- 자동차에서 사용하는 점화코일의 1차 코일은 전류가 장시간 흐르게 되면 발열로 인하여 전류의 흐름이 감소한다. 이에 따라 자장의 확립이 어려워 실화현상이 일어나게 된다. 그러므로 점화 코일을 2차 코일 바깥쪽에 감고 냉각용 오일을 넣어 온도가 상승하지 않도록 한다.

- 그러나 실리콘 다이오드를 사용하는 발전기에서는 온도가 상승하면 저항이 적어져 과대 전류가 흘러 파손되므로 온도가 낮아지도록 냉각 팬이나 방열판을 사용하여 과대 전류의 흐름을 방지하고 있다.

(4) 접촉 저항

도체와 도체를 접속할 때 헐겁게 연결하거나, 녹이나 페인트를 떼어내지 않고 전선을 연결하면 그 접촉면 사이에 저항이 발생하여 전류의 흐름을 방해한다. 이와 같이 접촉면에서 발생하는 저항을 접촉 저항이라고 한다. 즉, 자동차 전기 배선의 접지용 볼트(bolt)가 헐겁거나, 스위치의 소손에 의한 접촉 불량, 접지면의 녹, 축전지 단자의 산화에 의한 부식 등에 의하여 발생하는 저항이다.

접촉상태가 불량하면 저항이 증가하여 전류의 흐름을 방해하므로 부하에 필요한 전류 공급이 이루어지지 않아 제 기능을 발휘할 수 없게 된다. 따라서 배선을 연결할 경우 납땜을 하거나 단자 등의 청소를 깨끗이 하여 접촉 저항을 감소 시켜야 한다. 그리고 접촉 저항은 접촉면적과 접촉압력의 증가에 따라서 감소하기 때문에 같은 굵기의 전선을 사용하여야 하며 볼트의 체결 및 단자의 접촉을 확실히 하여야 한다.

(5) 저항의 사용 목적

전기회로에서 저항을 사용하는 목적은 전압 강하를 얻고자 할 때 즉, 전류의 흐름을 낮추고자 할 경우에 이용하고, 또 변동되는 전류 및 전압을 이용할 때, 저항을 사용하여 부하에 알맞는 전기가 공급되도록 하고자 할 때 사용한다.

(6) 저항의 종류

1) 고정저항 :

고정저항은 내전력의 값이 수십 와트(Watt)로부터 1/4와트까지 있으며, 일반적으로 권선저항, 시멘트 저항, 홀 저항을 주로 사용하고 있다. 이외에 카본 피막저항, 금속 피막저항도 있으며 각 저항에는 저항값 허용차이가 표시되어 있고, 솔리드 저항이나 카본 피막저항 등에는 외부에 절연체를 식별하기 위하여 컬러 코드(color cord)로 되어있다.

각 저항의 특징은 카본저항(carbon resistance)은 가장 많이 사용되고 있으며 저항값의 범위를 연속적으로 넓게 취할 수 있다. 산화 부식 등의 화학

작용에 대한 저항력이 있고, 표면상태가 오래 동안 변화하지 않는 특수성이 있다. 솔리드 저항(solid resistance)은 주파수 특성이 좋으며, 권선저항은 안정되고 신뢰성이 좋다.

홀(hole)저항은 큰 전류를 흐르게 할 수 있으며, 금속피막 저항은 정도가 높고 온도 특성이 좋다. 산화 금속피막 저항은 내열성이 우수하며, 시멘트 저항은 전류의 용량이 크다.

2) 가변 저항 :

가변 저항기는 저항 위를 접점(point)이 미끄럼 운동을 하므로써 저항값이 변화되는 저항이며 최대 저항값이 수치로 표시되어 있다. 자동차에서는 스로틀 포지션 센서, 연료계, 유압식 센서, 등에 가변 저항기를 이용한다.

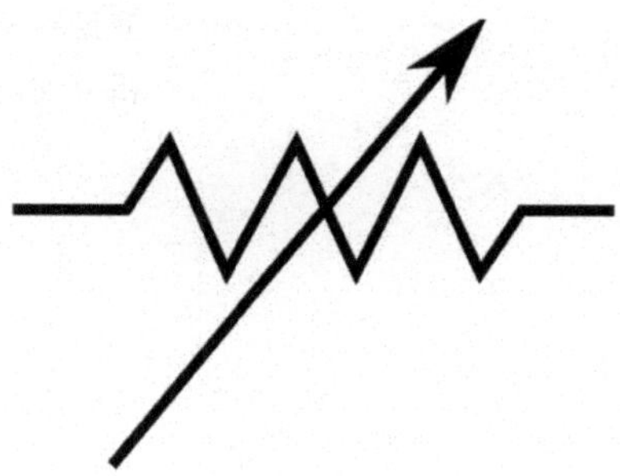

그림 1-25 가변저항기-전위차계

(7) 저항의 접속방법

몇 개의 저항을 접속하는 방법에는 직렬접속과 병렬접속이 있다.

1) 직렬접속(series connection)

몇 개의 저항을 한 줄로 접속하는 것을 직렬접속이라고 한다. 전압을 이용할 때 직렬접속을 사용하며 저항을 직렬접속하면 각 저항에 흐르는 전류는 일정하고 각 저항에는 전원 전압이 나누어져 흐르게 된다.

그리고 회로의 합성저항은 각 저항의 합과 같으므로, 직렬접속에서 각각의 저항에 흐르는 전류는 같으며 각 저항에 공급되는 전압의 합은 전원 전압과 같다. 직렬접속의 특징은 다음과 같다.

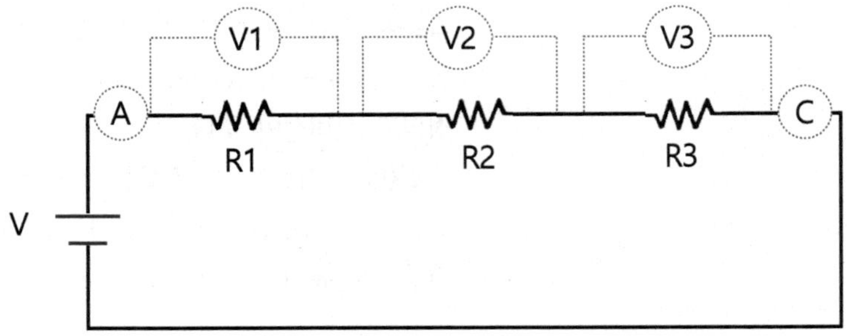

그림 1-26 직렬접속

① 합성 저항은 각 저항의 합과 같다.
② 어느 저항에서나 똑같은 전류가 흐른다.
③ 각 저항에 걸리는 전압의 합은 전원 전압과 같다.

직렬접속에서는 어느 저항에서나 항상 똑같은 전류가 흐른다. 즉, R1에 흐르는 전류와 R2에 흐르는 전류는 같다. 각 저항의 양끝의 전압을 E1, E2라고 하면 옴의 법칙에 따라

$$V = V_1 + V_2 + V_3$$

$V_1 = IR_1$, $V_2 = IR_2$, $V_3 = IR_3$ 가 된다.

따라서 $V = V_1 + V_2 + V_3 = IR_1 + IR_2 + IR_3 = I(R_1 + R_2 + R_3)$ 이 되므로 A와 C사이의 합성 저항을 R이라고 하면 $V = IR$ 이 되어 $IR = I(R_1 + R_2 + R_3)$ 가 되므로 $R = R_1 + R_2 + R_3$ 가 된다. 따라서 n개의 저항 R_1, R_2, R_3 ……, R_n을 직렬로 접속하였을 때 합성 저항(R)은 각 저항의 합과 같게 되므로

$$R = R_1 + R_2 + R_3 + \ldots\ldots + R_n$$

으로 되어 직렬접속의 합성 저항은 각 저항의 어느 하나보다 크게 된다.

예제 1-1

아래 직렬회로에서 12[V]의 축전지에 R_1 = 2[Ω], R_2 = 4[Ω], R_3 = 6[Ω]의 저항을 직렬로 접속하였을 때 흐르는 전류의 세기를 구하라?

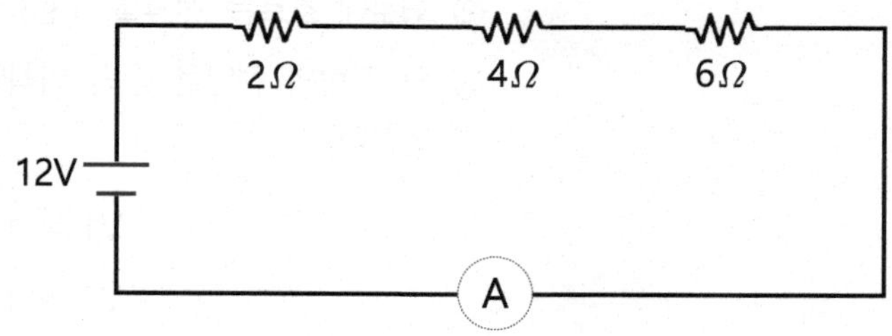

풀이

합성저항을 먼저 구한 후, 옴의 법칙으로 전류를 구한다.

① 합성저항(R)= 2+4+6= 12[Ω]

② 전압(E)=12[V]이므로 옴의 법칙에 따라 $\mathrm{I} = \dfrac{\mathrm{E}}{\mathrm{R}}$ 이므로 전류는

$$\therefore\ \mathrm{I} = \frac{12\mathrm{V}}{12\Omega} = 1[\mathrm{A}]$$

예제 1-2

아래 회로에서 각각의 저항의 양 끝에 걸리는 전압 V1, V2, V3 는 몇 볼트[V]인가 ?

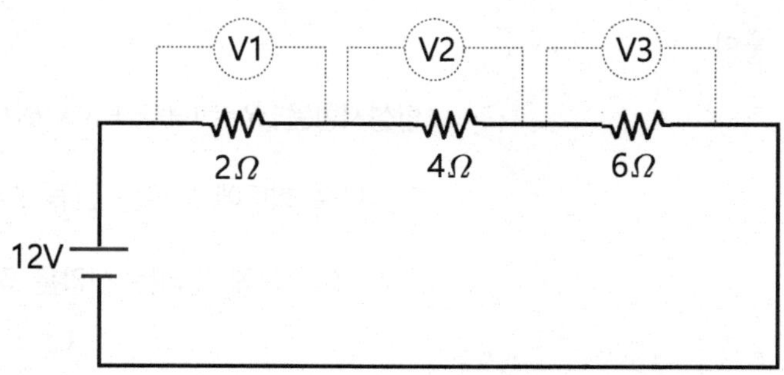

풀이

각각의 저항에는 같은 세기의 전류가 흐르고 있으므로 다음의 순서로 풀도록 한다.

① 합성저항을 구한다(예제 1에서 합성저항이 12[Ω]이다).

② 회로에 흐르는 전류를 구한다(예제 1에서 전류 I= 1[A]이다).

③ 각 저항의 전압을 옴의 법칙에 따라 구한다(옴의 법칙 V = IR에 대입한다).

$$V1 = 1[A]\times 2[\Omega] = 2[V]$$
$$V2 = 1[A]\times 4[\Omega] = 4[V]$$
$$V3 = 1[A]\times 6[\Omega] = 6[V]$$

각 저항에 걸리는 전압의 전원 전압과 같다.

예제 1-3

다음 회로에서 V1, V2, V3의 값을 각각 구하시오

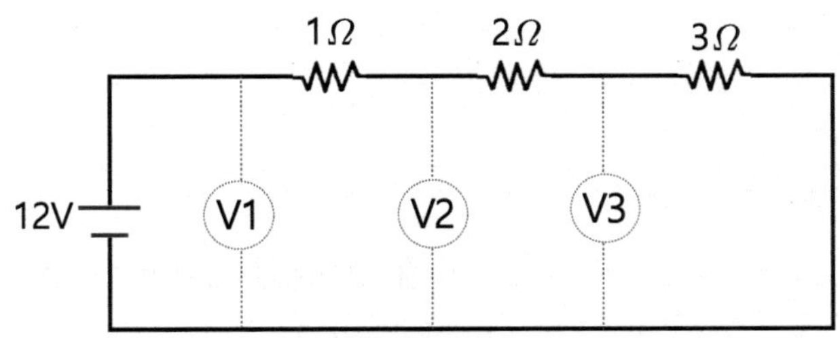

풀이

합성저항은 $R = 1+2+3 = 6[\Omega]$

그러므로 회로에 흐르는 전류 $I = \frac{V}{R} = \frac{12}{6} = 2[A]$

$1\Omega, 2\Omega, 3\Omega$에 걸리는 전압은 각각 $2V, 4V, 6V$ 이며

$$V1 = 2+4+6[V]$$
$$V2 = 4+6[V]$$
$$V3 = 6[V]$$

이다.

2) **병렬연결**(parallel connection)

몇 개의 저항을 그림 2-28과 같이 접속한 것을 병렬접속이라고 한다. 모든 저항을 두 단자에 공통으로 연결하는 것으로 적은 저항을 얻고자 할 경우 즉, 전류를 이용할 때 병렬접속을 사용한다. 대부분의 자동차전기장치는 이방식이 사용된다.

2개의 저항에는 어느 것이나 똑같은 전압이 작용하며 병렬 접속하는 전장품의 전압은 전원 전압과 같아야 한다. 따라서 전원에서 나오는 전류는 각 전장품에 흐르는 전류의 합이 되므로 병렬 접속한 전장품이 많을 경우에는 용량이 큰 전원을 사용하여야 한다. 병렬접속의 특징은 다음과 같다.

① 어느 저항에서나 똑같은 전압이 가해진다.
② 합성저항은 각 저항의 어느 것보다도 작다.

그림 2-28과 같이 병렬회로에 전압 V를 가하면 각 저항 R1, R2, R3에는 똑같은 전압이 가해지므로 각 회로의 전류는 옴의 법칙에 따라 다음과 같이 구할 수 있다.

A점에 유입된 전류를 [I]라고 하면, [I]는 A에서 나누어져 I1, I2, I3이 되어 각 저항을 흐르므로 [I]는 I1, I2, I3의 합과 같다.

즉,

$$I = I1 + I2 + I3$$

가 되고

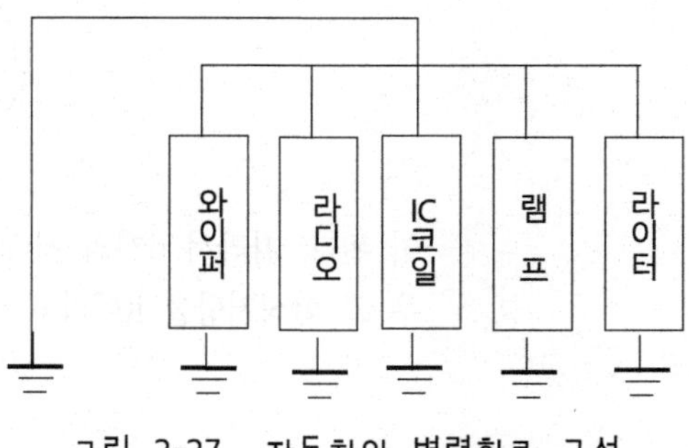

그림 2-27 자동차의 병렬회로 구성

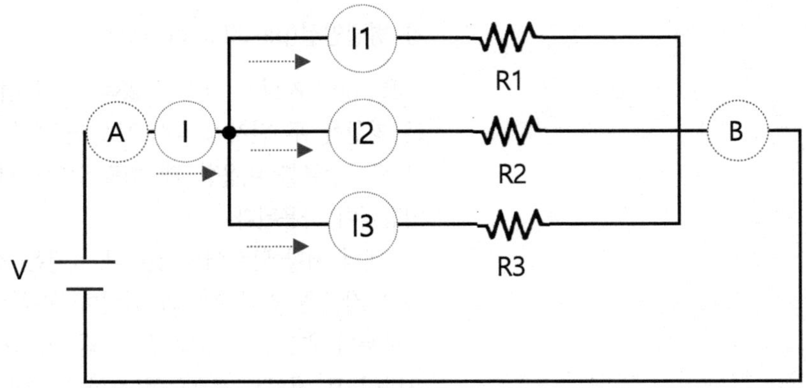

그림 2-28 병렬접속

$$I = \frac{V}{R1} + \frac{V}{R2} + \frac{V}{R3}$$

이 된다. 그리고 A, B사이의 합성저항을 R이라고 하면

$$I = \frac{V}{R}$$

가 되며

$$\frac{V}{R} = V\left(\frac{1}{R1} + \frac{1}{R2} + \frac{1}{R3}\right)$$

이므로

$$\frac{1}{R} = \frac{1}{R1} + \frac{1}{R2} + \frac{1}{R3}$$

이 된다. 따라서 n개의 저항 R1, R2, R3 ……, Rn을 병렬로 접속하였을 경우 그 합성저항을 R이라고 한다.

$$\frac{1}{R} = \frac{1}{R1} + \frac{1}{R2} + \frac{1}{R3} + \cdots\cdots + \frac{1}{R_n}$$

가 된다.

예제 1-4

합성저항 R은 몇 [Ω]인가 ?

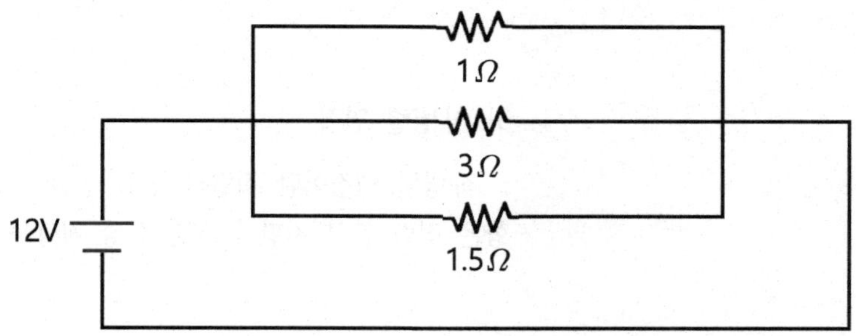

풀이

$$\frac{1}{R} = \frac{1}{1} + \frac{1}{3} + \frac{1}{1.5} = \frac{3+1+2}{3} = \frac{6}{3}$$

$$R = \frac{3}{6} = 0.5[\Omega]$$

예제 1-5

합성저항 R은 몇 [Ω]인가 ?

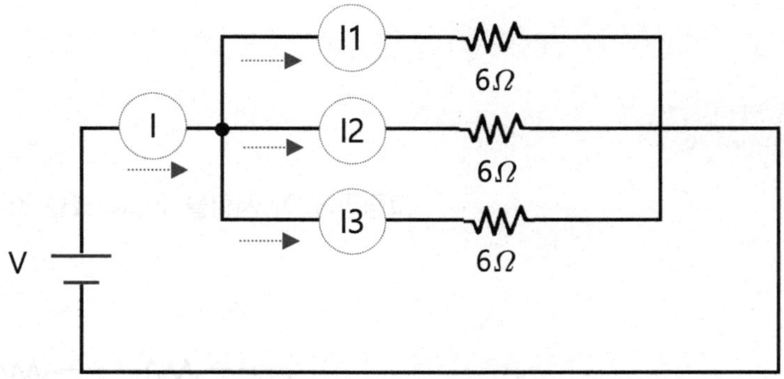

풀이

$$I_1 = \frac{E}{R_1} = \frac{12}{6} = 2[A]$$

$$I_2 = \frac{E}{R_2} = \frac{12}{6} = 2[A]$$

$$I_3 = \frac{E}{R_3} = \frac{12}{6} = 2[A],\ I = I_1 + I_2 + I_3 = 6[A]$$

$$\therefore\ R = \frac{E}{I} = \frac{12}{6} = 2[\Omega]$$

3) 직·병렬 연결

직·병렬 연결이란 직렬과 병렬 연결을 혼합한 접속이며 특징으로 합성 저항은 직렬 합성 저항과 병렬 합성 저항을 더한 값이 된다.

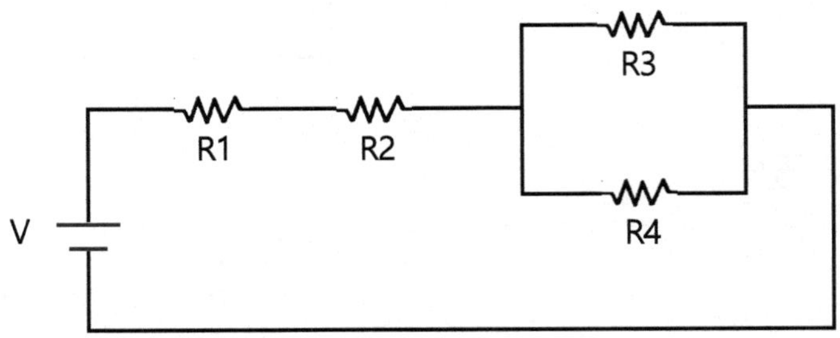

저항의 직 · 병렬연결

상기 그림에서의 합성저항은 $R = R_1 + R_2 + \dfrac{1}{\dfrac{1}{R_3} + \dfrac{1}{R_4}}$ 로 나타날 수 있다.

예제 1-6

그림과 같이 저항을 연결하였을 경우 합성저항을 구하라 ?

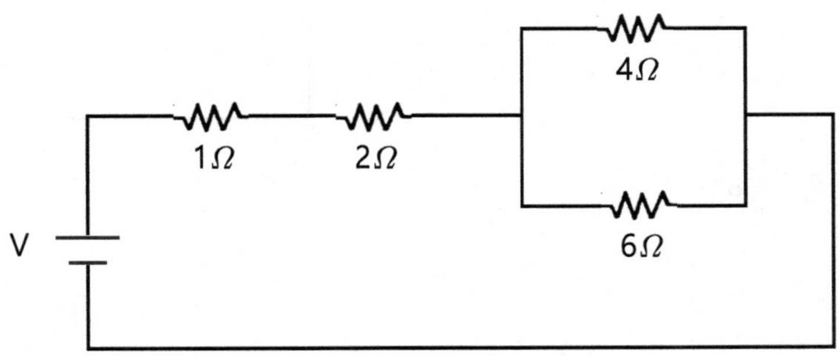

풀이

① 직·병렬연결이므로 먼저 병렬 합성저항을 구한다.

$$\frac{1}{R} = \frac{1}{4} + \frac{1}{6} = \frac{3}{12} + \frac{2}{12} = \frac{5}{12}$$

$$\therefore \text{ 합성저항 } R = \frac{12}{5} = 2.4[\Omega]$$

② 직·병렬 합성저항 R = 1+2 +2.4 = 5.4[Ω]

예제 1-7

다음 회로의 각 부위에서 측정되는 전압과 전류값을 구하시오.

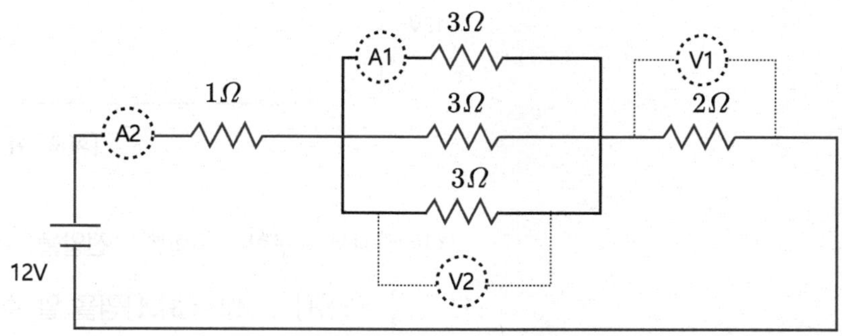

[회로 1]

풀이

위의 회로에서 병렬의 합성저항은 1Ω이므로

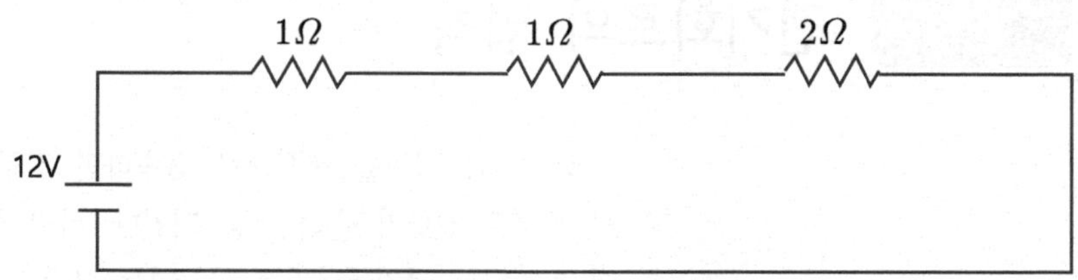

[회로 2]

직렬회로의 합성저항은 4Ω이므로 그림과 같이 전체저항으로 표시가능하며 이 회로에서 흐르는 전류는 3[A]가 흐른다.

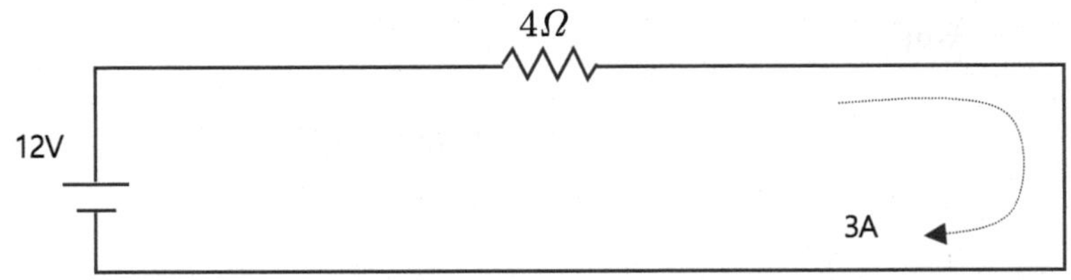

[회로 3]

[회로3]에서 구한 전류를 전단계의 [회로2]에 적용하면 직렬회로에서 각각에 걸리는 전압의 계산이 가능하다

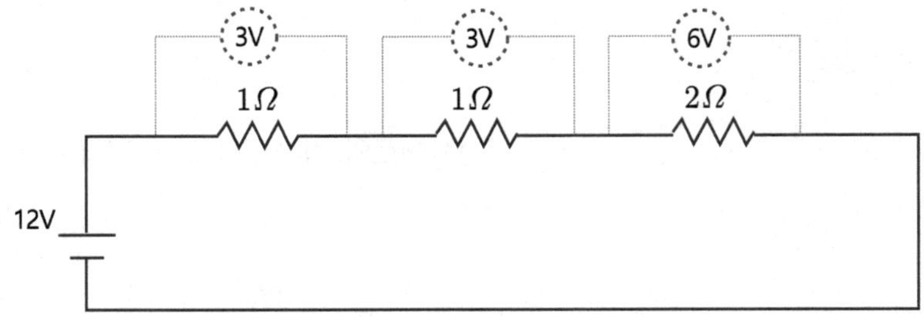

[회로 4]

[회로4]에서 구한 저항별 전압을 토대로하여 V2=3V, V1=6V, $A1 = \frac{3}{3} = 1[A]$, $A2 = 3[A]$임을 알 수 있다.

1.3 전기회로의 법칙

축전지와 전구를 전선으로 접속하면 전구는 점등이 된다. 이때 '축전지에서 전구로 전류가 흘러 점등 되었다' 라고 한다. 축전지는 전구가 빛을 내는데 소비되는 전기에너지를 공급하는 에너지원이다. 이를 전원이라고 하며 전원으로부터 에너지를 공급받아 전구가 빛을 내거나 전동기와 같이 기계적인 일을 하는 기구들을 부하(load)라고 부른다.

전류는 전원에서 부하를 거쳐 다시 전원으로 되돌아오는 회로가 연속되어 있을 경우에만 흐른다. 이와 같이 전류가 흐르는 회로를 전기회로라고 한다.

그림 1-29 Ohm

전류는 전기회로가 닫혀 있을 경우(On)에만 흐르며, 최소한의 전원, 부하, 그리고 왕복전선이 있어야 한다.

회로 내에서 회로를 닫거나(On), 여는(Off) 기능을 하는 것을 스위치(switch)라고 한다. 전구는 스위치가 닫혀 있을 때 점등이 된다. 스위치가 열려 있을 때 소등이 되며 스위치는 기계식이나 전자식으로 할 수 있다. 또 스위치는 회로 내의 어디에나 설치할 수 있으며 스위치를 On-Off시켜 부하를 작동시키거나 정지시킨다.

그리고 전기회로를 간단히 표시하기 위하여 약속된 여러 가지 기호를 사용하며 이들 기호를 사용하여 간단한 회로도로 표시하는 것을 등가회로라고 한다.

1.3.1 옴의 법칙(Ohm ' s law)

1827년 독일의 과학자 옴(Ohm)은 전압, 전류와 저항관계에서 「도체에 흐르는 전류의 크기는 도체의 양끝에 가한 전압에 비례하고 그 도체의 저항에 반비례 한다」는 법칙을 발견하였고 이 법칙을 옴의 법칙이라 한다.

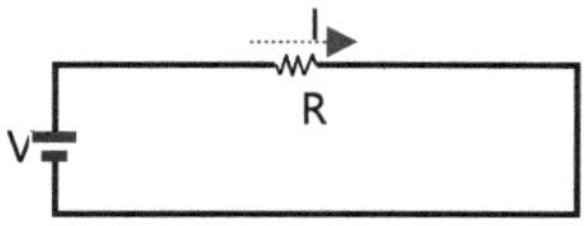

그림 1-30 옴의 법칙

직류 전원에 저항기를 접속하고 E [V] 의 기전력을 가면 회로에는 전류 I [A] 가 흐릅니다. 이 때 기전력 V와 전류 I의 사이에는 다음과 같은 관계가 성립한다.

$$V = IR$$

그림 1-31
전압과 전류의 관계

여기서 비례 정수 R을 전기저항(또는 저항)이라 하며. 이 법칙을 오옴의 법칙이라고 한다. 위의 식을 변형하면 다음식과 같이 나타낼 수 있다.

$$I = \frac{V}{R}$$

가 된다. 상기와 같이 옴의 법칙을 변형하여 전압과 저항 등을 구하며 간단한 전기회로에서 흐르는 전압이나 전류, 저항 등을 구할 수 있다.

1.3.2 키르히호프의 법칙(Kirchhoff ' s law)

복잡한 회로의 전압, 전류, 저항을 다룰 때에는 옴의 법칙을 발전시킨 키르히호프의 법칙을 사용한다. 즉, 전원이 2개 이상인 회로에서 전체로서의 합성 전력 계측이나, 복잡한 회로망의 각 부의 전류 분포 등을 구할 때 사용한다.

키르히호프의 법칙은 전류에 관한 제 1법칙과 전압에 관한 제 2법칙이 있다.

제 1법칙 : 전류가 흐르는 길에서 들어오는 전류와 나가는 전류의 합이 같다

제 2법칙 : 회로에 가해진 전원전압과 소비되는 전압강하의 합은 같다

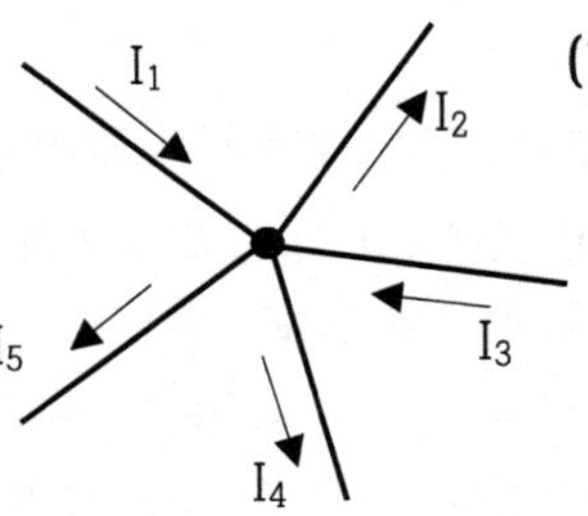

그림 1-32
키르히호프의 제1법칙

(1) 제 1법칙(전하량 보존의 법칙)

아무리 복잡한 회로일지라도 어떤 한 점에 유입한 전류는 곧 다른 회로를 거쳐 유출된다. 따라서 "회로 내의 어떤 한 점에 유입된 전류의 총합과 유출된 전류의 총합은 똑같다"이러한 관계를 키르히호프의 제 1법칙이라고 한다.

병렬회로 점에 있어서는 다음 식이 성립된다.

$$I_1 + I_3 = I_2 + I_4 + I_5$$

$$(I_1 + I_3) - (I_2 + I_4 + I_5) = 0$$

예제 1-8

다음회로에서 $I_1 = 2A$, $I_2 = 5A$, $I_3 = 3A$, $I_4 = 1A$일 때 I_5에 흐르는 전류는 얼마인가?

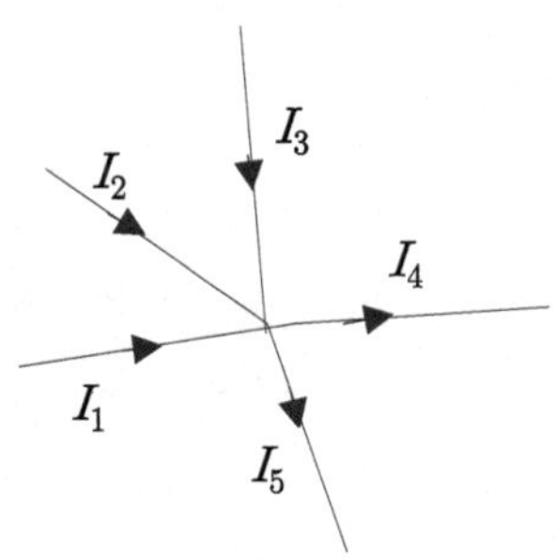

풀이

키르호프의 제1법칙에 의하여

유입된 전류: $I_1 + I_2 + I_3 = 2 + 5 + 3 = 10[A]$

유출된 전류: $I_4 + I_5 = 1 + I_5$

$\sum Ii = \sum Io$ 이므로

$$10[A] = 1 + I_5, \quad I_5 = 9[A]$$

(2) 제 2법칙(전압강하의 법칙)

이 법칙은 회로망 중의 폐회로(closed circuit) 내에서 그 폐회로를 따라 한 방향으로 일주하면서 생기는 전압 강하의 합은 그 폐회로 내에 포함되어 있는 기전력의 합과 같다는 것이다. 즉 두 번째 법칙은 '회로에 가해진 전원 전압과 소비되는 전압강하의 합은 같다'라는 것입니다. 전원전압은 3개의 저항에서 나누어져 소비되며 저항마다 전압강하가 생기게 되며 이 전압강하를 모두 합하면 전원 전압과 같다는 것입니다. "임의의 폐회로에 있어 기전력의 총합과 저항에 의한 전압 강하의 총합은 같다".

부하는 3개의 저항이 되고 각 저항마다 전압강하가 생길 것이다. 각 저항의 전압강하를 모두 합하면 가해진 전원 전압이 된다.

$$12[V] = V1 + V2 + V3$$

$$12[V] = 2[V] + 4[V] + 6[V]$$

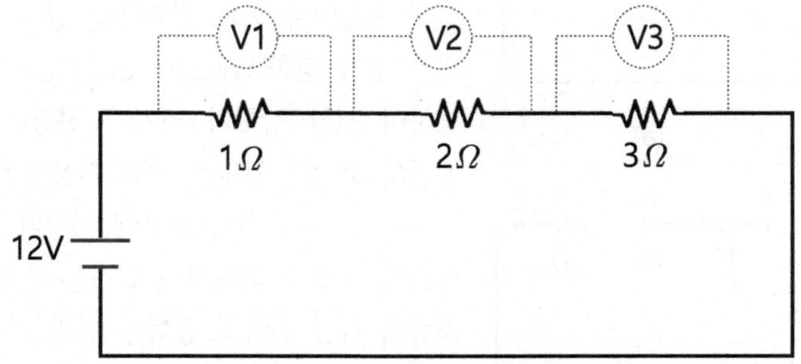

그림 1-33 키르히호프의 제 2법칙의 예

예제 1-9

다음 회로에서 기전력이 12 V이고, $V1 = 2[V]$, $V2 = 5[V]$일때 $V3$의 전압은 몇$[V]$인가

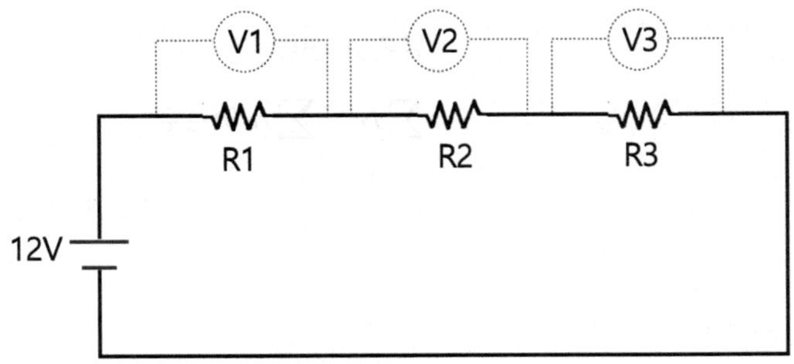

풀이

키르히호프의 제2법칙에 의하여

$V = V_1 + V_2 + V_3$이다.

따라서 $12 = 2 + 5 + V3$

$V3 = 5[V]$이다.

1.3.3 전압 강하

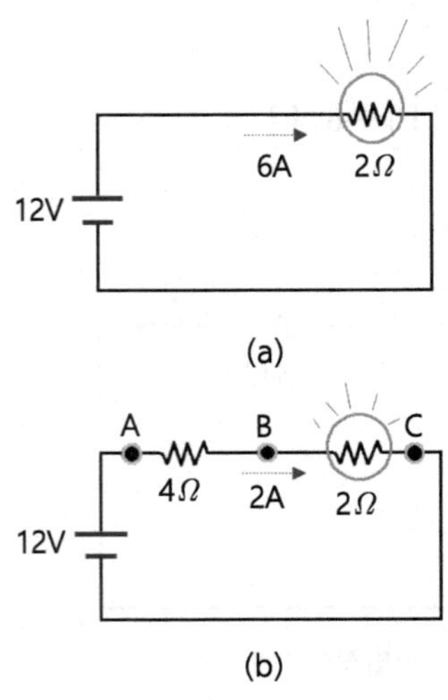

그림 1-34 전압 강하

전원에서 전기 에너지를 소비하는 부하에 전류가 흐를 때에는 도중의 전선 저항(R) 때문에 IR[V](옴의 법칙)의 전압이 소비되며, 이 전압은 전원에서 진행됨에 따라 점차로 낮아진다. 이와 같이 전기회로에서 사용하고 있는 전선의 저항이나 회로 접속부의 접촉 저항 등으로 소비되는 전압을 그 저항에 의한 전압 강하(Voltage drop)라고 한다. 전압 강하는 직렬연결 시 많이 발생하며 전압 강하가 커지면 전장품의 기능이 저하하므로 배선에 사용하는 전선의 굵기는 알맞은 것을 사용하여야 한다.

저항이 있는 전기 회로에 전류가 흐르면 그 저항의 양끝에 걸리는 전압이 낮으므로 전원 측에서 공급하는 전압은 모두 부하저항에서 강하하므로 부하저항에 걸린 전압의 총합은 전원 전압과 같다.

그림 1-34(b)와 같이 동일한 2[Ω]의 전구에 4[Ω]의 저항을 연결했을 때 전구의 밝기가 감소한다. 그 이유는 $2 + 4 = 6[\Omega]$으로 저항이 증가하므로

흐르는 전류는 I = V/R에서 12/6 = 2[A]로 흐르는 전류가 감소하기 때문이다.

방법을 바꾸어 공급전압이 12[V]일 때 A와 B사이의 전압은 I × R1 = 2 × 4 = 8[V]이고, B와 C사이의 전압은 I × R1 = 2×2 = 4[V]가 된다. 따라서 전구에 인가되는 전압이 12[V]에서 4[V]로 낮아졌기 때문에 전구의 밝기는 감소하는 것이다.

전압강하의 특징

- 저항을 통하여 전류가 흐르면 전압 강하가 발생한다.
- 전류가 크고 저항이 클수록 전압강하도 커진다.
- 회로에서 전압 강하의 총합은 회로의 공급전압과 같다.
- 불완전한 접속 또는 저항이 증가한 경우, 전장품에 인가되는 전압이 낮아짐으로써 작동불량을 유발한다.

예제 1-10

다음 회로에서 전류계와 전압계의 지시 값은 ?

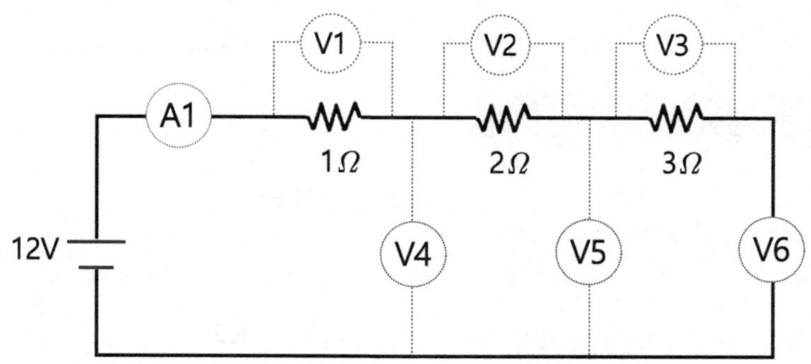

풀이

회로의 합성저항

$$R = R1+R2+R3 = 1+2+3 = 6[\Omega]$$

$$I = \frac{E}{R} = \frac{12}{6} = 2[A]$$

따라서 전류계는 2 A를 가리키고 각 전압계의 지시값은 다음과 같다.

V1 = I×R1 = 2×1 = 2[V]

V2 = I×R2 = 2×2 = 4[V]

V3 = I×R3 = 2×3 = 6[V]

V4 = V2+V3 = 4V=6V=10[V]

V5 = V3 = 6[V]

V6 = 12[V](전압계는 병렬측정이므로, 단선된 부분의 전압측정과 동일)

예제 1-11

다음 회로에서 전류계와 전압계의 지시값은 ?

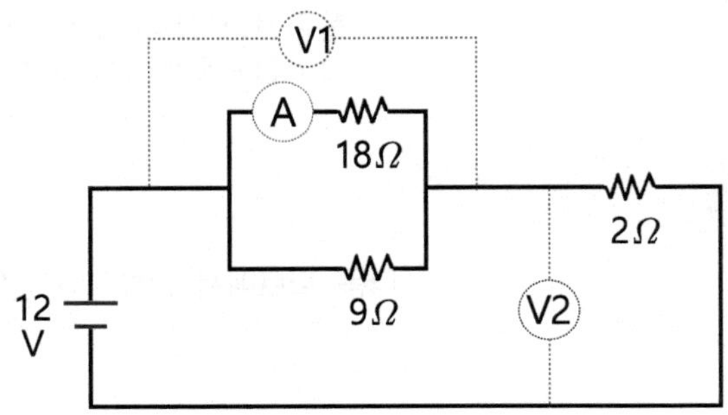

풀이

회로의 합성저항

$$R = \frac{1}{\frac{1}{R1} + \frac{1}{R2}} + R3 = \frac{1}{\frac{1}{18} + \frac{1}{9}} + 2 = \frac{1}{\frac{1+2}{18}} + 2$$

$$= \frac{1}{\frac{3}{18}} + 2 = 6 + 2 = 8[\Omega]$$

$$전류\ I = \frac{V}{R} = \frac{12}{8} = 1.5[A]$$

V1 = I×(R1 과 R2의 합성저항) = 1.5×6 = 9[V]

V2 = V-V1 = 12-9 = 3[V]

(V2 = I×R3 = 1.5×2= 3[V])

$$\therefore\ A = \frac{V1}{R1} = \frac{9}{18} = 0.5[A]$$

1.3.4 전력과 전력량

(1) 전 력

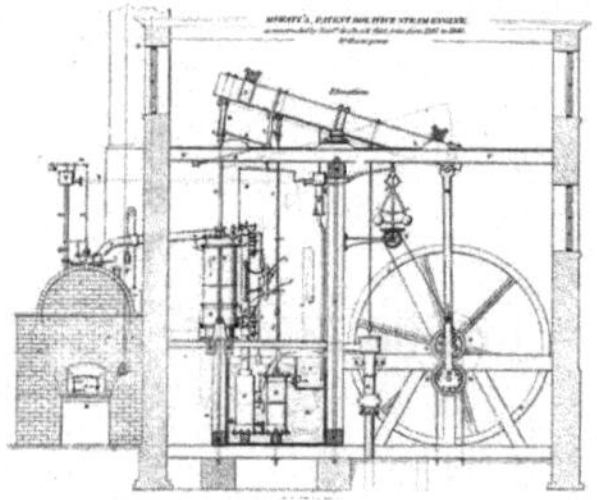

그림 1-35 와트의 엔진(1787년)

전력(electric power)이란 1sec 동안에 전기가 한 일, 즉 전기출력을 말한다. 전력의 기호는 P, 단위는 와트[W](watt)를 사용한다.

우리가 일상생활에서 사용하는 전구나 전기장판, 커피포트, 기타 전기에 의한 가전제품 등은 전류가 저항체를 만나 기계적인 일을 하며 전력은 전압이나 전류가 클수록 크게 된다.

즉,

$$P = IV$$

E = IR 대입하면

$$P = I \times IR = I^2 R$$

원식에서 I = E/R 대입하면

$$P = \frac{V}{R} \times V = \frac{V^2}{R}$$

전력 $P = IV = I^2 R = \dfrac{V^2}{R} [W]$

이다.

(2) 전력량

전류가 어떤 시간 동안에 한 일의 총량을 전력량이라 하며 전력에 시간을 곱한 값을 말한다.

전력량[W] = 전력(P) × 시간(t)　　　t : 시간(sec)

전력량[W] = 전력(P) × 시간(t)= $IEt = Pt = I^2 Rt$

즉, 전력량 [W]의 단위는 [Ws](Watt·second)로서 [J](joule)과 같은 값이 된다. [Ws]는 실용상 너무 작은 값이기에 전동기나 발전기의 전력량은 [kWh]를 사용한다.

예제 1-12

저항 2.4[Ω]에 전류 5 A를 40분 동안 흐르게 하였다. 전력량은 얼마인가?

풀이

$$W = Pt = I^2Rt = 5^2 \times 2.4 \times 40 \times 60 = 144000[Ws]$$

$$W = Pt = I^2Rt = 5^2 \times 2.4 \times \frac{2}{3}[h] = 0.04[kWh]$$

전력, 전력량

- 전력(P)=전압×전류: P=V.I[W]
- 전력량(W)=전력×시간: W=P.t=V.I.t[Ws]=[J]

전력(watt)

□ 와트(W)란

- 흔히 청소기 300 W, 백열등 60 W라고 말한다. 와트는 전력의 단위이다. 전원에서 나온 전자는 높은 에너지를 가지고 있다. 이 전자는 전류로서 회로를 움직여 여러 가지 형태(열, 빛, 소리, 힘)로 가지고 있던 에너지를 쏟아낸 다음 힘없이 전원으로 돌아간다. 전류가 1초 동안 하는 일을 전력이라고 하고, 이렇듯 일정한 시간에 어떤 전기장치에 공급되는 전기에너지 또는 다른 형태로 변하는 전기 에너지의 양을 말한다. 전력(W)은 전압(V)×전류(A)로 계산한다. 1 W란 전압이 1 V, 전류가 1 A일 때 전력을 말한다.

□ 전기 요금 계산은 Wh

- 전력의 단위는 W고, 전류가 하는 일의 양을 말한다. 단위는 와트(W) 또는 킬로와트(kW)를 쓰고, 전력량을 따질 때는 일한 시간을 곱해 초(s)나 시간(h)를 붙여 와트초(Ws), 와트시(Wh)라고 쓴다. 즉 소비전력이 100 W인 전기장치를 1시간 쓰면 전력량은 100 Wh가 된다. W보다는 Wh가 좀더 구체적인 단위인 셈이다.

□ **가전제품의 전력소비량**

- 제조회사, 용량, 환경 뿐 아니라 얼마나 오래 썼는지에 따라 전력소비량이 모두 제각각이지만 대략을 평균을 내면 선풍기가 50 W, 전기밥솥이 5 00 W, 전기장판이 150 W, 형광등이 24 W 정도다. 가전제품의 전력 규격은 소비전력으로 실험실에서 일정한 조건에서 일정한 일을 했을 때의 평균값이다. 가정에서는 이보다 많은 전력을 쓰는 게 보통이다. 이어질 테스트 결과를 가전제품과 비교하면 더 쉽게 와 닿는다.
- 이와 달리 PC의 전원 공급장치 용량은 소비전력이 아닌 출력의 크기다. 즉 콘센트에서 전류를 받아서 PC에 맞는 전류로 바꿔주는 능력을 말한다. 300 W라면 1초에 300 W 를 쓰는 것이 아니고, 최대 300 W까지 출력할 수 있다는 뜻이다.

(3) 줄의 법칙(Joule's law)

저항을 통하여 전류를 t초 동안 흘려보낼 때 저항 중에 소비되는 전력량 즉, 전기에너지는 전부 열에너지로 바뀐다는 것이 줄열이다.

전력량 [kWh]와 열량 [cal]의 환산에서

$$1[W] = 0.24[cal/s] \qquad 1[cal] = 4.2[J]$$

줄[H]=0.24전력량

$$\text{줄 } H = 0.24 I^2 Rt [cal]$$

1[와트(W)]의 전력은 1초간 0.24[cal]의 열량에 상당하므로

$$\begin{aligned} 1[kWh] &= 1{,}000 \times 3{,}600 W{\cdot}S = 1{,}000 \times 3{,}600[J] \\ &= 0.24 \times 1{,}000 \times 3{,}600[cal] = 864{,}000[cal] \\ &= 864[kcal] \end{aligned}$$

※ 1[PS] = 75[kg·m/s] = 736[W]= 864[kcal]

예제 1-13

120 V에서 1.2 KW의 전열기를 100 V의 전압에 30분간 사용하였다면 이때 발생하는 총열량(cal)은 얼마인가?

풀이

$$R=\frac{100^2}{1200}=8.3\Omega,\ \ W=\frac{100^2}{8.3}$$

$$J=0.24\,Wt=0.24I^2Rt=0.24\times10^2\times8.3\times30\times60=358560cal$$

기호 및 단위

구 분	기호	관련규칙
전압	V 또는 E	V(Volt)
전류	I	A(Ampere)
저항	R	Ω(Ohm)
전력	P	W(Watt)
전력량	W	W.s(Watt.second)또는 Wh(Watt hour)

제임스 주울(James Joule)

James Joule

- 제임스 주울은 1818년의 크리스마스 전날 영국의 랭카셔지방에서 태어났다. 그의 집안은 대대로 양조장을 경영하였고, 젊은 시절의 그는 일하지 않고도 지낼 만큼 부유했다. 그는 자신의 돈을 실험을 기초로 한 연구를 하는데 여러모로 사용했다. 그는 일찍 정확한 측정의 중요성을 파악했으며, 정확한 정량적인 데이터는 그의 연구의 특징이 되었다. 비록 과학을 독학으로 공부했지만, 그의 가장 위대한 자산은 정확히 사고하는 능력이었다. 그의 업적은 그가 지닌 빈틈없는 논리력을 보여주고 있다.
- 그의 연구는 전기모터의 효율성을 개선시키려는 노력으로 시작되었고, 결국 산업화의 필요에 따라 전기모터는 증기엔진을 대신하게 되었다.

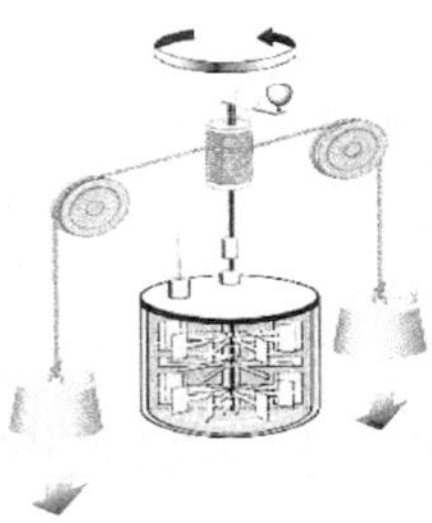

Joule의 실험장치

[Joule의 실험장치]

- 주울은 전류로 인해서 발생하는 열의 양을 측정하기로 결심하였다. 그는 1843년 열의 역학적인 상당량(열의 일 해당량)을 정밀하게 측정하여 발표했고, 이어 1849년 까지 수차례에 걸쳐 측정의 정밀도를 높여갔다. 그는 4 가지의 다른 실험방법을 사용했으며, 그중에 가장 잘 알려진 방법은 추에 매달린 줄에 의해 돌아가는 바람개비를 물속에 넣고 물의 저항에 의해 온도가 올라가는 것을 측정하는 방법이다. 이런 식으로 그는 다른 형태의 에너지 사이의 변환을 나타낸 열역학의 제1법칙 즉, 확장된 에너지 보존법칙을 증명하였다. 그러나

과학위원회는 좀처럼 그의 결과를 받아들이려고 하지 않았다. 아마도 그들이 그 중요성과 의미를 이해하지 못했기 때문이었을 것이다.

- 1853년에 그는 윌리엄 톰슨(켈빈 경)과 함께 작은 구멍을 통해 압축된 기체를 흘릴 때 일어나는 기체의 열적인 변화를 연구했다. 이는 줄-톰슨효과라고 알려져 있으며, 대부분의 기체를 액화시킬 때 사용된다. 다른 업적들 중에는 전기용접과 변위펌프의 발명, 그리고 고체 물질을 압축하거나 잡아당길 때 생기는 온도변화에 대한 연구 등이 있다. 1875년 마침내 실험을 위한 그의 돈이 모두 바닥이 났고, 그 뒤로 몇년 동안을 계속해서 앓다가 결국 그는 1889년에 세상을 떠났다.

1.4 교류와 직류

1.4.1 직류와 교류

전기에는 정전기와 동전기가 있고, 동전기에는 직류와 교류가 있다.

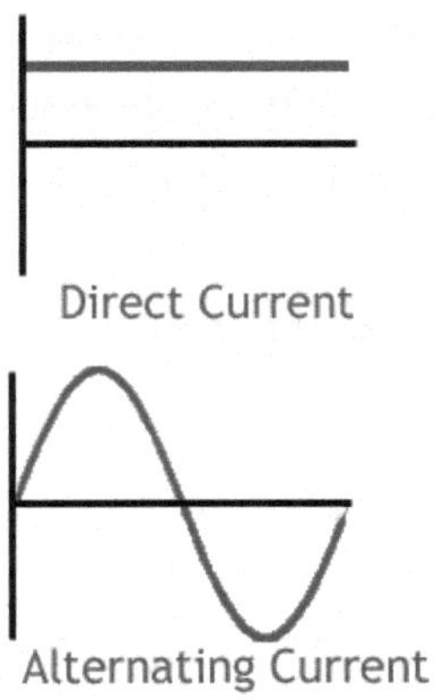

그림 1-36 전류의 종류

1) 직류(Direct Current : DC) :

시간의 경과에 따라 전압(voltage) 또는 전류(ampere)가 일정 값을 유지하고 그 방향이 일정한 것을 말한다.

2) 교류(Alternating Current : AC) :

시간의 경과에 따라 전압(voltage) 또는 전류(amper)의 값이 시시각각으로 정방향과 역방향을 교대로 반복되는 것을 말한다. 특히 그 변화 형태를 사인곡선(sinusoidal curve)으로 나타낼 수 있는 전류를 사인파 교류라 한다. 우리가 사용하는 일반 전력은 대표적인 사인파 교류이다.

3) 사인파 교류의 주기와 주파수 :

일정하게 반복되어 변화가 나타나는 경우 그 변화가 동일한 두점 사이를 사이클(cycle)이라한다. 사인파 교류에서는 정(+)의 반파와 부(-)의 반파를 각각 하나씩 취하여 이를 1사이클 이라하고 1사이클에 소용된 시간을 주기(period)라 한다. 일반적으로 주기의 표시기호는 T를, 단위는 초[s]를 사용한다.

교류의 변화속도는 1초 동안에 반복되는 주기수로 표시한다. 1초 동안에 반복되는 주기(혹은 사이클 수)를 주파수라고 하며, 기호는 f, 단위는 헤르쯔[Hz]를 사용하다. 주기와 주파수(frequency) f의 관계는 다음과 같다.

$$T = \frac{1}{f}[s],\ f = \frac{1}{T}[Hz]$$

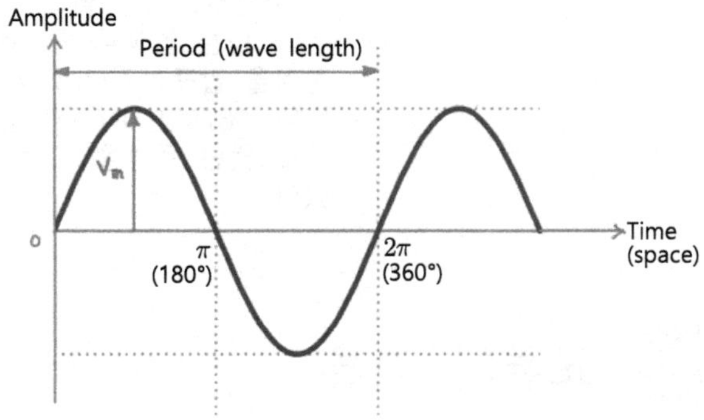

그림 1-37 교류전압의 시간적 변화 과정

4) 교류발전기의 주파수 :

교류발전기에서 주파수 f는 발전기의 회전속도와 극수에 의해서 결정된다. 각각 1개씩의 N극과 S극, 즉 한쌍의 자극으로 구성된 발전기(단상 발전기)가 매초당 1회전 할 경우 주파수는 1 Hz가 된다. 따라서 회전수가 같은 경우 2쌍의 자극을 이용하면 주파수는 2배가 된다.

일반적으로 회전속도는 매분당으로 표시하므로 발전기의 주파수는 다음 식으로 계산한다.

$$f = \frac{P \cdot n}{60}[Hz]$$

P : 쌍자극수(또는 발전기의 상수), n : 분당회전속도, f: 주파수[Hz]

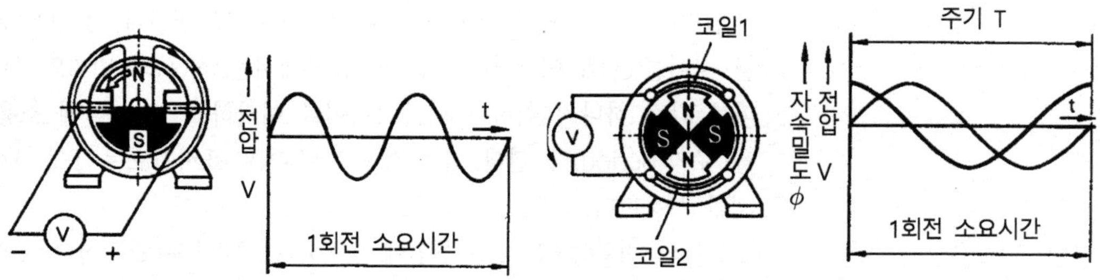

(a) 단상 (b) 2상

그림 1-38 쌍 자극수와 주파수

1.4.2 직류발전기

직류발전기(direct current generator) 원리는 자극이 만든 자장 내에 전기자(전기자 코일)을 회전시켜 자속을 끊으면(쇄교) 코일에 전압이 유도된다. 이때 코일이 자속과 직각으로 쇄교하는 정도가 가장 큰 곳에서 높은 전압이 유도된다. 반대로 코일이 자속과 쇄교하지 않으면 전압이 유도되지 않는다.

코일이 1회전하는 동안, 코일이 회전함에 따라 코일을 관통하는 자속의 방향이 변화하는 결과가 되므로, 유도기전력의 방향도 변화한다. 발생된 전압은 플레밍의 오른손법칙에 따라 그 크기는 자속을 직각으로 자르는 비율에 비례한다.

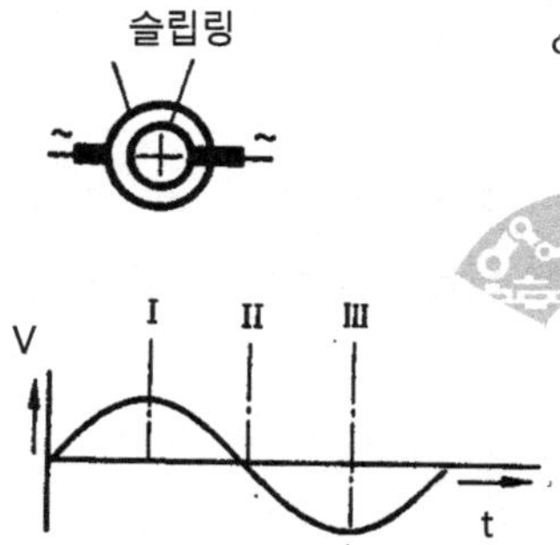

(a) 슬립링을 거칠 경우

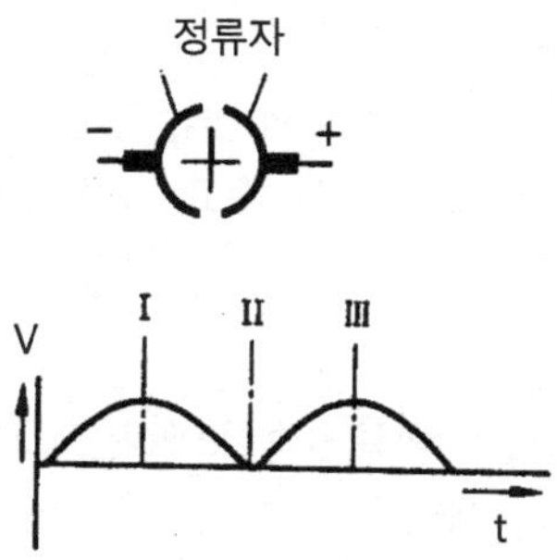

(b) 정류자를 거칠 경우

그림 3-39 교류 및 직류전압

직류 및 교류전압

- 발전기의 코일이 1회전하는 동안 코일링 회전함에 따라 코일을 관통하는 자속의 방향이 변화하는 결과가 되므로 유도 기전력의 방향도 변화한다. 즉, 직류발전기의 전기자에는 사인파 교류전압이 유도된다.
- 전기자 코일의 양단을 전기자 축에 설치된 2개의 슬립링과 각각 연결하고, 슬립링에는 각각 카본 브러시를 접촉시킨다.. 외력으로 전기자를 회전시키면 브러시를 통해 교류 전압을 얻을 수 있다.(그림 a)
- 반대로 2개의 슬립링 대신에 1개의 슬립링을 두 조각으로 하여 한쌍의 정류자편(commutator segment)으로 하면, 전기자 코일이 1/2회전할 때마다 브러시와 접촉하는 정류자 편이 바뀌게 된다. 이렇게 되면 브러시에는 교류대신 심하게 맥동하는 직류전압이 유도된다.(그림 b)
- 정류자는 정류기와 같은 역할을 한다.
- 맥동이 적은 직류전압을 유도하기 위하여 정류자편이 접속된 전기자 코일의 수를 증가시켜, 브러시와 접촉할 때 직류로 정류되도록 한다. 이 경우 브러시와 접촉되지 않은 코일에서 유도된 전압은 이용할 수 없게 된다.

1.4.3 교류의 발생

교류의 발생은 N극과 S극 사이에 코일을 놓고 이것을 회전시키면 코일변에서는 자속을 끊기 때문에 기전력이 유기되며 이 유기된 기전력은 반회전마다 바뀌므로 플레밍의 오른손법칙에 의하여 자력선을 오른쪽에서 왼쪽으로 자르기 때문에 ⊕방향의 기전력이 생기고 아래쪽으로 운동할 때에는 자력선을 왼쪽에서 오른쪽으로 자르므로 ⊖방향이 기전력이 유기된다.

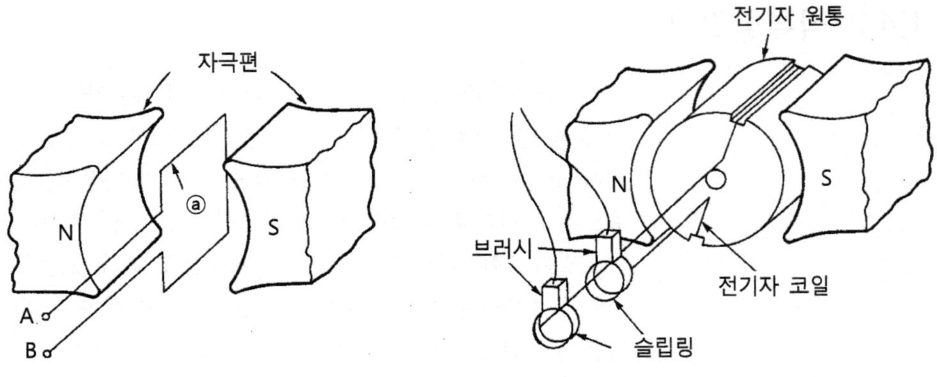

그림 1-40 교류의 발생

따라서 기전력은 반 회전마다 ⊕와 ⊖를 바꾸어 발생되고 이 기전력의 크기는 전선이 일정 시간 내에 자력을 자르는 비율에 비례하기 때문에 기전력의 크기는 정현파 곡선의 교류가 된다.

1.4.4 단상교류(single phase AC)

자계 내에서 도체를 회전시키면 교류 기전력을 얻을 수 있지만 도체 내에서 자석을 회전시켜도 마찬가지로 교류 기전력을 얻을 수 있다. 즉, 단상 교류의 발생과 단상 교류의 기전력은 단상교류의 발생을 보여 주고 있다. 이와 같이 기전력을 발생하는 도체가 권선 1짝으로 되어 있는 것을 단상교류라 하며 단상교류 발전기라고 한다.

단상 교류의 기전력의 a에서 a까지의 기전력의 변화를 1cycle 이라 하고 이 변화가 1초 동안에 반복하는 횟수를 주파수라 하며 우리가 늘 사용하는 전력은 60 Hz이고 자석의 자석수가 증가할수록 회전수가 커질수록 발생되는 주파수가 증가된다. 이것을 관계식으로 표시하면 다음과 같다.

주파수 ∝ 자극수 × 회전수

$$f[Hz] = \frac{PN}{120}, \quad N = \frac{120f}{P}$$

f : 주파수[Hz]P : 자극수 N : 분당회전수[rpm]

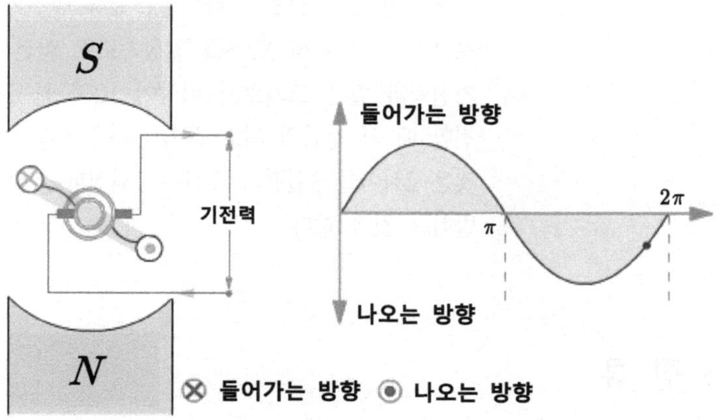

그림 1-41 단상 교류의 발생

1.4.5 삼상 교류(three phase AC)

3상 교류는 단상교류 3개를 조합한 것이다. 3상 교류는 단상교류보다 고능률이고 경제성도 우수하여 현재 자동차용 발전기에서 거의 3상 교류 발전기를 사용하고 있으며 회전속도가 늦어도 발생전압이 높아 축전지 충전이 가능하고 고속에서도 성능이 안정된 장점을 가지고 있다.

※ 3상 교류는 단상교류의 발생 밀도가 조밀해지므로 발생되는 기전력이 안정된다.

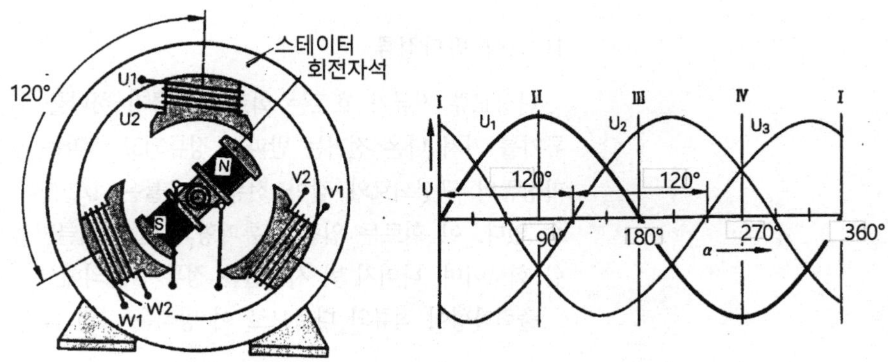

그림 1-42 3상 교류 발전기의 단면그림 2-663상 교류의 기전력

권수가 같은 코일 3개를 3상 교류 발전기의 단면과 같이 120° 의 간격으로 배치하고 자석 N, S를 일정속도로 회전시키면 3개의 코일에 3상 교류의 기전력과 같은 크기로서 위상이 120° 인 교류가 발생한다. 즉, 자극이 1회전할 때 각 전압의 최고 값이 (+)측 3회, (-)측 3회가 발생되는 것이다. 이것은 2사이클 3실린더 기관이 1회전하는 사이 120° 의 등 간격으로 3회 폭발하는 것과 같다.

1.4.6 정 류

자동차에 상용하는 전기는 직류이며 가정용 전기는 교류이다. 또한 자동차에 사용되는 발전기는 교류발전기이므로 교류전기를 발전한다. 따라서 자동차에 쓰기 위하여 부득이 직류로 바꾸는 것을 정류(rectification)라고 하며 정류를 하는 장치를 정류기(rectifier)라고 한다.

(1) 정류의 종류

다이오드가 한쪽 방향으로만 전류가 흐르는 성질을 이용하여 교류를 정류하여 직류로 변환시킬 수 있으며 정류에는 반파정류와 전파정류가 있다. 교류를 직류로 변환시키는 것을 정류라 한다. 정류를 하기 위해서는 다이오드가 사용된다. 따라서 다이오드를 흔히 정류기라고 얘기한다. 정류의 방식에는 3가지가 있는데, 단상반파 정류, 단상전파 정류, 삼상전파 정류가 바로 그것이다.

1) 단상 반파정류

단상교류 전류가 흐르는 회로에 정류기 하나를 회로에 연결하였을 때 정류기를 거쳐 나온 전기는 반파는 정류되고 반파는 정류되지 못하여 단상 반파정류의 구성회로와 같이 전류 이용률은 1/2이며 직류전류로써는 상용할 수 없다. 이 회로는 입력 교류파형의 반 사이클만을 통과시키는 매우 간단한 회로이며, 나머지 반 사이클은 정류기에 의해서 차단된다.

출력파형이 직류와 다르므로 이 방식은 그리 많이 쓰이지 않는다.

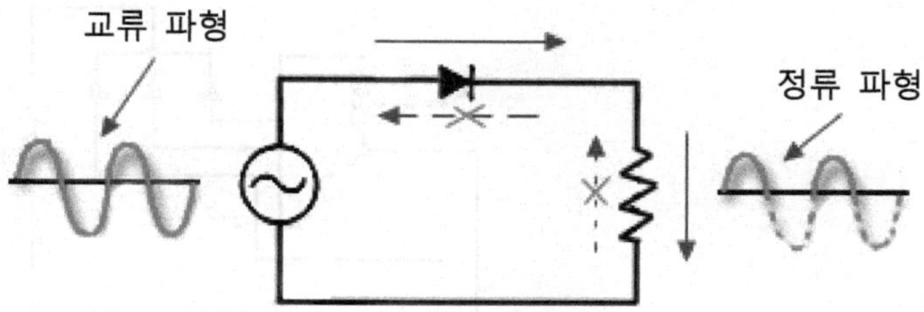

그림 1-43 단상 반파정류

2) 단상 전파정류

이 방식은 4개의 정류기를 사용하여 단상 반파 정류회로에서 정류되지 않는 사이클마저 정류하는 방식이다. 따라서 이 회로의 출력파형은 최대와 최저점이 있게 되고 교류의 특성을 많이 포함하게 된다.

단상 전파정류는 단상교류가 흐르는 회로에 단상전파 정류와 같이 정류기를 브리지 접속(bridge connection)하면 A쪽은 (+), B쪽은 (-)라 하면 실선은 화살표방향으로 흐르고 역으로 A쪽은 (-), B쪽은 (+)라고 하여도 점선 화살표방향으로 흐르기 때문에 이는 언제나 일정방향의 전류가 흐른다. 따라서 전파정류에서는 (-)쪽의 반파도 (+)쪽으로 변환하여 이용하기 때문에 단속파가 아닌 연속파를 만들 수 있다.

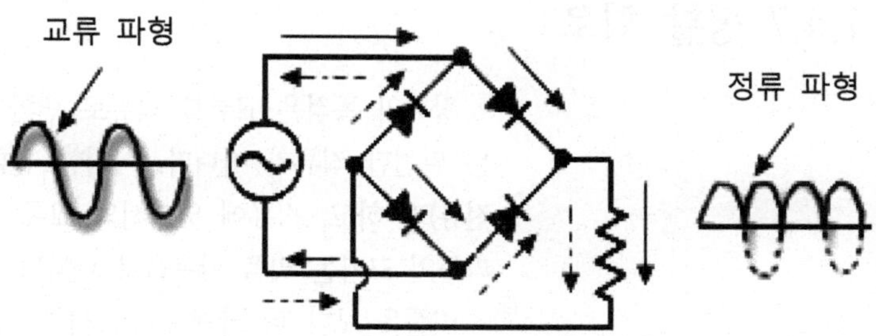

그림 1-44 단상 전파정류

3) 삼상 전파정류

이 방식은 삼상교류의 정류에 사용된다. 자동차에는 발전기로부터 삼상교류가 만들어지기 때문에 이것을 정류시키기 위해서는 6개의 정류기가 사용된다. 출력파형은 상당히 안정되어 있고, 최고점과 최저점이 비슷하므로 직류파형에 매우 가깝다.

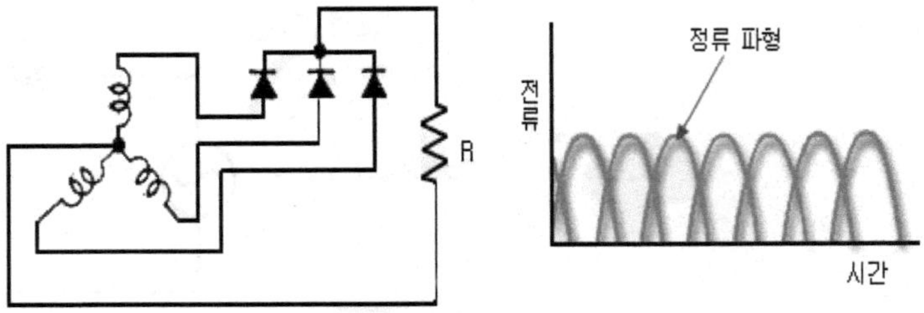

그림 1-45　삼상 반파정류 회로

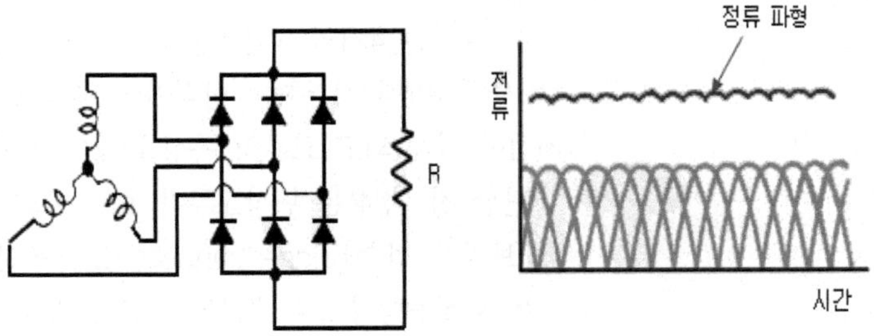

그림 1-46　삼상 전파정류 회로

1.4.7 평활 회로

정류의 목적은 교류를 직류로 변환시키는 것이지만 실제로 출력되는 전류는 완전한 직류가 아니다. 이러한 전류를 리플전류(ripple current : 잔물결 전류)라 하고, 직류에 있어서의 교류 성분이라고 표현한다. 그리고 직류에서 리플의 크기는 리플 함유율로 나타난다.

리플을 보다 더 작게 하고, 직류에 더욱 가까운 파형을 만들기 위해서 평활 회로가 쓰인다.

(1) 콘덴서 평활 회로

콘덴서 평활회로는 부하와 나란히 연결된 콘덴서로 구성되어 있는데, 부하에 흐르는 전류의 파형을 직류에 아주 가깝게 만들어 주는 역할을 한다. 콘덴서의 전위보다 공급전위가 낮을 때, 콘덴서로부터 방전전류가 흐르므로 부하로 흐르는 전류는 직류에 보다 더 가까워진다.

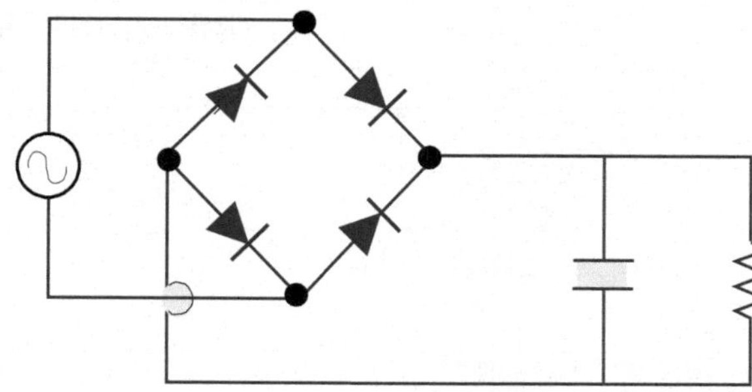

그림 1-47 콘덴서 평활 회로

콘덴서를 통해서 흐를 수 있는 전류는 교류성분이며, 이 교류성분은 우회하여 흐른다.

(2) 코일 평활 회로

코일평활회로는 부하와 직렬로 연결된 코일로 구성되어 있으며 콘덴서를 사용한 경우와 같은 결과를 얻을 수 있다. 공급전압이 변화하여 부하에 흐르는 전류가 변화하려 할 때 전류변화를 방해하는 역기전력이 발생함으로써 전류의 변화량이 매우 미약하게 되고, 직류에 보다 더 가까워지게 된다.

이러한 목적을 위해 사용되는 코일을 일반적으로 초크 코일(choke coil)이라 한다.

교류에 대해서는 매우 큰 저항으로 작용하기 때문에 부하에는 다만 직류만이 흐른다.

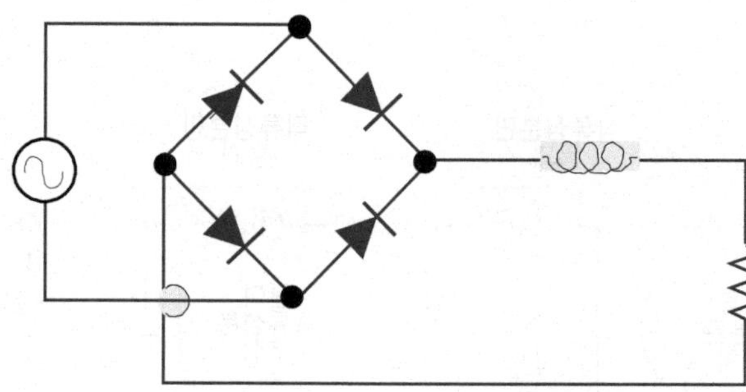

그림 1-48 코일을 이용한 평활 회로

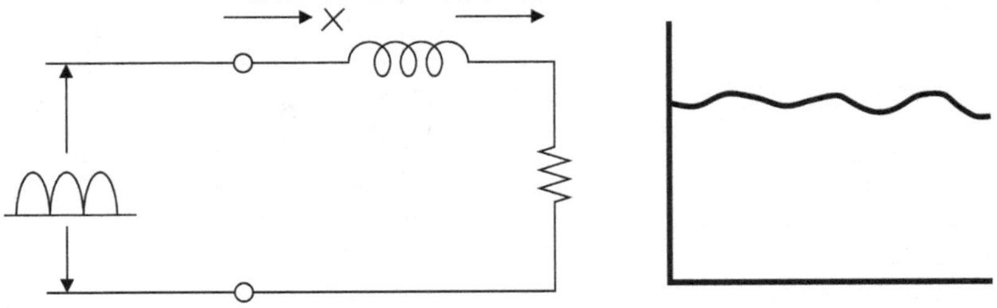

그림 1-49 평활 회로의 작용

(3) 기타 평활 회로

그림 1-50 회로의 형태는 콘덴서와 코일을 병용한 것이다.

여러 가지 에너지 중에서 인류의 삶에 가장 큰 영향을 미치는 것은 전기 에너지이다. 만약 인류가 전기 에너지를 사용하지 못했다면 우리의 삶은 어떠했을까?

발전소 이미지전기 에너지가 없다면 컴퓨터를 사용하지 못하고 TV를 보지 못하는 것은 말할 것도 없고, 돌도끼로 멧돼지를 잡아먹고, 그 가죽으로 옷을 해 입었던 원시 시대보다 조금 나은 생활로 만족해야 할지도 모른다. 우리가 사용하는 에너지의 대부분은 석유, 석탄, 천연 가스 등을 태워서 얻거나 원자력 발전소로부터 얻는다. 석유, 석탄, 천연 가스는 수백만 년 전에 지구에서 살았던 식물이나 바다의 작은 생물 화석에서 만들어졌기 때문에 화석 연료라고 부른다. 현재 전 세계의 인류가 소비하는 에너지의 약 80%를 화석 연료에서 얻는다.

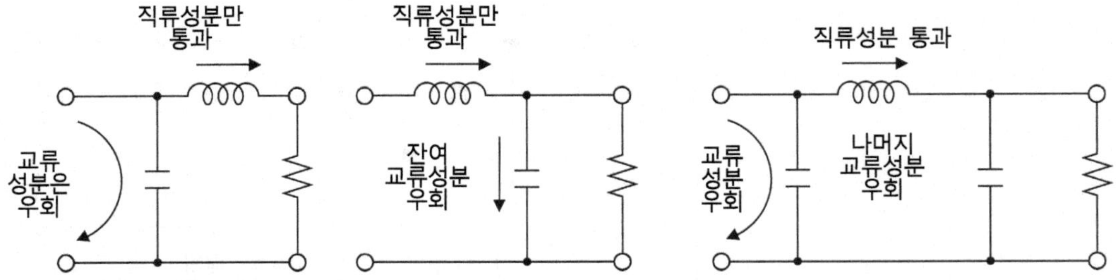

그림 1-50 코일-콘덴서 평활 회로

화석 연료는 지질 시대의 생물이 죽어 땅 속에 묻힌 후 높은 압력과 열, 지형적 특성 등의 요인에 의해서 만들어진 것으로서, 무한정 공급받을 수 있는 것이 아니라 그 양이 한정되어 있다. 화석 연료 대신에 사용하는 원자력도 우라늄의 매장량이 한정되어 있기 때문에 새로운 에너지 자원을 시급히 개발해야 한다. 우리나라에서 사용하고 있는 에너지의 97%는 해외에서 수입하고 있다. 에너지 수입에 사용하는 돈도 1년에 수십조원이나 된다. 과학 기술이 발달하고 산업화함에 따라 에너지 소비는 더 늘어나게 되었다. 그러나 인류는 현재 에너지 자원 부족으로 곤란을 겪고 있다. 에너지 공급에 문제가 생기면 우리의 생활은 혼란에 빠진다. 그러므로 에너지의 소중함에 대해서 올바로 알고 절약하는 생활 습관을 가져야 한다.

2장

전기장치의 고장

그림 2-1
누전에 의한 감전사고

2013년 1월 새벽 2시 브라질 산타마리아에 위치한 나이트클럽에서 화재가 발생, 245명이 숨지고, 100여명의 부상자가 발생된 사건이다. 화재의 원인은 전기배선의 누전으로 인한 전열기의 과열 때문이라고 한다.

전기 에너지는 편리함과 공해가 없는 에너지로 가정에서부터 학교, 직장 등 우리 생활 주변의 넓은 분야에 걸쳐서 많이 이용되고 있으나, 잘못 사용할 경우에는 전기에너지 의 특성에 의해 감전 사고나 화재 등의 재해를 유발할 수 있다.

흔히 습도가 높은 여름철 전기사고가 많이 발생하는 것은 잘 알면서도 겨울 전기사고는 대수롭지 않게 여기는 경우가 있다. 그러나 겨울은 난방기구 사용 증가와 건조한 기후 탓에 전기사고율이 상승하는 시기로, 전기 화재의 경우 다른 계절에 비해 20~30% 증가하는 것으로 보고됐다. 과열, 누전, 과부하는 주요 전기사고 및 화재발생 원인으로, 이를 숙지한 올바른 전기사용으로 큰 화를 막아야한다.

최근 전기난로 과열로 발생한 내장산 대웅전 화재 사고에서 알 수 있듯 겨울에 자주 접하는 사고 뉴스 중 하나는 바로 난방기구 등 각종 전열기구의 잘못된 사용으로 일어난 화재이다.

매년 발생한 전기사고 건수 중에서 난방기구로 말미암은 사고가 전체의 약 9%를 차지한다. 난방용품은 전기에너지를 열에너지화해 사용하기에 전력 소비량도 높아 동시에 여러 대를 사용하면 화재로 이어질 가능성이 더욱 높다. 예를 들어 선풍기가 30분 동안 사용하는 전력량이 150 w이면 전기난로는 1000 w전력을 사용하기에 여러 대의 전기난로를 동시에 사용하면 과열되기 쉽다.

겨울에는 사람들이 따듯한 곳을 찾아 실내로 모여들다 보니 다중이용시설의 전기 사용도 주의를 기울여야 한다. 전기 사용이 잦은 시설에는 멀티콘센트를 주로 쓰는데 그 소켓 수가 늘어나는 추세다. 소켓수가 많은 것을 쓰기보다 콘센트를 추가 설치하는 편이 안전하며 낡은 제품은 반드시 교체한다. 멀티콘센트 구입 시에는 저가의 제품은 잘 살펴볼 필요가 있다. 최근 중국에서 들어온 저가의 콘센트 제품은 물리적 강도가 낮아 쉽게 파손되고 전기사고를 유발하는 것으로 조사됐는데, 일반적인 상태에서도 감전 위험이 있거나 과다한 전력 손실 및 과열된 사례가 실제 보고된 바 있다. 사람들이 많이 모이고 전력 소비가 많은 다중이용시설에서는 과부하 차단 기능이 있는 제품을 사용하고 양극 스위치를 내장해 대기전력을 최소화 하는 제품을 사용하면 전기사고의 안전은 물론 전력 소비도 줄일 수 있다.

전기안전 규칙

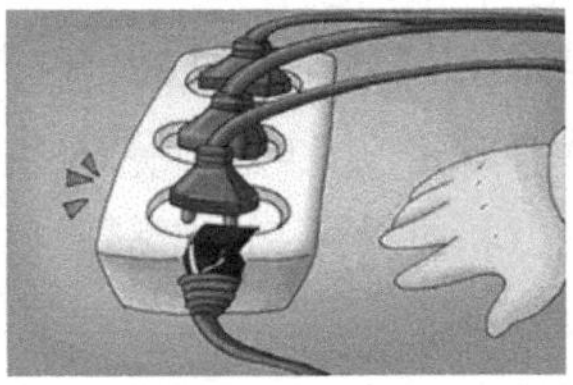

- 콘센트나 전구에 먼지가 쌓이면 스파크로 인해 화재의 가능성이 있다. 솜이나 면봉으로 콘센트를 닦고 사용하지 않는 빈 소켓에 먼지 등 사고를 유발하는 원인을 차단하기 위한 안전 커버를 챙겨두는 것이 좋다. 전기히터는 과열로 말미암은 화재가 많으므로 사용하지 않을 때는 반드시 전원 플러그를 뽑아 둔다. 전열기기는 전력소모가 많아 한 개의 콘센트에 문어발식으로 여러 개를 사용하면 과부하가 되어 합선사고가 발생하므로, 콘센트 용량에 맞는 전열기기를 사용한다. 다음은 한국전기안전공사의'전기안전 약속 10가지'다.

1. 난방용 콘센트는 적정 용량에 맞게 사용한다(문어발식 콘센트 사용 금지).
2. 난방용품은 가급적 같은 시간대에 1개 이상 사용하지 않는다.
3. 전기장판, 히터 등의 난방용품은 사용 후 반드시 전원을 차단한다.
4. 옷장, 이불, 소파 등의 가연성 물질 가까이에서는 난방용품 사용을 금한다.
5. 오랫동안 사용하지 않았던 난방용품은 반드시 고장 여부를 확인하고 가동한다.
6. 난방용품 구입 시에는 KS 또는 제품 승인을 받은 제품을 구입한다.
7. 난방용품 전선이 무거운 물건에 눌리지 않도록 주의한다.
8. 플러그는 콘센트에 완전히 접속됐는지 확인한다.
9. 가습기는 될수록 콘센트나 기타 전기제품과 거리를 두어 사용한다.

2.1 전기배선

2.1.1 송·배전

송전이란 발전소에서 만들어진 전기는 송전 선로를 따라 산과 들을 지나 먼 거리에 있는 변전소로 보내진다. 변전소에서는 전기의 전압을 낮추어 주상 변압기로 보내고, 주상 변압기에서는 전압을 더욱 낮추어 각 가정으로 공급한다.

배전이란 주상 변압기에서 가정에 들어오는 교류 전압은 220[V]로, 전력량계를 지나 누전 차단기를 거쳐서 배선 회로를 따라 콘센트나 조명 기구 등에 공급된다. 가정에서의 전기 배선은 크게 전등 배선과 콘센트 배선으로 나눌 수 있다.

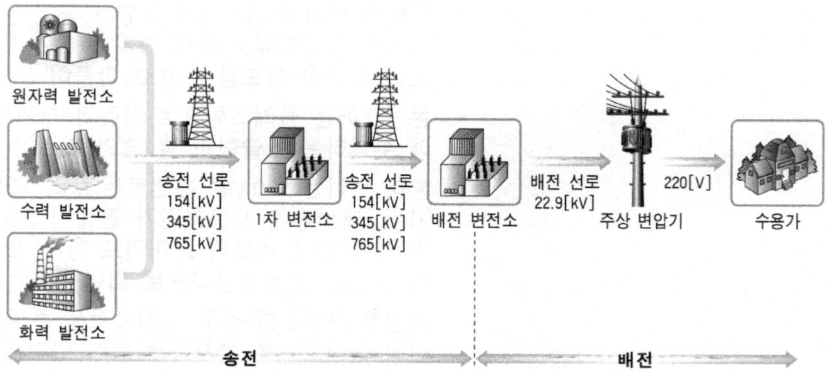

그림 2-2 전기의 송배전

전등 배선 회로에는 백열 전구·형광등·차임벨 등이 연결되어 있고, 각각에 부착된 스위치를 이용하여 점멸할 수 있다. 전등은 조명에 가장 적합한 곳에 설치하고, 스위치는 실내에서 1.2 m 정도의 높이에 설치하는 것이 보통이나 용도에 알맞게 시설한다. 전등 배선 회로는 부하가 정해지므로, 한 개의 회로 차단기에 15[A]를 초과하지 않도록 시설하는 것이 좋다.

콘센트 배선 회로는 전등 배선 회로와는 분리하여 설치하여야 한다. 실내에서는 바닥으로부터 30 cm 정도의 높이에 시설하는 것이 보통이나, 부엌과 화장실 등 물기가 많은 곳에서는 50 cm 이상의 높이로 적당한 곳에 설치한다. 가정에서 사용되는 콘센트는 보통 2구형 콘센트가 쓰이며, 가능하면 전용 콘센트로 사용해야 과도한 전기 사용으로 인한 누전 및 화재를 예방할 수 있다. 보통 220[V]에서는 한 개의 누전 차단기에 6개소 정도 설치한다.

전선은 전류를 흐르게 하는 데 쓰이는 모든 도체를 말하는데, 구리와 알루미늄 등으로 만든다. 전선에는 나전선, 절연 전선, 코드, 케이블, 통신선 등이 있다.

코드와 콘센트에도 여러 가지 종류

- 가전제품의 홍수시대라고 할 만큼 어느 집이나 가전제품이 집안에 넘치고 있다.
- 이렇게 여러 가지가 되면, 고장나는 것도 많아진다. 전기제품은 대개 구조가 복잡해서 아마추어로서는 손을 대기 어려운 것도 있다. 그렇다고 사소한 고장까지 수리 기사의 손을 빌린다는 것은 현대인 자격이 없다.

- 간단한 전기 상식은 알아두면 도움이 된다. 우선 전선에 대한 지식 - 전선이나 코드에도 여러 가지 종류가 있다. 가전제품에 사용되는 코드의 종류와 용도를 도표로 만들어 보았다.
- 콘센트에는 플래스틱으로 된것과 사기로 된 것이 있는데 기둥 따위에 부착하는 노출형과 벽 속의 박스에 집어넣는 매입형이 있다.
- 흔히 쓰이는 100 V용 콘센트는 플러그의 삽입구가 평행으로 되어 있지만, 대전류에 사용하던가 전압이 220 V용 이상 또는 직류전원의 경우는 T형 콘스트가 쓰이기도 한다. 또 220 V용은 어스선도 동시에 접속할 수 있는 3선식으로 되어 있다.
- 매입형 콘센트의 경우, 원칙으로는 콘센트의 삽입구가 긴쪽에 어스된 선이 들어오도록 설치하게 되어 있지만, 잘 지켜지지는 않고 있다.

2.1.2 전선의 허용 전류

전선에 전류가 지나치게 흐르면 열이 발생하여 전선의 온도가 높아지게 된다. 이러한 전선의 온도 상승은 전선의 굵기가 가늘수록 빠르고, 전선의 굵기가 일정할 때에는 전선에 흐르는 전류의 제곱에 비례한다. 따라서 어느 한도 이상의 전류가 흐르면 열의 발생으로 인하여 전선의 절연이 파괴되거나 화재를 일으킬 수도 있다. 이와 같은 위험을 방지하기 위하여 절연 전선과 코드에는 굵기에 따라 안전하게 흐를 수 있는 전류의 최대값이 규정되어 있는데, 이것을 전선의 허용 전류라 한다.

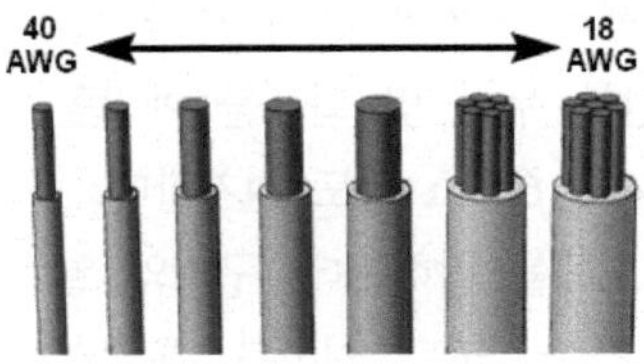

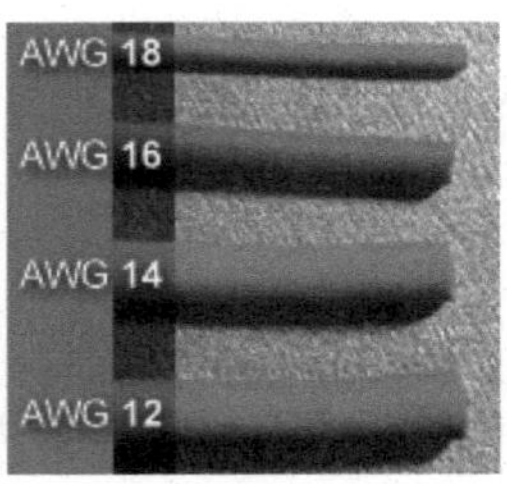

그림 2-3 전선 표준 규격(AWG)

전선 표준 규격(AWG : American wire gauge) : AWG라는 것은 미국 전선 규격이라는 의미이다. 미국에서 사용하는 표준 규격인데 우리나라도 이 규격을 따라 쓰고 있다. 뒤의 숫자들은 전선의 직경(굵기)이나 단면적을 기준으로 구분하는 내용이다.

AWG가 낮을수록 전선이 굵고, AWG가 높을수록 전선이 얇다. 전선의 지름이 얇아질수록 저항이 커지기 때문에 흐를 수 있는 전류의 양도 줄어들게 된다. 허용 전류는 $1m^2$당 10[A]정도로 보면 된다고 한다.

얇은 전선에 큰 전류가 오래도록 흐르면 과열이 되어 단선이 되거나 불이 날 수도 있는데, 멀티콘센트에 문어발식으로 컴퓨터나 소모전력이 큰 기기들을 물려서 쓸 경우 위험한게 이런 이유에서이다.

일전에 네이버 지식인에서 멀티 탭에 멀티탭을 여러개 연결해서 컴퓨터를 10대 이상 돌리는데 자꾸 멀티탭이 꺼지네요...왜 그런거죠? 라는 질문을 본 적이 있는데 진짜 위험한 일을 하고 있던 사람이다. 멀티탭이 꺼져서 다행인거지 계속 켜져 있으면 과열되어 화재로 이어졌을 지도 모르는 일이다.

2.1.3 정격과 형식

품질 표시 기호

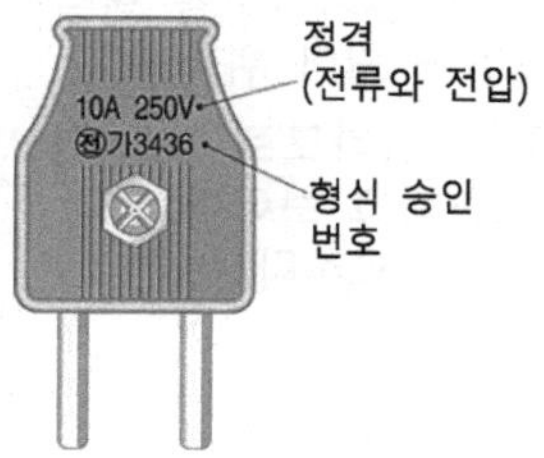

표시 방법

품명_접지형 플러그(둥근형2극)
정격 전압 : AC250V / 정격 전류 :16A

그림 2-4 정격과 형식

정격은 가전 기기를 안전하게 쓸 수 있는 범위를 나타낸 값으로, 정격 전압, 정격 전류, 정격 용량이 있다. 정격과 형식은 전기용품에 의한 화재, 감전 및 전파 장해의 발생을 방지하려는 것을 목적으로 한다. 전기 용품을 제조하려면 한국 표준 협회장의 제조 허가를 받아야 하며, 또 형식 구분에 의하여 한국 산업 규격 또는 기술 수준에 적합 여부의 형식 승인을 받아야 한다. 형식 승인을 받은 전기 용품에는 Ⓚ 등의 품질 표시 기호와 형식 승인 번호가 표시되어 있다.

플러그에 '10 A 250 V'라고 표시되어 있다면, 정격 전류가 10[A]이고, 정격 전압이 250[V]라는 것으로, 그 이상의 전류나 전압으로는 사용할 수 없다는 것을 나타낸 것이다.

코드, 플러그, 콘센트, 스위치 등의 접속 기구는 부하를 늘리면 전류도 늘어나므로 정격 전류를 잘 보아 두어야 한다. 예를 들면, '7 A 250 V'의 표시가 되어 있는 플러그를 220[V], 2,200[kW]의 전기 기구에 연결하여 사용하면 10[A]의 전류가 흐르므로 3[A]의 전류가 더 흐르게 되어 위험하다. 이 경우, 전류에 의한 발열량은 전류의 제곱, 즉 (10/7)2 = 100/49 ≒ 2로서 약 2배 증가하므로, 정격 이상의 전류를 흘리는 것은 위험률이 크게 증가한다고 볼 수 있다.

그런데 교류의 전력에는 역률이라는 것이 있어, 전류를 계산할 때에는 주의가 필요하다. 교류의 전력은 전압×전류×역률이므로, 전력(W) = 전압(V) × 전류(A) × 역률이 된다. 전열기나 백열전구는 역률이 100%이므로, 전류는 직류인 때와 같이

I = P/V로 계산해도 된다. 그러나 형광등이나 전동기 등은 역률을 적용하여 계산해야 한다. 예를 들면, 역률 80%, 440[W]인 전기세탁기의 전류는 전류 = {440/(220×0.8)} = 2.5[A]가 된다. 이와 같이, 콘센트, 플러그 등의 정격을 생각할 때에는 역률을 고려해야 한다.

전기기구 정격

- 전기를 안전하게 사용하기 위해 전기기기나 전기기구에 정격이라는 것이 정해져 있다. 정격이란 전기용품을 안전하게 사용하기 위해서 한계를 표시한 것이다.

- 플러그를 보면 보이기 쉬운 곳에 '15 A-125 V'라는 식으로 표시가 되어 있다. 이것은 정격전류가 15암페어로 정격 전압이 125볼트란 의미이다. 즉 전류의 상한이 15암페어이고 전압의 상한이 125볼트라는 것으로, 그 이상의 전류나 전압은 사용하지 말라는 의미이다.
- 코드, 플러그, 콘센트, 스위치 등의 접속기구는 부하를 늘리면 전류도 늘어나므로 정격전류를 잘 보아두어야 한다. 이를테면 '7 A-125 V'의 표시가 되어 있는 테이블탭에 100 V 1 kW의 전기기구를 연결하면 10암페어의 전류가 흐르므로 3암페어 오버가 되어 위험하다.
- 이 경우 전류에 의한 발열량은 전류의 제곱, 즉 증가하므로 한도 이상의 전류를 흘리는 것은 위험률이 2배로 증가한다고 보아야 한다. 또 코드에는 보통 정격 표시가 없으므로 주의가 필요하다.

2.2 전기장치의 고장원인

전기회로에서 발생할 수 있는 전기적인 고장은 일반적으로 단선, 단락, 누전, 접촉불량 등으로 세분화 할 수 있다.

2.2.1 단선(open circuit)

단선회로(斷線:open circuit)란 와이어(wire)가 절단되어 커넥터(connector)의 결합이 해제되어 회로가 끊어진 것을 말한다. 예를 들면 퓨즈 용단, 필라멘트 용단, 커플러(coupler)의 빠짐 등이며 회로가 개방될 때는 전류가 흐르지 않는다.

예) 자동차의 전기회로에서 일부분을 단선 시키고 측정장비를 사용하여 단선부위를 체크하고 단선 시 각 부위별 발생하는 현상을 체크한다.

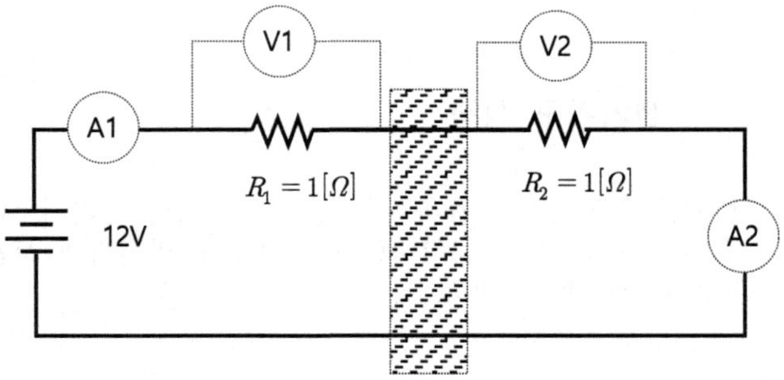

그림 2-5 정상회로

항목	이론치
A1	6A
A2	6A
V1	6V
V2	6V

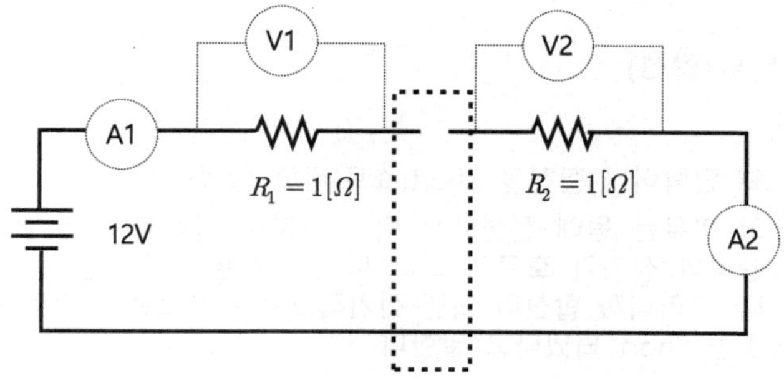

그림 2-6 단선회로

항목	이론치
A1	0A
A2	0A
V1	0V
V2	0V

단선(open circuit)

단선

- 단선은 구성회로의 선이 끊어져 전기가 흐를 수 없는 상태가 되는 경우이며 이 경우 전체회로의 저항은 무한대가 된다.
- 이에 반하여 단락은 내부저항 없이 선이 이어져 있어 도통하는 경우이며 저항측정기로 저항을 측정할 경우 저항이 거의 없는, 0의 값을 가지게 된다. 즉 전류는 무한대가 흐르게 된다.

2.2.2 단락(short, 합선)

전류가 목적된 회로가 아닌 다른 곳을 통하여 흐르는 경우, 예를 들면, 목적된 도체의 절연이 파괴되거나 의도되지 않은 도체 표면에 접촉된 경우에 단락회로(短絡:short circuit)가 형성될 수 있다. 이로 인해서 과도한 전류가 흐를 때 결국 퓨즈가 용단된다. 예) 자동차의 전기회로에서 일부분을 단락 시키고 측정장비를 사용하여 단락부위를 체크하고 단락시 각 부위별 발생하는 현상을 체크한다.

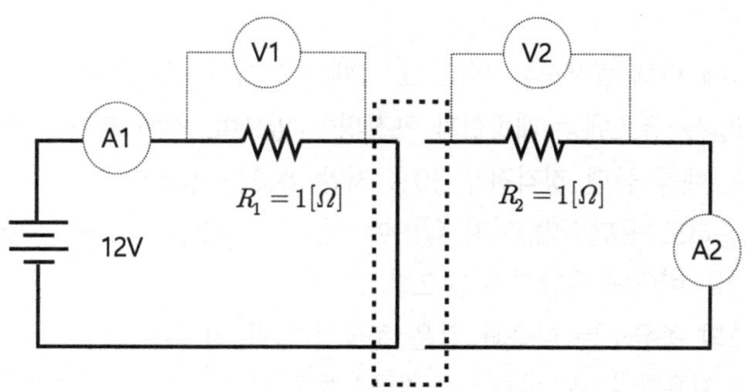

그림 2-7 단락회로(Short)

항목	이론치
A1	12A
A2	0A
V1	12V
V2	0V

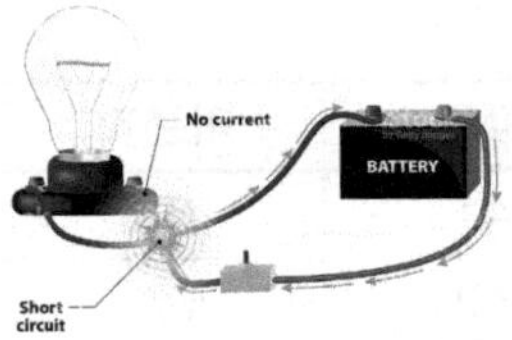

단락(합선)

단락(합선)

- 왜 단락이나 합선을 Short(쇼트)라고 할까?
- 그 이유는 원래 전선에서 어느 부분이 합선이 되면 합선된 부분을 통하여 전기가 흐르게 되고 나머지 부분은 전기를 흐르지 않게 된다. 그러니까 합선이 되면 전기적으로는 흐르는 길이가 짧아져서 이것을 Short 되었다고 말한다.

합선, 과부하 등의 예방법

1) 접지 :

어스라고도 한다. 기기의 전위를 대지와 동일한 전위로 유지하고 또 대지를 전기회로의 일부로서 이용하기 위해서이다. 접지에는 저항 값을 작게 하면 유효하므로 저항이 작은 도선으로 대지에 잇는다. 이로 말미암아 대전도체의 전위는 대지와 상등하게 0이 되므로 기기에 닿아도 감전되지 않는다. 전기기기의 겉틀이나 피뢰침 등을 접지하는 것은 이 때문이다.

접지에는 직접접지 · 고저항 접지 · 저저항 접지 · 리액턴스접지 등의 방식이 있다. 무선통신에 있어서 장 ·중파의 전파를 발사하기 위해서는 접지를 사용해야 하는데 접지저항은 발사전력손실의 최대원인이 되므로 이것을 감소시키는 것이 무엇보다 중요하다. 소규모의 안테나에서는 땅속에 깊게 매설한 얇은 동판, 혹은 땅밑 1~2 m 정도의 깊이로 매설한 동선망을 사용하고 대규모의 안테나에서는 안테나 수평부의 투영면적보다 약간 큰 지역에 지선망을 만들고 이것을 가공지선으로 접속하여 지선전류의 균일화를 꾀한다. 쉽게 말하면 누전된 전기가 땅으로 안전하게 흘러갈 수 있도록 해놓은 간단한 장치

2) 퓨즈 :

전류에 의해 발생하는 열로 그 자체가 녹아 전선로를 끊어지게 하는 것으로, 저압용 퓨즈에는 개방형과 포장형이 있으며, 전기설비기술기준의 적용을 받는다. 예를 들면 정격전류 30 A 저압 퓨즈는 정격의 1.1배 전류에서는 장시간 흘러도 용단(溶斷)되지 않아야 하고, 1.6배에서는 60분 이내에, 2배에서는 2분 이내에 용단되지 않으면 안된다.

퓨즈의 종류로는 다음과 같은 것들이 있다. ① 실퓨즈 : 정격전류 5 A 이하에서 사용한다. ② 판퓨즈 : 경금속제로 그 양끝에 고리 모양의 훅이 달려

있다. ③ 통형퓨즈 : 퓨즈가 통 속에 들어 있다. ④ 플러그 퓨즈 : 플러그처럼 생긴 내부에 퓨즈가 들어 있다. 퓨즈는 납과 주석 또는 아연과 주석의 합금으로 만든다.

3) 각종 차단기 :

- 자동 차단기 : 옥내에 들어오는 전기회로를 여닫을 수 있는 배선기구. 옥내에서 단락사고(합선),누전사고가 발생할 경우 차단기가 자동으로 작동하여 전기사고를 방지해 준다. 종류: 커버나이프 스위치, 자동차단기, 누전차단기
- 커버 나이프 스위치 : 두선을 동시에 차단하는 스위치. 안에 휴즈가 있어 가정에서 합선이 일어나면 과전류가 흘러 회로가 차단된다. 휴즈는 열에 약한 금속으로 만들어 규정 이상의 열이 발생하면 끊어진다. 휴즈가 끊어지면 정격의 휴즈로 갈아 끼워야 함.
- 자동차단기 : 전류의 단락, 과부하 등으로 인하여 전류가 비정상적으로 흐를 때 자동적으로 회로가 끊어진다. 동작원리는 바이메탈이라는 열팽창 계수가 다른 두 금속 맞붙여 온도가 높아지면 열팽창 계수가 낮은 쪽으로 휘어져 회로가 차단됨.
- 누전차단기 : 옥내배선 선로에 손상이 있어 전기가 누전 될 때 자동적으로 차단된다.

2.2.3 누전(절연불량)

절연물의 균열, 물, 오물 등에 의해 절연이 파괴되는 현상을 누전(漏電)이라 말하며, 이 때 전류가 누설된다. 스파크 플러그 케이블의 절연 파손 등을 예로 들 수 있다.

예) 자동차의 전기회로에서 일부분을 누전 시키고 측정장비를 사용하여 누전부위를 체크하고 누전 시 각 부위별 발생하는 현상을 체크한다.

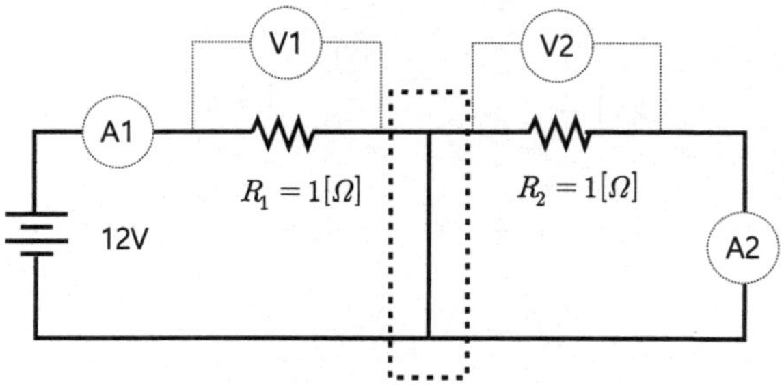

그림 2-8 누전회로(절연불량)

항목	이론치
A1	12A
A2	0A
V1	12V
V2	0V

여름철 감전사고 다수

누전

- 국민안전처는 여름 장마철에 습기가 높고 신체 노출부위가 많아 감전사고의 위험이 높아진다며 주의를 당부하였다. 한국전기안전공사 통계에 따르면, 지난 3년간('12~14) 발생한 감전사고는 총 1,745건으로, 이로 인해 105명이 사망한 것으로 나타났다. 월별로는 8월에 219건으로 가장 많았고, 7월이 그 뒤를 이었으며, 장마철에 사고가 크게 증가하여 6월~8월에 34%가 발생하였다.
- 사고형태별로는 충전부에 직접 접촉하여 발생한 사고가 59%로 가장 많았고, 아크(전선로 또는 전기기기에서 발생되는 아크에 의해 2차적으로 전기화상)에 의한 감전과 누전에 의한 감전이 각각 28%, 11%를 차지하였다.
- 여름 장마철에 감전사고가 많이 발생하는 이유는, 물기가 많고 습도가 높아 쉽게 누전이 되는 등 감전사고를 유발할 수 있는 조건이 형성되며, 땀으로 인한 인체 저항 감소와 짧은 옷 등 간편한 복장으로 인한 신체의 노출부위기 많아지기 때문이다. 국민안전처는 감전사고 예방을 위해서 "비가 오는 날에는 가로등이나 신호 등 뿐만 아니라 입간판, 에어컨 실외기 등의 접촉을 최대한 피하고, 사업장에서는 '접지', '누전차단기 설치', '전기기기 정비 시 전원 차단' 등 감전재해 예방 3대 안전수칙을 지켜 줄 것 "을 당부하였다

2.2.4 전압강하

전압강하란 전압의 감소를 말한다. 다음 그림 2-9와 같이 직렬 연결된 부하회로에서 연결핀이 가볍게 접촉되고 있는 경우에도 저항이 나타나게 된다. 따라서 이 저항성분이 열로 소모되고 있는 만큼의 전압강하가 발생하게 되므로 부하에 인가되는 전압은 실질적으로 낮아지게 되는 것이다.

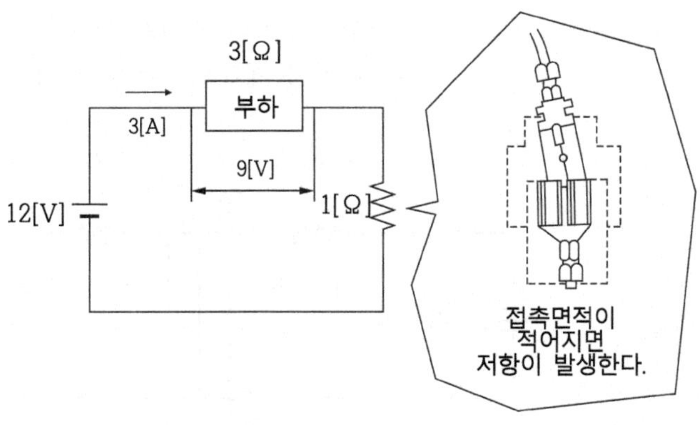

그림 2-9 접촉불량에 의한 전압강하

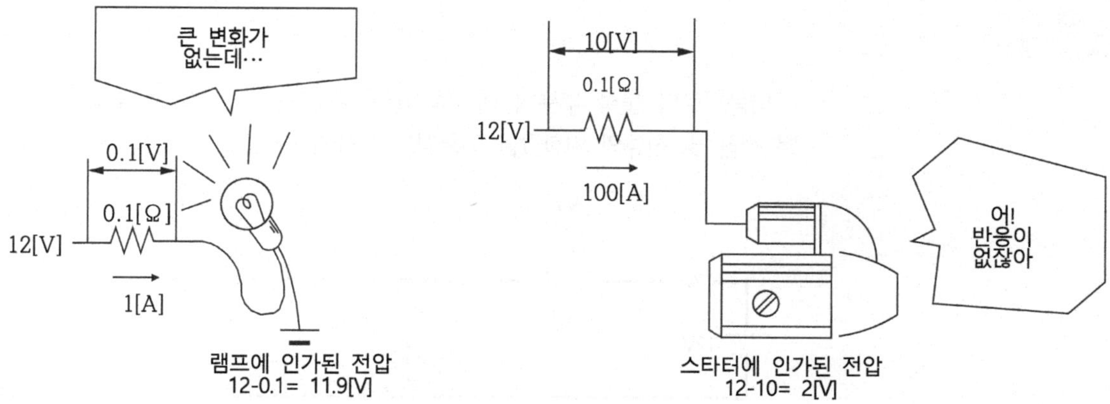

그림 2-10 전압강하

전압강하의 크기는 옴(Ohm)의 법칙 E[V] = I[A] × R[Ω]에 의해서 계산된다. 따라서, 전류와 저항의 크기가 커지면 커질수록 전압강하는 더욱 커지게 되는 것이다. 전압강하를 측정하는 목적에는 회로상의 불필요한 저항성분(접촉불량 등)을 발견하는 것도 포함된다.

회로에서 저항의 크기를 측정하려는 경우, 테스터를 저항 레인지에 위치시키고 측정한다. 이때 테스터가 낮은 저항(1.0[Ω] 이하)을 측정할 수 없는 것이라면 지침은 0[Ω]을 지시하고 있게 되는데 이럴 경우, 회로에 전원을 연결하여 전류를 측정함으로써 전압강하분을 알아낼 수 있다. 대부분 전압강하의 원인은 접촉불량, 전선 단면적이 작음으로 발생하지만, 낡은 차에서 때로는 접지불량 또는 이물질에 의해 램프가 어두워지게 되는 경우도 있다.

[전기적인 고장]

구분	전류	전압	전체저항	동일용어
단　선	없음	없음	무한대	개회로
단　락	증가	증가	감소	합선,Short
누　전	증가	증가	감소	절연불량
접촉불량	감소	감소	증가	

* 전기적고장 발생 앞부분의 저항을 기준으로 표시함

예제 2-1

다음회로의 블록 부분에 대하여 표와 같은 전기적 고장의 발생시 부위별 전압 및 전류의 변화값을 이론적으로 표기 하시오.

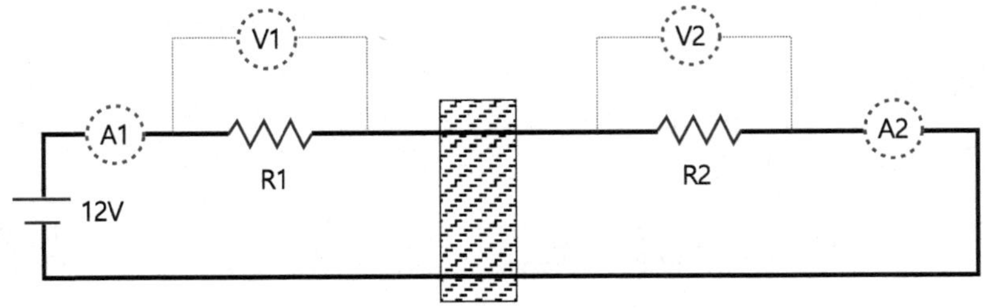

그림 2-11 전기적인 고장회로 구성

구분	A1	A2	V1	V2	비 고
정 상					
단 선					
단 락					
누 전					

2.3 테스터를 사용한 점검

테스터는 멀티테스터 또는 유니버셜 테스터로 불리워지는데 전류계, 전압계, 저항계의 기능을 갖고 있으며 여러 가지로 유용하게 사용된다. 테스터의 종류는 여러 가지가 있으나 대부분이 유사하므로 대표적인 예로 다음과 같이 나타낸다.

① 트랜지스터 검사 소켓 : 트랜지스터 검사시 소켓에 표시된 각 극성간의 정확한 위치에 시험할 트랜지스터의 극성을 맞추어 끼워야 한다.
② 트랜지스터 판정 지시기 : 양품의 PNP 극성 트랜지스터이면 PNP이라는 글자 위에 불이 오고, 양품의 NPN 극성 트랜지스터이면 NPN이라는 글자 위에 불이 온다.

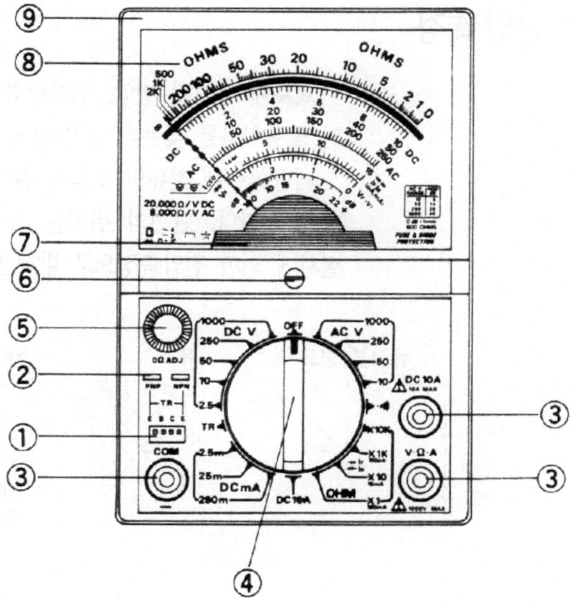

그림 2-12 아날로그 멀티테스터의 사용법

③ 입력 소켓 : 전압, 전류, 저항 등을 측정할 시험봉의 플러그를 꼽는 자리이다. 붉은색 플러그는 +, 검은색 플러그는 -에 꼽는 것이 일반적이다. 검은색 플러그를 꼽는 곳에는 전류의 크기에 따라 둘 중 한곳에 꼽으면 된다.

④ 배율 전환 손잡이(Range) : 측정할 전류, 전압, 저항을 적당한 곳으로 배율 전환 손잡이를 틀어 위치시키고 측정한다.

⑤ "0"옴 조정기 : 저항을 측정할 때 붉은색 시험봉과 검은색 시험봉을 접속한 뒤 "0"옴을 조정하는 손잡이 이다. 이 때 배율 손잡이를 다른 저항범위로 옮길 때마다 "0"옴을 조정하여야 한다.

⑥ 지침 "0"점 조정기 : 측정 전 계기의 지침이 "0" 점에 있는지 확인하고 필요시 드라이버를 사용하여 "0" 점에 조정한다. 무리한 힘이나 360° 로 돌리면 고장의 원인이 되므로 주의하여 조정 하여야 한다.

⑦ 메타기 : 측정된 값을 지침이 가리키게 된다. 전자석과 스프링의 힘이 평형이 이루어지는 곳에 지침이 가리키게 되는 원리를 이용한 것이다.

⑧ 눈금판 : 배율 전환 손잡이의 배율에 따라 눈금판을 선택하여 눈금을 읽어야 한다.

⑨ 케이스 : 내부 장치를 고정시키고 충격이나 감전을 예방한다.

2.3.1 전압측정

회로에 인가된 전압, 전압강하 등을 알 수 있으며 특히 개방회로 또는 절연 불량회로를 찾는데 상용된다.

개방회로란 전류의 흐름이 끊김으로 해서 전기 장치가 동작할 수 없는 상태를 말한다. 단선의 위치를 확인하려 하는 경우 그림 2-13처럼 순차적인 절차에 의한 전압측정으로 밝혀낼 수 있다.

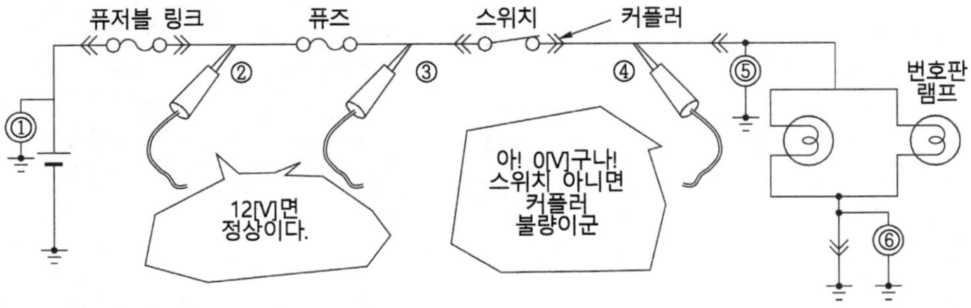

그림 2-13 고장부위 진단

[단자별 전압측정]

측정단자	정상전압	비정상	비정상 원인
①	12V	10.5V	축전지 방전
②	12V	0V	퓨즈블 링크 용단, 커플러 연결불량
③	12V	0V	퓨즈 단선, 홀더 연결불량
④	12V	0V	라이트 스위치고장, 커플러 연결불량
⑤	12V	0V	소프트셀 커넥터 연결불량
⑥	0V	12V	커넥터 연결불량, 접지불량

(1) 스위치회로의 전압측정

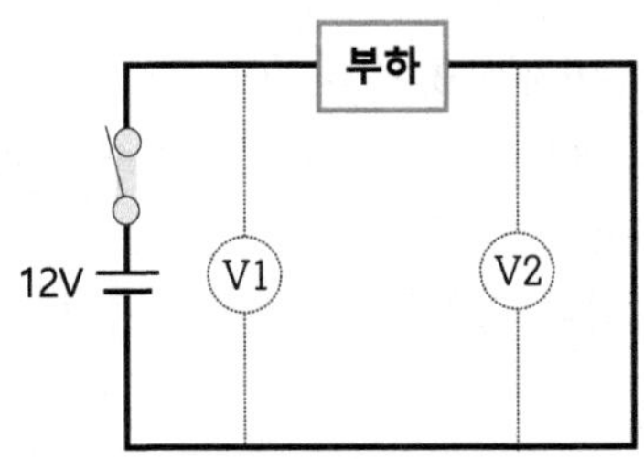

구분	V1	V2
스위치 ON	12[V]	0[V]
스위치 OFF	0[V]	0[V]

그림 2-14 스위치회로 전압 측정

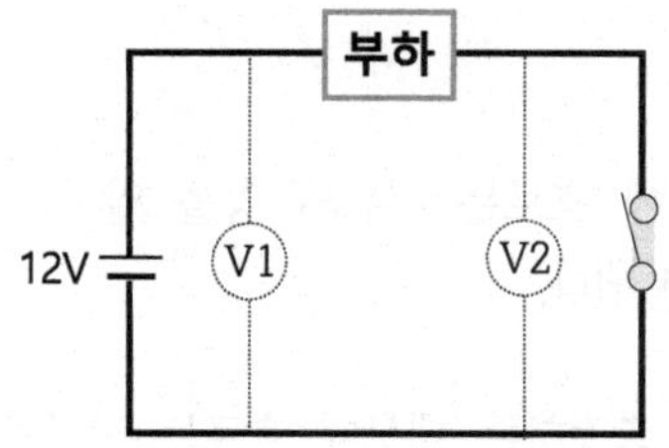

구분	V1	V2
스위치 ON	12[V]	0[V]
스위치 OFF	12[V]	12[V]

(b)

그림 2-15 부위별 측정전압

① 리드선을 테스터에 삽입한다.
  ㉮ 적색 리드선 : (+)
  ㉯ 흑색 리드선 : (-)
② 측정대상의 전압이 테스터의 레인지 범위에 있는지를 확인한다.
③ 측정하고자 하는 대상(부하, 공급전원)이 양 끝에 테스터 리드선을 나란히 연결한다(전류가 적색리드선(+측)으로부터 흑색리드선(-측)으로 흐를 수 있도록 연결한다). 공급전원의 ⊕측에 인접한 지점에 적색 리드선을 연결하고, 공급전원의 ⊖측에 흑색 리드선을 연결한다.
④ 테스터에 표시된 여러 가지 눈금 중 레인지 전환 노브가 가리키는 단위의 눈금을 읽는다.

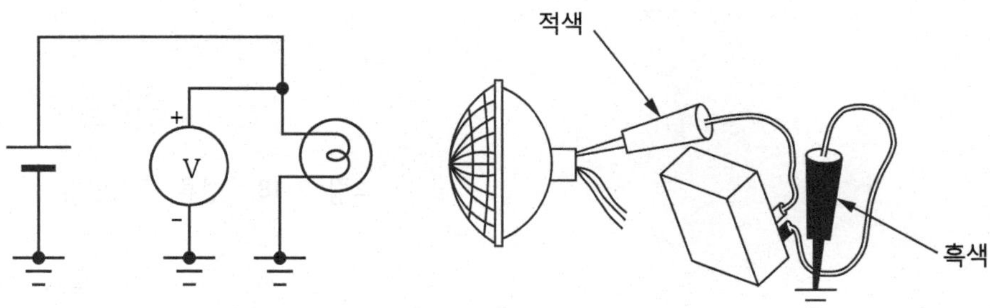

그림 2-16 헤드램프의 전압 측정

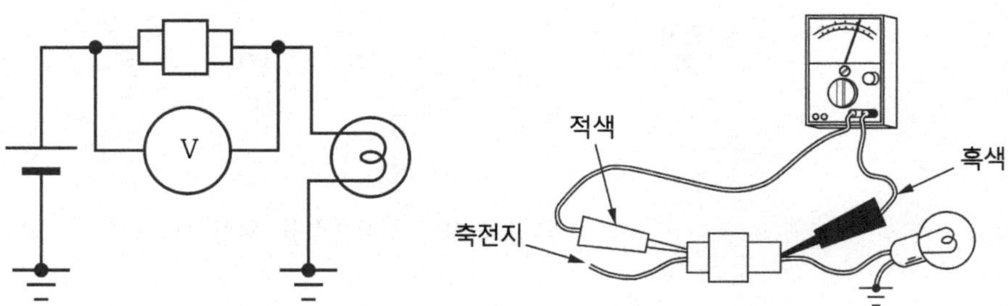

그림 2-17 커플러의 전압강하 측정

2.3.2 전류측정

회로 내에 흐르는 전류의 양을 알 수 있으며 전기 고장 중 단락회로를 찾는데 사용된다.

① 측정하는 대상에 흐르는 전류량을 고려하여, 그보다 높은 레인지를 선택한다.
② 테스터 리스선을 테스터에 끼운다.
③ 측정대상 부하에 직렬로 테스터 리드선을 연결한다. 회로의 측정 대상점을 개방시키고, 공급전원 ⊕측에 적색 리드선을, 다른 한 쪽에 흑색 리드선을 연결한다.
④ 레인지 전환 노브(knob)가 지시하고 있는 단위의 눈금을 읽는다.

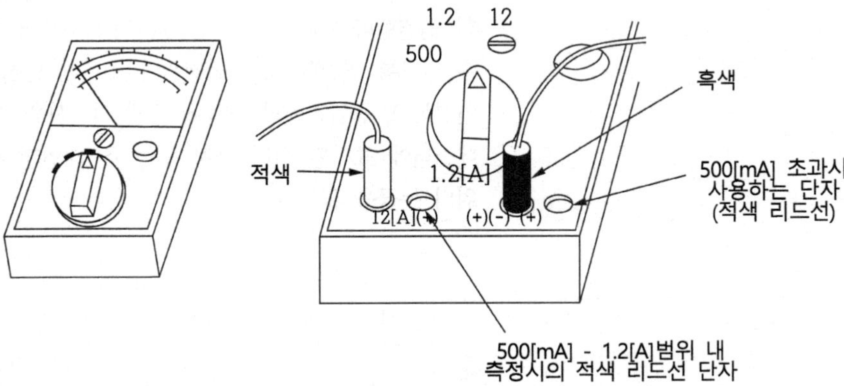

그림 2-18 전류 측정방법

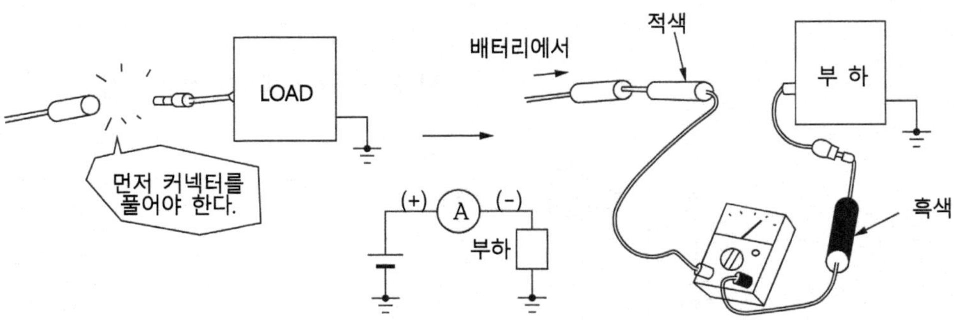

그림 2-19 전류측정을 위한 테스터의 구성법

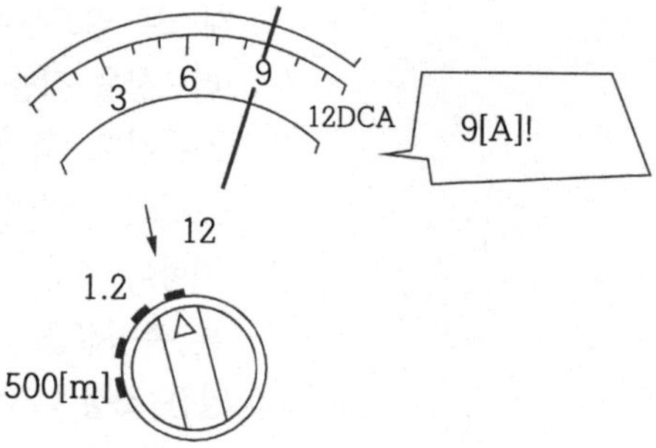

그림 2-20 테스터의 눈금 읽기

2.3.4 저항측정(절연검사)

회로 내에 걸리는 저항값을 알 수 있으며 절연 및 접촉불량을 찾는데 사용된다.

① 테스터 리드선을 테스터에 끼운다. 두 개의 테스터 리드선을 연결하여 조정노브를 이용하여 지침이 영점을 지시하도록 조정한다. 조정되지 않으면 테스터 내부의 건전지를 교환한다.

② 적당한 레인지를 선택한다. 테스터의 눈금이 일정간격으로 배열되지 않았기 때문에, 눈금의 중앙으로부터 우측으로 지침이 가리킬 수 있을 때 정확한 값을 읽을 수 있다.

③ 테스터 리드선을 측정대상물에 연결한다. 저항 측정의 경우 극성은 중요하지 않으나 테스터 내부에 있는 건전지로부터 전류가 흐르는 방향이 흑색 리드선에서 적색 리드선으로 흐리기 때문에 다이오드와 같은 극성을 가진 소자(부품) 측정시에는 주의하여야 한다.

④ 지시 레인지에 상응하는 눈금을 읽는다. 회로의 연결상태 검사는 1[Ω]레인지에서 실시하며 측정값이 0[Ω]이면 연결 접속된 것이고 ∞[Ω]이면 연결되지 않은 개방상태이다.

2.3.5 테스터 사용시 주의사항

① **측정 범위 확인** : 테스터는 가령 5[V] 레인지에서 12[V]를 측정하고자 했을 때 전압, 전류에 의한 손상을 입게 되므로, 예상치보다 높은 레인지를 선택 측정하여야 한다.

② **테스트 리드선이 잘못 연결한 경우** : 전류를 측정할 경우 테스트 리드선을 직렬로 연결해야 한다. 병렬로 연결되는 경우 테스터가 소손된다. 측정 저항이 10[kΩ]을 초과할 경우, 손을 테스트 리드선의 단자에 닿지 않도록 한다. 만일 손이 닿게 되면 신체의 저항이 측정하려는 저항과 병렬로 연결된 상태가 되어 실제와 다른 측정값을 얻게 된다.

③ **영점 조정** : 만일 테스터가 수평으로 되어 있는데도 바늘이 영점을 지시하지 않는 경우 스크루드라이버를 사용하여 조정한다. 또한 신형 테스터의 경우 손으로 영점조정을 할 수 있는 다이얼식도 있다.

④ **테스터의 선택** : 여러 종류의 테스터 가운데 자동차에 사용되는 테스터는 가능한 큰 전류를 측정할 수 있는 것을 사용하는 것이 유리하며, 250[mA] 이하의 전류측정용 테스터는 자동차용으로 사용하기 곤란하다. 측정범위가 250[mA] 이하인 테스터로 자동차의 전기 장치 점검에 사용할 경우, 테스터가 소손될 수 있으므로 레인지(range : 측정범위)를 가진 테스터를 사용하는 것이 좋다.

2.4 전기회로 응용

2.4.1 전열기의 원리

백열전구는 주울열의 온도가 높은 영역을 이용한 것인 데 비해, 그보다 낮은 온도의 주울열을 이용한 것이 전열기이다. 전열기는 가장 간단한 구조의 전기기구이다. 전열기에는 니크롬선이 사용되고 있는데, 니크롬선은 니켈(77%), 크롬(20%), 망간(2%), 철(1%)의 합금으로 저항이 크고 고온에서도 잘 산화되지 않는 특징이 있다.

같은 굵기와 같은 길이의 니크롬선, 철선, 동선을 직렬로 연결한 다음, 전원에 연결하면 각 선에는 같은 크기의 전류가 흐르지만 각 선의 저항은 니크롬선이 가장 크고 동선이 가장 적으므로 각 선은 모두 온도가 올라가지만 그 중에서도 니크롬선이 가장 뜨거워진다. 같은 전류가 흘러도 저항이 적은 동선은 거의 온도가 올라가지 않는다. 전류에 의해 발생하는 열량 Q(칼로리)는 전류 I(A)의 제곱과 저항 R(Ω), 시간 t(초)의 곱에 비례하기 때문이다. $Q = 0.24I^2Rt$ 이것을 주울의 법칙이라 하는데, 열량 Q를

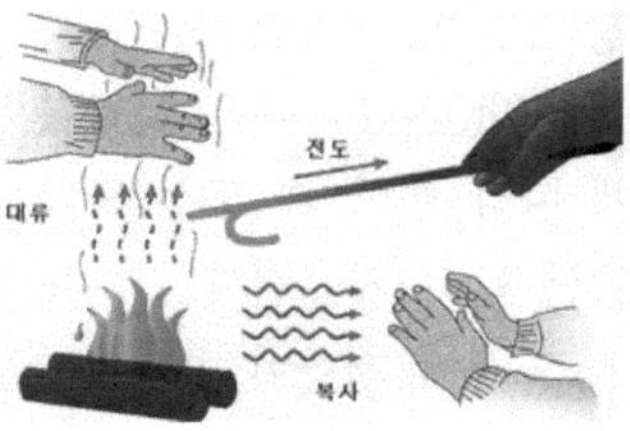

그림 2-21 전열기의 원리

주울열이라고 한다. 니크롬선의 저항률은 동의 약 60배. 따라서 같은 크기의 전류가 흐르고 있다고 치면 60미터의 동선이 내는 열량은 니크롬선은 불과 1미터로 낼 수 있는 셈이다.

그럼 전열기가 낡아서 니크롬선이 끊어졌기 때문에 짧게 이어서 사용했다고 하자. 그때의 전력은 어떻게 될까. 즉, 600와트의 니크롬선을 절반으로 끊어서 사용했다고 하면 발열체의 길이가 절반밖에 안 되므로 300와트일 것 같지만, 실은 1200와트가 되어 버린다. 이 경우 저항이 절반으로 떨어졌기 때문에 오옴의 법칙에 의해 전류는 2배로 증가하는 까닭이다. 즉 전력 P(W)는 전압V(V)와 전류 I(A)의 곱으로 나타내면,

$P = VI$ 가 되는 것이다. 실제로는 발열량이 지나치게 많아져 니크롬선이 녹아서 끊어질 염려가 있다. 그래서 니크롬선을 짧게 하는 것은 주의해야 한다. 또 전력의 식은 다른 두 식을 합쳐서, $P = VI = I^2R = \frac{V^2}{R}[W]$ 라고 기억해 두면 편리하다.

2.4.2 자기 조리기

자기조리기는 자기유도방식(magnetic induction heating)을 이용한다. 자기유도방식을 이용한 주방 조리기는 '자기조리기', '자력선 가열방식 압력밥솥', '전기 압력밥솥', '전자조리기' 등 다양한 이름을 쓰고 있으며 IH(Induction Heating)가 첨부되어 있는 경우도 있다. 역사적으로 자기유도에서 발생한 열을 이용하는 방법은 먼저 공학에서 널리 사용되었다. 최근에는 자기유도방식을 이용한 자기조리기가 등장하였다.

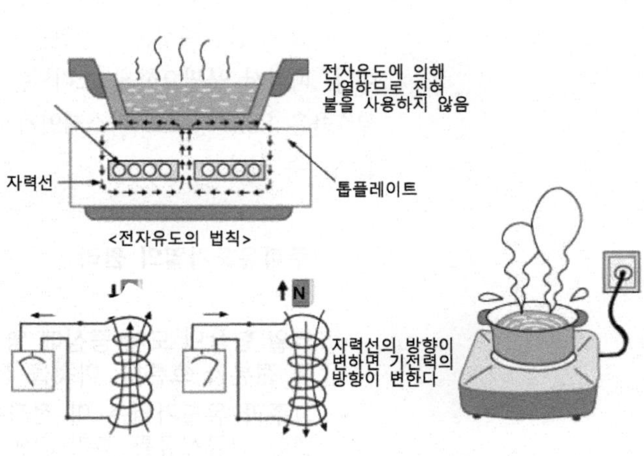

그림 2-22 자기 조리기 동작원리

자기유도방식의 원리는 자기장과 유도 전기장(기전력) 관계를 설명하는 페러데이(Faraday)법칙이다. 페러데이법칙은 도체고리(conducting loop)를 통과하는 자기장 선속(magnetic flux)이 시간에 따라 변할 때 도선을 따라 생기는 유도 전기장(기전력)을 설명한다. 도선 안의 자유전자는 유도 전기장을 따라 이동하고 전류의 흐름이 생긴다. 도선에 저항이 존재하면 열이 발생한다.

공학에서는 물질의 가열이나 금속의 용해에 이 원리를 적용하여왔다. 흑연(그래파이트) 용기를 코일로 감고 전류를 교류전원을 공급한다. 암페어(Ampere)법칙에 따라 도선에 흐르는 전류는 자기장을 발생시킨다. 시간에 따라 변하지 않는 정상 전류가 흐르면 자기장도 시간에 따라 변하지 않는다. 그러나 교류가 흐르면 자기장도 시간에 따라 변한다. 따라서 흑연용기 안에는 전기장이 유도되고 전기장 방향으로 맴돌이전류(eddy current)가 흐르게 된다. 흑연용기는 전기저항을 갖고 있으므로 옴법칙에 따라 열이 발생된다. 이 열이 금속을 용해시킨다.

유도 전기장의 세기는 자기장의 변화율에 비례하므로 전기장의 세기를 증가시키기 위하여 높은 진동수의 교류(고주파)를 사용한다. 또한 맴돌이전류의 세기는 유도 전기장의 세기에 비례한다. 따라서 교류의 주파수가 높을수록 유도되는 와류전류도 증가한다. 자기유도를 이용하는 기구들이 고주파 교류를 사용하는 이유가 여기에 있다.

자기유도 원리를 적용하여 자기조리기를 만든다. 세라믹으로 만든 톱·플레이트(top plate) 밑에 자기유도장치가 놓여있다. 자기유도장치는 모기향과 같은 모양의 코일의 모양을 하고 있다. 이 코일에 2만 헤르츠 이상의 고주파 교류를 흘러주면 자기장이 남비 바닥에 유도 전기장을 형성한다. 유도된 전기장은 남비의 자유전자를 이동시켜 맴돌이전류를 발생시킨다. 따라서 남비의 전기저항으로 인하여 열이 발생한다.

자기조리기의 특징은 전열판을 사용하지 않고 남비를 직접 가열하는 방식이다. 따라서 불필요하게 소비되는 열이 적고 열효율이 높다. 자기조리기의 열효율은 80% 정도로 가스레인지 40%, 전열기 53%에 비하여 월등히 높음을 알 수 있다.

고주파유도가열의 원리

- 코일 형상의 도체 중심에 영구자석을 넣고 빼면 자계가 변하고 도체에 전류가 흐른다. 이것을 전자유도작용이라 한다.
- 고주파 유도가열은 이 전자유도작용을 이용하여 영구자석 대신 코일에 교류전류를 흘러 교번자속이 발생하게 함으로서 피 가열물에 유도전류(와전류)가 흐르도록 한다.

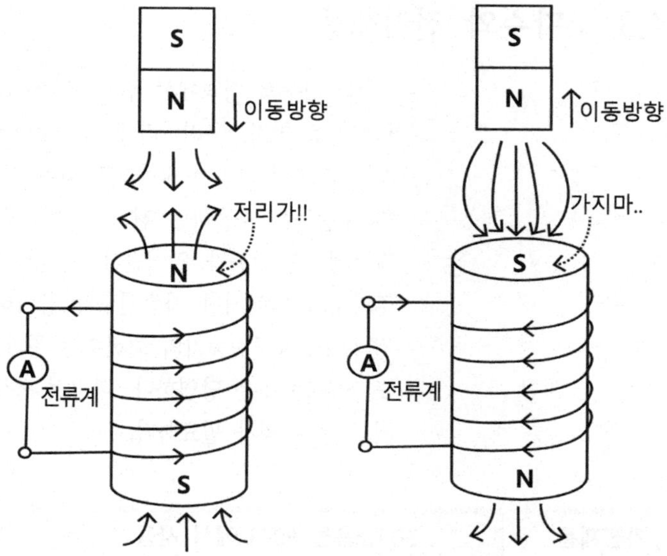

고주파유도가열의 원리(렌쯔의 법칙)

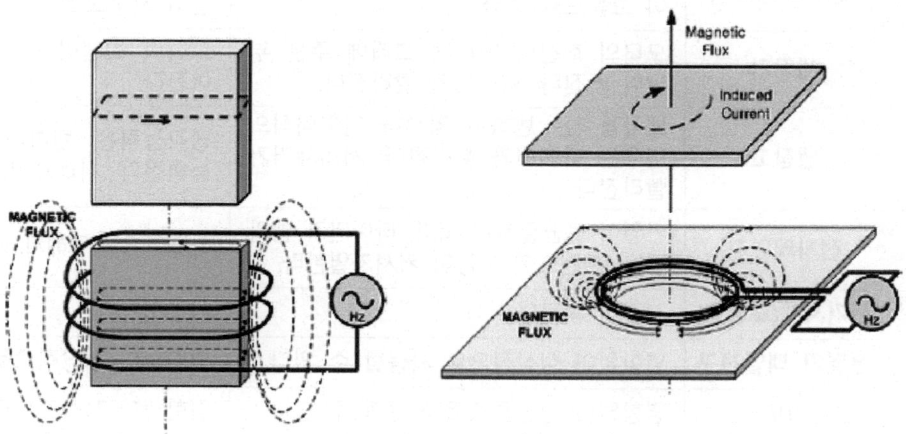

고주파유도가열의 원리

- 이 유도전류는 와전류손에 의해 주울열을 발생시키며 이렇게 발생된 열로서 가열하는 것을 유도가열이라 한다.
- 이 경우 와전류의 특징은 코일에 근접한 물체부분에 집중 유도되고 또 유도전류는 물체 표면 주위에서 강하게 흐르려고 하며, 물체의 내부로는 약하게 흐르려는 특징이 있다.
- 이러한 원리로서 피 가열물의 필요한 부분에 에너지를 집중시켜 효율적인 급속 가열이 가능하기 때문에 생산성, 작업성이 높게 된다.

2.4.3 주파수와 전기제품

전기기구의 정격에서 주파수의 변화가 기구에 어떤 영향을 미치는가를 살펴보기로 하자. 우리나라에서는 주파수가 60 Hz로 통일되어 있으나, 일본에서는 지역에 따라서 50 Hz로 되어 있는 경우도 있다. 해외에서 살다가 이사한 사람들은 사용하던 전기기구를 그대로 60 Hz에서 사용하는 경우, 기기의 작동에 큰 변화가 일어난다. 이를테면 변압기와 같이 철심을 가진 기기는 주파수가 낮아지면 자속밀도가 증가하고 열손실이 늘어나 효율이 나빠지게 된다. 또 유도전동기의 회전수는 주파수에 비례하므로 주파수가 변하면 속도도 변하는 것은 당연하다. 따라서 유도전동기를 사용하고 있는 냉장고, 선풍기 등은 주의가 필요하다.

가전제품	50 Hz용을 60 Hz에서 사용	60 Hz용을 50 Hz에서 사용
형광등	램프가 어둡고 점등이 잘 안된다.	램프가 밝아지고 전류가 증가하여 안정기가 발명하므로 수명이 짧아진다.
테이프 레코더	레코드나 테이프의 회전이 빨라져음질이 고음으로 된다.	레코드나 테이프의 회전이 늦어져 음질이 저음으로 된다.
세탁기	모터의 회전이 빨라져 모터에 주는 부담이 커진다. 타이머가 빨라진다.	모터의 회전이 늦어지고 타이머도 늦어진다.
냉장고	냉각능력은 변하지 않으나 타이머식의 경우는 타이머가 빨라진다. 서리제거가 빨라진다.	냉각능력은 변하지 않으나 타이머는 늦어진다. 서리제거가 늦어진다.
전자레인지	가열이 불균일하게 되고, 타이머가 빨라진다. 트랜스의 부담이 커져가열한다.	가열이 불균일해지고 타이머는 늦어진다.
전기시계(교류용)	시간이 빠르다	시간이 늦다.
전열기 백열전구	영향없이 정상적으로 사용할 수 있다.	영향없이 정상적으로 사용할 수 있다.
TV	영향없이 정상적으로 사용할 수 있다.	영향없이 정상적으로 사용할 수 있다.

2.4.4 전자레인지의 원리

음식을 뜨겁게 요리하기 위해서는 '열'을 가해줘야 한다. 우리가 열을 만들어내는 방법은 다양하다. 전통적으로는 나무나 석탄을 이용했고 현대는 석유, 가스 전기를 사용한다. 우리가 전기에서 발생하는 열을 사용하기 시작한 것은 불과 100여 년 전부터였다. 그런데 전기가 발생하는 열기는 전통적인 연료를 연소시킬 때의 불과 전혀 달라 보인다. 특히 전자레인지가 그렇다.

전자레인지 역시 열기를 만들어내는 장치다. 우리에게 낯선 '마이크로파'를 이용한다는 점이 다를 뿐이다. 마이크로파는 빛이 내는 파장 중에서 상당이 파장은 길고 진동수는 적은 편에 속한다. 그래도 진동수가 2.45기가헤르츠(㎓) 이니 초당 무려 24억 5천만번이나 진동한다. 사람들은 이 숫자에 놀라겠지만 가시광선은 이것의 10만배, X선은 10억배, 방사선은 1조배 이상 많이 진동한다. 마이크로파는 자외선이나 가시광선 심지어 적외선보다 진동이 적은 안전한 파장인 것이다. 그런데 이 마이크로파에는 묘한 특징이 있다. 물과 아주 잘 공명(共鳴)한다는 것이다. 물은 아주 작고 극성이 있는 분자인데 마이크로파와 궁합이 아주 잘 맞아 마이크로파의 진동에 맞추어 아주 심하게 요동하고 회전하고 주변의 분자와 충돌한다는 것이다.

전자레인지는 마그네트론이라는 장치를 통해 자연에 존재하는 것과 비교할 수 없이 엄청나게 많은 마이크로파를 전자레인지 내부에 방출하고 이것이 음식물 속에 물 분자에 엄청난 진동을 일으켜 온도를 상승시킨다. 사실 온도란 분자의 운동의 정도이다. 물 분자의 운동이 활발해지면 주면의 분자에게도 그 운동에너지를 전달하여 주변의 분자도 운동이 활발해지는 것이 음식물 온도의 상승이다.

고유 진동수가 같은 두 물체가 서로 조화롭게 에너지를 주고받는 현상이 공명이며 자연에 아주 흔한 현상인데 마이크로파가 물 분자를 화나게 만든다고 악의적으로 왜곡한 것이다. 사실 이 현상은 물 분자가 자신과 궁합이 잘 맞는 마이크로파를 만나 기쁨에 들떠 뜨거워진다는 비유가 훨씬 적절한 것이다.

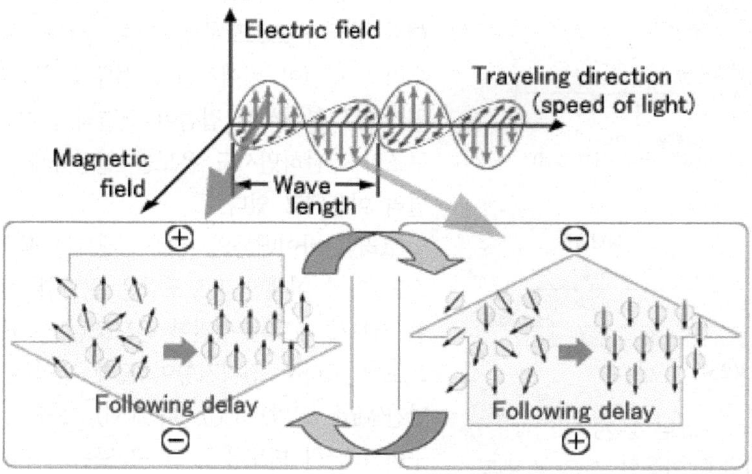

그림 2-23 전자레인지의 원리

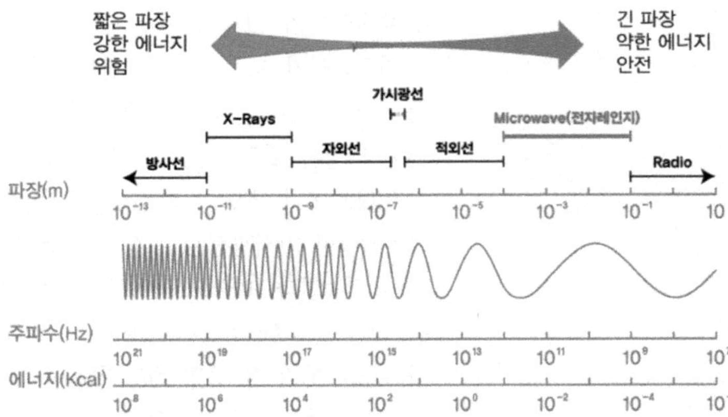

그림 2-24 전자파의 구분

2.4.5 온도를 감시하는 서모·스태트

전기에 의한 열을 이용하는 것이 다른 열원을 이용하는 것보다 편리하고 뛰어난 점은 온도를 간단히 조절할 수 있다는 점이다. 물론 온도의 조절에는 기구가 이용되는데 온도를 자동적으로 조절하는 장치를 서모·스태트라고 한다. 서모·스태트에서 가장 귀에 익은 것은 바이메틀(bimetal)일 것이다. 바이메틀이란 열팽창률이 높은 금속과 낮은 금속을 붙여서 한 장의 판으로 만든 것이다. 금속은 일반적으로 가열되면 팽창하는데 팽창률은 금속에 따라 서로 다르다.

온도가 올라가면 열팽창률이 큰 금속 쪽이 더 많이 늘어나므로, 적게 늘어나는 금속 쪽으로 바이메틀이 구부러진다. 그래서 바이메틀에 접점을 설치해서 전류가 흐르도록 해둔다. 전류가 흘러 온도가 상승하면 바이메틀이 구부러져 접점이 떨어지면서 전류가 끊긴다. 또 온도가 내려가면 바이메틀은 원래대로 복귀해서 접점이 연결되어 전류가 흐르게 된다. 이 서모·스태트는 구조가 간단하면서도 온도를 일정하게 유지할 수 있기 때문에 전열기 등에 널리 이용되고 있다.

그러나 바이메틀의 서모·스태트는 불필요한 시간의 지연이 생기는 등, 결점도 있어 미세한 온도조절은 곤란한 점이 있다. 이에 비해 서미스터에 의한 서모·스태트는 정밀한 온도조절도 가능하다. 서미스터는 열저항 소자로서 온도에 따라서 전기저항이 크게 변하는 재료를 이용한 것이다. 서미스터는 망간(Mn), 코발트(Co), 니켈(Ni), 철(F2), 구리(Cu) 등의 산화물을 혼합시켜 구어서 굳힌 반도체로 그 구조는 그림과 같이 되어 있다. 또 그 온도 특성은 그림의 그래프와 같이 되어 있다. 이 서미스터를 전기기구에 사용해서

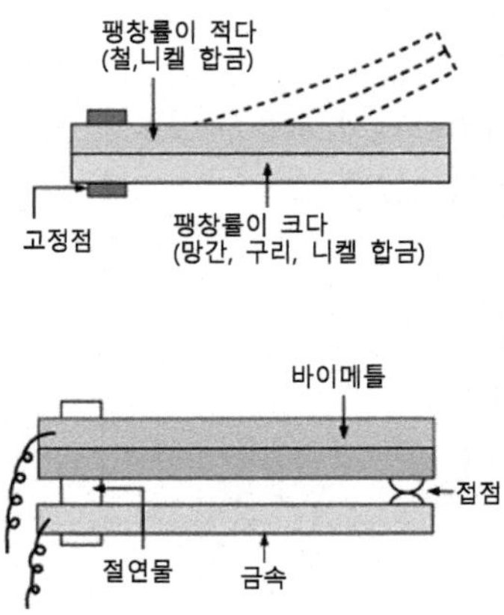

그림 2-25
바이메탈을 이용한 서모 스태프

온도조절을 할 수 있다. 전열기구의 온도가상승하면 서미스터의 저항이 적어져 전류가 증가한다. 이것이 결과적으로 릴레이를 작동시켜 전열기구에 흐르는 전류를 끊게 만드는 것이다. 또 서미스터와는 반대의 온도 특성을 가진 포지스터(정특성 서미스터)란 소자가 있다. 이것은 온도가 상승하면 저항이 커지는 것이다. 이것을 이용한 온도 조절은 회로가 간단한 것이 특징이다. 서미스터나 포지스터는 전자모포나 전자앵커 등에 사용되고 있다. 또한 서미스터를 사용한 서미스터 온도계는 미터 직독식 또는 기록식의 편리한 온도계이다.

2.4.6 전기는 차게 하는 일도 잘 한다.

전기는 전열기나 토스터처럼 열을 만들어내는 것으로만 생각하기 쉽다. 하지만 전기는 냉각시키는 작업도 대단히 효율적으로 한다. 즉 전기냉장고나 쿨러 등이 그 좋은 예이다. 그렇다면 어떻게 해서 냉각작업이 가능한 것일까. 알콜을 몸에 바르면 시원한 느낌을 준다. 이것은 증발하는 알콜이 몸의 표면으로부터 열을 빼앗아 가기 때문이다. 일반적으로 액체가 기화할 때는 주위에서 열을 빼앗는다. 이때의 열을 기화열이라고 하는데, 냉장고나 쿨러 등은 이렇게 액체가 기체로 될 때의 열을 빼앗는 현상을 이용한 것이다. 즉 냉장고나 쿨러 속에서는 액체→기체→액체라는 식으로 순환이 이루어지면서 기화열을 이용해서 저온을 만들고 있는 것이다. 냉장고의 냉동에 사용하는 증발하기 쉬운 액체를 냉매라고 하는데, 이 냉매에는 무독, 무취이며 불연성인 프레온 가스가 사용되고 있다.

우선 냉장고의 뒤쪽 아래에 있는 모터에 직결된 압축기 즉 콤프레셔로 프레온 가스를 압축한다.

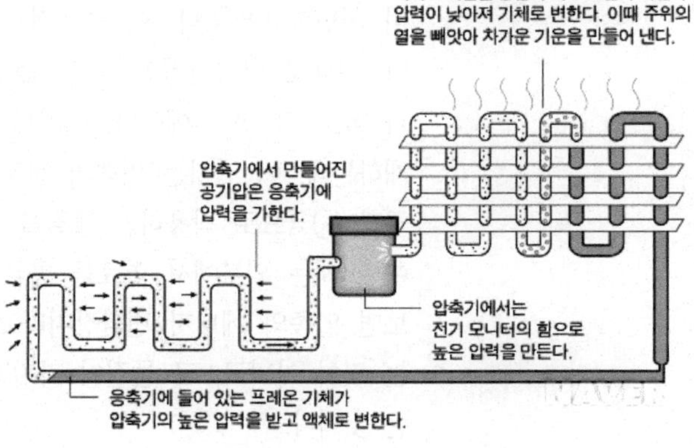

그림 2-26 냉장고의 작동원리

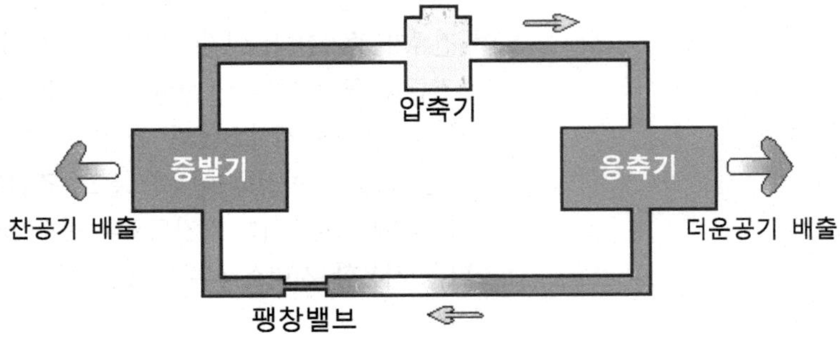

그림 2-27 냉장고의 작동원리

압축된 프레온 가스는 약 80도 정도의 고압가스가 되어 냉장고의 뒷면에 붙어 있는 응축기(콘덴서)로 보낸다. 응축기에서는 프레온의 열이 외기로 빠지면서, 프레온의 온도는 약 40℃까지 내려가 고압의 액체가스가 된다.

응축기에서 액화된 프레온은 드라이어를 통과해서 습기가 빠진 다음, 캐필라리튜브라는 가는 파이프를 통해 저온·저압의 액체로 되어 냉장고 상부의 증발기(evaporator)로 불려나간다. 증발기에서 프레온은 급격한 팽창, 기화하면서 증발기 주위에서 기화열을 빼앗아 냉장고 안의 온도를 저하시킨다. 기체가 된 프레온 가스는 다시 압축기에 보내져서 이러한 동작이 반복된다. 이와 같이 반복되는 압축, 응축, 팽창, 기화의 4단계 변화를 '냉동 사이클'이라고 한다. 룸·쿨러도 응축기와 증발기의 뒤에 팬을 붙인 것이라고 생각하면 된다.

2.4.7 전기의 끊임없는 공급원, 원료전지

전류에는 열작용, 자기작용 외에도 또 하나의 화학작용이 있다는 것은 이미 설명한 바 있다. 이것은 전기 에너지에 의한 화학변화를 이용한 것이지만, 반대로 화학변화의 에너지를 전기 에너지로 변화시킬 수도 있는데, 전지가 바로 그 좋은 예이다. 여기에서 약간 다른 전지인 연료전지의 구조를 소개하는데, 이 전지는 미래의 전지로 기대를 모으고 있다. 보통의 전지는 (+)극과 (-)극으로 작용하는 물질을 용기 속에 넣어 화학반응을 시키고 있지만, 이 전지는 외부에서 연료를 공급해서 계속 전기 에너지를 낸다. 이 점에서 보면 일종의 에너지 변환장치라고 할 수 있다. 즉, 연료라고 해서 연소시키는 것이 아니고, 그 물질이 가지고 있는 에너지를 직접 전기 에너지로 바꾸는 것이다.

이 원리는 상당히 오래 전에 발견되었다. 1839년 영국의 그로브라는 사람이 수소와 산소와의 반응 중에 발견하고 실제로 전지를 만들어 보았다고 한다. 이 연료전지는 1965년에 미국의 인간위생선 제미니 5호에 적재되어 우주선 내의 전력과 음료수를 공급하면서부터 갑자기 각광을 받게 되었다. 연료전지는 그 종류가 많을뿐더러, 연료로 기체, 액체, 고체의 어느 것이 사용되느냐에 따라 그 방식도 여러 가지가 있다. 반응을 일으키는 온도도 상온의 것에서부터 500℃ 이상으로 다종다양하다. 이중에서도 가장 기본적이라 할 수 있는 수소-산소 연료전지의 구조에 대해서 알아보자. 그림은 연료전지의 원리를 나타낸 것이다. 전극에는 두 극 모두 탄소 혹은 금속을 사용하고 있는데, 전극의 표면적을 증대시키기 위해 다공질로 되어 있다. 전해액은 수산화칼륨(KOH)용액이다. 수소 가스는 1~10기압으로 보내지고 수소가 스며드는 쪽이 (-)극 산소 쪽이 (+)극이다. (-)극에서는 전극이 촉매작용을 해서 수소가스 H_2 를 수소원자인 H로 변화시킨다. 이렇게 하면 액 속의 수산이온이 전자를 전극에 주어서 OH가 되고 이것과 H가 반응하여 물 가 된다. (+)극에서는 산소 가스 O_2 가 전자를 받게 되며, 또한 전극의 촉매작용으로 액 속의 와 화합하여 를 만든다. 따라서 는 증가도 감소도 없이 단지 수소와 산소로 물이 만들어지게 된다. 이것은 수소와 산소로써 물이 되는 변화와 동일한 것으로 연료전지라고 한다. 연료전지는 현재 개발중인 전기자동차의 에너지원으로 유망시 되고 있다.

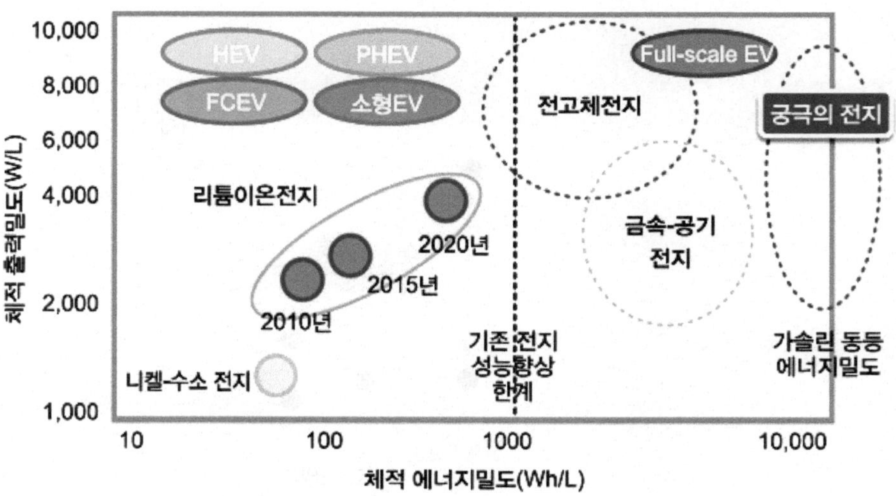

그림 2-28 에너지밀도와 출력밀도

2.4.8 다른 층에서 전등 켜기

가정의 전기 회로는 여러 가지로 고안해서 쓸 수 있다. 이를테면 로비나 계단의 전등을 1층이나 2층에서도 껐다 켰다 하려면 배선이나 스위치를 어떻게 하면 좋을까? 퀴즈를 푼다는 기분으로 연구해 보자. 그림2-29와 같이 단극(單極) 스위치 2개소에 직렬로 넣어서는 불가능하다는 것을 쉽게 알 수 있다. 그림2-30과 같이 3개의 단자로 된 3로(路) 스위치를 사용하여 전류가 흐르는 바이패스 회로를 만들어 두면 된다는 것이 정답이다. 여기에서 응용하여 1개의 전등을 3개소에서 껐다 켰다 할 수 있는 것은 그림2-31과 같이 3로 스위치 2개와 4로 스위치 1개를 사용하면 된다.

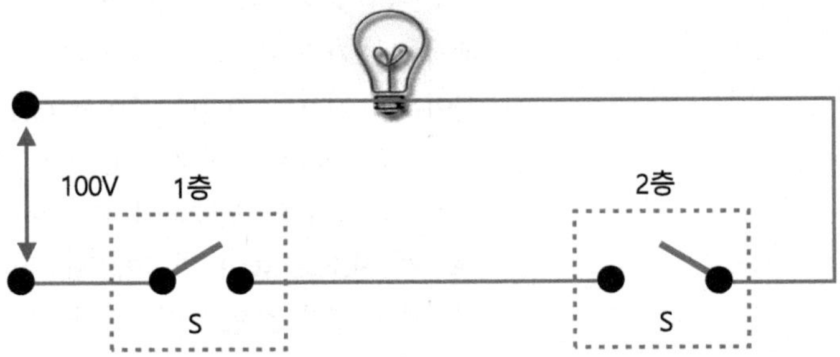

그림 2-29 한쪽스위치가 열려있으면 다른쪽에서 ON/OFF 불가능함(단극 스위치를 사용한 경우)

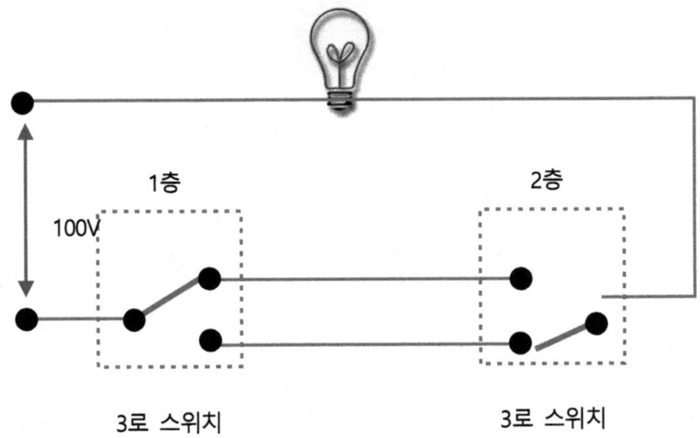

그림 2-30 2개소에서 ON/OFF 가능한 스위치 회로

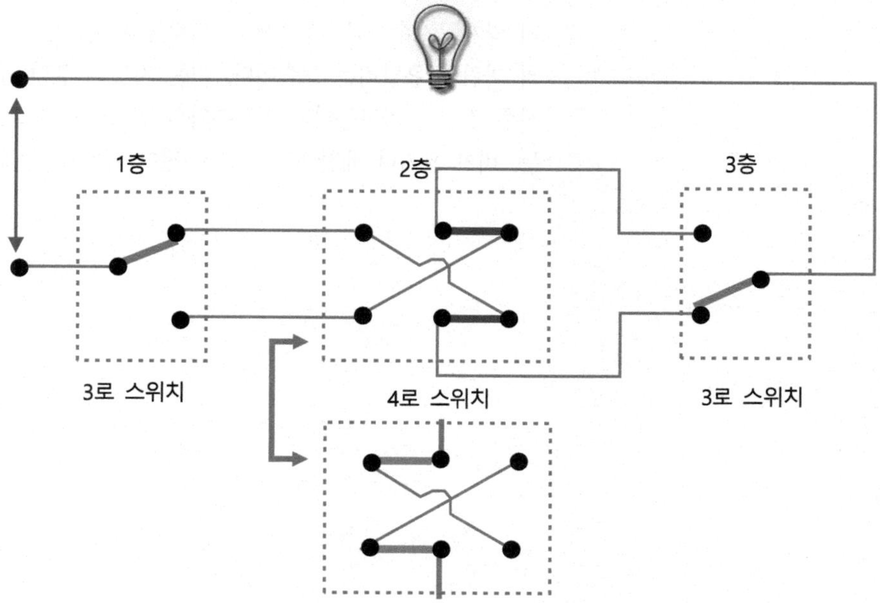

그림 2-31 3개소에서 ON/OFF 가능한 스위치 회로

전기난로의 전력 소비량과 위험도를 알아보기 위한 한 연구에서 멀티콘센트에 전기난로를 연결하고 온도를 측정했다. 하나의 전기난로를 사용했을 때 멀티콘센트 온도는 약 20도를 유지하며, 5개의 콘센트에 전기난로 플러그를 다 연결했을 때 온도는 급격하게 상승, 70도를 나타냈다. 그리고 잠시 후 전기난로 전선들이 과열로 녹아내리며 속에 감춰져 있던 구리선이 드러나기 시작했다. 또 전기안전공사 조사 자료에서 지난해 말까지 최근 3년간 누전으로 발생한 화재 건수는 1200여 건이다. 화재로 번지지 않는 누전도 종종 발생하므로 누전은 비교적 자주 발생하는 것으로 추측된다. 가로등, 옥외 전등 스위치, 콘센트, 에어컨실외기, 옥외 광고판, 옥외 분전반 등 옥외 전기시설물은 비나 눈 등 물에 의한 누전이 많으며, 물론 실내에서도 물과 관련한 누전이 많으나 물과 상관없이도 누전은 발생한다. 전기기기의 접속 장치 결함, 절연 테이프 이탈로 피복이 벗겨져 전기선의 연결 상태 불량, 배선 시공 결함, 사용하지 않은 배선 전기선을 절연 처리 없이 매입박스에 접촉한 경우 전선이 직접 도체에 접촉해 누전이 발생한다.

특히 겨울에는 실내 외벽 쪽에 설치된 스위치나 콘센트가 외부와의 온도차로 결로현상이 발생해 기구에 맺힌 물방울이 누전 원인이 된다. 누전으로 말미암은 대형 사고를 예방하기 위해 누전차단기는 정상적으로 동작하는지 월 1회 정도 차단기 버튼을 눌러 제대로 떨어지는지 확인하고, 정상적으로 동작하지 않으면 반드시 교체한다.

전기사고는 심지어 우리가 다니는 길에도 도사리고 있다. 어딜 가든 어렵지 않게 볼 수 있는 풍경으로, 가로등과 가로수 그리고 전신주가 함께 뒤엉켜 바람에 흩날리는 모습이다. 이는 자칫 아찔한 누전사고를 일으키는데 전신주 전선이 가로등이나 가로수와의 반복적인 마찰로 피복은 벗겨지게 되며눈, 비가 오거나 세찬 바람으로 누전이 일어날 수 있다.

3장

반도체

그림 3-1
무인자동차와 반도체

세계 반도체 업체들은 비메모리 반도체를 활용한 무인자동차·사물인터넷 서비스용 기술을 속속 선보이고 있다. 무인자동차는 교통 상황, 경로 등의 데이터를 실시간으로 처리해 바로 주행 시스템에 반영해야 한다. 또 자동차 바깥의 온도, 날씨 등도 센서를 이용해 정보를 수집해야 헤드라이트의 밝기는 어떻게 조절하고, 내부 에어컨 가동 여부 등을 결정할 수 있다. 사물인터넷 역시 마찬가지다. TV, 냉장고, 에어컨 등이 인터넷에 연결돼 원격으로 작동하기 위해서는 결국 이런 데이터를 처리해주는 비메모리 반도체의 수요 및 중요성이 나날이 증가하고 있다.

IoT 시대에 대응하기 위한 시스템반도체 기업들의 기술력 강화 노력이 심화되고 있는 가운데, 그 중심에는 반도체의 동작을 제어하는 소프트웨어가 자리잡고 있다. 많은 전문가들은 하드웨어보다는 효과적인 소프트웨어 역량 강화가 IoT 시스템반도체 비즈니스에 더욱 큰 영향을 미칠 것으로 예상하고 있다.

그림 3-2　IC 반도체

시스템반도체 산업에서는 드라이버와 컴파일러 등 반도체 구동소프트웨어를 비롯해 반도체 설계 및 제조 공정에서도 소프트웨어의 중요성이 지속적으로 강조되고 있다. 특히 스마트폰의 등장은 시스템반도체를 위한 소프트웨어의 비중을 크게 증가시키는 계기가 됐다. 스마트폰 내 시스템반도체를 효과적으로 활용하기 위해 수많은 소프트웨어가 적용되면서, 많은 반도체 기업들이 소프트웨어의 중요성을 인식하고 관련 기술력 확보에 집중하게 됐다.

최근의 세계 반도체 산업은 스마트폰과 같은 비메모리 반도체가 융합된 스마트 기기의 확산으로 비메모리 반도체, 특히 아날로그 반도체의 중요성이 커지고 있다. 국내 반도체 업체들 역시 다품종 소량 생산을 위주로 하는 비메모리 반도체 산업으로 이전하고 있으며, 제품의 다양화에 따라 신뢰성 평가가 필요한 반도체 소자 및 Chip의 수량이 급격히 증가하고 있다. 각 반도체 부품은 다양한 신뢰성 항목들을 통과해야만 상품화가 가능하기 때문에 반도체 Chip을 구성하는 반도체 소자의 신뢰성 평가가 매우 중요하다고 할 수 있다. 또한 아날로그 반도체의 핵심인 저주파 노이즈 특성을 정확히 평가하고 해석할 수 있는 전문가의 부족으로 국내외 기업들은 아날로그 반도체의 원활한 개발에 어려움을 겪고 있다. 저주파 노이즈 특성은 아날로그 반도체뿐만 아니라 바이오 센서, 적외선 센서 등의 다양한 정밀 센서와 RF 회로 등의 성능에도 매우 큰 영향을 미치고 있다.

3.1 반도체의 종류

도체와 절연체 사이에 있으면서 어느 것에도 속하지 아니하는 것을 반도체라고 하며 여기에는 게르마늄(Ge)이나 실리콘(Si)이 있다. 즉 반도체는 도체와 절연체의 중간정도의 고유저항을 갖는 물체를 말한다. 이들의 결정은 상온에서도 몇 개의 자유전자가 있으며, 이것에 열이나 빛 등의 에너지를 가하면 원자의 구속을 이기고 튀어나오는 전자의 수가 증가한다. 따라서 온도가 상승하면 고유저항이 낮아지는 반도체의 성질을 나타낸다.

전기 도체로 사용하는 구리의 경우 고유저항이 10[μΩm]로 매우 낮으며, 저항선으로 이용되는 니켈-크롬(Ni-Cr)도 고유저항이 10-4[Ωm] 정도이며 전기가 잘 흐르기 때문에 도체라고 한다. 그러나 고유저항이 106[Ωm] 이상이 되면 전기가 거의 흐르지 못하며 이들은 절연체로 사용된다.

반도체는 도체와 부도체의 중간적 성격을 가진 물질이다. 이것은 온도, 전압 그리고 그 상관관계에 의해 도체로서 또는 부도체로서의 기능을 발휘하게 되는 것이다. 또한, 반도체는 종류에 따라 빛, 열, 자력 등의 다양한 반응을 나타내는 것들이 있다. 대표적인 반도체의 구성원소는 실리콘(Si)과 게르마늄(Ge)으로 되어 있다. 이 원자들은 외곽에 4개의 전자를 가지고 있지만 실제로는 외곽 전자들은 다른 원자와 공유하고 있는 상태이므로 원자들은 서로 결합되어 있는 것이다.

이들의 결합력은 비교적 약하기 때문에 어떤 전자들은 스스로 자유 전자가 되기도 하지만 그 수는 매우 적고, 또 저항이 매우 크기 때문에 쓸모없는 것이 되고 만다. 진성 반도체는 다이오드나 트랜지스터를 제작하는 게르마늄이나 실리콘이며 이들은 결정이 같은 수의 전자와 정공(hole)이 있는 반도체이다.

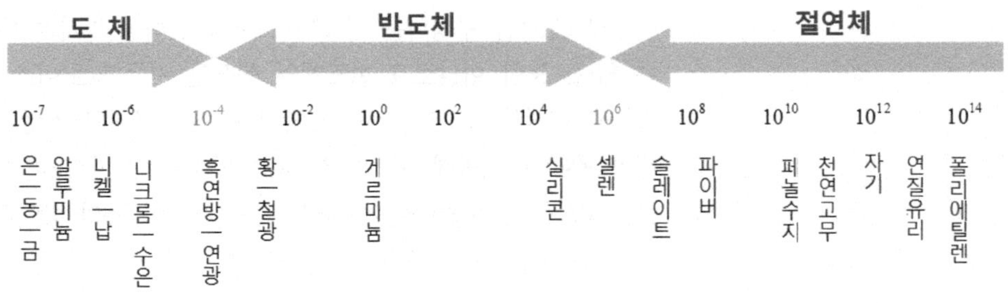

그림 3-3 각 물질의 고유저항

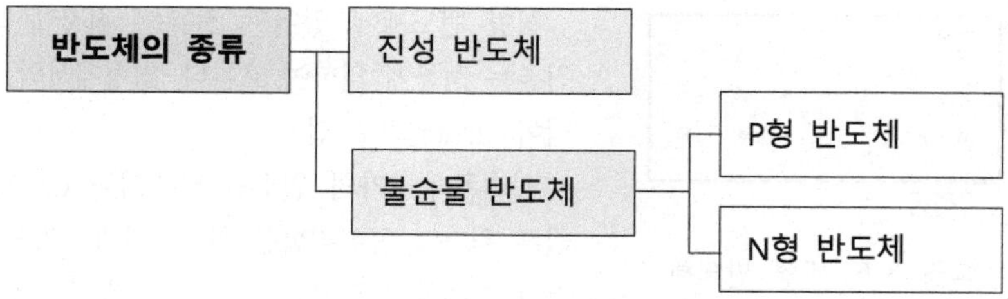

그림 3-4 반도체의 종류

3.1.1 진성 반도체

불순물이 들어 있지 않는 순수 반도체를 진성반도체(intrinsic semiconductor)라 한다. 최근에는 고유반도체라고 부러는 경우도 있으며 다른 원자가 거의 섞이지 않은 것으로 순도가 99.99%에 가까우며 외부로부터 전압, 열, 빛 등을 받으면 자유전자나 홀의 수가 증가하여 전도성이 높아진다.

3.1.2 불순물 반도체

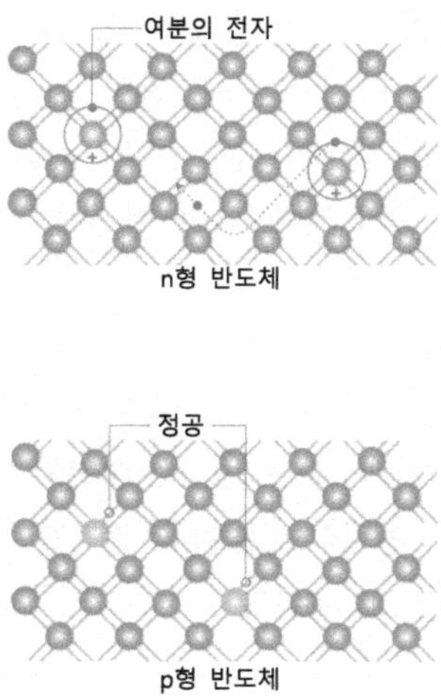

그림 3-5
불순물반도체의 종류

불순물 반도체는 진성 반도체에 다른 원소를 혼합하여 전류 흐름이 쉽게 한 반도체이며 P형 반도체와 N형 반도체가 있다. 이 불순물 반도체에 첨가하는 불순물의 작용에는 2가지가 있는데, 반도체 사이의 자유 전자수를 증대시키거나 반도체 내의 정공을 증가시킨다.

(1) P형 반도체(Positive semiconductor)

P형(positive type) 반도체도 전류를 보다 쉽게 흐를 수 있도록 고안된 것으로 정공(positive hole)을 진성 반도체 내에 갖추어 놓은 것이다. 정공은 3개의 외곽전자를 가진 물질(칼륨 또는 인듐)을 첨가하여 만든 것이다. Si는 4개의 외곽전자를 가지고 있으므로, 결합되면 하나의 전자 자리가 비게 된다. 이 공간을 정공이라 부르고, 이 때문에 전자의 공석이 생김으로 해서 물질은 (+)를 띠게 된다.

전압이 인가되었을 때 정공은 근접한 전자로 옮겨가는데 이 현상은 전류가 흐르는 동안 계속 된다. 사실 그것은 전자가 이동하는 것이지만 우리는 그것이 정공이 이동하는 것으로 생각하게 된다.

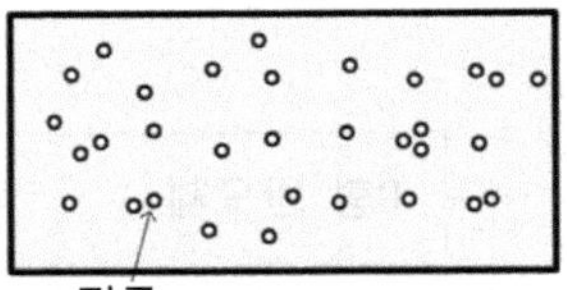

그림 3-6 P형 반도체

N형 반도체에 있어서 전류는 전자에 의해서 흐르고, P형 반도체에서의 전류는 정공에 의하여 흐른다. N형에서의 전자와 P형에서의 정공을 모두 캐리어(carrier)라고 한다.

실리콘에 3가의 원소인 알루미늄(Al), 인듐(In) 등의 원소를 첨가하면 실리콘 원자와 공유결합을 한다. 이때 3가의 원소에는 가전자가 3개이므로 전자가 부족하게 되고 전자가 부족하다는 것은 (+)전기를 가지는 정공이 발생하였다는 의미가 되며 이 정공은 전기의 운반자가 된다. (+)라는 의미에서 P형 반도체라고 부른다.

(2) N형 반도체(Negative semiconductor)

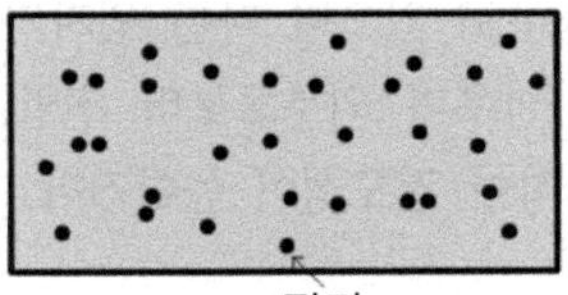

그림 3-7 N형 반도체

전자를 진성 반도체에 첨가시켜주면 전류는 보다 쉽게 흐를 수 있다. 이런 형태로 만들어진 반도체를 N형 반도체라 부른다. 이것은 외각에 5개의 자유전자를 가진 원자를 미량 첨가함으로써 만들어지는데, 그러한 물질로 인(P)과 비소(As)가 쓰이고 있다.

실리콘은 4개의 외곽전자를 가지고 있으므로 P 또는 As와의 공유결합을 통해 하나의 여분의 전자를 얻게 된다. 이 여분의 전자는 자유롭게 활동할 수 있기 때문에 전류는 보다 흐르기 쉽게 된다.

N형 반도체은 실리콘의 결정(가전자 4개)에 5가의 원소(맨 바깥쪽 궤도에 5개의 가전자가 있는 것)인 비소(As), 안티몬(Sb), 인(P) 등을 조금 혼합하면 5가의 원자가 실리콘 원자 1개를 밀어내고 그 자리에 들어가 실리콘 원자와 공유 결합을 만든다. 이때 5가의 원자에는 전자 1개가 남게 되며 이 남는 전자를 과잉전자라고 한다.

이 과잉 전자는 원자에 구속되는 힘이 약하기 때문에 약간의 에너지로 반도체의 결정 속을 자유롭게 이동할 수 있는 자유 전자가 된다. 이 경우 5가의 원자를 혼합한 반도체는 (-)로 대전된 자유전자의 수가 (+)로 대전한 정공 보다 많아 N형 반도체라고 한다. 이와 같이 인위적으로 자유 전자를 만들기 위하여 혼합하는 5가의 전자를 도너(Donor)라고 부른다.

3.2 다이오드

다이오드, 트랜지스터, 사이리스터 등은 PN접합을 기본으로 하여 만든 반도체 소자이며 PN접합이라고 하여 마치 P형 반도체와 N형 반도체를 접합체로 붙여서 만든 것 같지만 실제는 연속적으로 P층에서 N층으로 변해가는 구조를 형성하고 있다. 이와 같이 하여 PN접합은 접합면이 1개인 것을 단접합, 2개를 2중 접합, 3개 이상은 다중 접합이라고 하며 접합면의 수에 따라 반도체 소자를 분류하기도 한다.

다이오드는 특히 전류를 한쪽 방향으로만 흘리는 반도체 특성을 가지고 있다. 반도체란 원래 이러한 성질을 가지고 있기 때문에 반도체라 부르는 것이다. 트랜지스터도 반도체이지만, 다이오드는 특히 이와 같은 한쪽 방향으로만 전류가 흐르도록 하는 것을 목적으로 하고 있다.

반도체의 재료는 실리콘(규소)이 많지만, 그 외에 게르마늄, 셀렌 등이 있다.

다이오드의 용도는 전원장치에서 교류전류를 직류전류로 바꾸는 정류기로서의 용도, 라디오의 고주파에서 신호를 꺼내는 검파용, 전류의 ON/OFF를 제어하는 스위칭 용도 등, 매우 광범위하게 사용되고 있다.

3.2.1 접합의 종류

(1) 단접합

단접합은 정류용 다이오드, 검파용 다이오드, 제너 다이오드, 전계효과(field effect ; FET) 트랜지스터 등에서 사용한다.

(2) 이중 접합

이중 접합은 PNP형 및 NPN형 트랜지스터에서 사용한다.

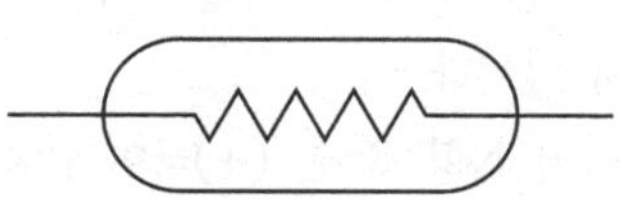

(a) 서미스터(CdS)

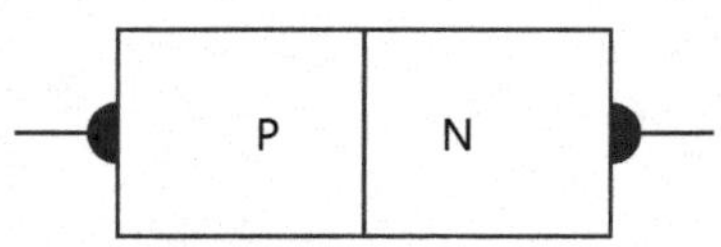

(b) 단접합

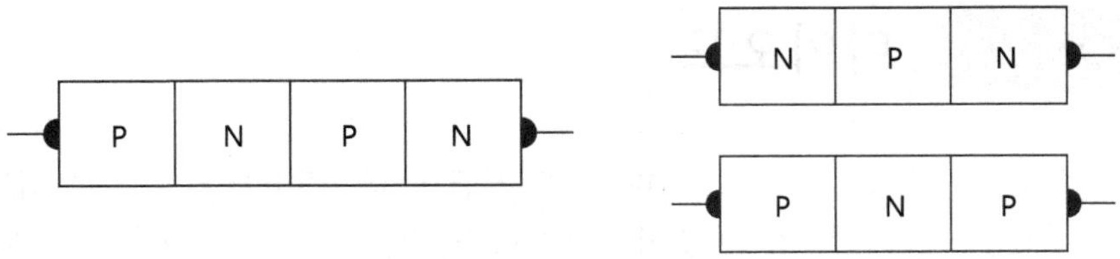

(c) 다중접합 (d) 2중 접합

그림 3-8 P형과 N형의 접합

(3) 다중 접합

사이리스터(thyristor), 트라이액(TRIAC), 포토 트랜지스터(Photo TR) 등에서 이용된다.

[반도체 접합의 종류]

구 분	접합도	적용 반도체
무접합	P N	서미스터, 광전도, 셀
단접합	P N	실리콘다이오드, 발광다이오드, 제너다이오드
이중접합	P N P N P N	트랜지스터
다중접합	P N P N	사이리스터, 트라이액, 포토TR

3.2.2 특 징

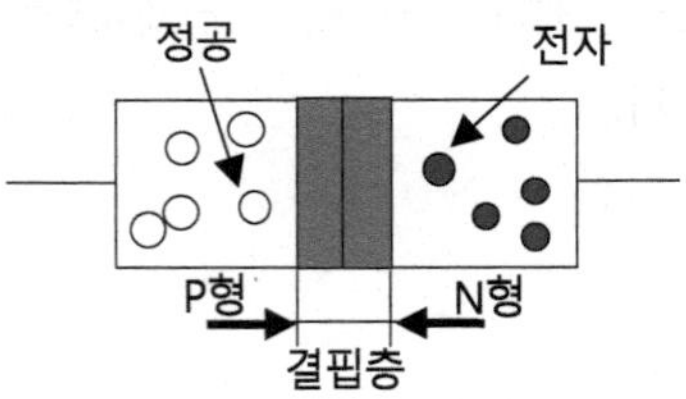

그림 3-9 P-N 접합 반도체

P와 N형의 반도체를 접합하였을 때 서로 접합된 좁은 부분에서는 N형 측의 전자와 P형 측의 정공이 서로 결합하여 캐리어가 존재하지 않는 결핍층이라 불리우는 중립지대를 형성한다. 이렇게 접합된 반도체를 PN접합 반도체라 한다.

그림 3-9에서 (+)극이 N형 측에 연결되고, (-)극이 P형 측에 접속되어 있을 때 전압을 인가하면, 정공은 (-)극쪽으로, 전자는 (+)극쪽으로 이동하여 결핍층을 확장시킨다. 이것을 역방향 전압이 인가되었다고 말하며 이때 전류는 흐르지 않는다.

다음, (-)극이 N형 측에, (+)극이 P형 측에 접속되면 전자와 정공은 결핍층을 통과하게 되어 전류가 흐르게 된다. 이때 인가된 전압을 순방향 전압이라고 한다.

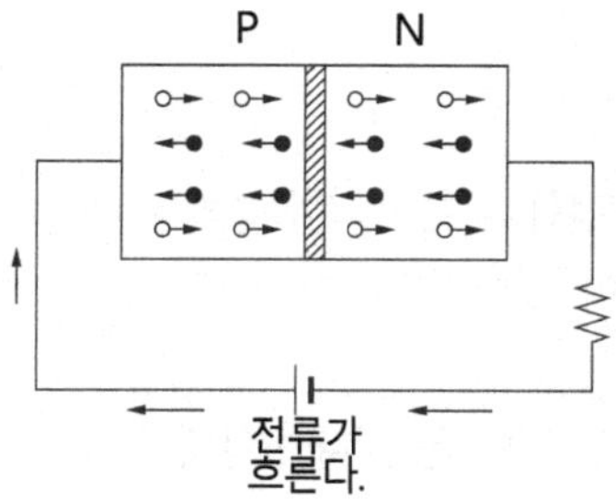

그림 3-10 순방향 연결

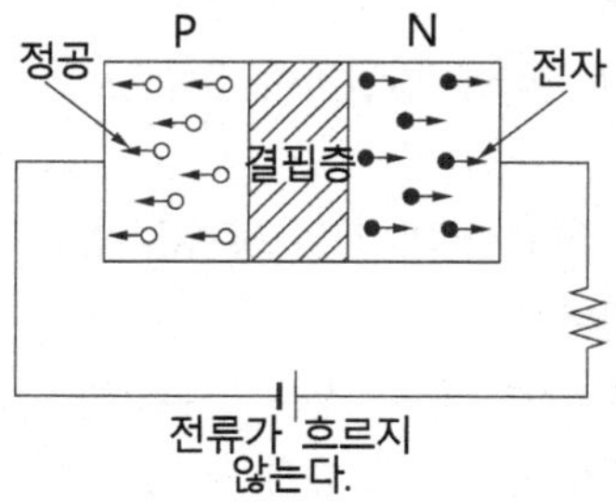

그림 3-11 역방향 연결

그림 3-12의 그래프는 역방향 전압과 순방향 전압이 인가되었을 때 흐르는 전류를 나타낸 것이다. 그림 3-12에서처럼 역방향 전압에서는 미량의 누설전류가 흐르지만, 매우 높은 역방향 전압이 인가되면 급작스럽게 매우 큰 전류가 흐르게 된다. 이때 인가된 전압을 항복전압이라 한다.

P형과 N형의 접합을 좀 더 구체적으로 설명하면 다음과 같다. 게르마늄이나 실리콘의 결정을 만들 때 도너나 억셉터를 혼합함으로써 결정의 일부분을 P형과 N형의 영역으로 할 수 있는데 이와 같이 P형과 N형의 영역이 접합한 상태를 PN접합이라고 한다. PN이 접합이 되면 접합면 근처의 영역에서 정공은 P형에서 N형으로, 자유 전자는 N형에서 P형으로 확산되어 이동할 수 있는 운반자의 농도가 양쪽의 결정으로 균형을 유지하도록 되어 있다.

따라서 P형과 N형의 접합부에서는 자유 전자와 정공이 부족한 결핍층이 발생한다. 이 결핍층은 자유 전자와 정공의 이동을 저지하므로 P형 영역과 N형 영역의 운반자는 균형을 이룬 상태가 된다. 그리고 전계(field)가 발생한 결핍층에는 전위 구배가 있어 운반자(carrier)가 결핍층을 통과하려면 이 전위 구배를 올라갈 필요가 있다.

따라서 전위 구배는 운반자의 이동을 방해하게 되므로 PN접합에 전류를 흐르게 하려면 전위장벽을 올라갈 수 있는 만큼의 에너지를 외부에서 가하여야 한다. 이와 같이 PN 접합을 사용하는 이유는 전위장벽을 만들어 놓고 외부에서 가하는 에너지를 주입하여 운반자 수를 조절하기 때문이다.

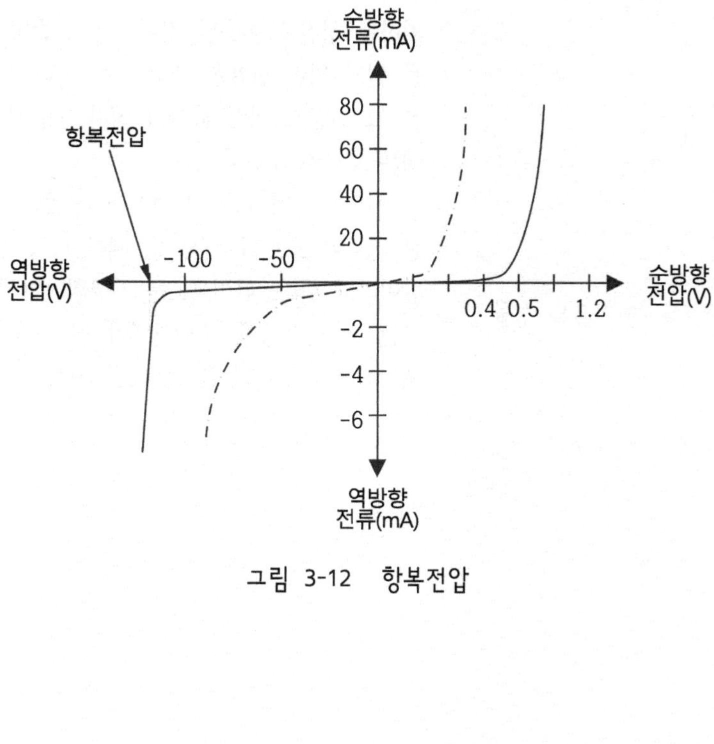

그림 3-12 항복전압

3.2.3 정류용 다이오드

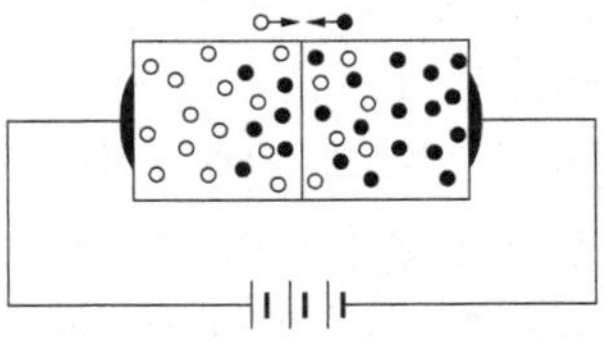

그림 3-13 순방향 전류

그림 3-14 실리콘 다이오드

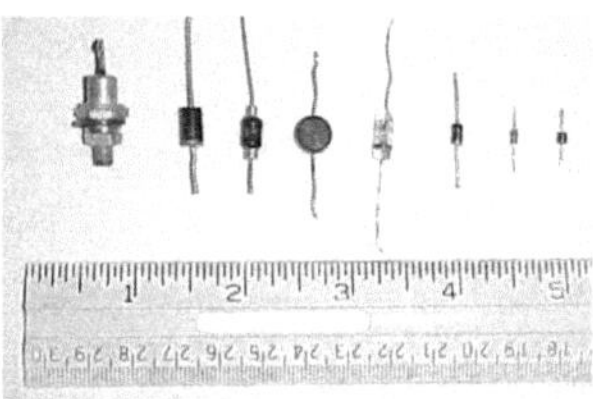

그림 3-15 다이오드 실물

P형 쪽에 (+), N형 쪽에 (-)를 연결하면 PN접합 부분의 전위장벽은 외부전압의 손실에 따라 거의 없어지고 전위장벽이 낮아지면 결핍층의 폭도 좁아져 정공과 자유전자가 이동을 한다.

여기서 중요한 것은 가한 전압에 따라 정공은 접합면을 지나 P형에서 N형으로 주입되고 자유 전자는 N형에서 P형으로 주입되어 전류가 흐른다는 점이다.

이와 같이 흐르는 전류를 순방향 전류라고 한다. 즉, 정공은 전지의 (+)극에 반발하여 N형으로 흘러 들어가고 전자는 (-)극에 반발하여 P형으로 흘러 들어가게 된다.

P형쪽에 (-)를, N형쪽에 (+)를 연결하면 PN 접합부분의 전위 장벽은 외부 전압에 의하여 더욱 높아져 결핍층의 폭도 넓어진다. 따라서 P형에서 N형으로, N형에서 P형으로 주입되는 운반자가 매우 적어 극히 적은 전류밖에 흐르지 못하기 때문에 결핍층에서 소멸되어 전류가 흐르지 못하게 된다. 이와 같은 전류를 역방향 전류라고 한다.

다이오드는 가하는 전압의 전극에 따라 전류가 흐르거나 흐르지 못하게 되는데 전류가 흐르는 상태를 순방향 전류(ON), 흐르지 못하는 상태를 역방향 전류(OFF)라고 한다. 이 작용을 정류작용이라고 한다.

정류용 다이오드는 전압의 한쪽 방향에 대해서는 낮은 저항으로 되어 전류를 흐르도록 하고, 반대방향으로는 높은 저항으로 되어 전류의 흐름을 저지하는 성질을 이용한 것이다. 즉, 순방향(forward bias)의 특성은 정격전류를 얻기 위한 전압은 약 1.0~1.25[V] 정도이나 역방향(reverse bias)의 특성은 그 전압을 어떤 값까지 점차 상승시키더라도 적은 전류(역방향 전류) 밖에는 흐르지 못한다.

그러나 어떤 값에 도달하면 전류의 흐름이 급격히 증가한다. 이 급격히 큰 전류가 흐르기 시작 할 때를 항복 전압(breakdown voltage) 또는 역내압이라고 한다. 다이오드를 사용할 때에는 순방향으로는 정격전류, 역방향으로는 역내압 등에 주의하여야 한다. 다이오드 규격표의 값은 특수한 것을 제외하고는 주위의 온도를 25[℃]로 하고 있다.

3.2.4 발광 다이오드(LED)

발광 다이오드는 LED(Light Emitting Diode)라고도 하며, PN접합 다이오드에 순방향 전류를 가하면 빛을 발생하는 다이오드이다. 이 다이오드는 가시광선으로부터 적외선까지 여러 가지 빛을 발생시킨다. 즉, 전기적 에너지를 빛으로 변환시키는 다이오드이며 특징은 다음과 같다.

① 수명이 백열전구의 10배 이상이며 반영구적이다.
② 낮은 전압(2~3[V])에서도 발광 작용을 한다.
③ 소비전력이 0.05[W] 정도이고, 전류는 10[mA] 정도이다.
④ 점멸 응답성이 10~6초[ms]단위로 매우 빠르다.

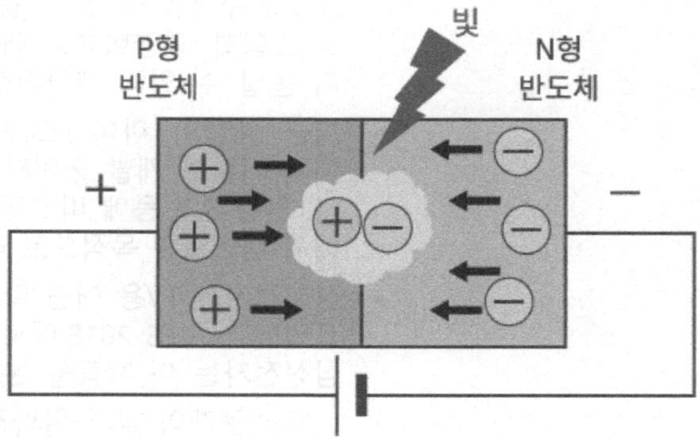

그림 3-16 LED의 기본구조

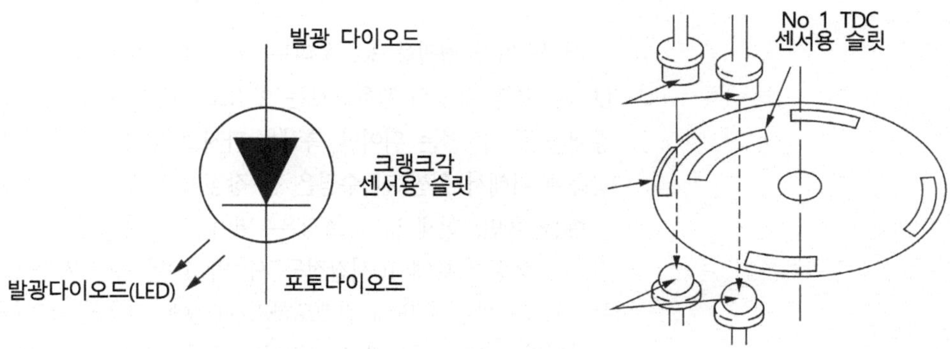

그림 3-17 발광 다이오드 응용 예

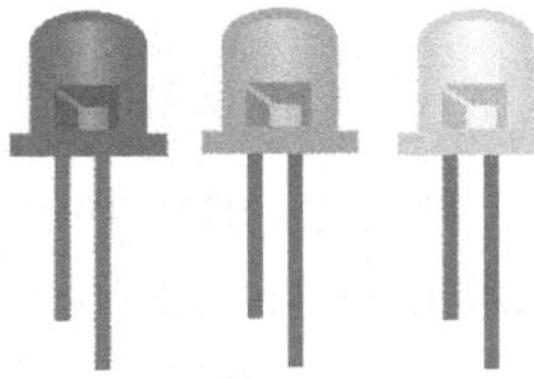

그림 3-18 발광 다이오드

발광 다이오드에서 발생하는 색깔은 반도체의 재료에 따라 적색, 녹색, 황색 등이 있으며 자동차에서는 디지털 미터의 회전계, 차속 센서, 크랭크각 센서, 제1번 실린더 상사점 센서, 조향휠 각속도 센서, 차고 센서 등에서 사용된다.

삼성·애플 뛰어든 마이크로LED...4년간 급성장 예상

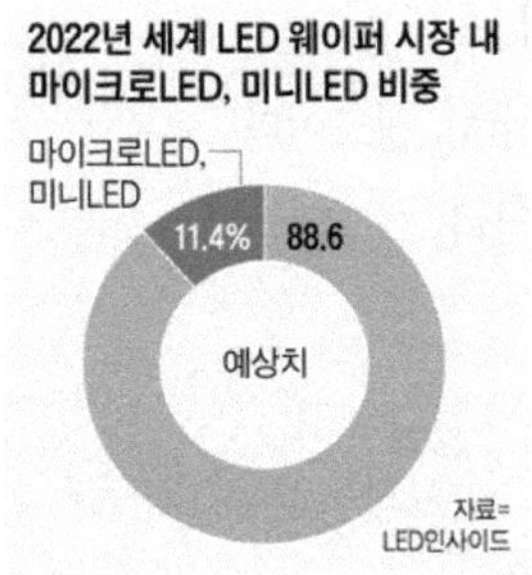

- 애플 등 대형 기업들이 본격적으로 연구개발을 시작한 마이크로LED가 올해부터 앞으로 4년간 급성장해 LED 시장의 주류로 자리매김할 것이라는 전망이 나왔다. 마이크로LED와 일반 LED의 과도기적 기술인 미니LED 역시 빠른 속도로 시장이 커질 것으로 보인다.
- 마이크로 LED는 통상적으로 칩 크기가 5~10 ㎛에 불과한 초소형 LED를 말한다. LED 칩 자체를 화소로 활용할 수 있기 때문에 기존 LED로 구현할 수 없는 플렉서블 디자인도 가능하며 내구성도 강하고 소형화, 경량화에도 더 유리하다. 무엇보다 투명도를 80% 수준까지 높일 수 있어 웨어러블 기기로서의 효용성도 높다.
- 최근 애플이 마이크로LED를 모바일용 유기발광다이오드(OLED)의 대체 기술로 개발 중이라는 주장이 제기되면서 업계 이목이 집중된다. 블룸버그 등에 따르면 애플은 캘리포니아 산호세 인근 제조시설에서 테스트를 목적으로 마이크로LED를 생산 중인 것으로 알려졌다.
- 삼성전자는 TV용 대형 디스플레이 분야에 마이크로LED 기술을 이미 도입했다. 'CES 2018'에서 146인치 마이크로LED TV '더월'을 공개한 삼성전자는 이 제품을 본격적으로 시장에 내놓는다는 방침이다.
- LG디스플레이 역시 일찌감치 마이크로LED 기술 도입을 준비해왔다. LG디스플레이 부회장은 기자들과 만난 자리에서 "상업용 디스플레이 분야에서 마이크로LED 도입을 준비하고 있다"고 밝힌 바 있다. 마이크로LED 생산의 몇가지 걸림돌이 해결될 경우 TV분야에도 적용될 가능성이 높다.

백열등이나 형광등 등, 우리는 많은 인공적인 빛에 둘러 쌓여 살고 있다. LED는 조명 용도의 광원으로는 아직도 시작단계이지만, 기존의 백열등 등이 흉내를 할 수 없는 뛰어난 특징을 가지고 있다. 그 중에서도, 백열등이나 형광등에 비해서 훨씬 긴 수명은 큰 장점이다.

예를 들면, 현재 LED 조명은수명이 4만 시간 정도인 제품이 대부분이지만, 이 경우 하루에 10시간점등 시, 약 10년 동안 사용할 수 있다. 또, LED는 기존의 광원에 비해 컴팩트하기 때문에, 기구의 소형화가 용이하고, 기구 디자인의 설계 자유도가 높아집니다. 또한 열선이나 자외선을 거의 포함하지 않고, 최근 LED 성능의 향상으로 기존의 백열등이나 컴팩트형 형광등 등과 비교하여 발광 효율이 오히려 높으며, 다양한 조명 분야 상품의 에너지 절약에 크게 공헌하고 있다.

3.2.5 포토 다이오드(Photo Diode)

포토 다이오드(수광 다이오드)는 빛을 전기흐름으로 변환하는 다이오드이며 역방향으로 전압을 가한 상태에서 PN접합면에 빛을 받으면 전류가 흐르게 되고, 빛의 양을 변환시키면 회로에 흐르는 전류는 빛의 양에 비례하여 변화한다.

즉, 입사광선을 접합부에 쪼이면 빛에 의하여 결핍층의 전자가 궤도를 이탈하여 전류가 흐르게 된다. 이러한 원리를 이용하여 자동차에서는 크랭크각센서, 제1번 실린더 상사점센서, 조향휠 각속도센서, 에어컨디셔너의 일사센서 등에서 사용되고 있다.

빛을 받지 않으면 포토 다이오드는 저항이 높기 때문에 그림 3-20의 회로에서는 PNP형 트랜지스터 TR_1의 베이스에 전류가 흐르지 못하므로 TR_1이 OFF된다.

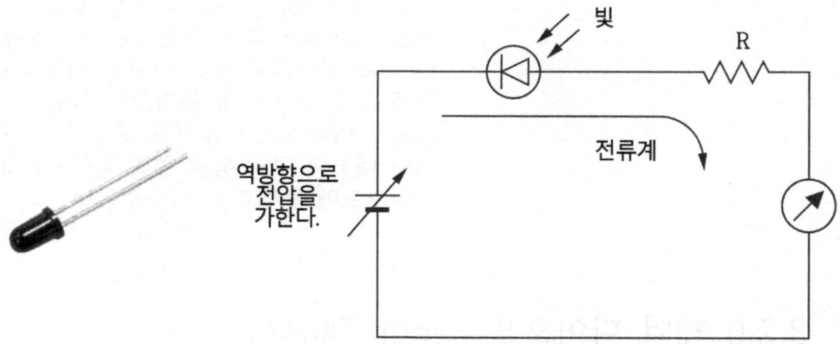

그림 3-19 포토 다이오드의 기호

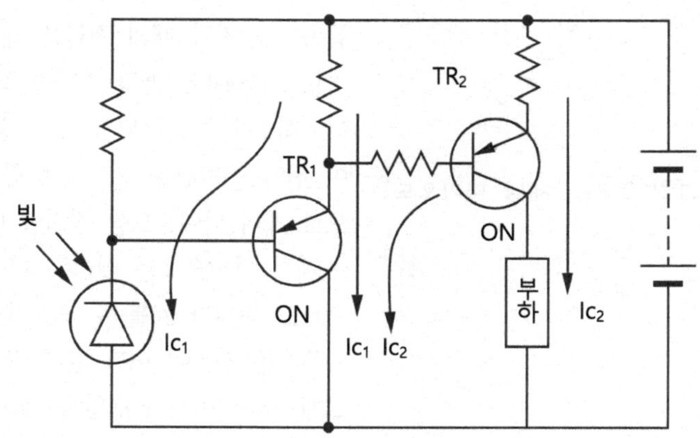

그림 3-20 포토 다이오드의 응용

따라서 PNP형 트랜지스터 TR_2도 OFF가 되어 부하 전류인 컬렉터 전류 Ic_2는 흐르지 않는다.

포토 다이오드에 빛이 가해지면 트랜지스터 TR_1의 베이스 전류가 흐르게 되므로 트랜지스터 TR_1이 ON으로 되어 컬렉터 전류가 흐른다. 이때 트랜지스터 TR_2의 베이스 전류도 흐르게 되며 트랜지스터 TR_2는 ON으로 되어 부하 전류인 컬렉터 전류 Ic_2가 흐르게 된다. 이와 같이 포토 다이오드는 빛의 양을 전류로 변화하여 전기 회로를 작동시킬 수 있다.

포토다이오드 활용

- 포토다이오드를 활용하는 곳은 주변에서도 쉽게 찾아볼 수 있다. 일단 CDP나 DVDP에서도 포토다이오가 들어갑니다. 레이져를 DISC에 쏘아 반사되어 돌아오는 빛을 포도다이오드에서 받아 소리나 화면으로 재생시켜 주게 하죠. 또 근접하면 자동으로 문이 열리는 장치나 손을 갖다대면 물이 나오는 자동수도꼭지, 등에서도 한쪽은 적외선을 쏘고, 반사되어 돌아오는 빛을 포토다이오드로 받아 동작하죠. 그리고 마우스의 내부에도 포토다이오가 들어갑니다. 마우스를 움직이면 내부의 구멍 뚫린 휠이 돌아가는데 휠이 돌아가는 펄스를 포토다이오드에서 받아들이는 것이다.

3.2.6 제너 다이오드(Zener Diode)

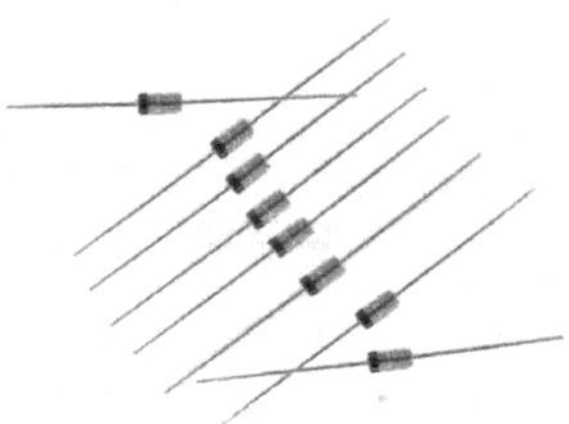

그림 3-21 제너 다이오드

다이오드 중에도 역방향 전류가 흘러도 파괴되지 않고 역전압이 낮아지면 전류를 차단하는 것이 있다. 이것을 제너 다이오드라 하고 역방향 전류가 급속히 증가할 때의 전압을 제너 전압이라 한다. 제너 다이오드는 정전압소자로 사용된다. 바꿔 말하면 회로에서 원하는 전압을 얻고자 할 때 사용한다. 회로에서 요구되지 않은 높은 전압이 인가되었을 때, 제너 다이오드는 이 전압을 자신을 통과하게 함으로써 TR 등의 소자를 보호하게 된다. 그러므로 제너 다이오드를 정전압 다이오드라고도 부른다.

제너 다이오드는 실리콘 다이오드의 일종이며 어떤 전압하에서는 역방향으로도 전류가 흐를 수 있도록 제작한 것이다. 제너 다이오드는 역방향으로 가해지는 전압이 어떤 값에 도달하면 순방향 특성과 같이 급격히 전류를 흐르게 한다. 이때의 전압을 제너 전압(breakdown voltage)이라고 한다. 그리고 역방향 전압이 점차 감소하여 제너 전압 이하가 되면 역방향 전류가 흐르지 못한다. 이 제너 전압은 온도 및 사용에 의한 변화가 작다.

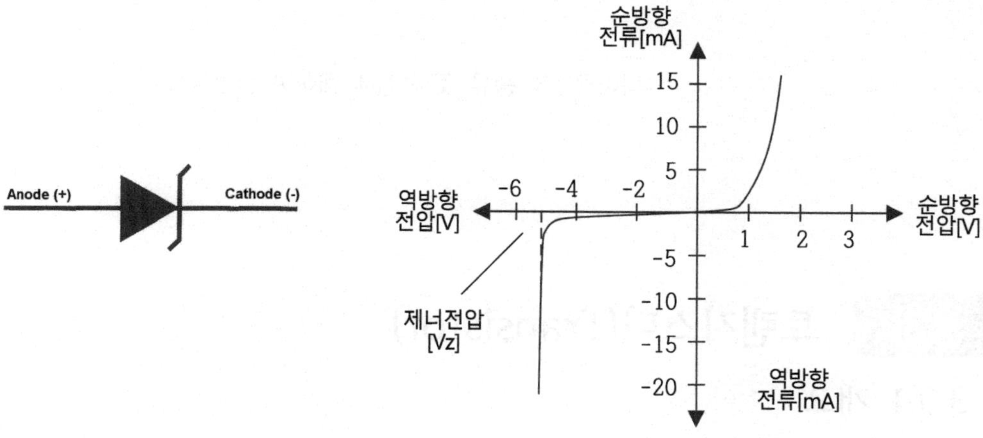

(a) (b) 특성곡선

그림 3-22 제너 다이오드의 기호와 특성곡선

브레이크다운 전압

□ 전류가 급격히 흐르기 시작할 때의 전압을 말한다.

- 제너 다이오드의 작용은 다음과 같다. PN접합 다이오드에 역방향의 전압이 점차 상승하여 어느 전압에 도달한 시점에서 공유 결합 부분의 가전자는 역방향 전압의 에너지에 의하여 자유 전자로 변화하여 튀어 나가고 그 빈자리에는 새로운 정공이 발생하여 떠돌아다니는 자유 전자를 빈자리로 흡인하려고 한다.
- 이로 인하여 접합부분을 넘어 가전자로 변화한 자유 전자와 새롭게 발생한 정공이 운반자로 되어 전류가 흐르기 시작한다. 이와 같은 현상을 제너 현상이라고 한다. 그리고 제너 전압보다 높은 역방향 전압을 제너 다이오드에 가하면 급격히 큰 전류가 흐르기 시작하는데 이 현상을 브레이크 다운이라고 한다.

제너 다이오드에 역방향 전압을 점차 증가시키면 자유 전자의 기세가 강해져 공유 결합을 하고 있는 가전자를 끌어내 자유 전자와 정공을 증가시키기 때문에 큰 전류가 흐른다. 그러나 제너 다이오드에는 제너 현상이 발생하는 이상의 높은 전압을 가했을 때 전류는 급격히 증가를 하지만 전압은 일정하게 되는 정전압 작용이 있다. 제너 다이오드는 역방향 전압을 가하였을 때 정전압 작용을 하므로 안정화 전원 회로에 널리 이용되고 있다.

자동차에서는 트랜지스터식 점화 장치, 전압 조정기 등에서 사용하고 있다.

예제 3-1

다이오드의 종류 및 특성에 대하여 설명하시오.

3.3 트랜지스터(Transistor)

3.3.1 개요

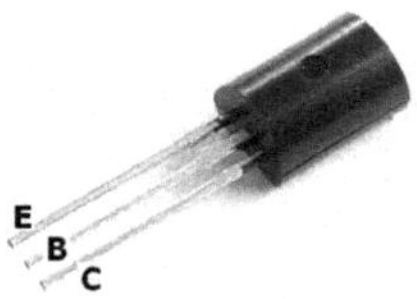

그림 3-23 Transistor

그림 3-24 트랜지스터의 다양한 형태

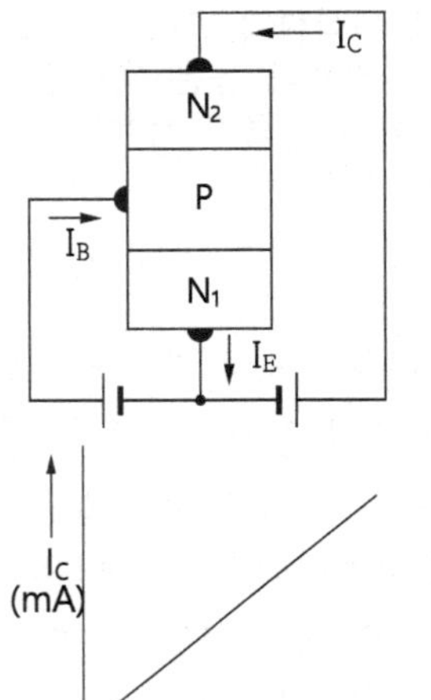

그림 3-25 NPN 트랜지스터 전류의 비례관계

PN 다이오드의 N형쪽에 또 하나의 P형을 접합시키거나(PNP형), P형쪽에 또 하나의 N형을 접합한 것(NPN형)이며, 3개의 부분에는 각각 인출선이 붙어 있으며 중앙부분을 베이스(base ; B), 트랜지스터의 형식에 관계없이 리드선(lead wire)단자를 이미터(emitter ; E), 그리고 나머지 하나를 컬렉터(collector ; C)라고 한다. PNP형 트랜지스터의 전류 흐름은 이미터에서 베이스 방향이며, NPN형 트랜지스터는 베이스에서 이미터로 전류가 흐른다.

그리고 트랜지스터의 작용은

① 작은 신호 전류로 큰 전류를 단속하는 스위칭(switching) 작용과
② 증폭작용
③ 이그나이터 작용 등이 있다.

I_B전류가 클수록 P와 N_2사이의 결핍층을 관통하는 전자들의 관통력도 커지며, I_C전류도 증가한다. 다시 말하면, I_B전류가 커질수록 I_C전류도 커지게 된다. 이들은 비례관계에 있다.

트랜지스터의 단자는 이미터(E : emitter), 컬렉터(C : collector), 베이스(B : base)가 있으며, 베이스 전류는 I_B, 이미터 전류는 I_E, 컬렉터 전류는 I_C로 표기된다.

E(이미터) : NPN식에서는 전자를 내보내고, PNP식에서는 정공을 내보낸다.
C(컬렉터) : 이미터에서 보내진 전자나 정공을 받아들인다.
B(베이스) : 중간층으로서 방출전류를 제어한다.

또 이미터 층이나 컬렉터 층에 비하여 대단히 엷다.

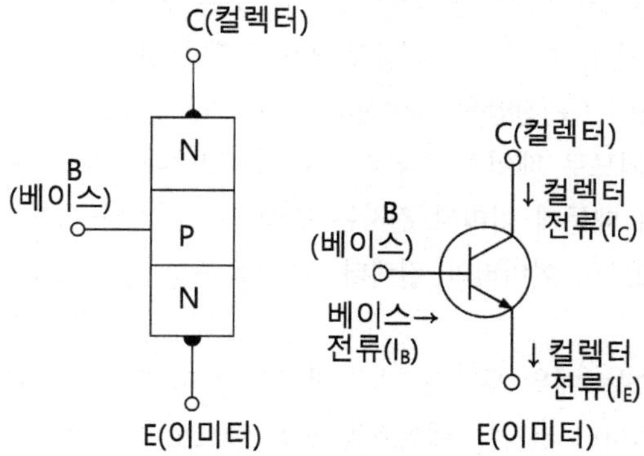

그림 3-26 NPN형 트랜지스터

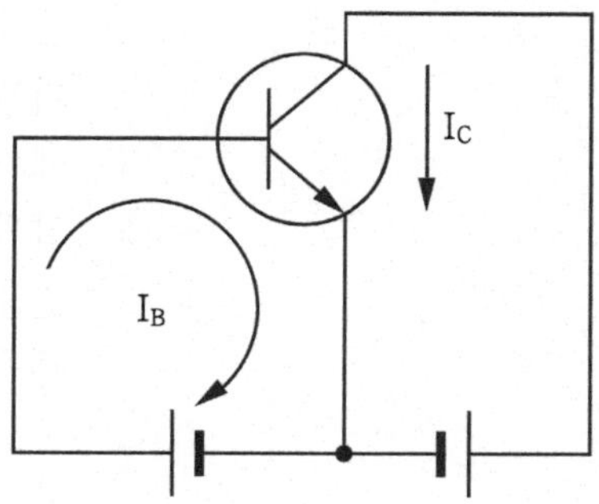

그림 3-27 NPN형 트랜지스터

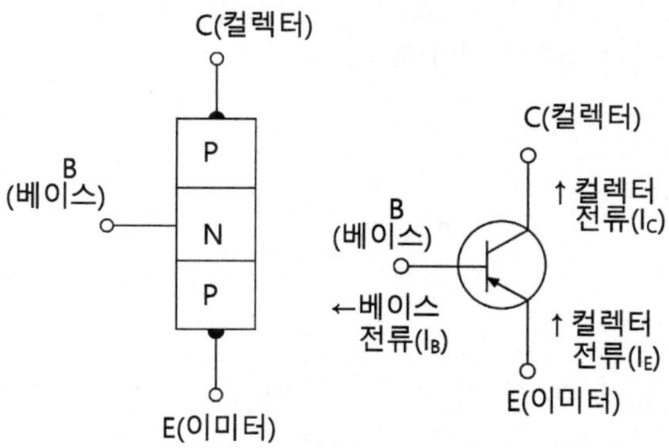

그림 3-28 PNP형 트랜지스터

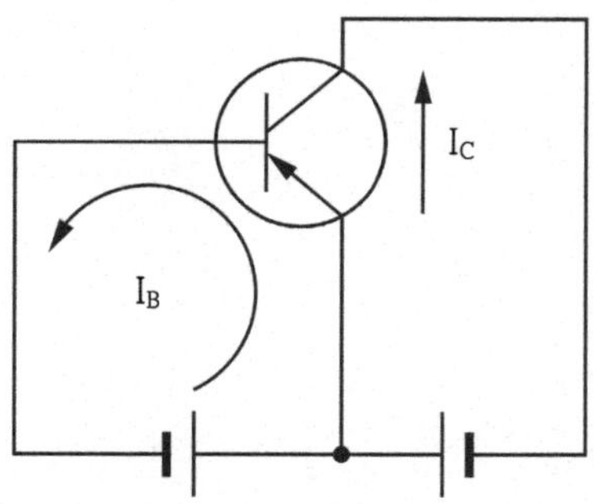

그림 3-29 PNP형 트랜지스터

$$NPN, PNP\text{형} : \quad I_E = I_C + I_B$$

(1) 증폭 작용

오늘날 증폭이란 용어는 매우 넓게 사용되고 있다. 전기의 영역에 있어서는 전기적으로 입력신호를 확대한 출력으로 나타내는 것을 의미한다. 이것은 입력신호 전압(전류)에 따라 증가하는 것으로 파형으로 나타내 보였다. 후술하겠지만, 작은 입력신호로 큰 부하를 작동하는데 사용되는 것이므로 스위치도 역시 하나의 증폭과정이라고 말할 수 있다.

또, 전압과 전류의 증폭에는 다른 전압원 또는 전류원으로부터 에너지 공급이 필요하게 된다. 이것은 전원공급 장치로부터 공급되게 된다. 베이스에 저항 Rb를 통하여 (+)전압을 접속하면 이미터의 전자는 베이스의 (+)정공에 의하여 흡인되므로 베이스 전류가 흐른다. 그러나 베이스는 두께를 매우 얇게 제작하였기 때문에 이미터 전자는 컬렉터의 전자와 함께 컬렉터의 (+)전압으로 흡인되므로 이미터와 컬렉터 사이가 도통 상태로 되어 컬렉터 전류가 된다.

그리고 베이스는 매우 두께가 얇기 때문에 베이스 내에 존재하는 정공수가 매우 적어 이미터 전자는 베이스의 정공 쪽으로 이동하는 양보다 컬렉터 (+)전압 쪽으로 이동하는 양이 압도적으로 많아진다. 이 때문에 베이스 전류보다 컬렉터 전류가 약 10~200배 정도 많이 흐른다. 즉, 약간의 베이스 전류로 큰 컬렉터 전류를 얻을 수 있으며, 또 베이스 전류를 바꿈으로써 컬렉터 전류의 양을 증가시킬 수 있는데 이 작용을 트랜지스터의 증폭 작용이라고 하며 증폭률은 다음과 같이 표시한다.

$$h_{EF} = \frac{I_C}{I_B}$$

베이스전류 I_B의 증가와 더불어 컬렉터전류 I_C도 증가한다. 다르게 생각해보면 I_B 전류가 충분히 흐르면 컬렉터와 이미터 사이의 저항이 매우 작아진다고 할 수 있다. 바꿔 말하자면 I_B 전류가 흐르지 않으면 저항은 대단히 크게 된다는 것이다.

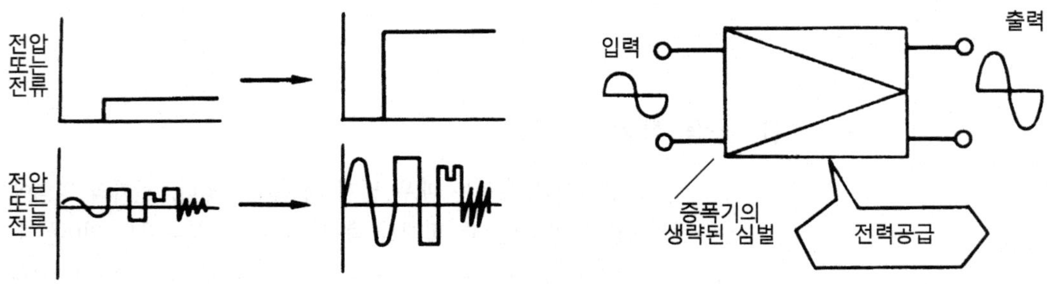

그림 3-30 증폭 작용

1) 전류 증폭률

앞에서 이미 설명한 바와 같이 I_B전류는 I_C전류의 약 1/100이다. 이들은 비례관계에 있으며, 100[mA]의 I_C전류를 얻기 위해서는 1[mA]의 I_B전류를 흘려주면 된다. 이 경우 I_C전류와 I_B전류의 관계를 전류 증폭률(hFE)로 표시하며, 베이스 전류가 흐르지 않으면 컬렉터 출력이 나오지 않고, 일정량의 베이스 전류가 흐르면 컬렉터 전류가 흐르게 된다.

여기서 이미터의 정공이 베이스속의 전자와 결합하는 것은 전체의 2~3[%] 정도이며 나머지 약 98[%]는 컬렉터로 이동한다.

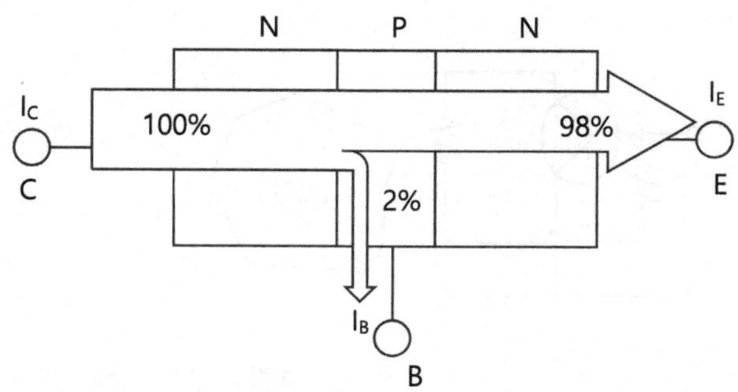

그림 3-31 전류가 흐르는 비율

2) 증폭회로

일반적으로 증폭이란 교류에서 행해질 수 있다. 따라서 입력 및 출력신호 역시 교류 파형이다. 그림 3-32와 같은 회로에서 교류신호가 베이스와 이미터에 가해지면(베이스-이미터간은 다이오드와 동일) 베이스전류 I_B는 파형이 (+)일 때만 흐른다(반파). 컬렉터 전류 I_C는 I_B전류$\times h_{FE}$이고, 이것은 I_C전류를 크게 증폭시킨 것이다. 그러나 이것은 다만 반파일 뿐 전체를 증폭하는 것은 아니다.

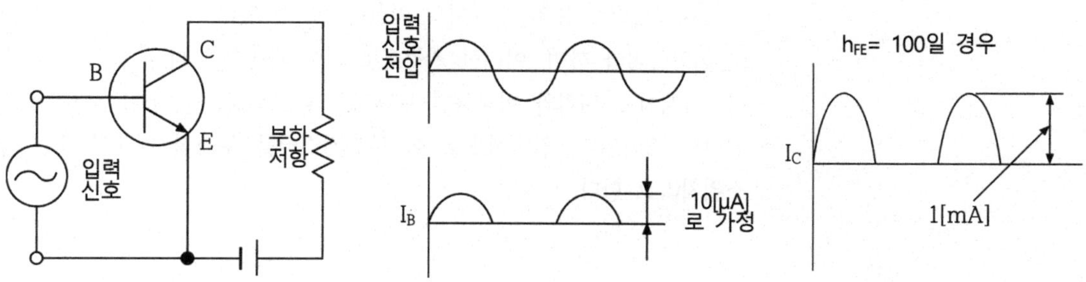

그림 3-32 전류 증폭 회로

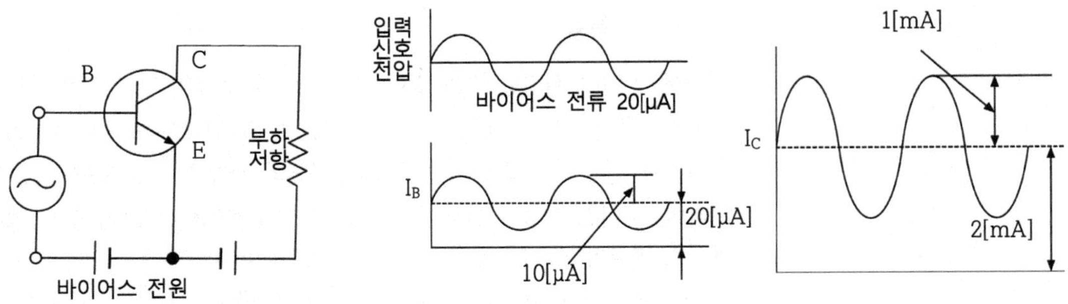

그림 3-33 바이어스 증폭

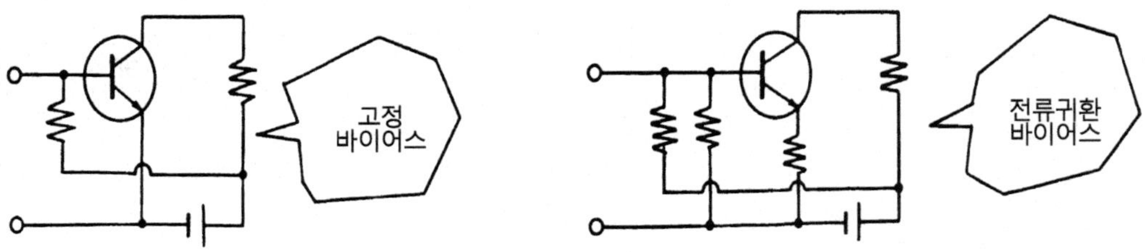

그림 3-34 전류 귀환 바이어스

이제 직류를 베이스-이미터에 인가해 보자. 이때 I_B전류신호의 형태는 직류에 교류를 얹어 놓은 것처럼 되므로 I_C 전류파형은 완전히 나타나며, 이 같은 직류전압을 베이스-이미터간에 인가하는 방법을 바이어징(biassing)이라고 한다. 이때의 전류전원을 바이어스 증폭이라고 한다.

실제로는 2개의 공급전원을 갖춰야 하는 불편 때문에 공급전원의 출력단을 바이어스용으로 사용한다.

(2) 스위칭(switching) 작용

트랜지스터는 또한 릴레이의 역할을 할 수 있다. 이 기능을 스위칭(switching)역할이라 하며, 이러한 기능으로 하여 자동차에 매우 많이 사용되고 있다. 기계식 스위치와 비교하면 트랜지스터 스위치는 수명이 길고, 소형이며, 전력도 절약된다. 일반적으로 이 트랜지스터를 무접점 릴레이 또는 무접점 스위치라고 한다.

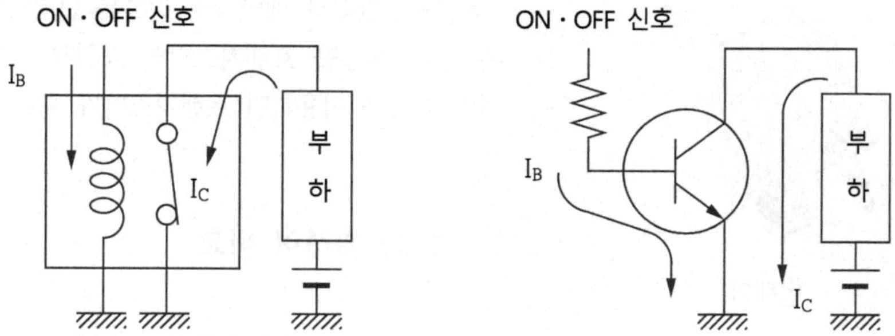

그림 3-35 릴레이의 역할

부하가 증가하면 I_C전류도 증가하는데, 전압(전류) 신호가 미약할 때는 필요한 만큼의 전류를 충분히 공급할 수 없게 된다. 그러므로 이러한 경우에는 그림 3-36과 같이 둘 또는 셋 이상의 단계를 거쳐 기능을 발휘하게 된다.

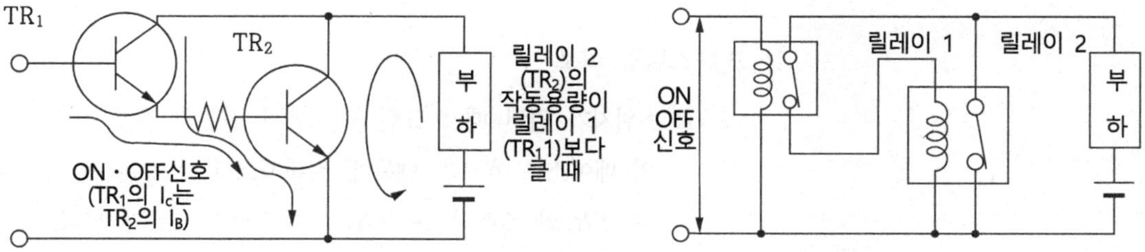

그림 3-36 2단계 트랜지스터의 릴레이 역활

또, 그림 3-37과 같이 신호에 의해 반대의 작동이 가능하도록 하는 것으로는 2개의 트랜지스터가 쓰인다. 증폭작용에서 트랜지스터의 이미터와 컬렉터 사이를 도통 상태로 하려면 베이스의 전류를 흐르게 하면 된다고 설명하였다.

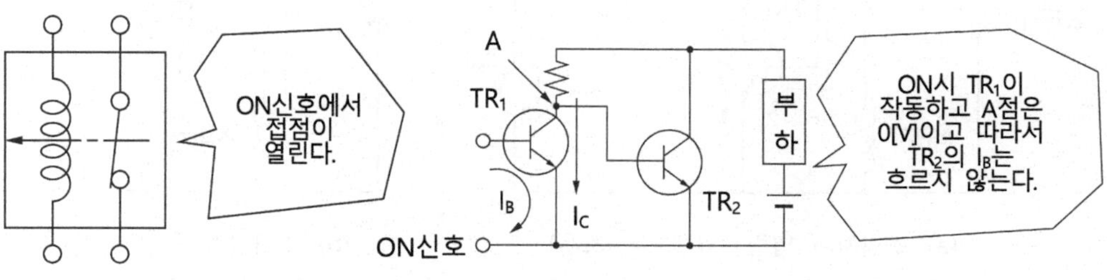

그림 3-37 TR의 반대 작용

릴레이

이와는 반대로 베이스의 전류를 단속하면 이미터와 컬렉터 사이를 단속할 수 있다. 이것을 트랜지스터의 스위칭 작용이라고 하며 이 트랜지스터의 스위칭 작용을 이용하면 트랜지스터가 릴레이와 같은 작용을 할 수 있다.

TR과 릴레이 비교

- 릴레이와 같은 유접점회로를 이용하지 않고 트랜지스터를 이용하여 간단하게 스위치회로를 구성할 수 있다.
- 트랜지스터는 접점이 없으므로 릴레이와 같은 개폐시의 채터링(Chattering) 현상이 없다.
- 수명은 길고 소비 전력이 극히 적으며, 스위치동작을 초당 1,000회 이상으로 구현할 수 있다.
- 낮은 베이스 전류로 스위칭이 되므로 제어회로가 간단히 구성될 수 있다.

릴레이

1) 2단 스위칭 회로

① 스위치가 열릴 때 : 그림 3-38에서 전원의 전류는 R_1 → TR_1의 베이스로 흐르기 때문에 트랜지스터 TR_1은 ON이 되어 R_2 → TR_1의 컬렉터 → TR_1의 이미터로 흐르게 된다. 따라서 점의 전압이 낮아져 트랜지스터 TR_2에는 베이스 전류가 흐르지 않아 램프에는 점등이 되지 않는다.

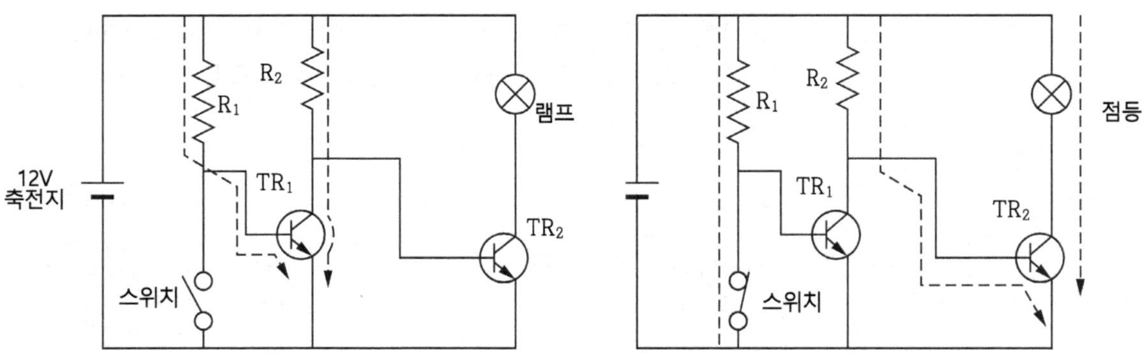

(a) 스위치가 열릴 때(램프는 소등) (b) 스위치가 닫힐 때(램프는 점등)

그림 3-38 2단 스위칭 회로

② **스위치가 닫힌 때** : 스위치를 닫으면 회로에서와 같이 전원의 전류는 R_1 → 스위치 → 전원으로 흐르므로 트랜지스터 TR_1의 베이스에 전류가 흐르지 않아 트랜지스터 TR_1은 OFF된다. 따라서 전원의 전류는 R_2 → TR_2의 베이스 → TR_2의 이미터로 흘러 트랜지스터 TR_2가 ON이 된다. 이에 따라 전원의 전류는 램프 → TR_2의 컬렉터 → TR_2의 이미터로 흘러 램프는 점등이 된다.

2) 지연 회로

트랜지스터의 스위칭 작용을 일시적으로 지연시킬 수 있는 회로이다. 여기서 자동차에서 사용되고 있는 룸 램프(room lamp)를 예를 들면 자동차에 승차 후 도어(door)를 닫아도 잠시 동안 점등하거나 자동차의 경사에 따라 바로 표시되지 않는 경우가 있다. 즉, 순간적인 신호로는 이상이 있다고 판단하지 않는 회로가 지연회로이며 자동차에는 필수품이다. 지연회로의 작동은 다음과 같다.

① 도어를 열었을 때 : 도어를 열면 도어 스위치가 ON으로 되어 축전지 전류는 저항 R을 거쳐 트랜지스터 TR의 베이스로 전류가 흘러 트랜지스터 TR이 ON되어 룸램프가 점등이 된다. 한편 축전기(condenser) C에도 동시에 전류가 흘러 충전이 된다.

② 도어를 닫았을 때 : 도어를 닫으면 도어 스위치가 OFF로 되지만 축전기의 방전 전류에 의하여 트랜지스터는 ON상태를 유지한다. 그러나 축전기의 방전이 끝나면 트랜지스터의 베이스에 전류가 흐르지 않으므로 트랜지스터는 OFF되어 룸램프는 소등된다.

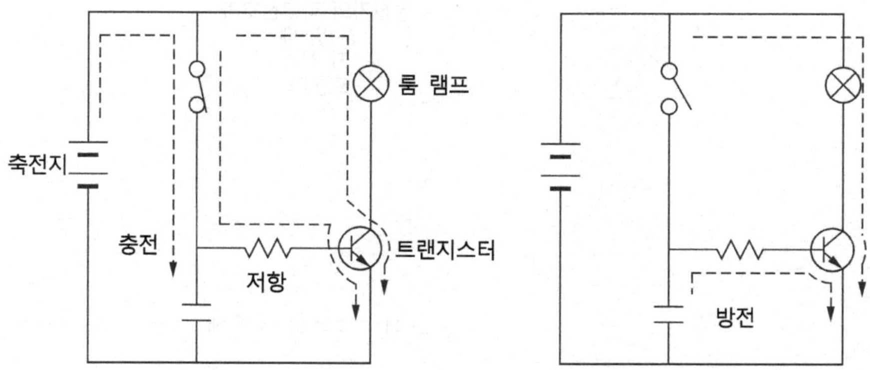

(a) 도어를 열었을 때 (b) 도어를 닫았을 때

그림 3-39 지연 회로

(3) 이그나이터

이그나이터는 그림 3-40과 같이 기계적으로 접점을 사용해 왔으나, 현재는 이그니션 코일의 「ON」·「OFF」 스위치로서 트랜지스터를 사용하고 있다.

발전기에서는 그림 3-41과 같이 교류파형의 기전력이 발생한다. 그러므로 I_B전류는 전류가 (+)에서 (-)로 변할 때 스위치가 「OFF」되며 1차 전류는 차단된다. 고전압이 이때 이그니션 코일에서 발생된다.

실제로는 1차 전류를 「ON」, 「OFF」 시킬 수 있도록 대형 트랜지스터에 버금가는 기능을 갖출 수 있도록 여러 개의 트랜지스터를 사용하여 회로를 구성한다. 트랜지스터의 I_B전류는 단계적으로 증가한다.

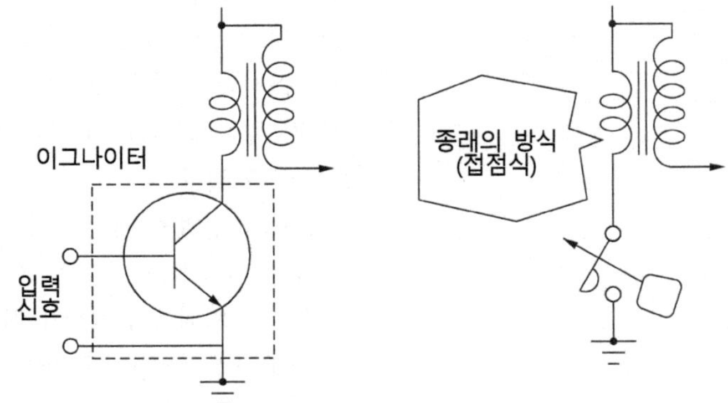

그림 3-40 이그나이터 작용

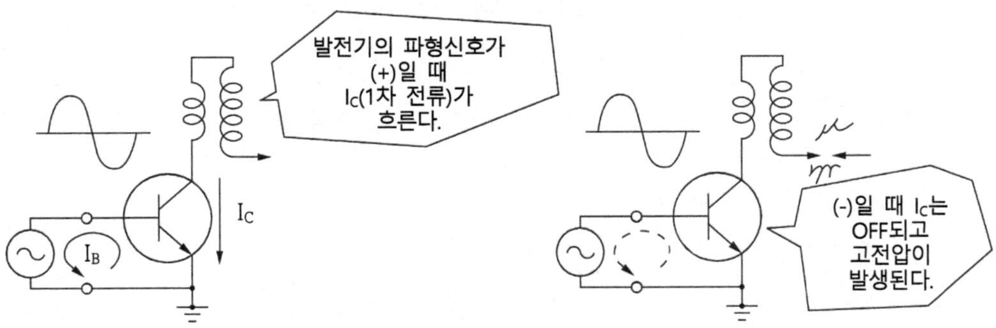

그림 3-41 교류의 사용에 의한 이그나이터 작용

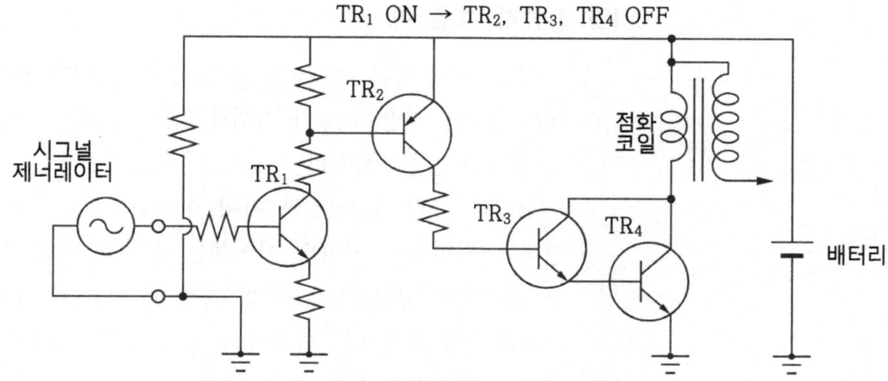

그림 3-42 전 TR 점화 장치에서 TR의 역할

예제 3-2

트랜지스터의 3가지 작용에 대하여 설명하시오.

3.3.2 PNP형 트랜지스터

(1) 전류가 흐르지 않을 때

PNP형 트랜지스터에서 이미터에 (-), 베이스에 (+), 컬렉터에 (-)전원을 연결하면 이미터쪽의 정공은 전원의 (-)극에 의하여 흡인되고, 베이스 내의 전자는 전원의 (+)극에 흡인되어 경계 부분은 빈 공간이 되므로 베이스 전류는 거의 흐르지 못하여 이미터에서 컬렉터로 전류가 흐르지 못하게 된다.

이와 같이 베이스 전류를 단속(ON-OFF)함에 따라 컬렉터의 전류를 조절할 수 있다.

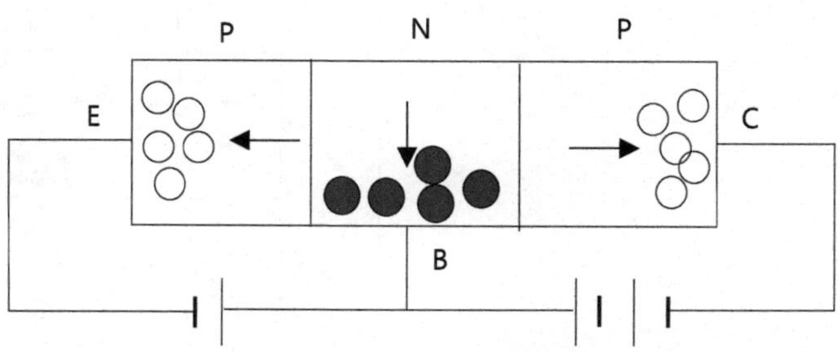

그림 3-43 전류가 흐르지 않을 때(PNP형)

(2) 전류가 흐를 때

PNP형에서 베이스에 (+), 컬렉터에 (-)전원을 연결하면 베이스와 컬렉터에는 역방향 전압 V_{CB}가 가해져 있으므로 외부 전원에 의한 흡인 작용으로 전류가 흐르지 않는다.

그러나 그림 3-44(b)와 같이 이미터에 (+), 베이스에 (-)전원을 연결하면 이미터와 베이스 사이에는 순방향 전압 V_{BE}가 가해져 있으므로 외부에서 공급되는 전원의 극성에 반발하여 전류가 흐른다. 이때 이미터의 P형 쪽에서는 불순물의 농도를 증가시켰으므로 정공이 다수 발생하고 베이스의 N형 쪽은 두께가 매우 얇기 때문에 불순물의 농도는 더욱 희박하게 되므로 전자는 극히 적다. 따라서 이미터내의 정공은 베이스로 흘러 들어가서 그 일부분의 베이스 전자와 결합하여 소멸되므로 약간의 베이스 전류 I_B로 된다.

또 그림 3-44(c)와 같이 이미터에 (+), 베이스에 (-), 컬렉터에 (-)전원을 연결하면 이미터에서 나온 정공은 베이스의 전자와 결합하지 못한 정공이 컬렉터 쪽 V_{CB}전압에 의하여 컬렉터 쪽으로 이동하여 컬렉터 전류 I_C가 되며 이미터의 정공은 전원의 (+)에서 점차 공급되어 이것이 이미터 전류 I_E가 된다. 이에 따라 이미터 전류의 대부분은 컬렉터 전류가 되며 베이스 전류는 매우 적다.

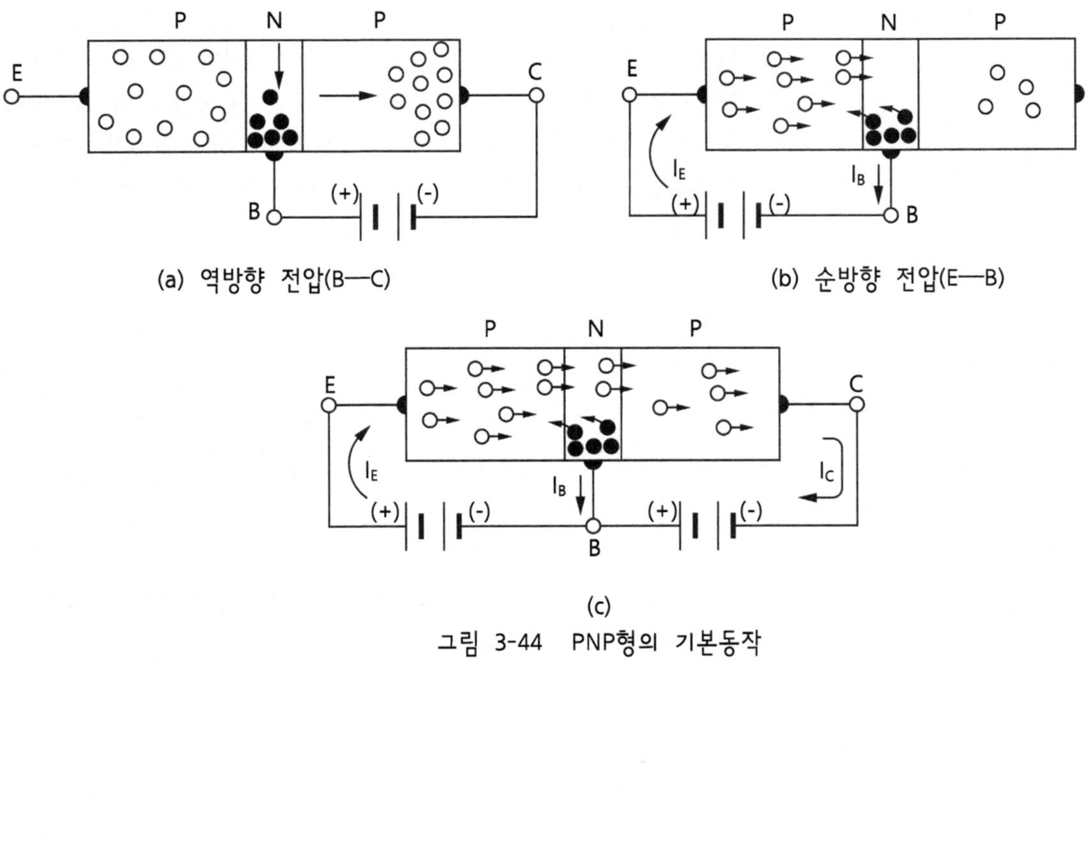

그림 3-44 PNP형의 기본동작

3.3.3 NPN형 트랜지스터

(1) 전류가 흐르지 않을 때

NPN형 트랜지스터에서 이미터에 (+), 베이스에 (-), 컬렉터에 (+) 전원을 연결하면 이미터 쪽의 전자는 전원의 (+)극에 흡인되고 베이스 내의 정공은 전원의 (-)극으로 흡인되어 경계부분은 빈 공간으로 되어 베이스 전류가 흐르지 않아 컬렉터에서 이미터로 전류는 거의 흐르지 못한다.

이와 같이 베이스 전류를 단속하면 컬렉터 전류를 조절할 수 있다.

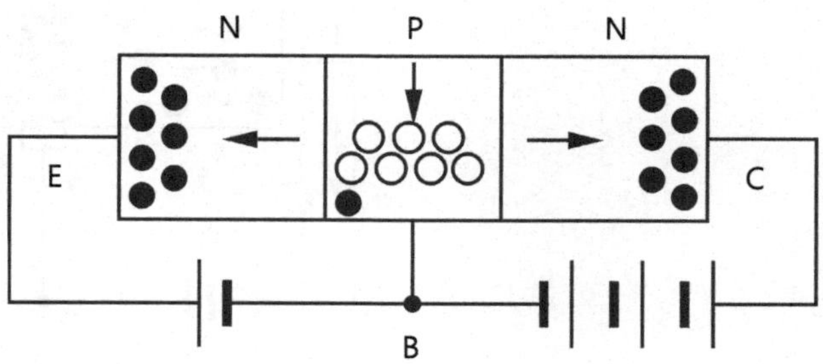

그림 3-45 전류가 흐르지 않을 때(NPN형)

(2) 전류가 흐를 때

NPN형은 베이스에 (-), 컬렉터에 (+)전원을 연결하면 베이스와 컬렉터 사이에는 역방향 V_{CB}가 가해져 있으므로 전위 장벽이 높아 전류가 거의 흐르지 않는다.

그러나 그림 3-46(b)와 같이 이미터에 (-), 베이스에 (+)전원을 연결하면 이미터와 베이스 사이에는 순방향 전압 V_{BE}가해지므로 전류가 흐른다. 이때 이미터 N형 쪽에는 불순물의 농도를 증가 시켰으므로 전자가 많이 발생하고, 베이스의 P형 쪽은 매우 두께가 얇고 불순물의 농도를 낮게 하였으므로 정공 발생은 적다. 또 그림 3-46(c)와 같이 이미터에 (-), 베이스에 (+), 컬렉터에 (+)전원을 연결하면 이미터 내의 전자는 베이스 쪽으로 흘러 들어가 그 일부분의 정공과 결합하여 소멸되며 적은 수의 정공은 전원의 (+)극에 의하여 계속 공급이 되므로 이것이 약간의 베이스 전류가 된다.

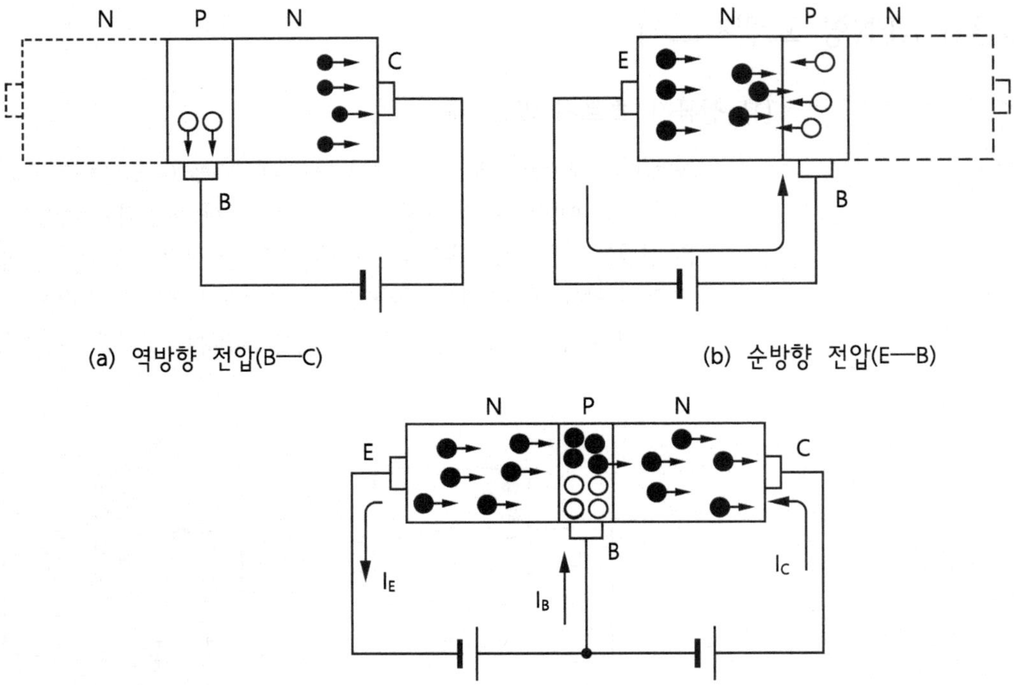

(a) 역방향 전압(B—C)

(b) 순방향 전압(E—B)

(c)

그림 3-46 NPN형의 기본 작동

또 베이스 전류와 결합을 하지 못한 이미터의 전자는 컬렉터 쪽의 V_{CB} 전압에 의하여 컬렉터 쪽으로 이동을 하여 컬렉터 전류로 된다. 일반적으로 이미터 전류 중의 95 ~98[%]가 컬렉터 전류이고 나머지 2~5[%]는 베이스 전류이다.

예제 3-3

NPN, PNP TR의 동작특성에 대하여 설명하시오.

예제 3-4

트랜지스터를 이용한 다음의 회로 중 전구가 발광하는 경우는 어느 경우인가?

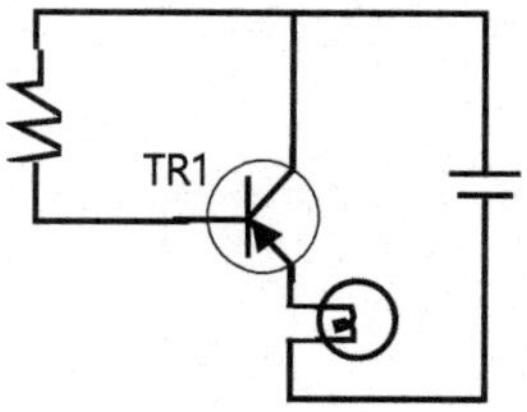

(A)

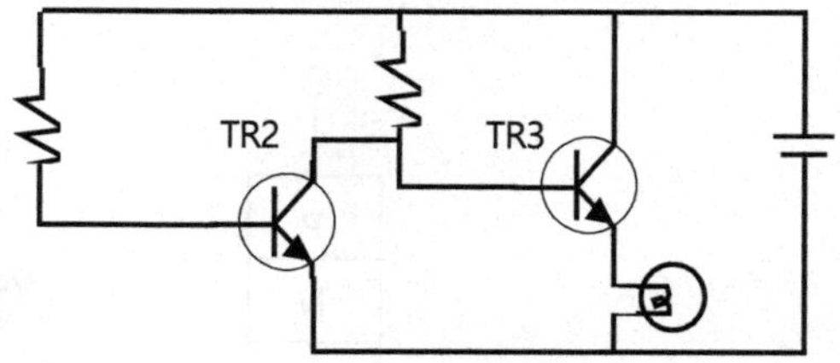

(B)

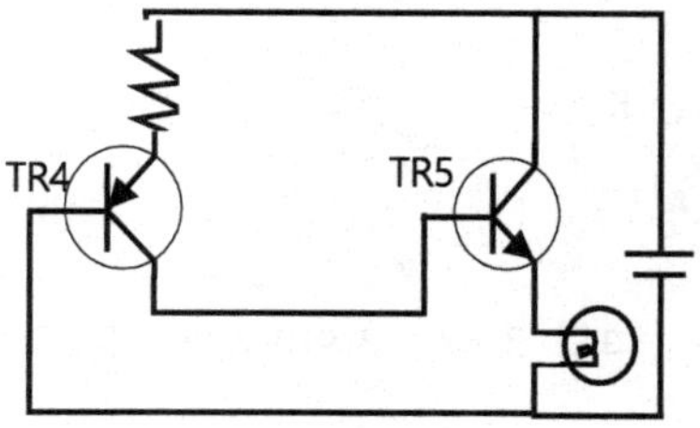

(C)

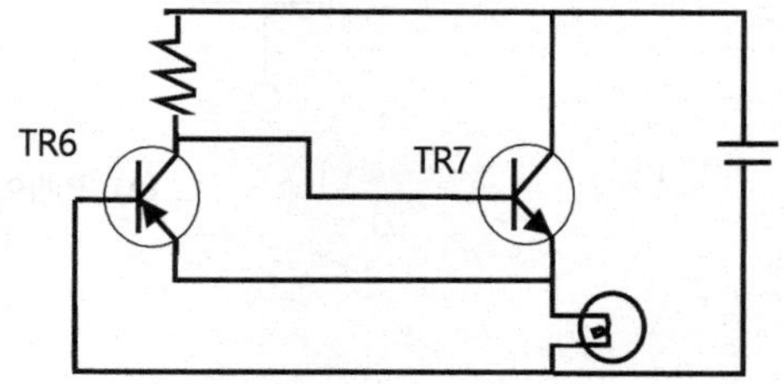

(D)

풀이

(A) TR1은 작동하지 않음 : 발광하지 않음

(B) TR1이 작동하므로 TR2는 작동하지 않음 : 발광하지 않음

(C) TR1이 작동하므로 TR2도 작동함 : 발광함

(D) TR1이 작동하지 않으므로 TR2는 작동함 : 발광함

3.4 사이리스터

3.4.1 개 요

사이리스터(Thyristor)는 다층 PN접합소자의 총칭으로서 자동차분야에서 활용되는 것은 SCR (silicon controlled rectifier)이라 불리는 단방향소자이다. SCR은 전류에 대한 on, off 동작이 매우 빠르며 내전압이 높기 때문에 트랜지스터의 스위칭 동작대용으로 활용되는데, 자동차용으로는 CDI (condenser discharge ignition) 장치에 사용되어 2차고전압을 유도하는 역할을 담당한다.

사이리스터에서 게이트(G)선을 빼내는 방법에 따라 여러 가지 이름으로 불리게 된다. 그러나 사이리스터 구조에 기초하였기에 보통 사이리스터의

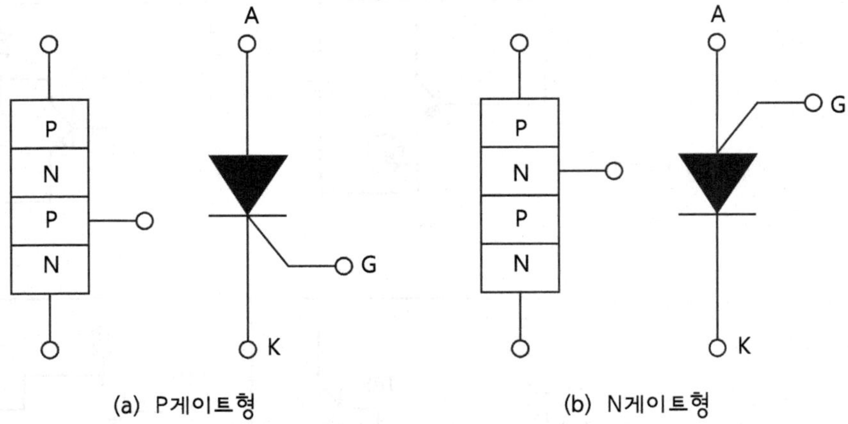

그림 3-47 사이리스터 기본구조

같은 종류로 분류된다. P형 반도체에서 게이트(G)를 빼낸 기본적인 사이리스터의 형태는 그림 3-47(a)와 같다.

3.4.2 동작특성

사이리스터는 반도체 스위치라고 생각하면 쉽다. 그림 3-49의 왼쪽에서는 스위치에 의하여 전구에 불이 켜지거나, 꺼지는 것을 보여주고 있다. 오른쪽을 보면 사이리스터가 스위치를 대신하고 있다.

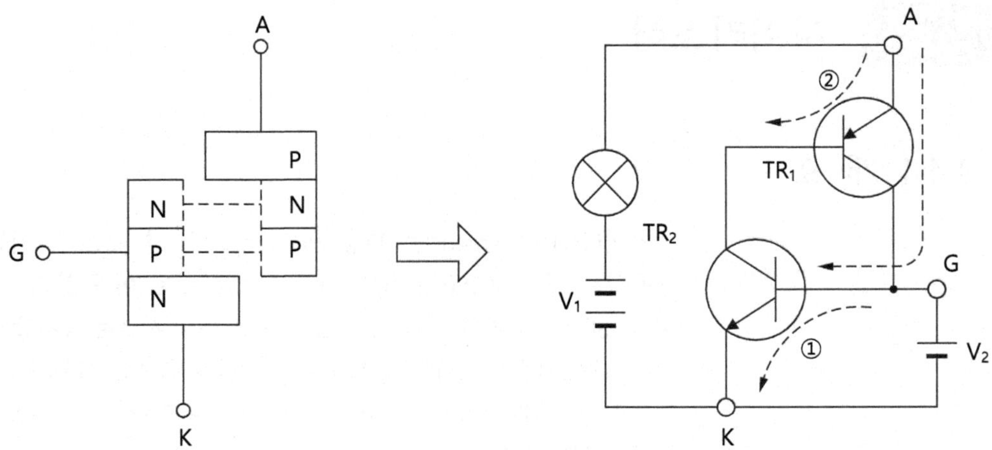

그림 3-48 사이리스터의 동작

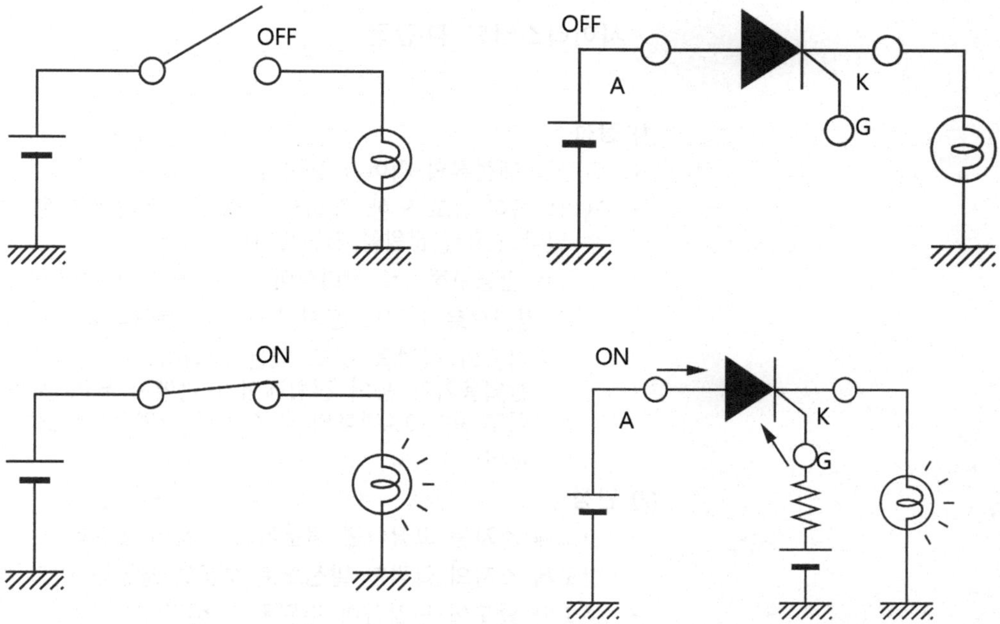

그림 3-49 스위치와 사이리스터

사이리스터의 게이트(G)에 전류가 흐리지 않으면, OFF상태를, G에 전류가 흐르면 ON상태가 된다. 게이트(G)에 미세한 전류만 흘러도, 사이리스터는 전기가 통하게 된다. 전구의 불을 끄려면, 스위치의 경우에는 스위치를 내리면(off 시키면) 되지만, 사이리스터는 그렇지 않다. 게이트(G)에 전류를 흘러, 사이리스터가 일단 도통되면 게이트에 의하여 OFF시킬 수 없고, 전원공급을 중단시켜 OFF로 만든다. 그러므로 교류전류에서는 자동으로 OFF 되지만, 직류전류에서는 특별한 방법을 사용하여 사이리스터를 OFF 시킨다.

직류전기에서 Off시키는 방법이 어렵지만, 일반 스위치나 다른 반도체보다 사이리스터를 많이 사용하는 이유는

첫 번째, 고속동작을 들 수 있다. 사이리스터의 1초 사이에 수 만회를 ON/OFF를 할 수 있다. 정밀한 제어를 할 수 있게 한다.

두 번째 고전류를 흘릴 수 있다는 것을 들 수 있다. 다른 반도체 소자에 비하여 전압에 대한 내압이 높을 뿐만 아니라, 많은 전류를 흘릴 수 있다.

세 번째, 고전압과 전류가 많은 상태에서 SW를 ON/OFF 하면 스위치는 접점이 아크에 의하여 파손되지만, 사이리스터는 아크발생부분이 없으므로 파손되지 않고, 반영구적으로 사용할 수 있다.

사이리스터의 장·단점

(1) 장점

- 고전압 대전류의 제어가 용이하다.
- 제어이득이 높고 또한, 게이트 신호가 소멸하여도 온 상태를 유지할 수 있다. (off시 전원을 차단한다)
- 수명은 반영구적으로 신뢰성이 높다. 또 서지 전압·전류에도 강하다.
- 소형, 경량으로 기기나 장치의 설치가 용이하다.
    - 이들의 장점을 갖고 있는 사이리스터는 가전제품, OA기기, 산업용기기 등의 전력제어 분야에서 널리 사용되고 있으며, 이후 수 10 A이하의 중·소전력 사이리스터만도 여러 가지가 있다.

(2) 단점

- 반도체 소자는 고장나면 전문가의 도움이 필요하다.
- 반도체 소자의 급격한 발전으로 부품의 조달이 어려울 수 있다.
- 온도와 습도에 민감하여 주위온도, 배기, 환기 등의 세심한 배려가 필요하다.

3.4.3 외형

사이리스터의 외형은 둘다 다리가 세 개이니까 트랜지스터와 유사하다. TO-92는 소신호용 트랜지스터에서 많이 사용하며 0.15~0.45[A] 정도 사이의 사이리스터가 사용한다. TO-202는 2~8[A] 정도, TO-220은 5~40[A] 정도, TO-3은 더 큰 전류에서 사용된다.

산업용의 큰 전류(100[A] 이상)에서는 스터드형이라 하여, 나사처럼 생긴 타입, 원반형이라 하여, 둥근 원판형으로 생긴 타입 등을 사용한다. 또한 사이리스터는 대용량(40 ~250[A])의 경우 2개 이상의 소자를 하나의 팩키지에 넣은 모듈로도 많이 사용된다. 작은 게이트전류로 큰 전력제어가 가능하기 때문에 조광 장치, 전차의 전력조절 등 광범위하게 사용되어지고 있다.

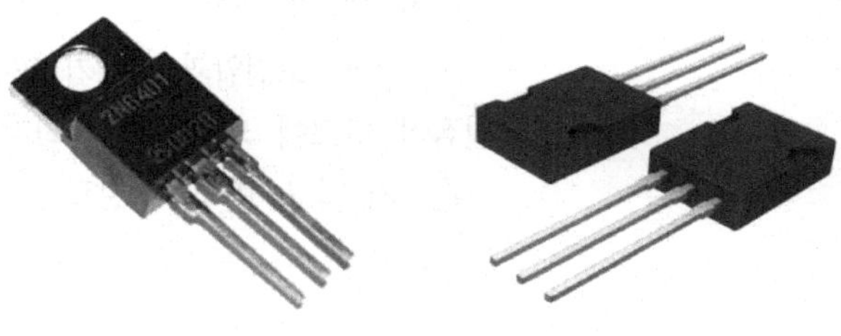

그림 3-50 사이리스터 외형

3.5 서미스터(Thermistor)

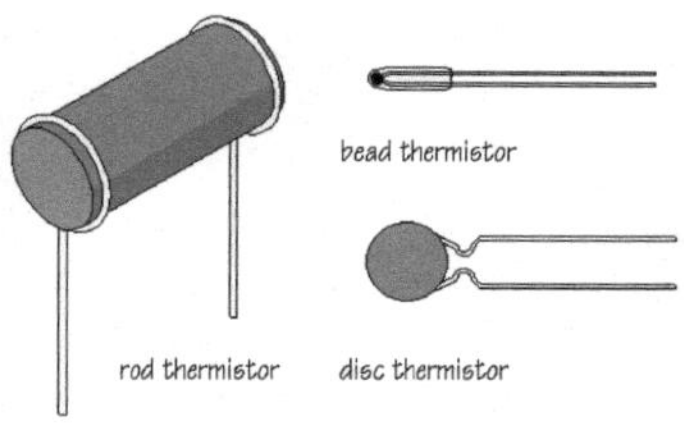

그림 3-51 서미스터

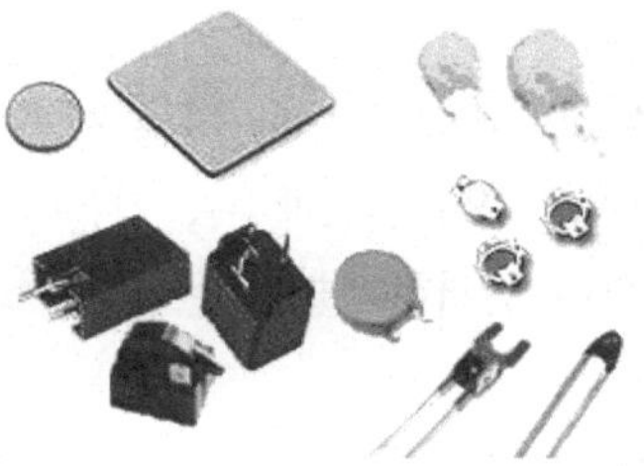
그림 3-52 PTC 서미스터

서미스터란 열에 민감한 저항체라는 의미로 온도변화에 따라 저항 값이 극단적으로 크게 변하는 감온 반도체이다. 이는 통상 서미스터를 센서로 통칭하는 경우가 많다.

NTC 서미스터(Negative Temperature Coefficient Thermistor)는 저항체에 온도가 올라가면 저항이 감소하는 특성을 이용 FACT에서 센서로 전류를 흘려 전압의 변화를 감지하여 온도로 환산하는 방법이다. 대부분의 자동차 전기장치의 센서류는 외부가열형 NTC 서미스터에 속한다고 보면 된다.

온도는 원자 또는 분자가 갖고 있는 미세한 범위의 진동 운동에너지의 크기라고 정의된다. 금속선이나 반도체의 저항값은 온도에 따라 변화하는 성질이 있다. 또한 종류가 다른 금속선의 결합접점을 가열하면 기전력이 발생하는 경우도 있다. 여기서 발생하는 저항이나 기전력을 측정하여 온도를 구하는 방법이 온도센서의 원리이다.

온도센서는 측정방법에 따라 다음과 같이 분류된다.

① 접촉 온도센서 : 피측정물, 환경에 직접 센서를 접촉시켜 측정
② 비접촉 온도센서 : 피측정물에서 방사되는 적외선을 떨어진 장소에서 측정

그 중에서 접촉형 온도 센서의 한 종류가 서미스터이다.

3.5.1 개 요

일반적으로 서미스터라고 하는 것은 전기저항의 온도계수가 부인 NTC(Negative Temperature Coefficient)형 서미스터이고, 좀더 넓은 의미에서 사용되는 PTC(Positive Temperature Coefficient)도 있지만, 여기서 설명하는 서미스터는 NTC형을 기준으로 한다. 서미스터의 전기저항은 백금이나 니켈의 전기저항과 비교하여 표시되어 있는 바와 같이 온도의 상승에 따라서 급속히 감소한다.

NTC 서미스터는 Electro Ceramic의 일종으로 천이 금속화합물의 소결체이다. 주성분은 망간, 코발트, 니켈 등이 있지만, 알루미나, 철 등을 첨가하는 경우가 있다. 1000도 이상의 고온에서 구운 것으로 상온부근에서 아주 안정된 성질을 가지고 있다.

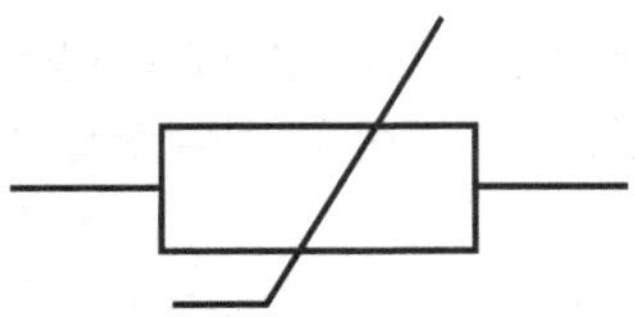

(a) 서미스터 기호

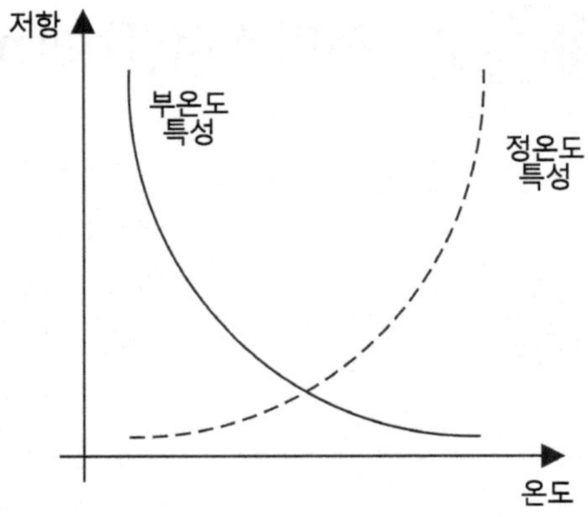

(b) 온도 특성곡선

그림 3-53 서미스터 기호 및 온도특성곡선

서미스터는 반도체의 한 종류로서 온도가 상승하면 저항이 변화 하는 센서라고 하는데, (-) 온도계수를 갖는 NTC 써미스터, (+) 온도계수를 갖는 PTC 써미스터 및 어떤 온도에 있어서 전기 저항이 급격히 변화하는 CTR 서미스터가 있다.

그 중에서도 NTC 서미스터 (Negative Temperature Coefficient of Resistor)는 대부분 사용온도가 300℃ 미만으로 Co, Mn, Ni, Cu, Fe 등의 전이금속 산화물을 2종류 또는 그 이상 혼합하고 소결성 향상을 위해 CuO, 저항값 감소 혹은 증가를 위해 1200~1400℃의 고온에서 소성한 소결체로서 안정한 spinel 구조나 Rock salt 구조를 갖게 되므로 저항이 (-) 의 온도계수를 갖는 thermally sensitive resistor 이다.

3.5.2 특 징

① 신호출력이 커 실용상 2/10000 정도의 미소 온도변화를 검지 할 수 있다.

② 소자 자체의 전기저항이 크므로, 리드선의 길이를 길게 할 수 있다.

③ 보상도선이나 기준점과 같은 것을 필요로 하지 않고 제작비용이 싸다.

④ 외계의 영향을 받기 어렵고, 수명이 길다.

⑤ 전자회로와의 조합이 용이하여 응용범위가 넓다.

⑥ 소자치수가 비교적 작고, 목적에 따라서 각종 형상의 소자를 만들 수 있다.

⑦ 품질의 불균일성이 커서 출력신호의 비직선성이 현저하며, 기계적 충격에 취약하다.

⑧ 공업계측용, 각종 자동제어 기기, 가정용 기기 등에 널리 사용된다.

(1) 각종 서미스터의 종류별 특징

① 마이크로 비드형 서미스터 : 현재 바깥지름 0.7 mm 정도의 주사침 속에 봉입하여 동식물의 실험용으로 사용된다든지, 다시 유리관에 봉입하여 피복 등의 응용을 통해 사용된다.

② 디스크형 서미스터 : 대량 양산용 모델이며, 100도 이하의 비교적 저온형 온도 보상소자로써 사용된다.

③ 칩 서미스터 : 디스크형의 서미스터에 은-파라듐계 합금 등의 전극을 붙여 칩 모양으로 잘라낸 것으로 1 mm 정도의 작은 칩 모양으로 잘라 전자회로에 내장하여 온도 보상용 부품으로 사용된다.

④ 후막식 서미스터 : 알루미나 기판상에 서미스터용 페이스트를 인쇄하여, 후막저항 소자를 제작하는 경우와 유사한 방법으로 온도검출용 소자를 구성한 것이다.

서미스터 활용

- 서미스터는 온도에 관계된 모든 분야에서 이용되므로 온도 측정 장비, 온도 제어용 검지 장비에서 대량으로 사용되며 특히 조리용(전자렌지, 전기 밥솥 등), 공조기, 냉/난방기, 사무기기 (복사기, 프린터 등), 자동차 전장 부품, 상업, 서비스용 기기, 건강 보조 기구, 미용 기기, 농・공・어업 기기, 의료 기기, 이화학 기기, 검사용 기기, 일반 계측기기 등에서 폭넓게 사용된다.

3.6 광전도 셀

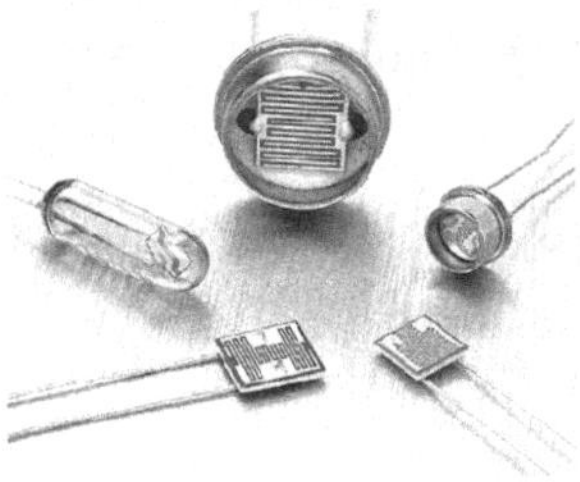

그림 3-54 광전도 셀

광전도 셀은 광전변환소자의 대표적인 것이며, 황화 카드뮴(CdS)셀이 빛의 강약에 따라 그 양끝의 저항값이 변화하며 빛이 강할 경우에는 저항값이 감소하고, 빛이 약할 경우에는 저항값이 증가하는 특성을 갖는다.

특히, 광전도 셀(Photo conductive Cells)인 CdS는 황화카드뮴을 주성분으로 한 광전도 소자의 일종이며, 그 특징은 조사광에 따라서 내부저항이 변화하는 일종의 저항기로 생각할 수 있다. 따라서 앞의 포토 다이오드에 비해 회로적으로는 매우 취급하기 쉽고 광 센서이므로 저항과 같은 감각으로 사용할 수 있다. 중요한 용도로 가로등 자동 점멸기, 카메라의 노출계, 조도계, 포토커플러 등이다.

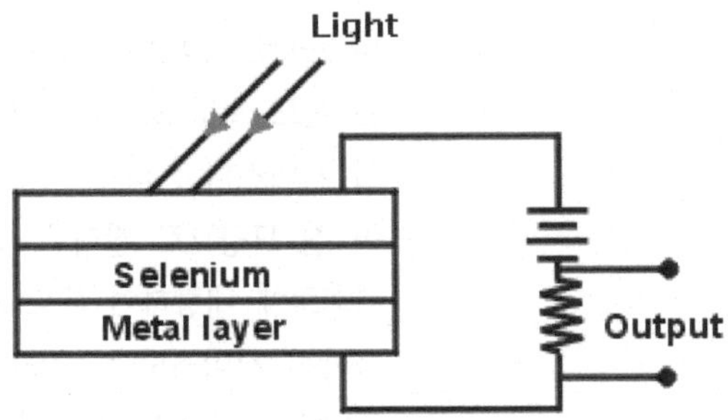

그림 3-55 광전도 셀 구조

3.6.1 구조와 원리

CdS 광도전체에 임의의 입사광을 조사하려면 그것에 대응해서 소자 내에 캐리어가 발생하며 CdS의 도전성을 높여준다. 이 현상을 일반적으로 광도전(Photo conductive effect)효과라 부르고 있다.

광도전 효과라고 하면 공연히 매우 어려운 것으로 상상 할 수 있지만 요컨데 내부저항이 입사광 에너지에 대응하여 변화한다는 것이다. 또, 이 경향은 입사광 에너지가 클수록 저항값이 낮게 된다. 따라서 이러한 의미에서 CdS셀이란 것을 광 가변저항 등으로 부르는 경우도 있다.

① CdS 광도전 셀은 황화 카드뮴을 주성분으로 한 광도전 소자의 종이며, 조사과에 의해 내부 저항이 변화하는 일종의 광 저항기이다.

② 포토 다이오드나 포토트랜지스터에 비해 회로적으로 다루기 쉬우며 광센서이므로 저항기와 같은 감각으로 사용할 수 있다.

③ 응답 특성이 매우 느리므로 고속의 광 스위치에는 부적합하며, 조도가 완만하게 변하는 센싱에 한정된다.

광전도셀의 어원

- CdS 는 카드뮴(Cd)과 황(S)의 화합물로서 화학식에 맞춰서. CDS 라는 이름이 붙여지게 된 것.-'광전도 셀' 이라고 사용된다.
- CdS(황화카트뮴)의 최대감도 : 빛의 파장 550[nm] 부근
- CdSe(셀렌화카트뮴) : 파장 700[nm] 부근.
- 특성 : 이들의 어느 것을 막론하고 조사광이 밝아짐에 따라서 전기저항이 감소. 이 센서는 소형 경량으로 가격적으로 값싸서 자동점멸기, 노출계 등의 용도가 넓다. 그러나 응답속도가 0.1~10[ms]로 늦다는 것이 결점이다. CdSe는 사용온도가 40[℃] 이하로 낮다.
- 이 화합물은 빛이 있을 때는 저항이 수백[Ω]까지 떨어지다가, 빛이 사라지면 저항이 절연체에 가깝게 된다. 그래서 빛 감지 센서로 사용할 수 있음.

3.6.2 CdS의 특성

CdS를 통과하는 전류량에 따라 CdS의 저항 변화는 상하의 부분에 포화상태를 가지고 있으므로 실제 사용 시에는 직선구간만을 사용하는 것이 바람직하다.

① 포토트랜지스터에 비해 1자리 이상 응답 특성이 늦다.
② 무극성이다.
③ 밝아지면 내부저항이 낮아진다.
④ 조도 10[lux]와 100[lux]의 2점 사이의 내부 저항값에서 산출된다.
⑤ 조도 지수(r)가 큰 것이 조도에 대한 저항값 변화가 크다.

CdS 셀의 감도는 조도 100[lux]의 저항값으로 규정하고 있으며, 고감도의 CdS 셀은 규정 조도로서의 저항값이 낮다.

광전도(CdS) 셀의 응답특성은 다음과 같다.

① CdS 셀의 상승특성은 펄스광의 조사 직후부터 포화값이 63[%]에 도달하기까지의 시간으로 표시한다.

② CdS 셀의 하강 특성은 펄스광의 차단 직후부터 포화값의 37[%]로 감쇠하기까지의 시간으로 표시된다.
③ CdS 셀의 응답시간은 입사광의 강약, 부하 저항의 대소, 전력 조건 그리고 주의온도 등의 영향을 강하게 받는다.

따라서 이들의 제조건을 능숙하게 사용하려면 CdS 셀이라 하더라도 그만큼 고속성을 기대할 수 있다. 특히 고조도에서의 이용방법은 극히 유효하며, 그러한 종류의 것으로 바이어스광 조사법이 있다. 또 부하저항에 대한 CdS 셀의 응답 특성은 부하저항이 클수록 그 상승 특성이 좋게 되지만 그 반대로 하강시간이 지연된다.

그 외에 전력조건도 중요하며, CdS 셀을 어두운 곳에 방치시 그 응답 특성은 나쁘게된다. 더욱이 그 방전 시간이 길게 될수록 그 영향도 현저하게 된다. 또 전력 조건은 전력 오차와 관계가 있으며, 그것이 클수록 측과 오차도 크게 된다. 따라서 CdS 조도계 등에서 측과시에 이들의 배려가 필요하다.

CdS셀은 황화카드뮴을 주성분으로 하여 광전 소자의 일종이며 그 성질상 주위온도의 영향을 강하게 받는다. 특히 저 조도측 등의 영향이 현저하며 여러 가지 트러블로 유발된다. 따라서 사용조건, 요구성능에 따라서 그 온도 대책도 중요하다.

CdS는 30[℃]를 중심으로 고온으로 될수록 그 감도가 높고, 또 저온으로 될수록 그 감도가 낮게 되어 있다. 더욱이 그 영향은 저 조도측이 현저하게 된다.

3.7 IC(Integrated Circuit)

집적회로(Integrated Circuit: IC)는 때로 칩이나 마이크로 칩이라고도 불리며, 이 집적회로는 다이오드, 트랜지스터, 저항, 콘덴서 등과 같은 많은 회로소자를 하나의 실리콘 결정의 기판에 회로를 집적한 것이다. 즉, IC의 소자는 몇 개에서 수 천 개의 트랜지스터를 가로 세로가 몇 [mm]인 실리콘 칩 위에 형성한 것이며 세라믹이나 플라스틱의 패키지 속에 들어 있다.

IC는 트랜지스터나, 저항기, 개별 부품을 단지 아주 소형화했다고 하는 것이 아니라, 반도체, 저항체를 사용하지만 그 구조는 부품 그 자체의 것과는 같지 않으며, 실리콘의 기판에 인쇄 기술을 구사하여 트랜지스터 기능이나 저항, 콘덴서 기능을 형성한 아주 고밀도화 시킨 것이다.

IC는 특수 용도를 포함하여 방대한 종류가 있다.

사진에서 좌측 위에 있는 것은 SN7400이라는 IC로, 2입력의 NAND 회로가 4개 내장되어 있다. 핀(pin)수는 14핀으로 한쪽에 7핀씩 나열되어 있다. 이와 같은 형상의 IC를 DIP(Dual In Line Package)이라 부른다. 이에 대해 핀이 일렬로만 되어 있는 것을 SIP(Single In Line Package)라 부른다. 핀 수는 IC의 기능 등에 따라 다르며, 형상도 다양하다.

지금부터 수십년 전 트랜지스터의 발명으로 진공관 시대에 비하여 전자기술이 급속히 진보했다. 전자 회로 하나만 보아도 항상 소형, 경량화가 진전하여 특히 집적 밀도가 높은 것이 요구되고 있다.

집적회로는 이산회로에 비교해서, 비용과 성능이라는 두 가지 주요한 장점이 있다. 한 번에 하나의 트랜지스터를 조립하는 방식과는 달리 사진석판술을 이용하여 모든 부품을 한꺼번에 찍어내기 때문에 비용이 낮아진다. 또한, 크기가 작고 부품들이 조밀하게 설계되어, 동작 속도가 빨라지고, 전력 소모는 줄어들게 된다. 2012년, 전형적인 집적회로의 크기는 수 제곱 밀리미터에서 약 450제곱 밀리미터였고, 제곱 밀리미터당 약 9백만 개의 트랜지스터가 들어있었다.

집적회로는 전자공학에 혁명을 일으켰고 오늘날 거의 모든 전자장비에 사용된다. 현대사회에서 필수불가결한 컴퓨터, 휴대폰 그리고 다른 모든 가전기기들은 싼 가격의 집적회로 덕분에 가능한 것들이다.

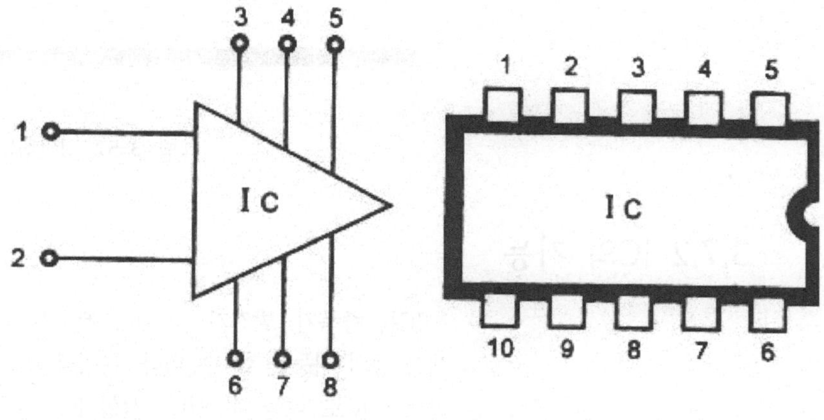

그림 3-56 IC 심볼

3.7.1 IC의 종류

IC는 아래 표와 같이 그 집적도에 따라 여러 종류로 나눌 수 있다.

명 칭	소자수
SSI(Small scale integrated circuit) : 소규모 집적회로	100개 정도
MSI(Middle scale integrated circuit) : 중규모 집적회로	100~1000개 정도
LSI(Large scale integrated circuit) : 대규모 집적회로	1만개 이상
VLSI(Very large scale integrated circuit) : 초대규모 집적회로	10만개 이상

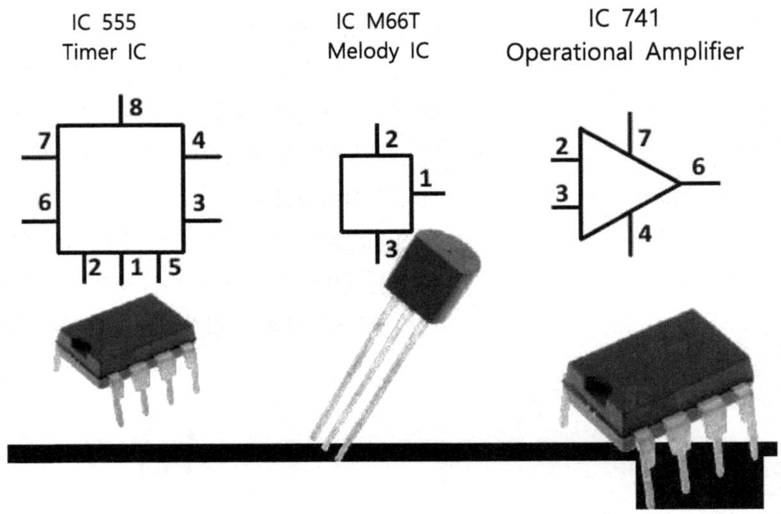

그림 3-57 IC(칩)의 여러 종류

3.7.2 IC의 기능

IC는 증폭기, 발진기, 타이머, 계수기, 컴퓨터 메모리, 또는 마이크로프로세서 등의 기능을 할 수 있다. 특정한 IC는 그 기능에 따라 디지털 IC와 아날로그 IC로 나눌 수 있다. 선형 IC, 즉 아날로그 IC는 입력 신호 계층에 따라 연속적으로 변화하는 출력을 가진다(이론적으로는 무한한 개수의 상태를 달성할 수 있다). '선형'이라는 말에서 암시하듯이, 출력신호 계층은 입력신호 계층의 선형 함수이다. 이상적으로는, 그 순간의 입력에 대비하여 나타내어지는 그 순간의 출력은 직선과 같이 보이게 된다. 선형 IC는 가청 주파수(AF)와 무선 주파수(RF) 증폭기로 사용된다. 운영 증폭기(op amp)는 이러한 응용 분야의 장치로서 흔한 예이다.

디지털 IC란 Hi와 Lo의 2가지 전기 신호를 취급하여 이 2개의 레벨 사이를 스위칭하는 기능을 갖는다. 이 전기 신호 즉 디지털 신호는 전압이 '있다'나 '없다'를 신호로 사용하고 있으며, 있다를 1, 없다를 0으로 표현한다.

3.7.3 IC의 특징

IC는 종래의 전기 회로에 비하여 다음과 같은 특징을 갖고 있다.

1) 신뢰성의 향상 :

전자 기기는 여러 가지 전자부품을 납땜 등으로 접속하여 만들어졌다. 이 접속 개소가 원인이 되는 고장은 접속 개소가 특히 많은 전자 기기에서는 큰 문제가 된다. IC의 채용으로 외부 접속 개소는 대폭적으로 감소되므로 전자계산기 등의 전자 기기에서는 회로를 IC화함으로써 고장이 적고 신뢰성이 매우 향상하고 있다.

2) 저렴한 가격 :

IC는 실리콘 트랜지스터의 제작법과 같이, 사진 감광 기술을 응용하여 일시에 대량 생산할 수 있다. 대량 생산의 정도에 따라 가격이 큰 폭으로 차이 나므로 현재는 IC를 사용하지 않는 구성부품의 합계 금액과 동등한 금액 이하로 가격이 내려갔다. 조립이나 부품 보관 등 경비도 포함해 볼 때 가격 면에서는 유리하다.

3) 회로의 소형화, 경량화 :

IC는 시스템을 소형화하는 목적에서 생긴 것이므로 그것이 바로 특징으로 되어 있다. 현재는 작은 반도체의 기판 위의 약 $5[mm^2]$에 수 만개 이상의 트랜지스터를 만드는 것이 가능해져서 이와 같은 대규모의 집적화는 더욱 진전할 것으로 생각한다.

4) 고속화 :

IC는 칩 안에서의 회로간의 거리(내부에 전선을 사용한 배선이 없다)가 매우 짧기 때문에 배선의 인덕턴스와 부유 용량이 극히 적어져 신호 전달을 고속화할 수 있다.

3.7.4 IC의 장점과 단점

(1) 장점

① 소형, 경량이다.

② 모놀리식 IC(1개의 규소 기판으로 만들어진 IC)는 대량 생산할 수 있어 가격이 저렴하다

③ 특성을 고루 갖춘 트랜지스터가 된다. 그러므로 1개의 칩(규소) 위에 집적화 한 모든 트랜지스터가 동일한 공정에서 동시에 생산된다.

④ 납땜 개소가 적어 고장이 적다.

⑤ 진동에 강하다.

⑥ 소비 전력이 적다.

(2) 단점

① 열에 약하다. 그러므로 작동 온도가 약 30~80[℃]이므로, 큰 전력을 취급하는 경우에는 IC에 방열기를 부착하거나 장치 전체에 송풍할 필요가 있다.

② 코일은 모놀리식 IC화가 어렵다. 즉, IC는 동일한 평면 위에 트랜지스터, 저항, 용량이 구성되는 소자이므로 코일과 같은 입체적인 것은 모놀리식 IC화 할 수 없다. 꼭 IC화할 경우에는 하이브리드 IC(여러 가지 소자를 결합)로 하면 가능하다.

③ 용량이 큰 콘덴서는 IC화가 곤란하다.

[모놀리식 IC와 하이브리드 IC를 비교]

	모 놀 리 식 IC	하 이 브 리 드 IC
분류	• 바이폴러 IC(보통의 IC) • MOS IC	• 두꺼운 막 • 얇은 막
구조	• 1개의 규소조각으로 만든다	• 여러 가지 소자를 결합하여 만든다
이점	• 소형	• 고정밀도 • 다품종 회로소자로 되어 있다. • 초고주파로도 사용가능 • 최대전력가능
결점	• 저항 용량값에 한계가 있고 높은 정밀도 있다.	• 고가 • 직접도가 작다 • 양신할 수 없다.

3.8 논리회로

부울대수(boolean algebra)는 2진수와는 다른 수학이며 논리학이라 부르기도 한다. 2진수와의 공통점은 양자가 모두 0과 1의 2개의 숫자 기호를 사용하는 점이다. 정보의 인식 수단으로 'Yes, No' 즉 '0, 1'을 기본으로 하여, 그 Yes와 No의 판단을 전기 신호인 on, off에 대응시켜 이용하고 있는 것이 마이크로컴퓨터의 동작 기본이다.

이러한 0과 1을 여러 가지 형식으로 결합하여 그 결과를 추정해 나가는 논리학을 부울 대수라 한다. 또 논리 대수하고도 한다. 이 부울 대수를 기초로 구성되는 마이크로컴퓨터의 회로를 논리 회로라 부르는데 논리 회로의 기본에는 다음과 같은 4개가 있다.

① 논리합 : OR회로
② 논리곱 : AND 회로
③ 부정 : NOT 회로
④ 배타적 논리합 : Exclusive OR회로

위 4개의 논리로 가감승제를 조립하는 것이 가능하다.

3.8.1 논리게이트

(1) OR회로

논리 합 또는 OR회로라 부른다. 또 OR 게이트라고도 부른다.

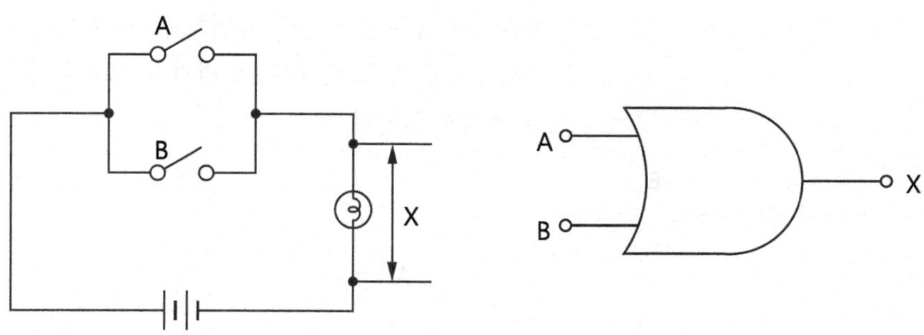

(a) 논리회로 (b) 논리기호

A	B	X
0	0	0
0	1	1
1	0	1
1	1	1

(c) 진리표

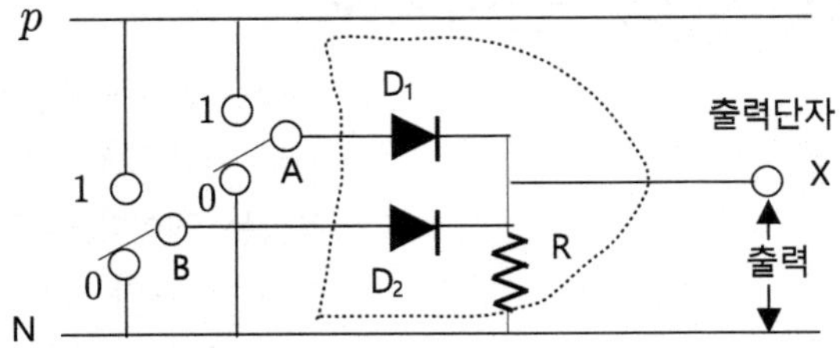

(d) 다이오드에 의한 OR회로 구성

그림 3-58 OR회로

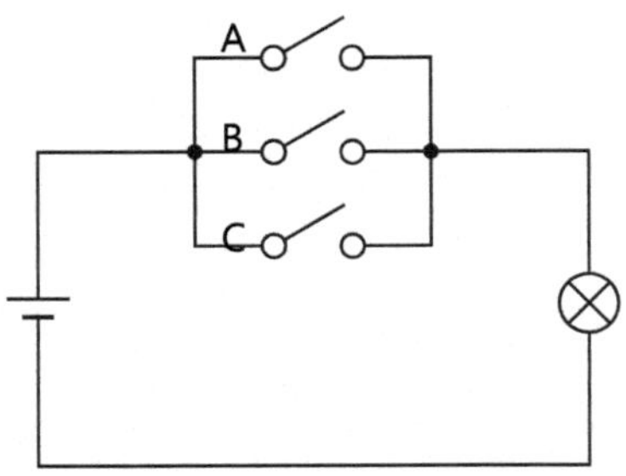

(a) 논리회로

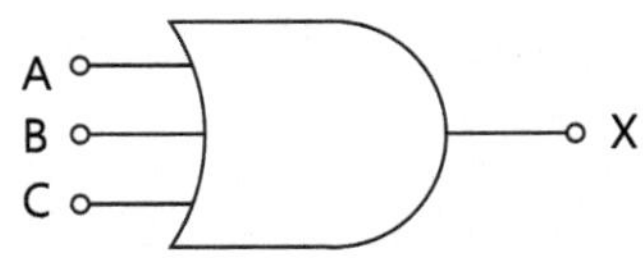

(b) 논리기호

A	B	C	X= A+B+C
0	0	0	0
0	0	1	1
0	1	0	1
0	1	1	1
1	0	0	1
1	0	1	1
1	1	0	1

(c) 진리표

그림 3-59 3입력 OR회로의 경우

(2) AND 회로

회로에서 A와 B의 양쪽 스위치가 on이 되면 램프가 켜진다. A와 B의 어느 한쪽이 off로 되면, 램프는 켜지지 않는다. 물론 A와 B양자가 off이면 램프는 켜지지 않는다.

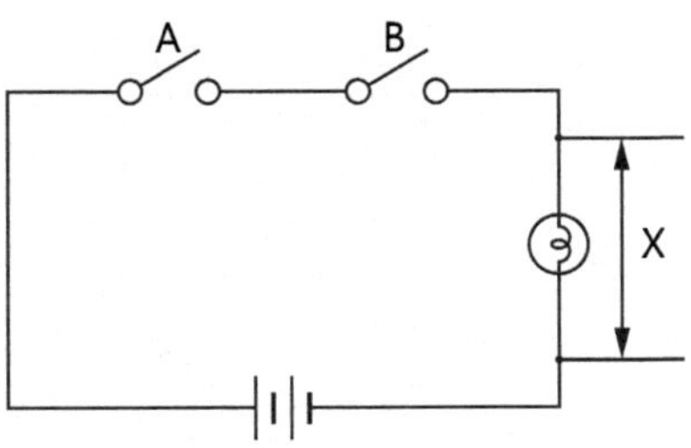

(a) 논리회로

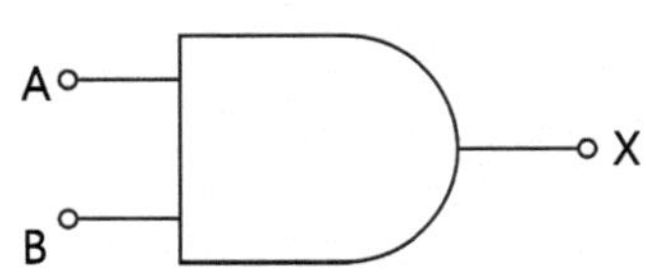

(b) 논리기호

A	B	X
0	0	0
0	1	0
1	0	0
1	1	1

(c) 진리표

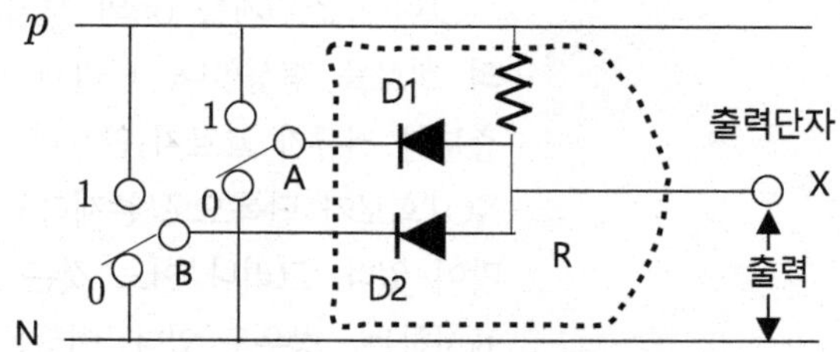

(d) 다이오드에 의한 AND 회로 구성

그림 3-60 AND회로

이와 같이 논리적이라 하는 입력(A, B)과 출력 X의 관계는 마치 곱셈과 같은 관계가 있다는 것을 알 수 있다.

$$A \times B = X \qquad 0 \times 0 = 0 \qquad 0 \times 1 = 0 \qquad 1 \times 0 = 0 \qquad 1 \times 1 = 1$$

(3) NOT 회로

NOT 회로는 부정 연산회로라고도 한다. 입력과 출력이 항상 반대이므로, 별칭으로 인버터라 불리기도 한다. A의 스위치를 0의 위치에 놓고 off로 하면, 전류는 램프의 회로를 형성하기 때문에 램프는 켜진다.

$A = \overline{X}$ (X는 A의 부정을 나타낸다)

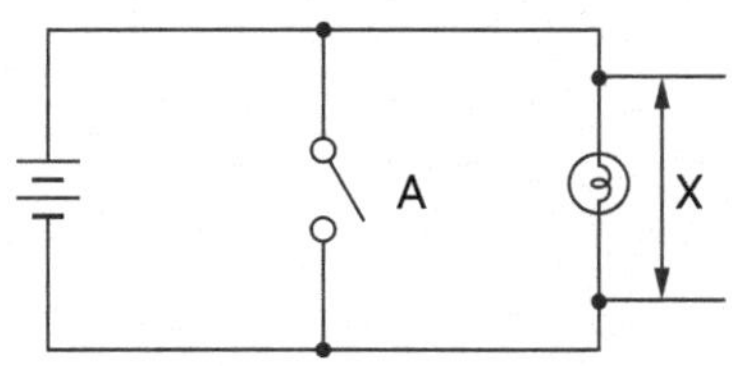

(a) 논리회로

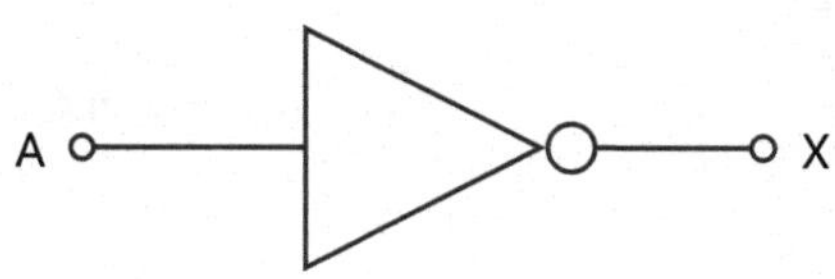

(b) 논리기호

A	X
0	1
1	0

(c) 진리표

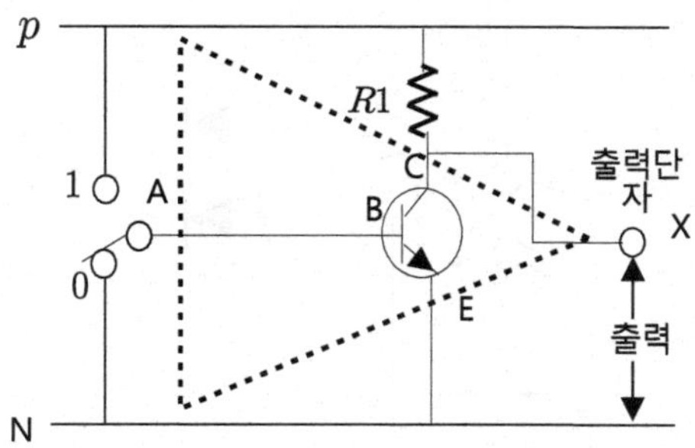

(d) 트랜지스터에 의한 NOT 회로 구성

그림 3-61 NOT회로

그런데 스위치를 on의 상태인 1로 바꾸면 전류는 저항이 작은 스위치쪽의 회로를 형성한다. 따라서 램프에 의해 저항이 생기는 램프쪽 회로에는 충분한 전류가 흐르지 않는다. 스위치를 on으로 하면 램프는 켜지지 않는다. NOT회로가 단독으로 존재하고, 다른 OR이나 AND 회로와 도킹하는 경우도 많이 있다. 그러나 어느 것은 NOT 회로의 결합을 하나의 기호로 생략하여 표시하는 경우도 있다. 어쨌든 논리 심벌의 그림 안에 '0'이 표시되어 있을 때는 입력이 역전한 것을 의미하므로 반드시 주의할 필요가 있다.

(4) NOR 회로

OR, AND, NOT 3개의 논리 회로를 이해한다면 이들 회로를 결합하여 하나의 회로를 만드는 것을 생각해 보자. 논리합인 OR에 부정의 NOT 회로를 결합하면 NOR 회로 즉 부정 논리합 회로가 형성된다.

A, B 양쪽의 스위치가 0. 즉 off일 때는 램프가 켜진다. A나 B의 어느 한 쪽 또는 양쪽이 1로 되면 램프는 꺼진다(소등).

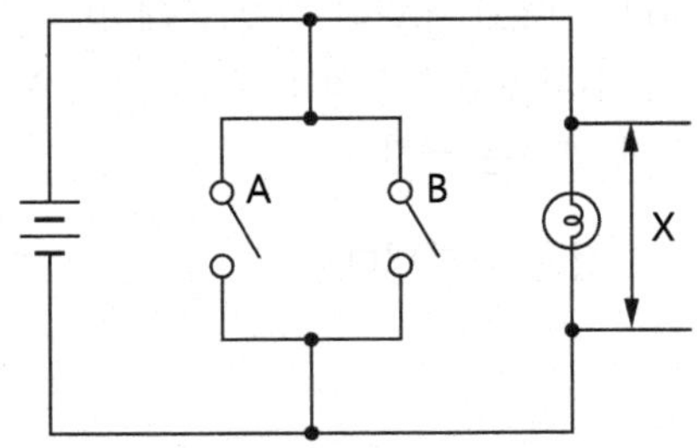

(a) 논리회로

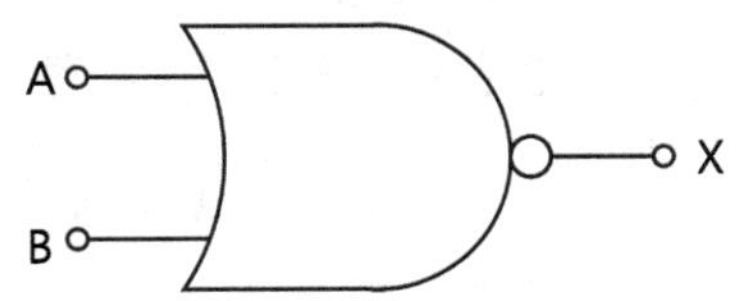

(b) 논리기호

A	B	X
0	0	1
0	1	0
1	0	0
1	1	0

(c) 진리표

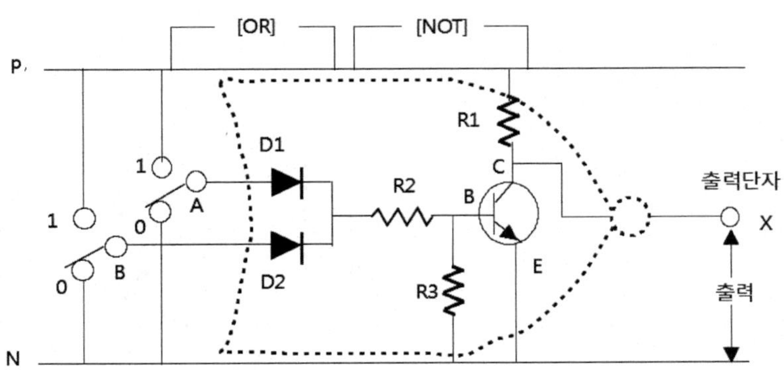

(d) 다이오드와 트랜지스터에 의한 NOR 회로 구성

그림 3-62 NOR 회로

(5) NAND 회로

논리곱의 AND에 부정의 NOT회로를 결합한다면 NAND회로가 된다.

A또는 B의 한 쪽의 스위치가 off 즉 0일 때는 램프는 켜진다. 또 A, B 양쪽의 스위치가 off인 때도 램프는 켜진다. 그리고 A와 B의 두 스위치가 on 즉 1로 되었을 때 비로소 램프는 꺼진다.

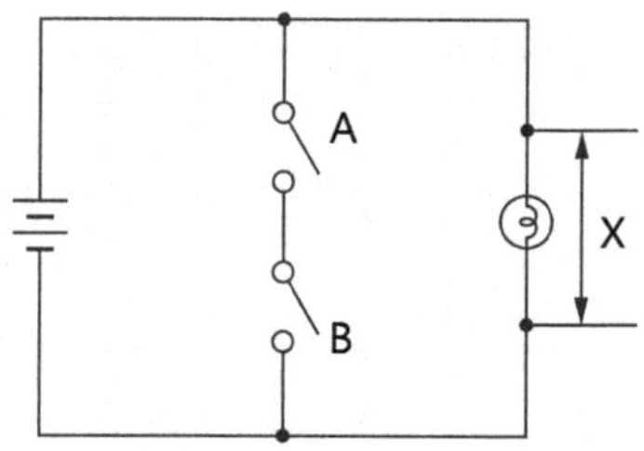

(a) 논리회로

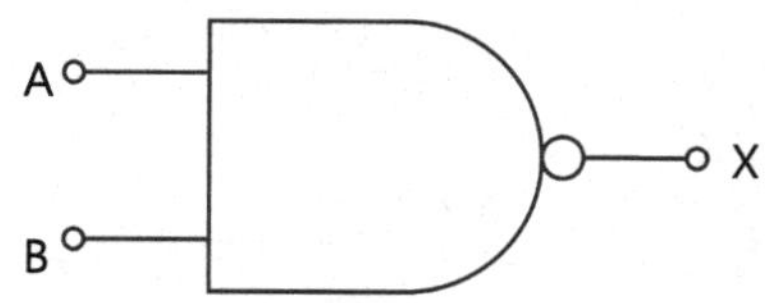

(b) 논리기호

A	B	X
0	0	1
0	1	1
1	0	1
1	1	0

(c) 진리표

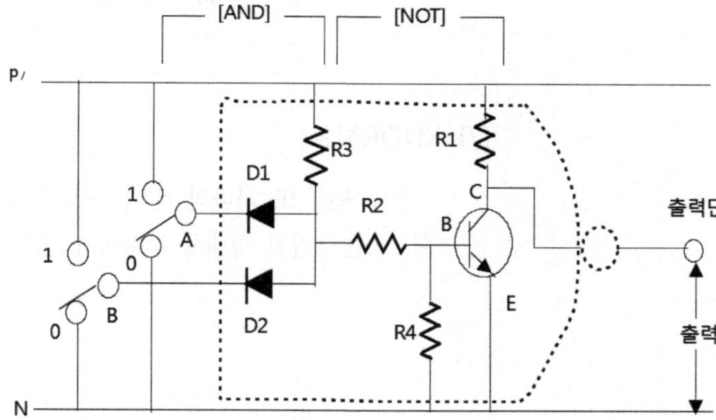

(d) 다이오드와 트랜지스터에 의한 NAND 회로 구성

그림 3-63 NAND 회로

(6) XOR

논리 회로 기본인 4개의 최후가 배타적 논리합이라 하는 XOR 회로이다. 지금까지 설명한 OR, AND, NOT회로를 결합하여 하나의 회로를 만든 것이다. 별칭으로 Exclusive OR회로, XOR회로로 불리는 것이다.

A와 B의 어느 하나가 1일 때 램프가 켜진다. 또 A와 B가 0또는 1로 양자가 같은 경우는 램프는 켜지지 않는다.

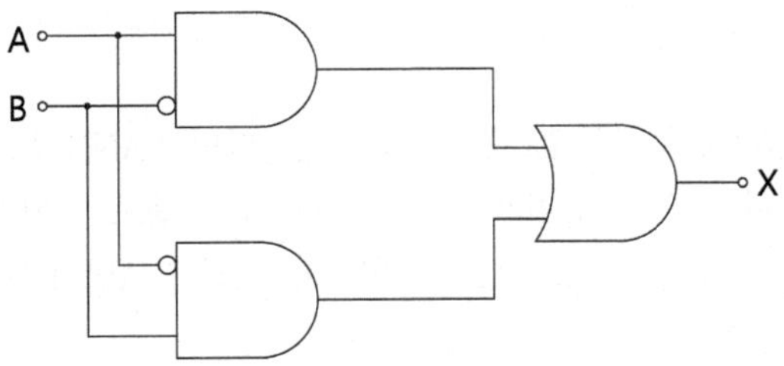

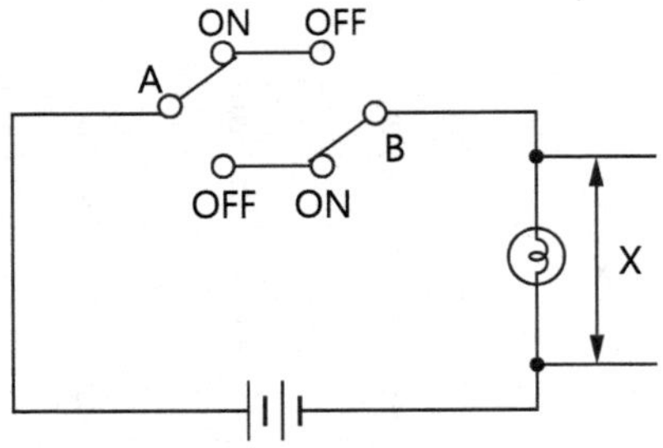

(a) 논리회로

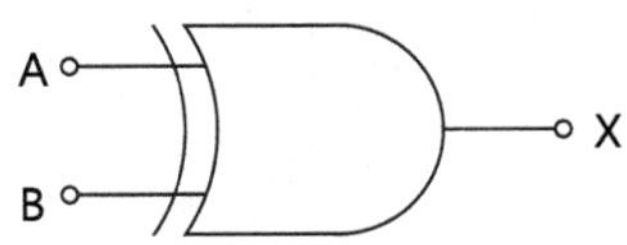

(b) 논리기호

A	B	X
0	0	0
0	1	1
1	0	1
1	1	0

(c) 진리표

그림 3-64 XOR회로

(7) XNOR회로

XNOR에 또 하나의 NOT 회로를 접속하면 XNOR회로가 된다. XNOR의 회로도는 3가지 형태로 나타내며, 3개가 모두 내용적으로 똑같다.

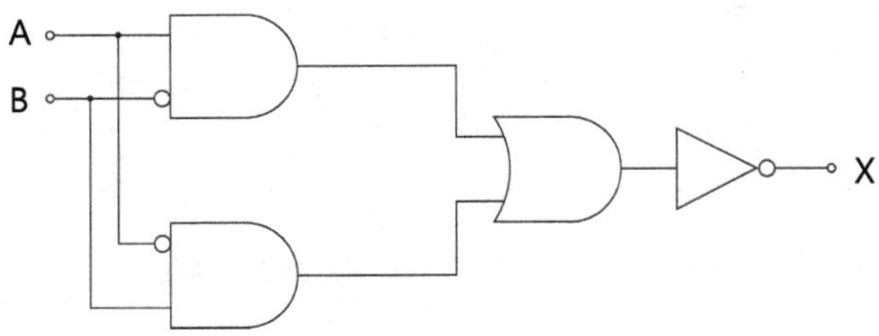

(a)

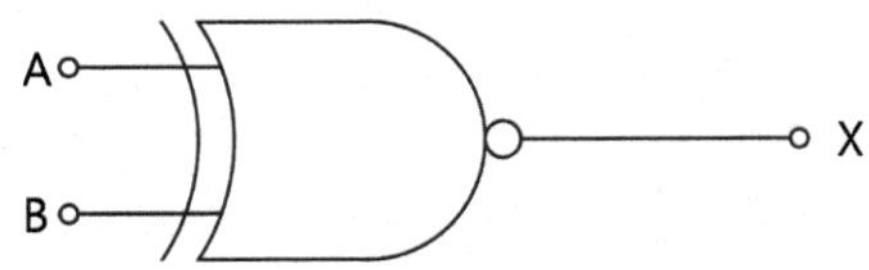

(b)

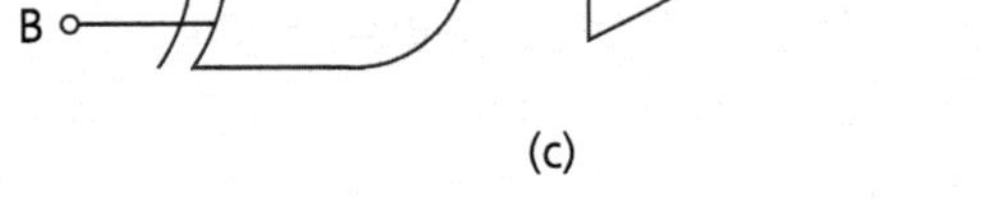

(c)

입력		출력
A	B	X
0	0	1
0	1	0
1	0	0
1	1	1

(d)

그림 3-65 XNOR회로

(8) 버퍼(BUFFER) 회로

버퍼란 인버터와 같이 입력을 반전하지 않고, 그대로의 형태로 출력하는 회로이다. 버퍼는 인버터와 반대로 입력이 1일 때 출력도 1이다. 이것을 IC화한 2개의 회로끼리 접속한 경우, 직접 접속하면 적합하지 않을 때 그 사이에 버퍼를 넣어 완충역할을 한다.

① A가 0이고, B가 1일 때 논리합 'A+B' 는 어느 한 쪽이 1일 때는 1이 되므로 답은 1이다.

$$0 + 1 = 1$$

② A가 1이고 B가 0일 때

$$1 + 0 = 1$$

③ A와 B가 모두 1일 때 A + B = 1이 된다. 1 + 1 = 1 이때 '1+1'이 왜 2로 되지 않고 1로 되는지 의문을 가질 것이다. 논리회로는 수의 덧셈이 아니다. 즉, 1이나 2의 수와 달라서 디지털의 기본인 0이나 1, 있다, 없다의 답이다. 그러므로 0이란 램프가 켜지는 것을 의미한다.

따라서 1 + 1 = 1이라도 결코 이상 할 것은 없다. 다음에 입력이 A, B, C가 3개로 되어도 램프(출력) X가 켜지는 것은 A와 B의 두 스위치의 경우와 같은 조건에서 작용한다.

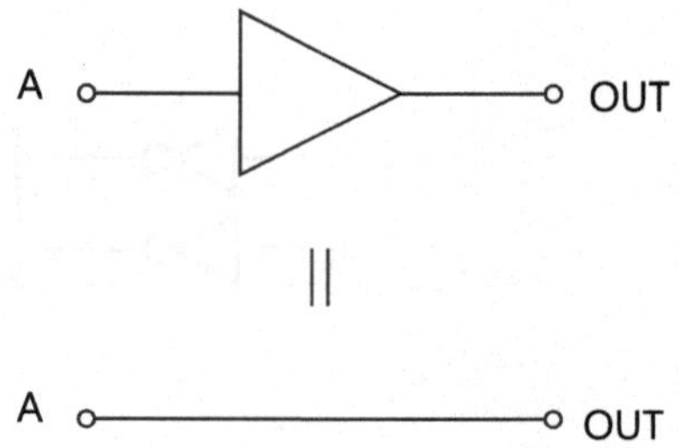

그림 3-66 버퍼(BUFFER) 회로

3.8.2 논리회로 설계

다음 예는 주어진 논리함수를 구현하기 위하여 논리회로를 어떻게 설계하는지를 보여준다.

예제 3-5

다음 논리함수를 구현하기 위한 논리회로를 작성하여라.

(a) $D = \overline{A}\,\overline{B}C + \overline{A}B\overline{C} + A\overline{B}$

(b) $W = X\overline{Y}(Z + \overline{Y}) + \overline{X}Z$

(c) $K = [A(B + \overline{C}) + \overline{A}B]C$

예제 3-6

다음 논리회로에 대한 논리함수를 구하시오.

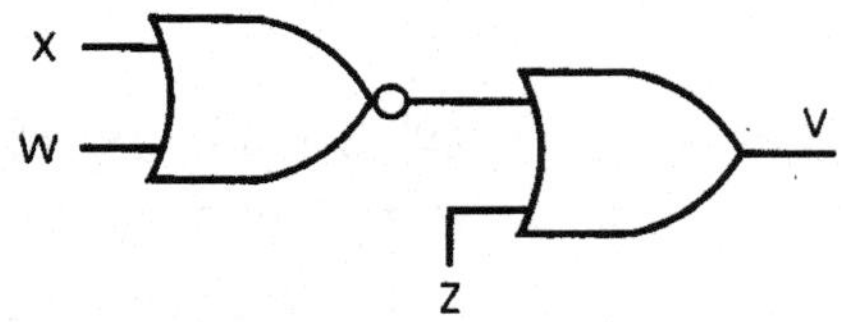

(a)

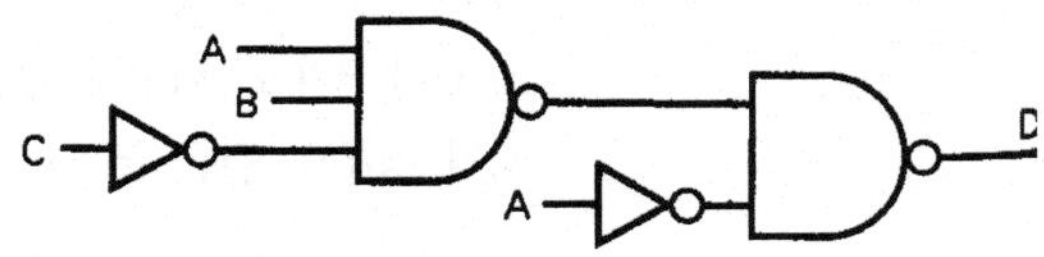

(b)

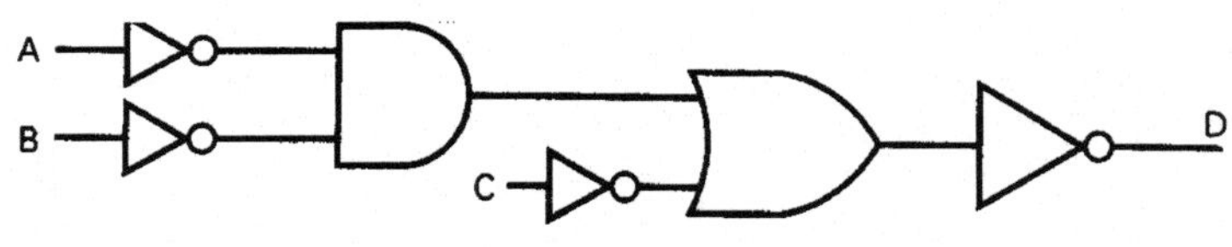

(c)

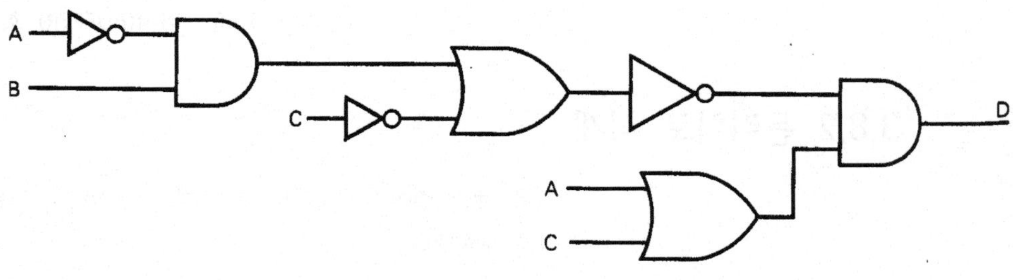

(d)

예제 3-7

다음의 논리회로에 대한 논리함수를 구하고, A,B,C의 입력에 입력될 수 있는 모든 경우에 대한 출력을 구하시오.(진리표 이용)

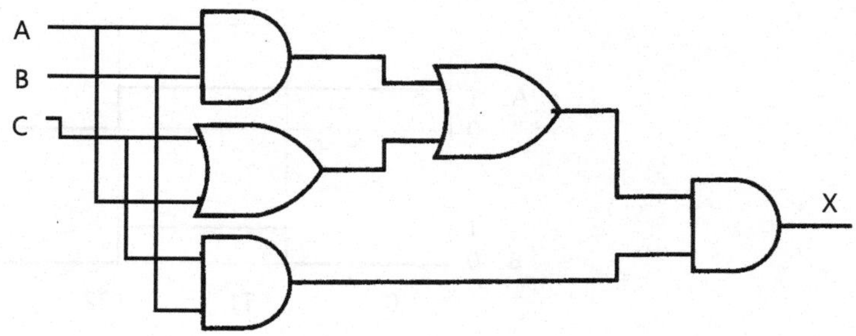

예제 3-8

우선 위의 논리회로에 대한 논리함수를 구하고 진리표를 이용하여 세 개의 입력에서 입력될 수 있는 모든 경우에 대한 출력의 출력상태를 구해보자

$$X = (AB + (A + C))BC$$

즉 아래의 진리표에서 알수 있듯이 위의 논리회로는 A,B,C가 각각 0,1,1 혹은 1,1,1 인 경우를 제외한 모든 입력에 대하여 '0'의 출력이 나간다.

A	B	C	AB	A+C	AB+(A+C)	BC	X
0	0	0	0	0	0	0	0
0	0	1	0	1	1	0	0
0	1	0	0	0	0	0	0
0	1	1	0	1	1	1	1
1	0	0	0	1	1	0	0
1	0	1	0	1	1	0	0
1	1	0	1	1	1	0	0
1	1	1	1	1	1	1	1

예제 3-9

다음 논리회로의 입력 A, B에 시간별 입력되는 입력신호가 다음과 같을 경우 출력단자의 출력신호를 구하시오.

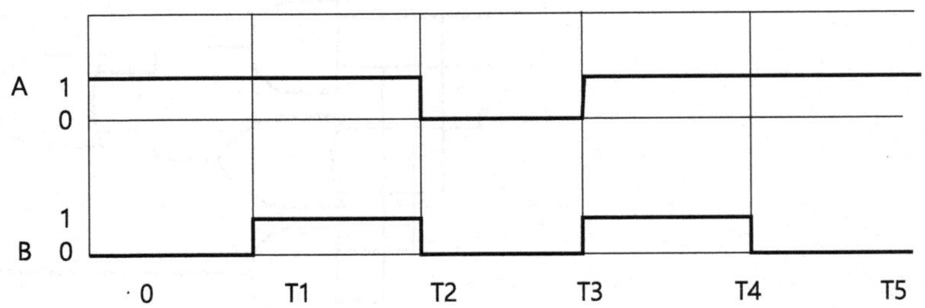

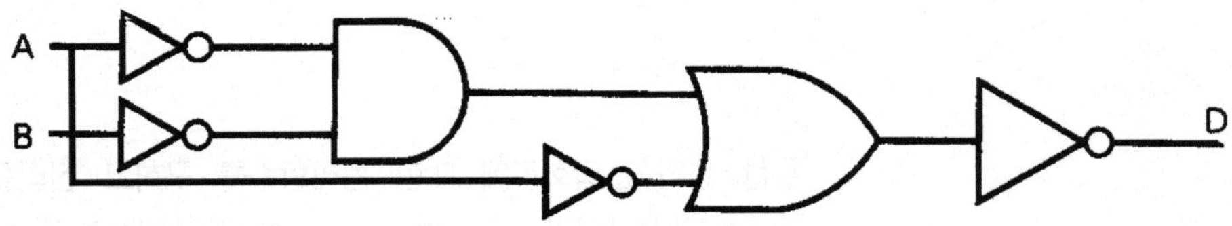

(a)

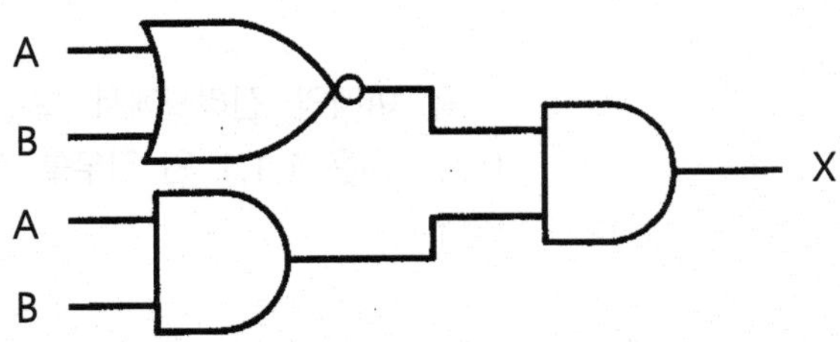

(b)

사물인터넷(Internet of Things)은 오늘날 글로벌 경제의 중요 트렌드로 자리 잡고 있다. 이제 일상 대부분의 기기들이 유무선 네트워크를 통하여 인터넷과 접속할 수 있는 시대가 도래했다. 스마트폰을 이용한 가전 기기, 보일러, 전등 제어는 물론 드론을 활용한 영상 촬영과 보안 감시, 교통 인프라 및 다른 자동차와 정보를 주고받는 자동차 등 IoT가 적용된 기기들이 다양하게 등장하고 있다.

이와 같은 IoT 시대를 이끄는 원동력은 바로 시스템 반도체다. IoT 시대에는 사람, 사물, 인프라 등 다양한 객체들이 자유롭게 네트워크를 구성하고 실시간으로 정보를 수집, 전달, 분석할 수 있다. 이와 같은 모습이 효과적으로 구현되기 위해서는 각 IoT 기기를 구성하고 필요한 기능을 수행할 수 있는 시스템 반도체의 역할이 필수적이다.

시스템 반도체 시장은 환경 변화를 감지하고 정보를 수집하는 센서, 다른 기기와 네트워크를 구성하고 정보를 송수신하는 통신 반도체, 수집한 정보를 처리하고 기기를 제어하는 프로세서 등을 중심으로 성장할 것으로 보인다. 특히 IoT 기기 종류가 나날이 증가하고 성능 수준 역시 빠르게 발전하면서 이를 위한 시스템 반도체의 가치도 더욱 강조될 것으로 전망된다.

향후 IoT 시대가 성숙기에 접어들수록 완제품 자체는 물론 이를 구성하는 시스템 반도체도 큰 주목을 받을 것으로 예상된다. IoT를 접목하여 기존 기기의 성능 강화는 물론 새로운 유형의 기기를 만들기 위하여 시스템 반도체 수요가 더욱 늘 수 있기 때문이다. 미래 변화에 대응하기 위한 기업들의 신기술 개발과 제품 출시 경쟁은 반도체 시장은 물론 IT 산업 전반의 핵심 화두로 부상할 것이다.

아직까지 IoT 반도체 시장에서 어느 기업이 승자가 될 것인지 예측하기란 쉽지 않다. 각 기업들은 IoT 반도체 시장의 흐름을 주시하는 동시에, 각자의 장점을 내세워 중장기 영향력 확대에 주력하고 있다. 이런 흐름에 따라 시장 주도권 선점을 위한 기업들의 차별화된 기술 개발과 전략 추진은 더욱 심화될 것으로 보인다.

IoT라는 메가트렌드의 부상으로 오늘날 반도체 시장을 주도하는 기업은 물론 이종 IT 기업들 역시 시스템 반도체에서 수익 창출의 기회를 발견할 가능성도 커지고 있다. 시스템 반도체가 IoT 완제품 및 서비스의 부가가치와 밀접하게 연관되면서, 반도체를 통하여 주력 비즈니스의 고도화는 물론 신성장 동력을 확보하기 위한 기업들의 움직임도 한층 두드러질 것으로 전망된다.

4장

자기

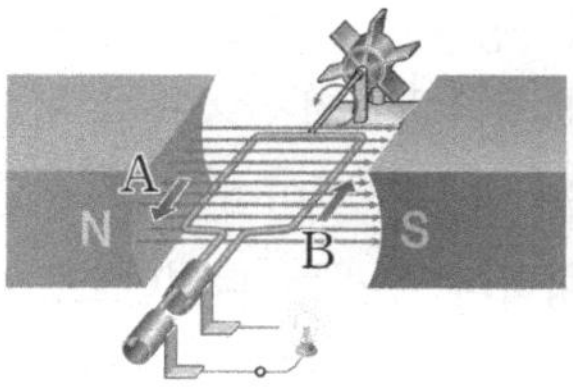

그림 4-1 발전기 구조

일상생활에서 사용하는 전기 제품들 중에서는 전자기 유도를 이용하는 것들이 많다. 발전기는 자기장 속에서 움직이는 코일에 의해 유도 전류가 흐르는 현상을 이용한 것이다. 롤러코스터가 정류장에 들어올 때 롤러코스터의 속력을 감소시키기 위하여 자기 브레이크가 사용된다. 롤러코스터의 금속 부분이 강한 자석 내부로 들어가면 금속에는 자기장 변화에 저항하려는 유도 기전력이 생기면서 맴돌이 전류가 흐른다. 전류에 의한 자기장의 방향은 자기 브레이크의 자석에 진입할 때는 척력이 발생하는 방향이었다가 자기 브레이크를 떠나려는 순간에는 인력이 작용하는 방향으로 변하기 때문에, 몇 개의 자석을 거치면서 롤러코스터의 속력은 빠르게 감소한다.

이와 같은 원리를 응용한 사례 중에는 자전거형 운동 기구의 바퀴 부분에 강한 자석을 적당히 접근시켜서 원하는 운동 부하를 만드는 경우도 있다. 자기 브레이크는 마찰력에 의한 브레이크와 달리 소리가 크지 않으며 소모되는 부품도 없다.

한편, 교통 카드의 판독기에는 교류가 흐르는 코일이 있어서 항상 자기장이 변한다. 교통 카드 안에도 코일이 숨어 있기 때문에 교통 카드를 판독기에 접근시키면 교통 카드의 코일을 통과하는 자기장이 변화하기 때문에 유도 기전력이 발생한다. 이 유도 기전력에 의한 유도 전류를 이용하여 교통 카드 안의 IC 회로가 동작된다.

4.1 전기와 자기

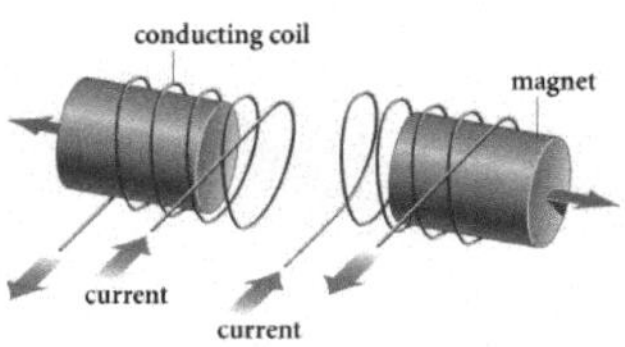

그림 4-2 자기유도

일상생활에서 자석을 쉽게 볼 수 있으며 쇠붙이(강철, 니켈, 코발트 등)를 잡아당기는 성질을 자기(magnetism)라하고 자기의 성질을 띠고 있는 물체를 자석(magnet)이라 한다. 본래 전기와 자기는 같은 것이며 표면에 나타나는 현상에 따라 전기와 자기로 구분된다. 또한 철 등과 같이 자기작용을 느끼거나 자석이 될 수 있는 물체를 자성체라 하고 이에 비해 동·알루미늄 등은 거의 자기를 느끼지 않으므로 비자성체라 한다.

자석은 막대자석과 같이 자석전체에 철 등을 흡인하는 자기의 성질을 띠는 것이 아니고 자석 양 끝에만 철분이 붙으며 이 양단을 자극(magnetic pole)이라 한다. 막대자석과 같은 자석의 중간에 실을 묶어 매달면 자석의 양끝 자극 중 한쪽은 북쪽을 가리키고 다른 한쪽은 남쪽을 가리키며 북쪽을 가리키는 쪽을 N극, 남쪽을 S극이라 한다. 또한 서로 같은 극 N극과 N극, S극과 S극은 서로 접근시키면 반발한다.

서로 다른 극 N극과 S극은 서로 흡인하여 잡아당기는 현상을 우리는 쉽게 알 수 있다. 이 작용이 자석의 가장 중요한 특성이다(자력 : 자극이 서로 흡인 또는 반발하는 힘). 나침반은 자석의 성질을 이용한 것이며 항상 어느 곳에서든지 나침반의 자침의 N극은 북극성을 향하며 우리는 나침반으로써 방향을 확인한다.

자기유도

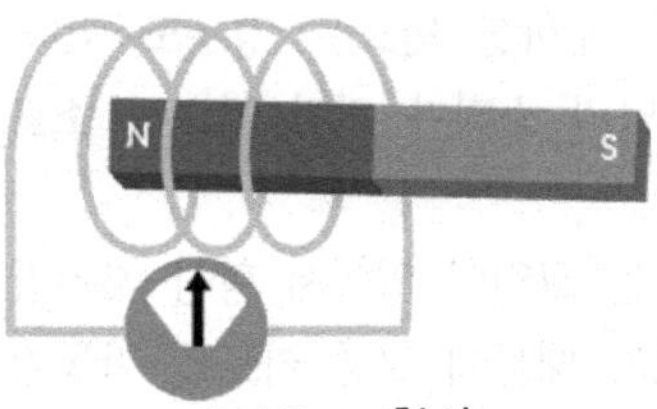

자기유도 현상

- 자석이 아닌 물체에 자석의 영향으로 새로이 자기가 나타나는 현상을 자기유도(magnetic induction)라고 한다. 그리고 철편자체가 하나의 자석처럼 된 것을 철편이 자기유도 작용에 의해 자화(磁化: magnetization)되었다고 한다.
- 자석처럼 되는 현상을 자석화-자화라 하는데, 자화에는 3가지의 경우가 있다.
  - 상자성체 : 이것은 자석 N극에 S극으로 자화되는 것이며 텅스텐이 여기에 속한다.
  - 반자성체는 위와 반대인 경우로, N-N, S-S로 자화 되며, 탄소 유황 등이다.
  - 강자성체: 철, 니켈, 코발트 등이며 강하게 자화된다.

자석과 자기

- 자석의 양극은 가장 힘이 세다 - 자극
- 두극은 항상 같이 있다.
- 남북을 가르킨다.
- 같은 극은 반발하고, 다른 극은 당긴다.
- 자석은 철가루 등을 흡인하는데 이것을 자기력이라 한다.

□ 쿨롱의 법칙

- 두개의 자극 사이에 발생하는 자극 간의 힘은 자극의 세기의 곱에 비례하고 거리의 제곱에 반비례한다.

$$F = \frac{kq_1q_2}{r^2}$$

4.1.1 자극의 세기

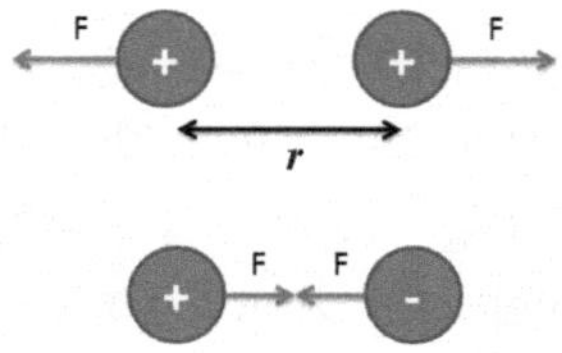

그림 4-3 Coulomb's law

자석의 자극의 세기는 두 자극을 서로 마주보게 하여 접근시킬 때 서로 작용하는 흡인력 또는 반발력의 세기를 말한다. 두 자극 사이에 작용하는 힘은 그 사이의 거리의 제곱에 반비례하고 두 자극 세기의 곱에 정비례한다. 이것을 쿨롱의 법칙(Coulomb's law)이라 한다.

자석의 성질을 요약하면 다음과 같다.

① 자석의 양끝은 자극이라 한다.
② 자극에는 N, S극이 있고 어느 극이나 단독으로 존재할 수 없다.
③ 자극은 같은 극끼리 서로 물리치고 다른 극끼리는 서로 끌어당긴다.
④ 자극은 그 주위에 있는 다른 자석에 자기적 힘을 미치는 데 이 힘을 자력이라 하고, 자력은 자석의 N극으로부터 S극을 향하여 작용하며 이것을 자력선이라 한다. 또 자력이 미치는 공간을 자계라 한다.
⑤ 자극의 세기는 자극이 가지고 있는 자기의 양, 즉 자기량에 따라 다르다.
⑥ 자기유도 작용 : 강철조각을 자석 가까이 가져오면 자석이 된다. 즉 물체가 자화 된 것이다. 즉, 강철조각은 자석의 N극에 가까운 쪽이 S극이 되고 반대쪽은 N극이 되며 S극과 N극의 크기는 같다. 이 현상을 자기유도 작용이라 한다.

진공 또는 공기중에서 N극과 S극이 서로 마주보고 있을 경우에 두 자극의 세기를 각각 m_1, m_2라 하고, 두 자극사이에 작용하는 힘 F[N]은 다음식으로 표현된다.

$$F = 6.33 \times 10^4 \times \frac{m_1 m_2}{r^2} [N]$$

이 식을 자극에 관한 쿨롱의 법칙(Coulomb's law)이라고 한다.

4.1.2 자계와 자력선

(1) 자 계

자계란 자석의 작용 범위를 말한다. 즉, 막대자석의 철분 도형과 같이 자석위에 종이나 유리를 놓고 그 위에 철분을 뿌린 다음 가볍게 두들겨 주면 N극과 S극을 연결하는 곡선의 모양이 생긴다. 이와 같이 자석이 작용하는 범위를 알 수 있다.

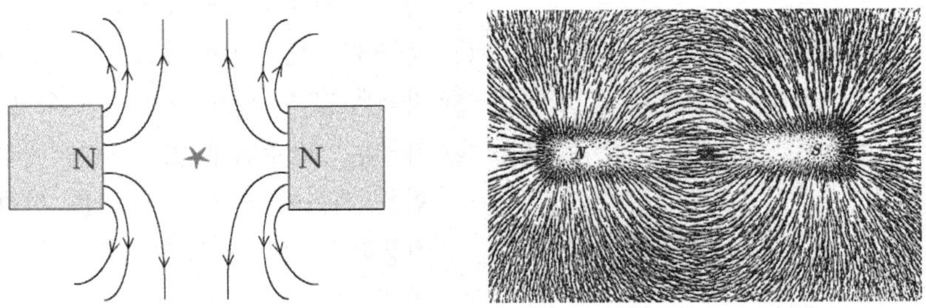

그림 4-4 막대자석의 철분 도형

(2) 자력선

자력선이란 N극에서 S극 쪽으로 향하여 작용하는 자력이 모양을 표시하는 선을 말한다. 또한 자력선 방향과 직각되는 단위면적 1[㎠]를 통과하는 전체의 자력선(flux line)을 자속(flux)이라 한다.

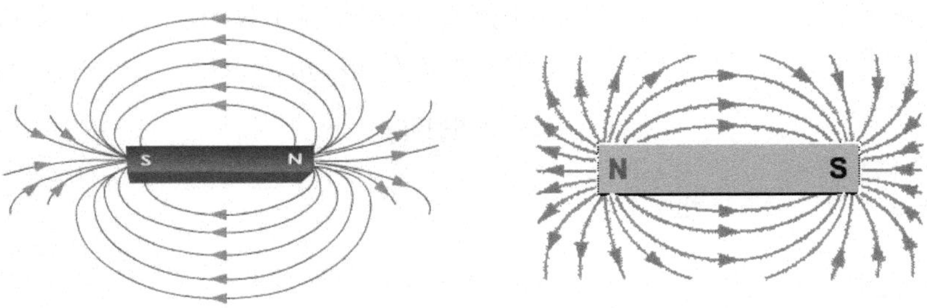

그림 4-5 자력선

자력선의 성질

- 자력선은 N극에서 방사되어 S극으로 들어간다.
- 자계의 방향은 자력선의 방향에 의하여 결정된다.
- 자력선의 밀도는 자계의 강도에 의한다.

4.1.3 자기유도

자석을 못에 매달았을 경우 못은 자석에 의해 자력을 갖게 된다. 첫 번째 못은 통과한 자력선에 의해 나머지 못들도 자석이 되기 때문이다. 이것을 자화 되었다고 하며 자석의 N극에 가까운 쪽의 못은 S극이 되고 반대쪽은 N극이 되는데 이것을 자기유도 작용이라 한다.

즉, 자계 내에 놓은 물체가 자기를 띠는 현상을 말한다. 또한 자화가 잘 되어 잘 끌리는 물질을 자성체라 하고 동, 알루미늄, 플라스틱과 같이 자화 되지 않는 물질을 비자성체라 한다.

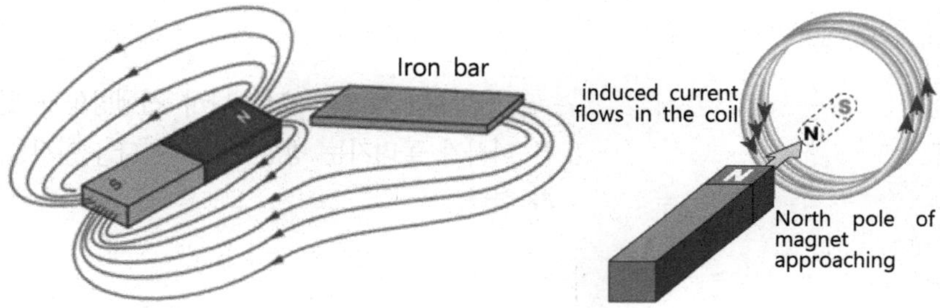

그림 4-6 자기유도(Magnetic Induction)

4.1.4 전기와 자기의 관계

(1) 전류와 자계의 관계

전선에 전류가 흐르면 그 주위에 자기작용이 나타난다. 이러한 현상을 전류가 만드는 자계와 같은 실험으로 알 수 있다.

전선에 전류가 흐르게 되면 자침이 움직이게 되며 이것은 전선주위에 자계가 형성되기 때문이다. 또한 전류가 만드는 자계와 같이 전선에 직각이 되게 놓은 종이 위에 철분을 뿌리고 전선에 전류를 흐르게 하면 철분은 전선을 중심으로 동심원상으로 배열되며 전선에 가까울수록 밀도가 크다. 즉 자계는 전선에 흐르는 전류의 세기에 비례하고 전선에서의 거리에 반비례한다. 또, 자력선은 전선을 중심으로 하는 동심원이 되며 전류가 흐르는 방향과 자력선의 방향 사이에는 다음과 같은 관계가 있다.

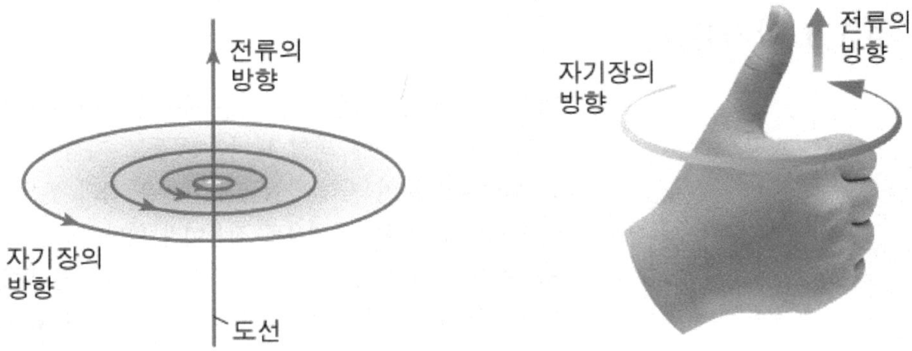

그림 4-7 전류가 만드는 자계

「전류의 방향을 오른 나사 진행방향과 일치시키면 자력선의 방향은 오른 나사가 돌려지는 방향과 일치하다.」 이것을 자력선의 오른 나사의 법칙이라 한다.

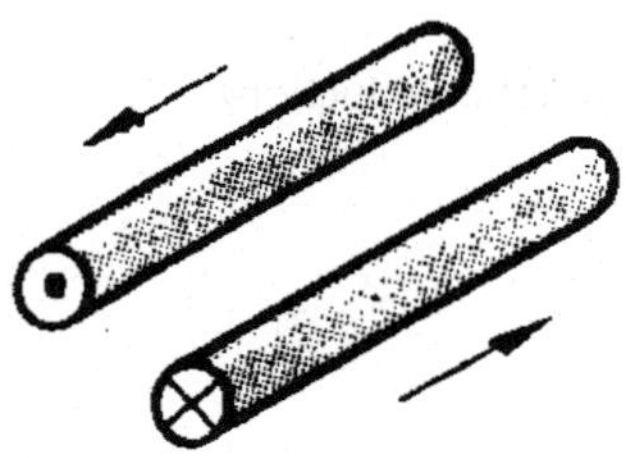

그림 4-8 전류의 방향

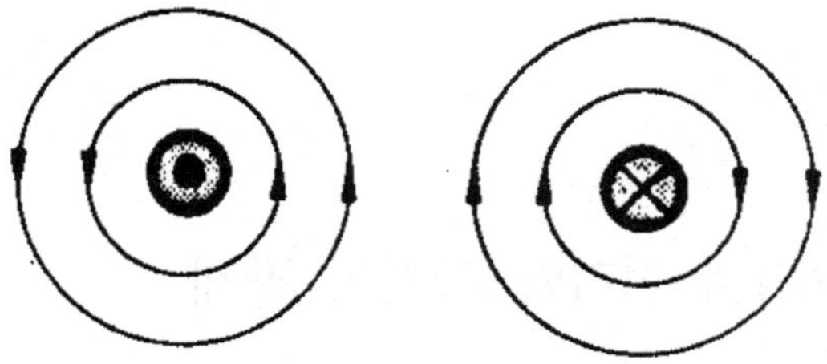

그림 4-9 자장의 방향

그림 4-10 오른 나사의 법칙

(2) 코일의 자계

1) 솔레노이드(Solenoid)

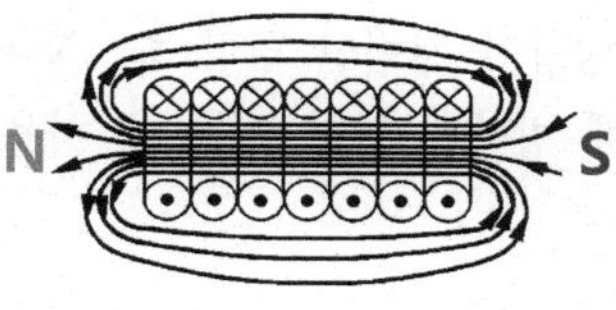

그림 4-11 코일 및 솔레노이드가 만드는 자계

전선을 둥글게 구부려 코일을 만든 다음 전류를 흐르게 하면 코일 내부에는 코일 및 솔레노이드가 만드는 자계가 생기며 이 코일 내부의 자계의 세기는 코일 권수에 비례하고 막대자석과 같은 작용을 한다.

또한 솔레노이드 내부에 철심(core)을 넣고 솔레노이드에 전기를 흐르면 철심에 자속이 생기며 이 자속은 철심에 포화되지 않는 한 권수 N과 전류 I와의 적 NI에 비례하여 증가한다. 이 NI는 자속을 발생시키는 능력을 표시하는 것으로 기자력이라 하고 단위는 암페어(기호 A)이다.

기자력 = 전류 × 권수 $\quad m = I \times N[A]$

m : 기자력, N : 권수, I : 전류

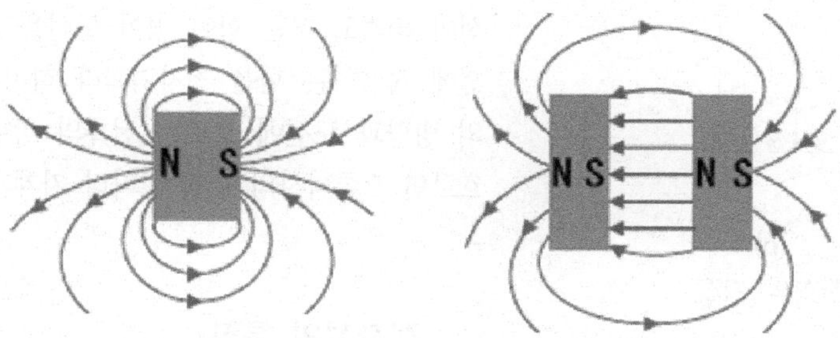

그림 4-12 영구자석의 자력선

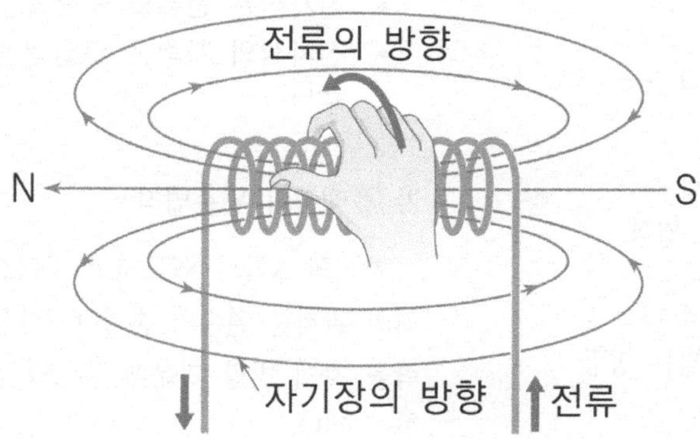

그림 4-13 전자석의 자계

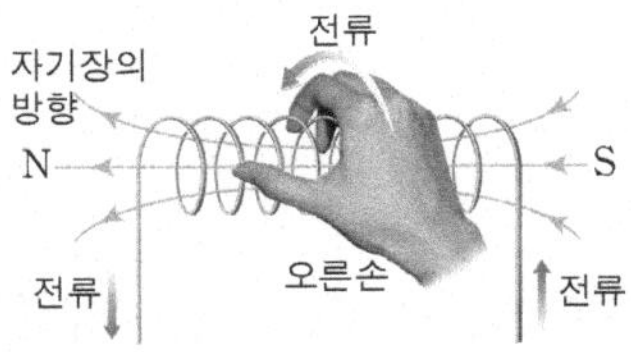

그림 4-14
오른손 엄지손가락의 법칙

2) 엄지손가락의 법칙

솔레노이드 코일에 생기는 자력선의 방향은 오른나사의 법칙으로도 알 수 있으나 그림의 오른손 엄지손가락의 법칙같이 오른손 엄지손가락을 다른 손가락들과 직각에 되게 하였을 때 엄지손가락 방향이 자력선 방향 즉, N극 방향이 되며 이 법칙은 코일이나 전자석의 자계 방향을 알려고 할 때 사용된다.

(3) 전자력

1) 자계 속의 전류에 작용하는 힘

자계 속에 도체를 놓고 전류를 흐르게 하면 힘이 발생한다. 이 힘을 전자력이라 한다. 도선에 전류가 흐르면 오른나사의 법칙에 의해 도선 주위에 오른나사의 법칙과 같이 자계가 생긴다.

또한 도선을 전자력을 받는 방향과 같이 N극과 S극에 의한 자력선이 작용하고 있는 자석 중앙에 도선을 넣고 도선에 전류를 통하면 자력선은 직선이 되려고 하는 힘이 있어 도선을 밀어내려고 하는 힘이 작용한다. 이 도선에 작용하는 힘을 전자력이라 하며 힘의 방향은 자석에서 나오는 자력선의 방향과 도선에 흐르는 전류의 방향에 따라 결정된다. 즉 도선에 전류가 흐르면 오른나사의 법칙에 따라 자계가 형성되기 때문이다.

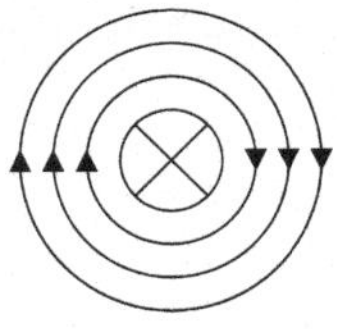

(a) 도체의 자장

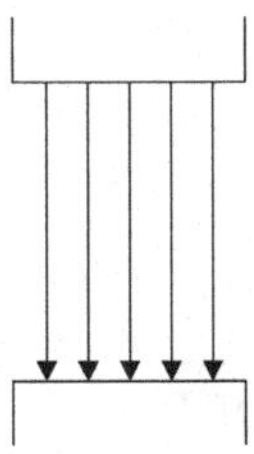

(b)
자석의 자장

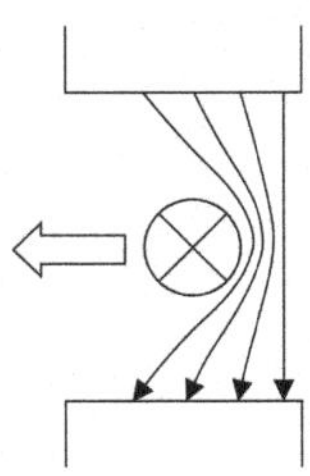

(c)
자장의 합성

그림 4-15
전자력을 받는 방향

전자석의 특징

- 전자석은 전류를 인가했을 때만 자력을 띠게 된다. 따라서 전류를 차단하면 자력선은 사라진다.
- 전자석은 전류의 방향을 바꾸면 자극도 반대로 된다.
- 전자석의 자력은 코일권선의 횟수와 공급전류의 크기에 영향을 받는다.

2) 플레밍의 왼손법칙

자석의 N극과 S극 사이 자력선과 도선의 전류방향에 따라 작용하는 전자력의 관계를 왼손의 손가락 3개를 펴서 플레밍의 왼손법칙과 같이 집게손가락을 자계 방향 가운데 손가락을 전류방향을 하면 엄지손가락이 전자력 방향이 된다.

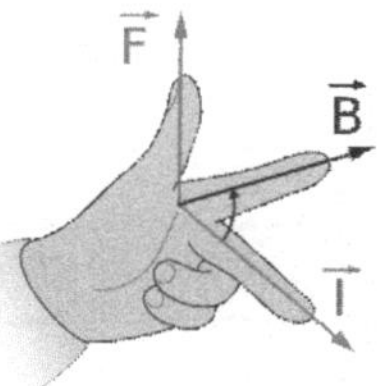

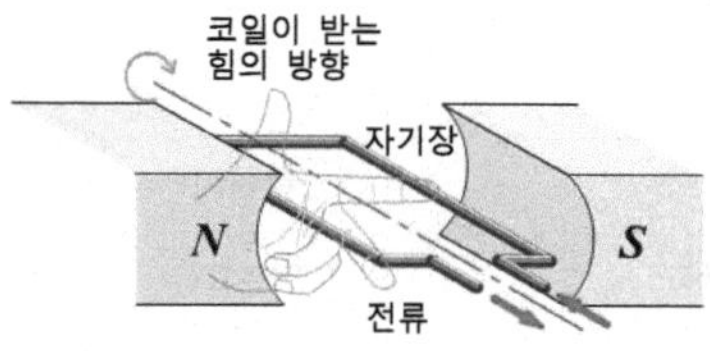

그림 4-16 플레밍의 왼손법칙

발생하는 전자력의 크기는 「자계(자속밀도)가 강할수록」 「도선에 흐르는 전류가 클수록」 「자계속의 도선의 길이가 길수록」 강한 힘이 발생한다. 즉, 전자력(F) = 자속밀도 × 전류 × 도체의 길이[N] 뉴턴이 되며 전동기(모터), 전류계, 전압계 등은 전자력을 이용한 것이다. 특히 기동전동기는 플레밍의 왼손법칙의 원리를 이용한 것이다.

플레밍의 왼손법칙에 의한 모터의 원리를 이해하여 보자.

직류 전동기의 원리와 같이 자계 안에 자유로이 회전하는 U자형 도체를 놓고 도체에 전원을 공급하기 위하여 구리 링(정류자)을 2분할하여 그 사이에 절연물을 삽입하여 절연한 정류자와 항상 접촉하여 정류자를 통해 도체에 전류를 공급하는 브러시를 부착하고 도체에 전류를 흐르게 하면 전류는 A에서 B로 흐른다.

이 때 N극 가까이에 있는 도체 A는 자력선 분포와 같이 아래쪽으로 힘을 받고 S극 가까이에 있는 도체 B는 위쪽으로 힘을 받아 좌회전하게 된다. 즉, 도체 A에 전류가 흐르면 도체 자체에 오른나사 법칙에 의한 자력선이 시계방향으로 형성되고 이 자력선과 N극에서 S극으로 작용하는 자력선과 함께 작용하며 도체를 아래쪽으로 밀어 내리는 힘으로 작용하고 반대로 도체 B는 전류가 흘러나오는 쪽이므로 반 시계방향으로 자력선이 작용하여 도선을 위쪽으로 미는 쪽으로 힘이 작용하여 좌회전하게 된다. 여기서 전원의 극을 바꾸어주면 이 도체는 우회전하게 된다. 이것이 기동전동기의 원리가 된다. 실제, 모터에서는 코일의 수와 정류자 수가 많다.

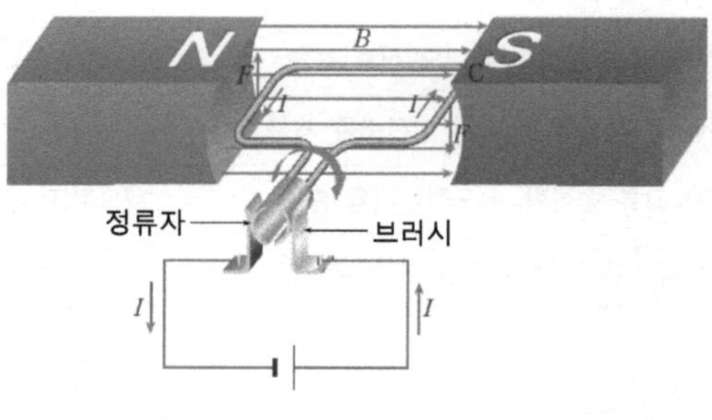

그림 4-17 직류 전동기의 원리

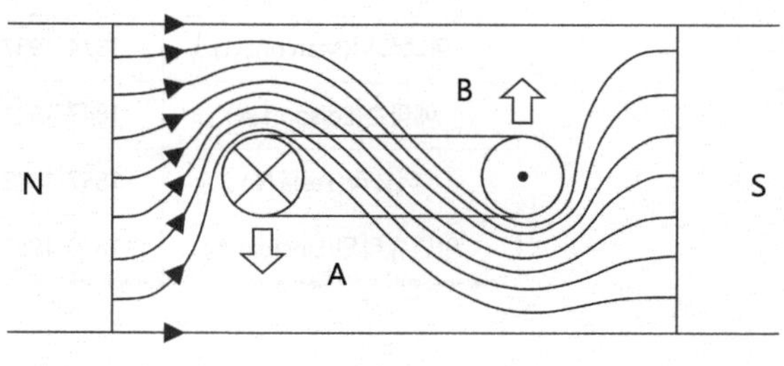

그림 4-18 자력선 분포

전기·자기 관련 분야의 주요 개척자

이 름	활동 기간	업 적	단 위
탈레스(Thales)	636-546B.C	전기와 자기의 개척자	
길버트(Gilbert,W.)	1544-1603	지구가 거대한 자석임을 확인	길버트[Gb]
뉴턴(Newton,I)	1642-1727	운동 법칙과 만유 인력을 공식화	뉴턴[N]
프랭클린(Franklin,B.)	1706-1790	전하의 보존 법칙 발견	
쿨롱(Coulomb, C.A)	1736-1806	전기력과 자기력 측정	쿨롬[C]
와트(Watt,J.)	1736-1819	증기력의 응용 분야를 개척	와트[W]
가우스(Gauss,K.F.)	1771-1855	전속에 대한 발산 정리 발표	가우스[G]
볼타(Volta,A.)	1745-1827	볼타 전지 발명	볼트[V]
외르스테드(Oersted,H.C)	1777-1851	전기가 자기를 생성함을 발견	에르스텟[Oe]
앙페르(Ampere,A.M.)	1775-1836	솔레노이드 발명	암페어[A]
헨리(Henry,J.)	1797-1878	전자유도실험, 전신기와 중계장치 발명	헨리[H]
옴(Ohm,G.S.)	1787-1854	옴의 법칙을 세움.	옴[Ω]
패러데이(Faraday,M.)	1791-1867	자기가 전기를 생성함을 입증	패럿[F]
웨버(Weber,W.E.)	1804-1891	지구 자기에 대한 선구적인 연구	웨버[Wb]
줄(Joule,J.P.)	1818-1889	열이 전류의 제곱에 비례함을 입증	줄[J]
맥스웰(Maxwell,J.C.)	1831-1879	전자기학의 일반 이론을 세움	맥스웰[Mx]
헤르츠(Hertz,H.R)	1857-1894	라디오 전파의 송신 및 수신 실험	헤르츠[Hz]
마르코니(Marconi,G.)	1874-1937	대서양을 횡단하여 라디오 신호 전송	
에디슨(Edison,T.A.)	1847-1931	백열 전구 발명, 최초의 발전소를 세움	
테슬라(Tesla.N.)	1857-1943	전력 교류 송전함, 유도전동기를 발명	테슬라[T]
아인슈타인(Einstein,A.)	1879-1955	상대성 이론, 맥스웰 방정식을 일반화	

4.1.5 전자유도 작용

(1) 전자유도의 원리

자계 내에 자력선과 직각으로 도체를 놓고 이 도체를 움직이면 도체에 전류가 생긴다. 전자 유도와 같이 도체 양 끝에 전류계를 연결하고 도체를 자력선 직각방향으로 움직이면 도체에 전류가 생겨 전류계가 흔들린다. 또한

자석을 움직여도 마찬가지로 전류계는 흔들린다.

도체를 움직이는 방향에 따라 전류계의 움직임도 반대가 되며 움직임이 빠를수록 전류계의 흔들림도 크다. 이처럼 도체와 자력선이 교차되면(도체가 자력선을 끊는다)도체에 기전력이 생긴다.

이 기전력의 크기는

$$E = B \cdot l \cdot \mu$$

기전력 = 자속밀도[Wb/m²] × 도체의 길이 × 도체의 움직이는 속도[m/s]

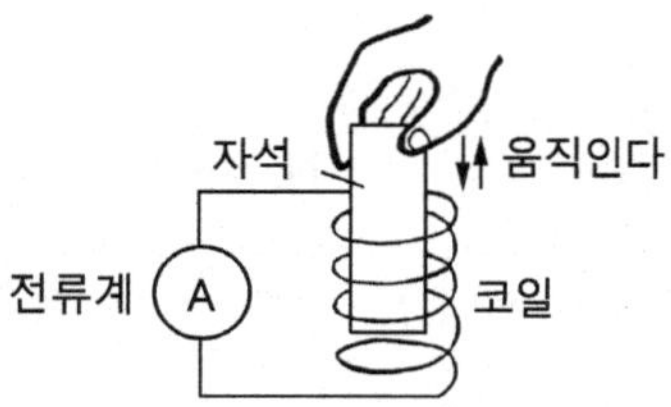

그림 4-19 전자유도

로 나타낸다. 이러한 현상을 전자유도 작용(electro magnetic induction)이라 하며 전자유도 작용에 의하여 발생한 기전력을 유도 기전력, 흐르는 전류를 유도전류라 한다. 이것이 발전기의 원리이다.

(2) 전자유도를 발생시키는 방법

① 도체와 자력선과 상대운동에 의한 방법(발전기, 전동기)

② 도체에 영향을 미치는 자력선을 변화시키는 방법(변압기, 점화코일)

그림 4-20 상대운동

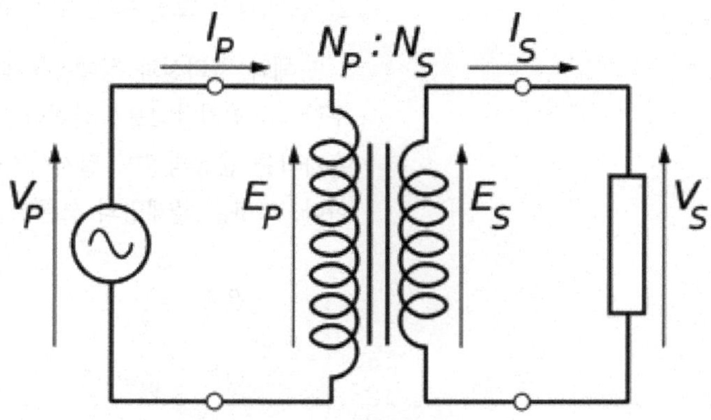

그림 4-21 자력선변화

(3) 유도 기전력의 방향

1) 렌츠의 법칙(Lenz's law)

유도 기전력의 방향은 코일 속의 자속의 변화를 방해하는 방향으로 생긴다는 법칙으로 자석을 코일에 가까이할 때 자석 가까운 쪽에 같은 극이 나타나고 코일에 기전력을 발생하여 자석의 접근을 방해한다. 또 자석을 코일에서 멀리하면 자석 가까운 쪽에는 다른 성질의 극이 되도록 기전력을 발생하여 자석이 멀어지는 것을 방해한다.

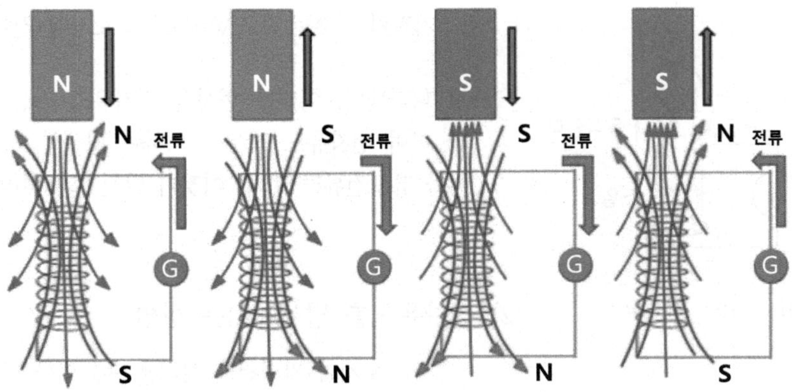

그림 4-22 렌츠의 법칙

2) 플레밍의 오른손법칙(Fleming's right hand law)

도체와 자력선과 상대운동에 의한 경우 기전력의 방향도 렌츠의 법칙으로 구할 수 있지만 보다 간편한 방법이 플레밍의 오른손법칙이다. 오른손 엄지손가락을 운동방향에 일치시키면 가운데 손가락은 유도 기전력 방향을 표시한다. 이것을 플레밍의 오른손법칙이라고 한다.

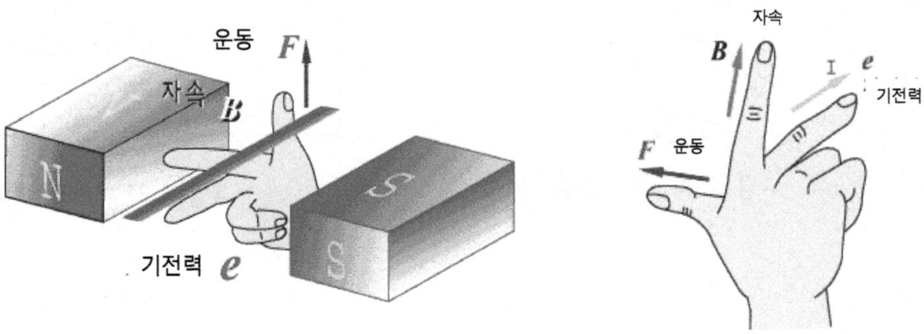

그림 4-23 플레밍의 오른손법칙(전자유도 작용)

3) 전자유도 작용의 응용

전자유도 작용은 실제 발전기에 적용되어 사용되며 여기서는 직류발전기를 예를 들어보기로 하자.

직류발전기의 구성도와 같이 전자석 N극과 S극 사이에 U자 코일(전기자 코일)을 놓고 코일 양끝을 서로 절연된 구리 링을 이등분하여 가운데에 절연물질을 넣어 절연시켜 접속시키고 이 코일을 자계 속에서 강제로 회전시키면 코일이 자속을 끊어 전자유도 작용을 유발시켜 기전력을 발생시킨다. 이 발생 전압의 방향은 플레밍의 오른손 법칙에 따르며 그 크기는 자속을 직각으로 자르는 비율에 비례한다. 이처럼 전자유도 작용에 의하여 발전을 할 수 있다.

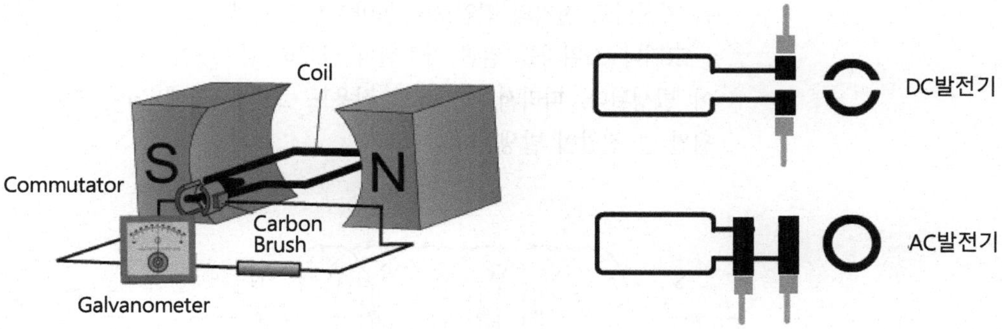

그림 4-24 직류발전기의 구성도

발전기 원리

□ **발전기 원리 :** 자장내에서 운동하는 도체는 전압을 유도한다.

- 자장내에서 운동하는 도체가 자력선과 쇄교할 때 도체에는 전압이 유도된다. 이와 같은 작용을 전자유도작용(electro magnetic induction)이라하고, 이때 유도된 전압을 유도전압 또는 유도기전력(electro motive force)이라한다.

□ **렌쯔의 법칙 :** 유도전압의 방향은 도체의 운동방향에 따라 변화한다.

- 유도기전력에 의해 코일에 흐르는 전류는 유도작용을 방해하는 자력선을 발생시키는 방향으로 흐른다.

□ **상호유도작용(변압기의 원리) :** 코일에 흐르는 자력선의 수가 변화하면 코일에는 전압이 유도된다.

- 유도전압은 코일의 자속의 변화속도에 비례하여 증가한다.
- 유도전압은 코일의 권수에 비례하여 증가한다.

4.1.6 자기유도 작용과 상호유도 작용

(1) 자기유도 작용(self induction)

자기유도 작용에서 코일에 흐르는 전류를 변화시키면 코일에 발생하는 자계(자속)도 변화되기 때문에 코일에 변화를 방해하는 방향으로 기전력이 발생한다. 이와 같은 전자유도 작용을 자기유도 작용 또는 자기 인덕턴스라 한다. 즉, 자기유도 작용에 따른 전류가 시간의 관계와 같이 회로에서 스위치를 닫으면 전류의 흐름 방향의 반대방향으로 흐르는 기전력이 코일 내에 발생되며 흐르는 전류는 이 역기전력으로 인하여 서서히 증가하며 흐르게 된다. 이때에는 코일에 자속의 변화 속도가 작기 때문에 코일 내에 발생하는 기전력도 전지의 전압보다 높아지지 않는다.

그러나 스위치를 열면 자력선이 급격히 감소하기 때문에 큰 유도 기전력이 발생된다. 따라서 자기유도 작용도 그만큼 크게 되어 전지의 전압보다 훨씬 큰 전압이 발생된다.

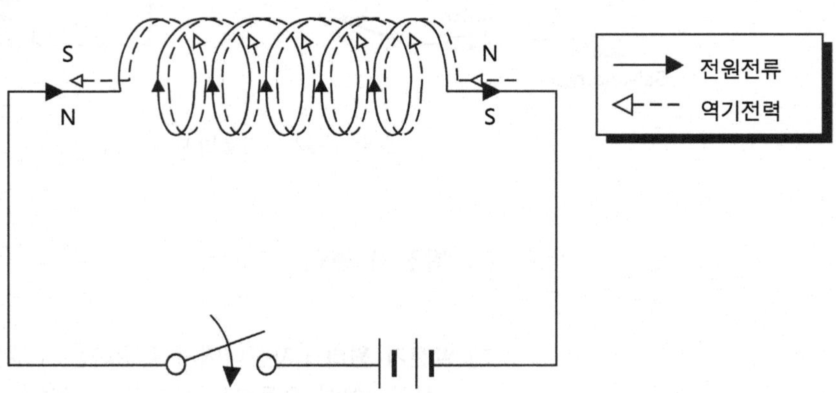

그림 4-25 자기유도 작용

역기전력의 방향

- TR이 ON되어 1차 코일에 전류가 흐르고 있는 상태에서 TR이 OFF되면 점화코일내의 자속이 급속으로 0이 됨에 따라 상당히 큰 역기전력이 발생하며 이 전압의 발생방향은 TR이 ON으로 될 때와는 반대로 발생한다.

1) 유도작용에 의한 기전력의 크기

$$E_1 = L\,\frac{\Delta I}{\Delta t}[V]$$

E_1 : 자기유도 기전력　　L : 자기인덕턴스(H)
$\triangle I$: 전류의 변화 (A)　　$\triangle t$: 전류변화에 소요된 시간(전류의 변화속도)

일반적으로 자기유도 작용에 의한 기전력은 코일에 흐르는 전류의 변화속도에 비례한다. 기전력 ∝(비례)전류의 변화속도 즉 전류를 1초에 1[A]로 변화시킬 때 이 코일에 유도되는 기전력의 크기로 나타내며 이 값을 자기인덕턴스라 한다. 또한 인덕턴스는 코일의 권수에 제곱에 비례하고 철심의 굵기에 비례한다. 저항은 전류의 흐름을 저지하는 성질이 있고 인덕턴스는 전류의 변화를 방해하는 성질이 있다.

자기유도 기전력은 렌츠의 법칙에 의한다. 렌츠의 법칙은 "자계의 변화를 방해하는 방향에 기전력이 발생"한다는 것이다. 하지만 전류에 의한 자계의 변화 때문에 흔히 기전력은 전류가 흐르는 방향과 반대방향이라고 말한다. 이것을 역기전력이라고 한다.

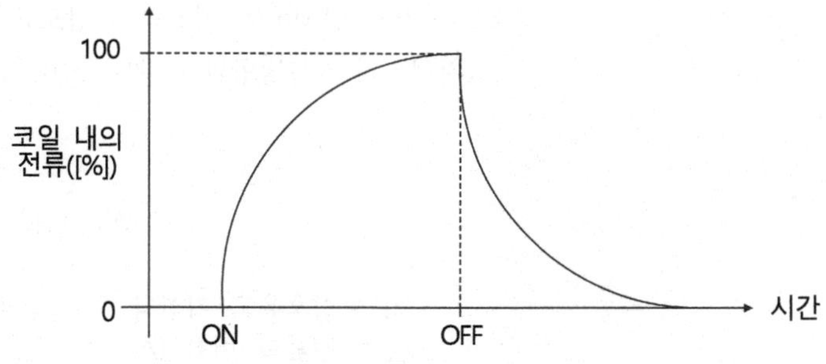

그림 4-26　자기유도 작용에 따른 전류와 시간의 관계

(2) 상호유도 작용(mutual induction)

상호유도 작용은 그림 4-27과 같이 2개의 코일을 정렬시켜 A코일의 스위치가 열린 상태로 있을 때나 닫힌 상태로 있을 때는 전류계의 바늘이 움직이지 않고 스위치를 개폐할 때만 전류계의 바늘이 움직인다. 이와 같이 A코일에 흐르는 전류를 스위치로 단속하면 B코일에 기전력이 생긴다. 이와 같은 전자유도 작용을 상호유도 작용이라 한다.

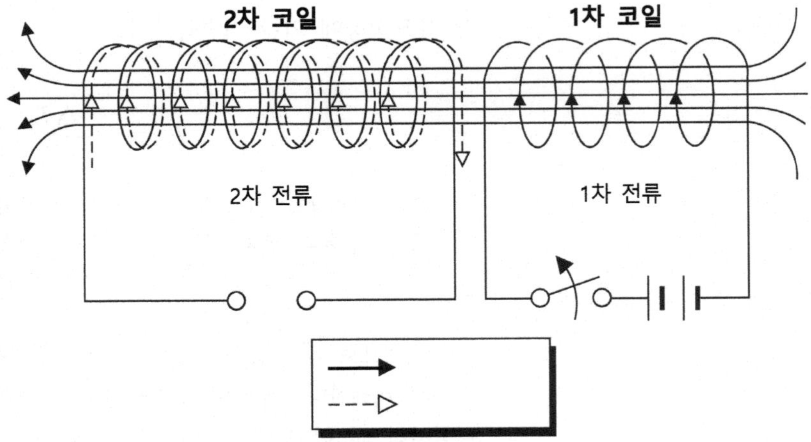

그림 4-27 점화코일 상호유도 작용

이 때 코일에 전원이 연결되어 있는 A코일을 1차 코일, B코일을 2차 코일이라 부르고 1차 코일에 흐르는 전류를 일정하게 변화시켜도 상호유도 작용이 코일의 권수, 형상, 상호위치 등에 따라 다르며 이와 같이 2차 코일의 기전력의 크기를 좌우하는 것을 상호 인덕턴스라 한다. 즉 1차 코일에 흐르는 전류를 1초간에 1[A] 변화시키면 2차 코일에 1[V]의 기전력이 발생하는 것을 말한다.

여기서 발생하는 기전력을 상호유도 기전력이라고 하며 자력선의 방향은 1차코일의 전류방향과 반대방향이다(렌츠의 법칙)

$$E_2 = M\ \frac{\Delta I}{\Delta t}[V]$$

E_2 : 상호유도 기전력　　M : 상호인덕턴스(H)
$\triangle I$: 전류의 변화 (A)　　$\triangle t$: 전류변화에 소요된 시간

상호인덕턴스는 자기인덕턴스와 코일의 권수에 비례한다.

$$M = L \times \frac{N_2}{N_1}$$

M : 상호인덕턴스　　L : 자기인덕턴스
N_2 : 2차코일의 권수　　N_1 : 1차코일의 권수

(3) 자기유도 작용과 상호유도 작용의 응용

자기유도와 상호유도 작용을 이용한 것이 자동차의 점화 장치에 응용되어 사용되고 있다. 자동차에서 점화플러그의 스파크 방전 전압은 15,000~30,000[V]의 높은 전압이 필요하며 이 높은 전압의 유도를 위하여 점화코일이 사용된다.

고전압을 2차 쪽에 발생시키기 위해서는 1차 코일에 흐르는 전류를 스위치로 ON되어 1차 코일에 전류가 흐르고 있는 상태에서 OFF되면 점화코일 내의 자속이 급속으로 0이 됨에 따라 이의 변화를 방해하기 위하여 1차 코일에 200~300[V]의 자기유도 기전력이 발생되며 2차 코일에는 상호유도 작용에 의하여 15,000~30,000[V]의 전압이 발생하여 점화플러그에 스파크를 발생시킨다. 이렇게 자동차의 점화 장치는 자기유도 작용과 상호유도 작용을 이용한 것이며 이외에도 변압기에 이용되어 사용되어진다.

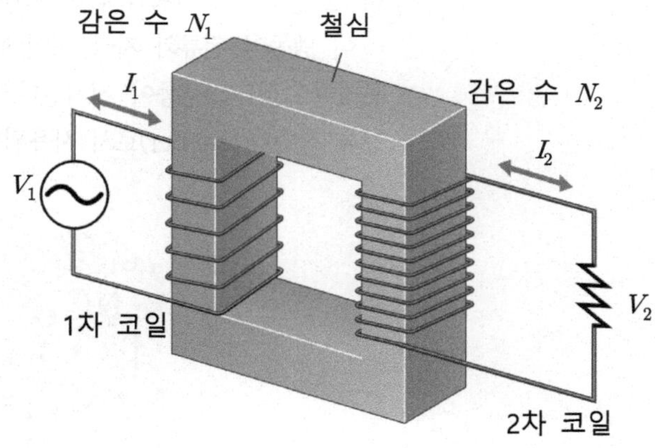

그림 4-28 변압기의 원리 및 구조

$$V_2 = V_1 \times \frac{N_2}{N_1}$$

V_2 : 2차 전압 V_1 : 1차 전압
N_1 : 1차 권수 N_2 : 2차 권수

4.1.7 맴돌이 전류

도체 속을 자력선이 통과하고 있을 때 맴돌이 전류와 같이 자력선을 증가시키든지 도체를 움직여 자력선이 상대적으로 움직일 때에는 철심 내에는 전자유도 작용에 의한 기전력이 유도되어 자속의 변화를 방해하는 방향으로 전류가 흐른다. 이 때 생긴 전류는 철심 중에 저항이 적은 통로를 따라 회로를 만들며 흐른다.

이와 같은 전류를 맴돌이 전류(eddy current)라 한다. 맴돌이 전류가 생긴 철심에는 그 철심의 저항에 따라 열이 발생되어 에너지 손실이 된다. 이 손실을 맴돌이 전류 손실이라 한다. 교류회로에 쓰이고 있는 변압기에서 철심의 온도가 서서히 상승되는 것은 맴돌이 전류에 의한 열 손실 때문이다.

이와 같은 맴돌이 전류 손실을 방지하기 위해 변압기 철심은 성층 철심을 사용한다. 맴돌이 전류의 상용 예로는 맴돌이 전류 브레이크와 같이 원판의 자극 바로 아래 부분에 플레밍의 오른손법칙에 의한 맴돌이 전류가 유기되며 그 결과로써 그림과 같이 맴돌이 전류가 흐른다.

이 맴돌이 전류와 자극 사이에 플레밍의 왼손법칙에 의하는 회전력이 작용하여 원판의 운동이 저지된다. 이것을 맴돌이 브레이크의 하나인 맴돌이 전류 감속기(retarder)로서 사용된다.

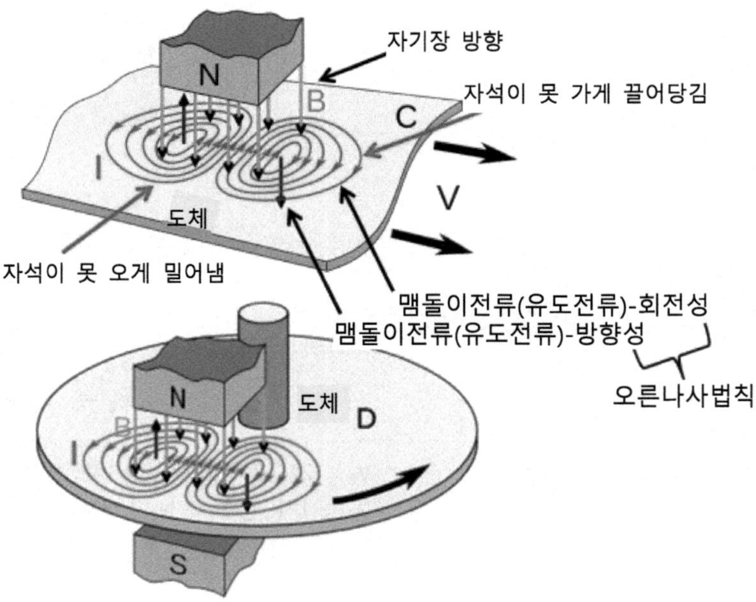

그림 4-29 맴돌이 전류

맴돌이전류의 응용

- 도체의 내부에서 국부적으로 소용돌이 모양으로 닫힌 통로를 흐르는 전류로서, 도체 내부를 지나는 자기력선속의 변화로 인해서 생기는 전류로 와전류 또는 발견자의 이름을 따서 푸코전류(Foucault current)라고도 한다. 아라고의 원판으로 그 존재를 간단히 알 수 있으며 도체 판에 직각으로 자기장을 걸어서 이것을 증가시키면 도체 판에는 자기장 방향에 대하여 좌회전하는 맴돌이전류가 생겨서 자기장의 증가를 방해하려고 한다.
- 또, 자석을 도체판 위에서 이동시키면 맴돌이전류가 생기며 맴돌이전류의 자기장은 자석의 이동을 방해한다(도체 판은 자석이 이동하는 방향으로 당겨진다). 이 원리는 적산전력계나 맴돌이브레이크에 이용된다.

4.2 변압기

가정으로 보내지는 전기는 교류이며, 교류의 최대 이점은 트랜스란 변압기를 써서 전압을 자유로이 올리거나 낮출 수 있다는 데 있다. 이 변압기는 1882년에 프랑스의 고라와 영국의 집스라는 사람에 의해서 발명되었는데, 그 원리는 패러데이가 발견한 전자유도의 법칙을 응용한 것이다.

그림 4-30의 왼쪽은 1차 코일에 전지를 연결한 것이다. 스위치를 뗐다 붙였다 할 때에만 전구가 번쩍할 뿐으로 스위치를 붙여놓은 그대로인 때는 불이 들어오지 않는다. 이것은 앞에서 설명한 것처럼 스위치의 개폐에 의해 1차 코일에서 만들어지는 자계가 변화하고 그 때문에 2차 코일을 통과하는 자력선이 변화해서 2차 코일에 유도기전력이 일어나기 때문이다.

그림 4-30과 같이 성층 철심에 권선 n1(1차측)과 n2(2차측)를 감고 1차에 전류를 흘리면 1차 권선에 흐르는 전류에 의해 1차측 철심에 자속이 발생하고 이 자속은 철심을 통해 2차 권선을 쇄교한다.

2차권선의 내부에 있는 철심에서는 1차 권선에 의한 자속의 변화를 방해하는 방향으로 자속이 발생하고 이 자속에 의해 2차 권선에 기전력이 발생하여 전류가 흐르게 된다.

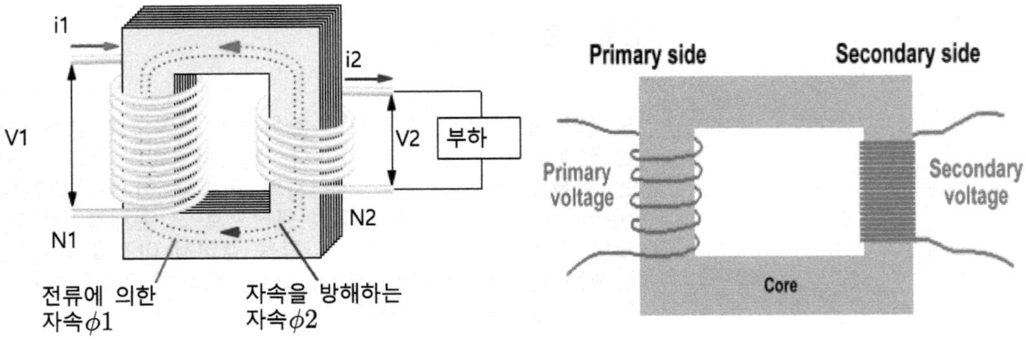

그림 4-30 변압기 구조

그러나 이때 발생한 전류는 잠시 후면 없어지게 된다. 이는 1차 측 권선에 의한 자기장의 크기에 변화가 있어야만 전류가 유도 된다는 것을 설명하는 것으로, 2차 측에 계속적인 전류발생하기 위해서는 자기장의 변화를 위해 1차 측에 교류를 흘려주어야 한다.

1차 전압에 대한 2차 전압은 권선수에 비례한다. 즉 (v1/v2) = (n1/n2)의 관계가 성립하고 이를 변압비라 한다. 그때 2차 코일에 발생하는 유도기전력의 방향은 렌쯔의 법칙에 따른다. 왼쪽 그림의 오른쪽과 같이 1차 코일에 교류전압을 가하면 스위치를 개폐하지 않아도 전구는 불이 들어온 채로 있다.

이것은 교류전압이 언제나 주기적으로 변화하기 때문이다. 이렇게 해서 1차 코일에 가한 교류 전압을 2차 코일에 전할 수가 있다. 그 사이를 중계하는 것이 자계(자력선)이라는 것은 설명할 필요도 없다. 실제의 변압기에서는 다음 그림 왼쪽에서처럼 얇은 규소강판을 겹쳐 쌓아 철심으로 하고 그 주위에 1차 코일과 2차 코일을 감는다. 변압기에서는 다음과 같이 중요한 관계가 성립한다. 즉, 변압기의 전압은 코일의 감은 수에 비례한다. 이를테면 전압을 3분의 1로 낮추고 싶으면 2차 코일의 권수를 1차 코일의 3분의 1로 하면 되는 셈이다. 그런데 변압기의 1차 측에서 2차 으로 변압되어 전력이 전달되는 사이에 몇 퍼센트의 손실이 발생한다.

이 손실은 주로 철심속에서 생기는 와류전류손과 권선의 저항에 의한 '주울열의 손실'이다.

와류전류손이란 자력선의 변화에 의해 철심 내부에 생기는 소용돌이 모양의 유도전류에 의한 것이다. 이것을 방지하기 위해서는 얇은 규소강판을 절연해서 겹쳐 쌓으면 된다.

4.2.1 변압기 결선

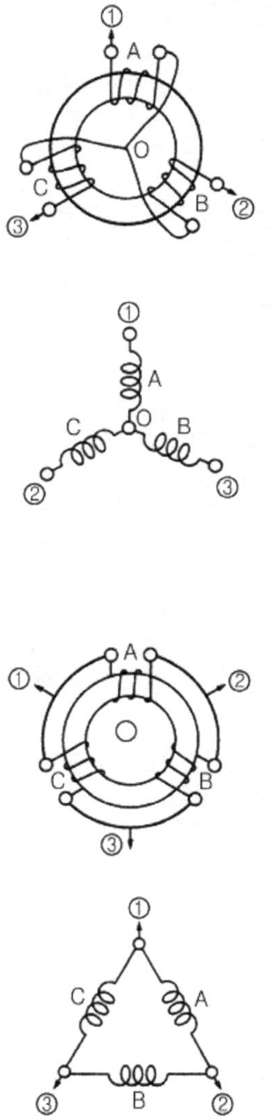

그림 4-31
변압기 결선

(1) Y결선

변압기가 3대일 때 3상 전원을 도출하고자 할 때 쓴 결선 방법이며, 이때 3상이 나오며 중성선에서는 N상이라 하여 한선이 도출되어 모두 3상 4선이 된다. 전압은 380 V 또는 220 V가 사용가능 합니다(우리나라기준.) 또한 변압기중 1대가 고장나면 V형 결선(일명 V결선)으로 교체사용 가능하나 효율이 80%로 떨어진다.

중성점을 접지하면 제3고조파가 대지로 흘러서 인근의 통신선에 장애를 줄 수 있다는 단점이 있지만, 다음과 같은 장점도 있다.(Y결선의 중성점을 접지할 경우 장점)

① 중성점을 접지할 수 있으므로 단 절연 방식을 채택 할 수 있다.
② 고전압 결선에 적합하다
③ 순환전류가 흐르지 않는다.
④ 중성점 접지를 하여 이상전압을 저감 시킬 수 있다.

(2) △결선

변압기가 3대가 있을 때 3상 전원을 얻기 위해 결선하는 방법이고 고전류(Y결선의 3배)의 전류가 필요한 모터 등에 필요한 전력을 공급하는데 주목적이며 전원은 380 V(우리나라기준) 3상만 출력되고 중성선인 N상은 없다.

통상 부하에 따라 변압기 결선은 Y결선 아니면 △결선 중 하나를 선택하여 사용한다. 전동기가 기동할 때 기동전류는 정격전류의 6~8배가 걸린다.(엄청나게 전류를 많이 소모하는 거죠) 위와 같이 6~8배의 전류가 흐르게 되면 정격전류에 의해 설정되었던 차단기는 100% 과전류로 차단된다. 그렇기 때문에 Y결선으로 기동하여 델타결선으로 운전을 하게 된다.

왜냐면 Y결선을 하게 되면 기동전류가 델타결선의 1/3밖에 안 걸린다. 그러면 차단기가 과부하로 차단될 일은 없다. 그리고 기동이 됐다면 일정시간 뒤에 델타결선으로 장시간운전을 하게 된다.

(3) 변압기 결선방식의 장단점

결선방법	장점	단점
△-△결선	• 제 3고조파 전류가 △결선 내를 순환하고, 외부에는 제 3 고조파 전압이 나타나지 않는다. 따라서 유도장해 및 통신장해가 없다. • 1상분이 고장 나면 나머지 2대로 V 결선할 수 있다. • 각 변압기의 상전류가 선 전류의 1/1.732 이 되어 대 전류에 적당하다.	• 중성점을 접지할 수 없으므로 지락 사고의 검출이 곤란하다 (비접지 방식이므로 고장 전류 적음). • 변압기가 다른 것을 결선하면 순환 전류가 흐른다. • 각 상의 권선 임피던스가 다르면 3상 부하가 평행되었어도 변압기의 부하 전류는 불평형이 된다.
Y-Y 결선	• 중성점을 접지할 수 있으므로 단일 절연 방식을 채택할 수 있다. • 상전압이 선간 전압의 1/1.732 이 되어 절연이 용이하고 고전압의 결선에 적합하다.	• 제 3고조파 여자 전류의 통로가 없으므로 유도기전력이 제3고조파를 함유하여 중성점을 접지하면 통신에 유도 장해를 준다. • 기전력 파형은 제3고조파를 포함한 왜형파가 된다. • 부하의 불평형에 의해 중성점 전위가 변동하여 3상 전압의 불평형을 일으키므로 이 결선은 사용하지 않는다.
△-Y 결선	• Y 결선의 중성점을 접지할 수 있다. • 어느 한쪽이 △ 결선이므로 여자전류의 제 3고조파 통로가 있으므로 제 3 고조파의 장해가 없다. 기전력의 파형이 왜형이 되지 않는다. • △-Y 결선은 송전단에, Y-△ 결선은 수전단에 사용하여 높은 전압을 Y 결선으로 함으로써 절연이 유리하다, 보통 송전계통에 사용된다.	• 1차, 2차 선간전압 사이에 30도의 위상 변위가 있다. • 1대에 고장이 생기면 전원 공급이 불가능하다.
V-V 결선	• △-△ 결선에서 1대의 변압기 고장시 2대의 변압기를 3상으로 변성할 수 있다.	• 이용률이 1.732/2 = 0.866 으로 떨어져서 3상 부하의 배의 변압기 설비용량 • 필요로 한다. 또한 출력은 1.732/3 = 0.557 이 된다. • 부하시 두 단자전압이 불평형하게 된다.

4.2.2 고전압으로 송전하는 이유

우리들이 가정에서 사용하는 전기는 110볼트와 220볼트이지만, 전주의 배전선에는 22,900볼트라는 높은 전압으로 보내지고 있다. 더 거슬러 올라가 발전소와 변전소를 잇는 고압송전선이 되면 15만 4천 볼트에서 34만 5천 볼트라는 대단히 높은 전압으로 송전되고 있다. 전압이 높으면 그만큼 위험성도 많기 때문에 송전선도 지상에서 높이 가설해야 하고, 철탑도 키가 높은 튼튼한 것을 사용해야 한다.

그렇다면 어째서 그런 고전압으로 송전하는 것일까. 잘 알려져 있지 않은 사실이지만, 에디슨은 저전압의 직류송전을 지지하였다. 그래서 미국에서 처음 발전소가 건설되었을 때, 에디슨은 110볼트의 직류전기를 송전하도록 지도했던 것이다. 그리고 발전소에서 가까울수록 굵은 전선을 사용하고 멀어질수록 가는 전선으로 가정에 배전했다. 그러자, 발전소에 가까울수록 전구가 밝아진다는 불공평이 발생했다.

교류전기일 경우, 이러한 일은 일어나지 않는다. 교류는 변압기로 전압을 자유로이 올리고 낮출 수 있기 때문이다. 그렇지만 직류로는 이러한 변압을 간단히 할 수가 없다. 변압기로 교류전기의 전압을 높여서 송전하면 전선을 굵게 하지 않아도 멀리까지 송전할 수 있는 것이다. 물론 에디슨은 변압기에 대해서도 알고 있었다. 그러나 고압의 교류전기의 위험성에 대해서 우려한 나머지 그런 고안을 했던 것이 아닌가 여겨진다.

그러나 에디슨의 의도와는 달리 점점 교류 송전선망이 확대되어, 더욱 높은 전압으로 송전하였다가, 공장이나 집 근처에 와서 다시 전압을 낮추어 쓰고 있다. 물론 이 다음부터는 여전히 에디슨이 발명한 전등에 불을 켜고 있다. 그렇다면 전압을 높게 하면 구체적으로 어떤 이점이 있을까.

송전선은 거리가 길어질수록 전선에 의한 저항도 상당히 커진다. 그 때문에 전기저항이 큰 송전선에 전류가 흐르면 큰 주울열이 발생하고 이것이 손실로 되어 없어져 버린다. 더구나 이 손실은 전류의 제곱에 비례하므로 전류가 클수록 손실은 더욱 많아진다는 것을 알 수 있다.

그래서 송전전압을 높여서 송전하면 그만큼 전류를 적게 할 수 있는 것이다. 또는 같은 손실이라면 전선을 가늘게, 시설비를 적게 들여도 될 것이다. 즉, 같은 전력이라면 전력 = 전압 x 전류, P = VI(W)의 관계가 성립되어 V를 크게 하면 I를 적게 해도 된다.

전류를 적게 함으로써 열 손실을 적게 하는 것이 이상적이긴 하지만, 그렇다고 전압을 무한정 높일 수는 없다. 송전선의 전압을 높게 하면 전선의 둘레에 코로나 방전이라는 방전현상이 일어나 도리어 전력손실이 오기 때문이다. 또 애자도 큰 것을 사용하지 않으면 안 되어 시설비가 늘어난다. 결국 전체의 조건을 고려해서 전압을 정하는 것이다. 여기서는 교류 송전에 대해서 살펴보았지만, 직류를 고압으로 송전할 수 있다면 사실은 그 편이 훨씬 뛰어난 점이 많다는 것도 덧붙여 두고자 한다.

4.2.3 송전선이 세 가닥인 이유

전기는 비록 교류라도 각 순간을 보면 플러스와 마이너스가 있으므로 두 가닥의 전선이 필요한 것은 당연하다. 우리들은 가정에서 보통 두 가닥의 전선으로 전기를 사용하고 있다. 이러한 전기를 단상교류라고 한다. 그러나 송전선에는 철탑의 오른편에 3가닥, 왼편에 3가닥으로 되어 있다.

이처럼 3가닥씩의 전선으로 전력을 송전하는 것은 무슨 이유일까.

3가닥의 전선을 사용하는 교류를 3상 교류라고 한다. 그림 4-32를 보자. 3개의 코일을 120도씩 각도를 어긋나게 해서 배치한 다음, 자석을 시계방향으로 회전시키면 3개의 코일은 자력선의 영향을 받아서 유도기전력이 발생한다. 이 기전력의 발생방법은 코일 aa'에서 차례로 120도씩 뒤져서 aa' 의 파형과 같은 정현파 전압이 생기게 된다. 이것을 전압의 위상이 120도씩 어긋났다고 하고, 이와 같은 교류를 3상 교류라고 한다. 3상 교류는 독립된 발전용 코일이 3개 있는 것이므로, 각각의 전압을 이용하기 위해서는 6가닥의 전선이 필요하게 된다.

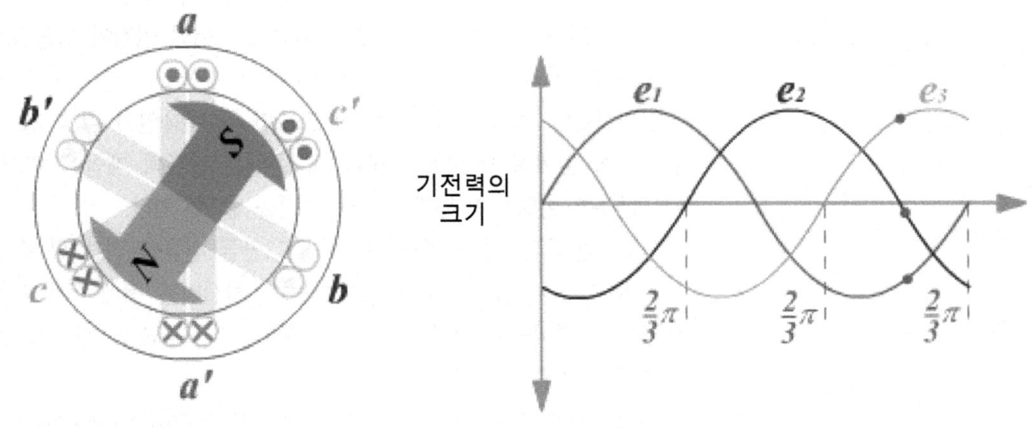

그림 4-32 3상 교류 파형

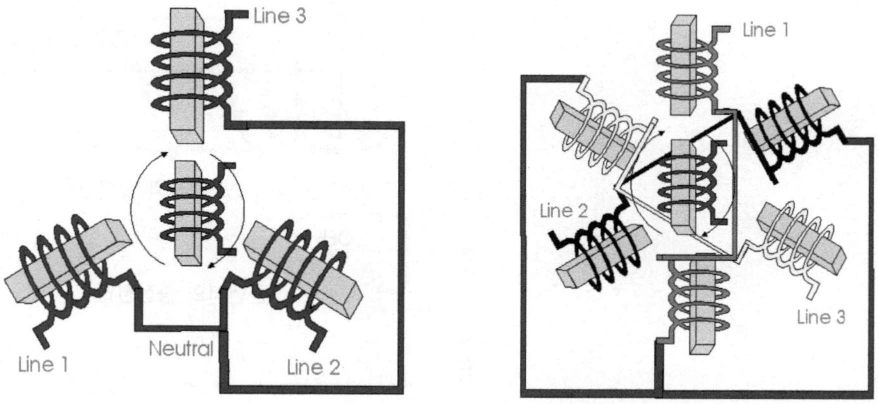

그림 4-33 교류발전을 위한 코일 결선

그림 4-33과 같이 120도씩 위상이 벗어난 3개의 전원 각각에 부하가 연결되어 있다. 단상회로가 3쌍으로 전선은 6가닥이 있다.

전선을 2가닥씩 합치면 전류가 2배가 되는 것처럼 보이지만, 120도 위상이 벗어난 전류가 가해지므로 전류의 크기에는 변화가 없다. 이러한 연결방법을 Δ(델타)결선 또는 삼각결선이라고 한다. 또 그림의 오른쪽처럼 연결할 수도 있다. 이 경우에는 세 가닥 묶은 전선에는 전기가 흐르지 않는다. 이것은 120도 위상의 전류 3개를 가하면 0이 되기 때문이다. 따라서 이 선은 필요 없게 된다. 이러한 연결방법을 결선 또는 스타결선이라고 한다. 3상 교류는 단상인 경우에 비해 전선을 한 가닥 증가시키는 것만으로 3배의 전력을 보낼 수가 있다.

4.2.4 고전압 발생에 대한 부수적인 장치(점화장치)

(1) 콘덴서를 이용한 ARC 의 흡수(접점의 보호)

1차 전류를 단속하는 것이 스위치(접점식)일 경우, 큰 역기전력에 의해 접점에서는 아아크가 발생하게 된다. 이로 인하여 접점의 손상을 가져오게 되므로 이를 방지하기 위하여 그림과 같이 스위치와 병렬로 콘덴서를 설치하여 아아크를 흡수한다.

그러나 콘덴서의 용량이 너무 크게되면 계속적으로 1차 전류를 흐르게 하는 결과가 되어 1차 전류의 신속한 차단이 늦어져 2차 전압이 낮게 되는 결과가 생긴다.

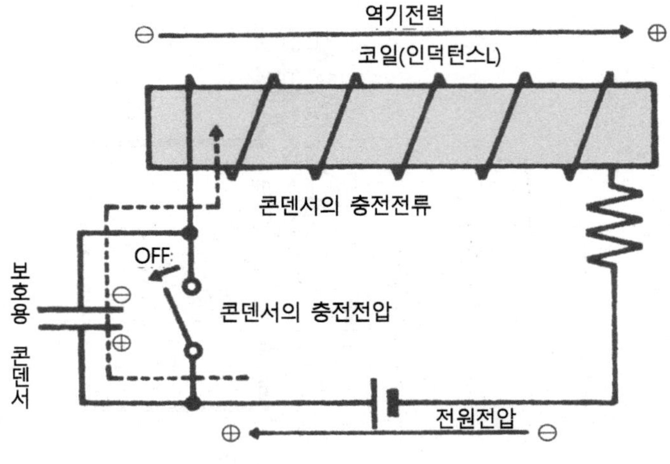

그림 4-34 콘덴서를 이용한 아아크 흡수회로

반대로 용량이 너무 작으면 콘덴서에서 아아크의 흡수가 적어 스위치의 손상이 생긴다. 따라서 적절한 용량이 콘덴서가 사용되어야 한다.(약 0.25μF)

(2) 제너다이오드의 역기전력 흡수(트랜지스터 보호)

그림 4-35와 같이 트랜지스터로 1차 전류를 단속할 경우 코일에서 발생하는 큰 역기전력에 의해 트랜지스터 내부에서 절연파괴가 일어난다. 이를 방지하기 위하여 제너다이오드(Zenor Diode)를 사용하여 역기전력을 흡수한다.

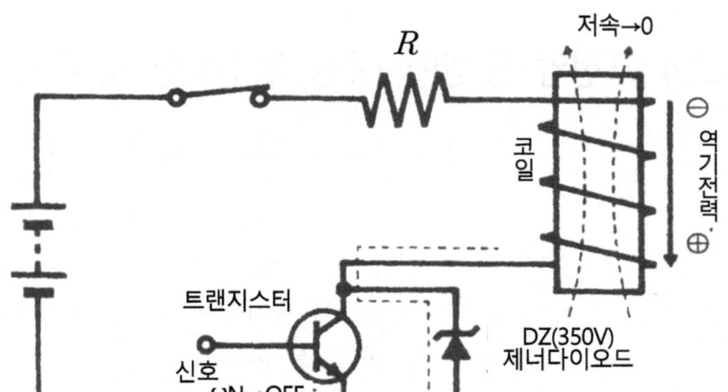

그림 4-35 제너다이오드를 이용한 역기전력 흡수회로

(3) 역기전력의 극성

점화 1차 코일과 2차 코일은 그림과 같이 같은 방향으로 감겨있다. 1차 코일에 흐르는 전류를 Off 하였을 경우, 1,2차 코일은 같은 방향으로 역기전력이 발생한다.

(4) 점화플러그의 극성

점화플러그에 가해지는 전압의 극성은 접지 전극이 +의 역할을 하며, 중심전극이 - 역할을 하도록 전압이 가해지므로 바테리의 전원회로와 반대가 된다. 즉, 접지 전극이 0전압이라면, 중심전극의 전류가 흐르는 방향을 접지에서 중심으로 하여 0보다 충분히 여기서는 약 25,000 V까지 낮추었다고 보면 된다. 따라서 전자의 이동이 중심에서 접지가 되도록 중심에서 접지전극 쪽으로 아아크가 발생하도록 하였다. 이는 접지전극은 엔진 블록에 접해져 있어, 온도가 낮고 중심전극은 연소 가스에 노출되어 온도가 항상 높게 유지되기 때문에 전자의 활성화에 의해 전자의 이동이 쉽게 하기 위해서이다.

19세기 과학자들은 '전류가 흐를 때 그 주위에 자기장이 생긴다면 자기장을 변화시켜 도선에 전류가 흐르게 할 수는 없을까?'라는 의문을 갖았다. 그러다 1831년 영국의 물리학자 '패러데이'는 실험을 통해 도선 주위의 자기장의 변화가 도선에 전류를 발생시킨다는 '전자기 유도 법칙'을 발표하였다.

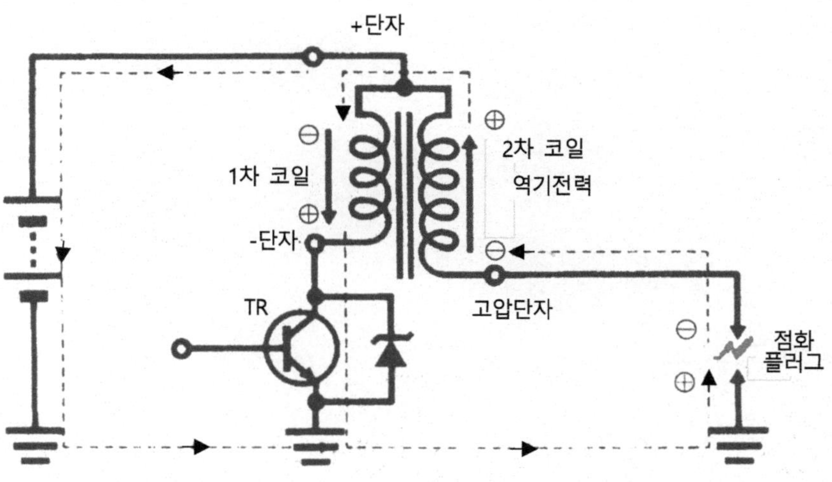

그림 4-36 역기전력 발생에 의한 점화플러그의 극성

여기에다가 1834년 독일의 과학자 렌츠는 패러데이의 전자기 유도 법칙을 더욱 자세히 연구하여 '렌츠의 법칙'을 발표하게 된다.

반면에 자석의 N극이 솔레노이드에서 멀어지면 솔레노이드 내부를 지나는 자기력선속이 감소하므로, 유도 전류는 자기력선속이 감소하는 것을 방해하기 위해 A에서 B로 흐르게 된다.

이러한 '전자기 유도 현상'은 현재 실생활에 사용되고 있는 예시가 굉장히 많다. 전동칫솔에서 처음 적용됐고 최근에는 휴대전화 등의 가전기기에 전기를 무선으로 공급하기 위해서 시도되고 있다. 이 무선충전방식은 충전패드 안의 1차 코일에 전류를 흘러 자기장을 발생하면 스마트폰에 내장된 2차 코일에 자기장의 변화가 생기면서 전류가 흘러 충전이 되는 방식이다.

이외에 대표적으로 발전기, 변압기, 금속 탐지기, 도난 방지기 등에도 전자기 유도 현상을 이용하고 있다. 이처럼 말만 어려운 '전자기 유도 현상'은 우리 실생활 곳곳에 퍼져서 활용되고 있다. 앞으로 전자기 유도작용을 이용한 최첨단장치 등은 계속적으로 우리의 생활을 편리하게 할 것이다.

5장

발전기

그림 5-1 발전기

갈수록 대기 오염이 심각해지고 있다. 대기 오염의 문제는 비단 국내만의 문제는 아니다. 가까운 중국만 하더라도 현재 매우 심각한 상황이며, 2017년 통계 자료에 따르면 전 세계 인구의 약 550만명이 대기 오염으로 조기 사망한 것으로 나타났다. 이 중 절반의 사망자는 대기 오염이 가장 심각한 중국과 인도에서 발생한 것으로 보고 있다.

이렇게 심각한 대기 오염의 문제는 어떻게 해결할 수 있을까? 당연한 얘기이겠지만, 대기 오염 물질의 배출을 줄여야만 한다. 따라서 석유와 화석 연료의 사용을 줄이고 대체 에너지를 개발해 사용하는 수밖에 없다. 따라서 당장 해결할 수 있는 방법은 없다는게 기정사실이다.

최근 벨기에에 있는 교수팀은 이런 대기 오염의 현실적인 문제를 해결하기 위해 또 다른 대안을 개발해 발표했다. 바로 미세먼지를 이용해 수소 에너지를 발생시키는 신 재생에너지 발전기이다. 이 장치는 한 쪽에서 더러운 공기를 깨끗한 공기로 걸러주고, 다른 한 쪽에서는 수소가스를 만들어낸다. 또한 모든 작동에 필요한 에너지는 태양광을 통해 얻는다.

이 장치는 특정 나노 물질과 세포막(membrane)을 기반으로 개발됐으며, 태양광 에너지를 이용해 공기를 분해하는 과정에서 수소 가스를 만들어 낸다. 세포막은 오염된 분자에서 수소 원자를 분리하여 공기에서 수소를 추출하는데 사용된다.

일반적으로 수소 가스를 만들어내려면 깨끗한 물이 필요했다. 그러나 이제 이 장치를 이용하면 깨끗한 물 없이도 공기만으로 수소 가스가 만들어질 수 있는 셈이다. 수소 가스가 만들어지는 과정은 태양광 패널 기술과 비슷하다. 차이점은 전기가 직접 만들어지는 것이 아니라, 태양광 에너지가 오염된 공기를 분해하는데 사용된다는 점이다.

이렇게 만들어진 수소 가스는 따로 저장해서 버스나 자동차의 연료로 사용될 수 있다. 현재 이 장치는 손바닥 크기 만큼 매우 작은 시제품에 불과하다. 앞으로 상용화되기 위해서는 훨씬 더 큰 사이즈의 기기가 필요하며 전력 공급의 문제와 세포막의 성능 개선도 해결해야 할 과제이다. 앞으로 이 장치가 꼭 상용화되어 대기 오염과 친환경 에너지의 두 마리 토끼를 다 잡아주길 간절히 기대해 본다.

5.1 개요

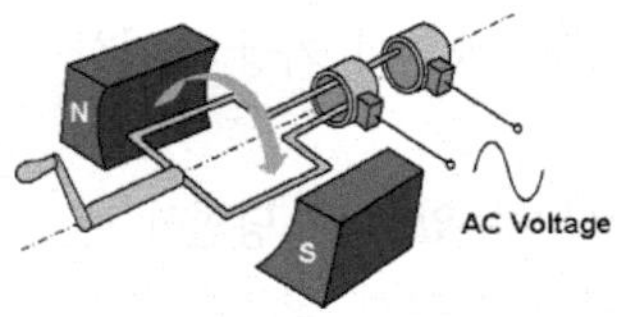

그림 5-2 교류발전기

발전기란 기계적 에너지를 전기적 에너지로 변환하는 기기이다. 대부분이 회전기 또는 직선운동에 의한 기계적 에너지를 전기적 에너지로 변환하여 각종 전기 장치에 전력을 공급하는 전원인 동시에 자동차의 경우에는 축전지의 충전전류를 공급하는 장치이다. 충전 장치는 기관에 의하여 구동되는 발전기, 충전회로를 적정한 상태로 조정하기 위한 조정기, 충전상태를 알려주는 전류계 또는 충전 경고등으로 구성되어 있다.

자동차에는 기관의 기동 장치나 점화 장치의 전장품을 비롯하여 램프류, 에어컨 장치 등 많은 전기장치가 있으며, 이러한 전기장치에 전력을 공급하는 전원으로 축전지와 발전기가 있다. 발전기는 벨트로 기관과 연결되어 구동된다.

발전기와 함께 사용하는 전압조정기(Voltage regulator)는 발전기의 계자 코일에 흐르는 전류(계자 전류)를 제어하여 출력 전압을 조절한다. 발전기에서 발생하는 교류 전기를 직류로 바꾸는 정류방식에 따라 직류 발전기(정류자 정류방식)와 교류 발전기(반도체 정류방식)로 분류된다. 교류 발전기는 3상 교류의 출력을 실리콘 다이오드에 의해 전파 정류하여 직류로 바꾸는 방식이며, 현재는 직류(DC) 발전기보다 교류(AC) 발전기를 많이 사용한다.

충전 장치가 갖추어야 할 조건은 다음과 같다.

① 소형 경량이면서 출력이 커야 한다.
② 속도 범위가 넓고 저속에서도 충전이 가능하여야 한다.
③ 출력 전압은 안정되고 다른 전기회로에 영향을 주지 않아야 한다.
④ 전파장애의 원인이 되는 불꽃의 발생이나 전압의 맥동이 없어야 한다.
⑤ 점검 · 정비가 쉽고 내구성이 좋아야 한다.

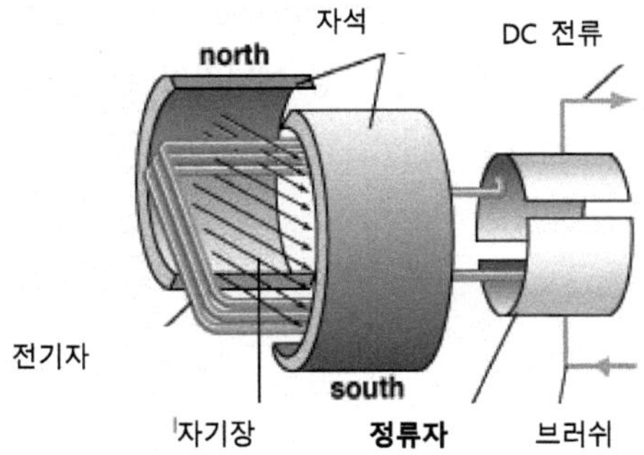

그림 5-3 직류발전기

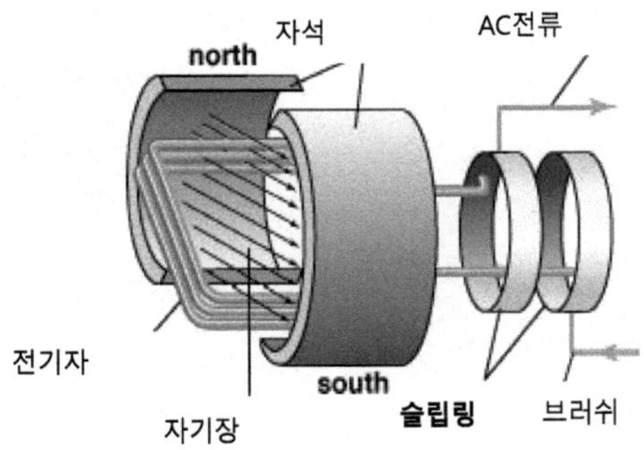

그림 5-4 교류발전기

[교류 발전기와 직류 발전기의 비교]

교류 발전기	직류 발전기
• 소형·경량으로 출력이 크다.	• 중량이 크다.
• 브러시의 수명이 길다.	• 브러시의 수명이 짧다.
• 슬립링의 손실이 거의 없다.	• 정류자의 손질이 필요하다.
• 공전시에도 충전이 가능하다.	• 보통 공전 시에는 충전이 불가능하다.
• 고속회전에 견딜 수 있다.	• 고속회전에서는 정류작용이 나빠지고 정류자가 소손되기 쉽다.
• 조정기는 전압조정기뿐이다.	• 전압조정기 이외 전류제한기와 컷-아웃 릴레이가 필요하다.
• 잡음이 적다.	• 정류작용이 나쁘면 스파크가 발생하고 라디오에서 잡음이 난다.

직류 발전기는 전기자 코일에 발생한 교류를 정류자와 브러시로 정류하여 직류를 얻는 방식이다. 직류발전기는 기동 장치에서 설명한 직류전동기와 유사한 구조를 갖고 있으며, 현재 자동차용으로는 교류발전기가 주로 사용되고 있다.

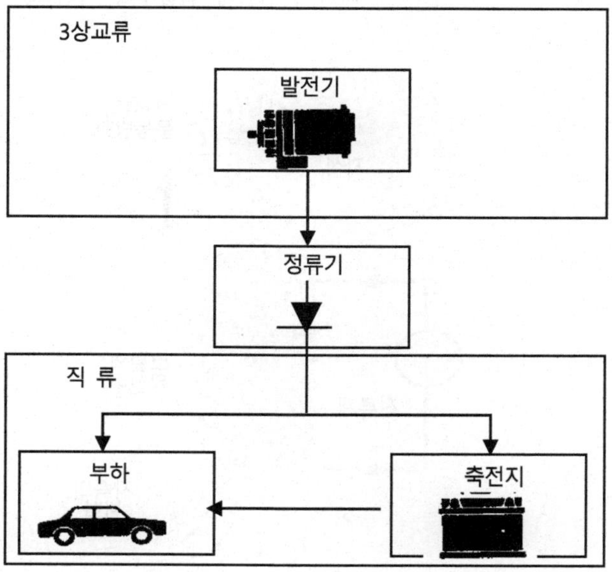

그림 5-5 자동차 발전기의 기능

한편 직류 발전기에서는 배터리의 전류가 직류발전기로 역류하는 것을 방지하기 위하여 컷-아웃 릴레이(cut-out relay)가 필요하지만 교류 발전기의 경우에는 발전기에 내장된 역류방지용 다이오드를 통하여 간단히 제어할 수 있다. 또한 직류 발전기에는 큰 부하가 걸렸을 때 과대전류가 발생하여 발전기가 소손되는 것을 방지하기 위하여 전류 제한기(current limiter)가 필요하지만 교류발전기의 경우에는 스테이터 코일자체가 전류 제한기 역할을 담당하므로 별도의 전류 제한기가 필요 없다.

5.1.1 발전기의 원리

발전기의 작동원리는 전자기초에서 취급하였지만 기초에 대하여 간략하게 설명하고자한다.

[전자유도와 유도기전력]

코일에 자속을 변화시킬 때, 코일에서 기전력이 발생하는데 이 현상을 전자유도라 한다. 전류가 흐르면 주위에 자기장이 생기는 것처럼, 코일(도체)주위에 자기장이 발생하면 전자의 움직임이 발생한다.

이것이 곧 전자의 흐름이 되어 전류가 만들어지는 것이다. 코일에 끼치는 자속이 변화가 심할수록 기전력은 증가한다.

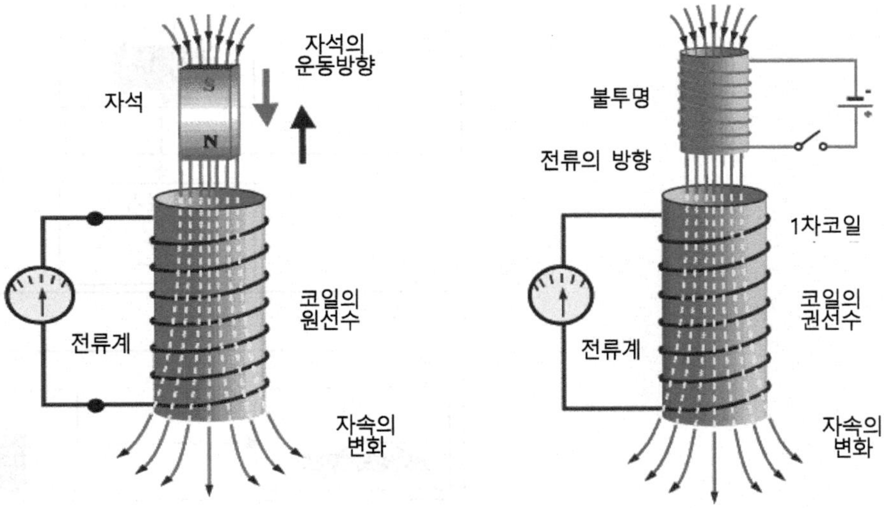

그림 5-6 전자유도 작용에 의한 자속의 변화

[플레밍의 오른손 법칙]

자석의 N극과 S극에 의한 자기장이 존재하는 공간에 코일을 직사각형 모양으로 둔다. 코일을 오른손의 엄지손가락이 가리키는 방향으로(반시계 방향) 회전 시키면 플레밍의 오른손 법칙에 의해 가운데 손가락이 가리키는 방향으로 전류가 흐른다.

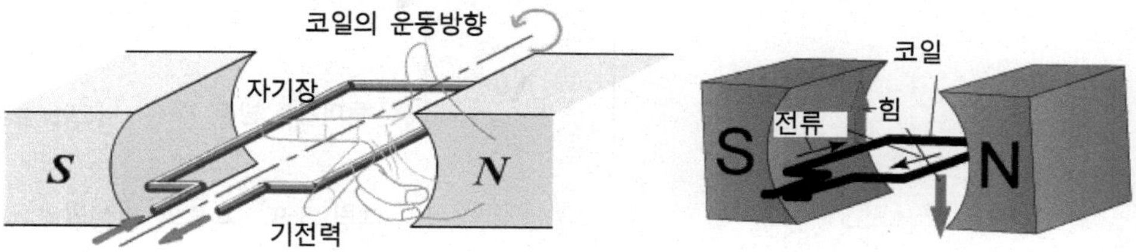

그림 5-7 플레밍의 오른손의 법칙

[교류 발전의 원리]

코일의 양 끝에 슬립링을 연결시킨다.

이 때, 왼쪽의 코일 끝은 안쪽의 링에 연결하고 오른쪽 코일 끝은 바깥쪽의 링에 연결한다. 두 링은 서로 접촉하지 않은 상태이고 코일을 회전 시키면 두 링은 각기 자기의 중심점을 기준으로 제자리에서 회전 한다. 회전하는 두 링에 각각 브러시를 접촉시키면 기전력을 얻을 수 있다.

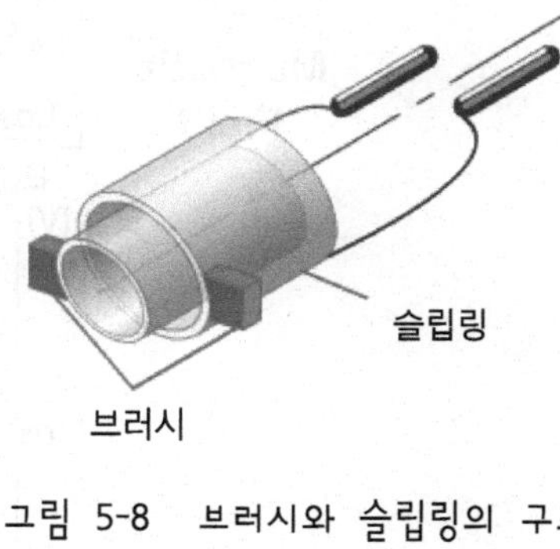

그림 5-8 브러시와 슬립링의 구조

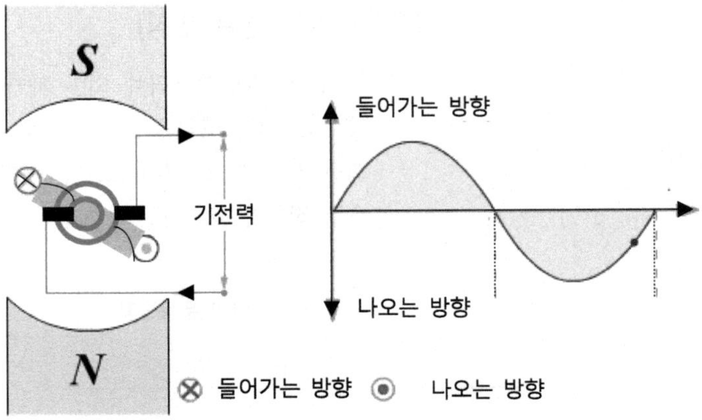

그림 5-9 교류의 발생원리

자기장이 존재하는 공간에서 코일을 회전시키면 전류가 발생하는데, 코일은 회전하면서 자석의 N극과 S극의 자리를 서로 번갈아 지나므로 발생하는 기전력은 교류가 된다.

이 때, 코일의 위치가 수평일 때에는 자기장의 방향과 코일이 움직이는 방향이 나란한 위치에 있으므로 기전력은 발생하지 않는다. 코일이 반시계 방향으로 회전하면 기전력은 점점 증가하고 90° 가 되면 기전력이 가장 크게 된다. 코일이 회전을 계속하여 180° 가 되면 기전력은 다시 0이 된다.

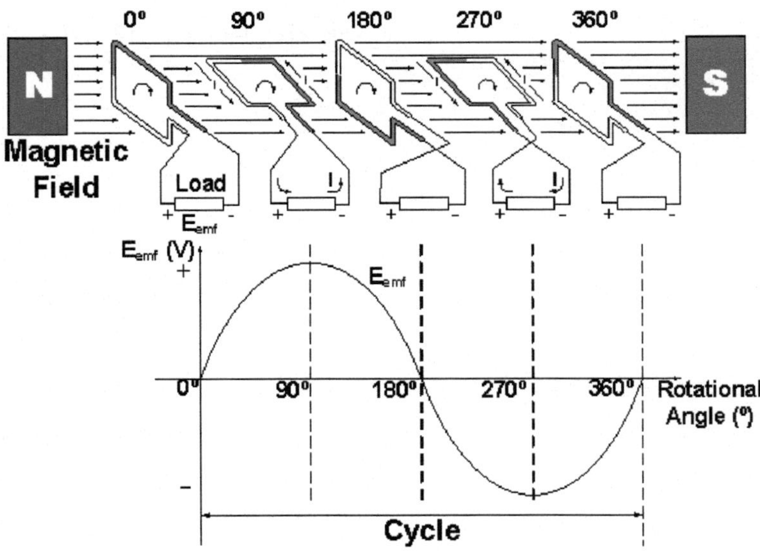

그림 5-10 사인파 교류의 발생 원리

코일이 회전하여 270° 의 위치가 되었을 때 기전력은 최대가 되지만 코일의 위치가 N극에서 S극으로 바뀌었으므로 전류의 방향은 바뀌게 된다. 코일이 360° 의 위치가 되면 기전력은 다시 0이 되고 이러한 사이클이 계속 반복되어 위와 같은 정현파 교류가 발생하게 된다.

[직류 발전기의 원리]

교류 발전기의 슬립링 대신 2조각의 정류자편을 연결한다.

코일의 양 끝을 각각 정류자편에 한쪽씩 연결하고 양쪽에 브러시를 접촉시켜 직류 전류를 얻는다.

앞서 살펴본 바와 같이 직사각형의 코일이 자기장 내에서 회전을 할 때 발생하는 전류는 교류지만 슬립링 대신 2조각으로 된 정류자편을 사용하면 코일이 회전하여 자리를 서로 바꾸어도 브러시는 항상 고정된 위치에서 정해진 코일과 접촉하므로 얻어지는 전류는 방향이 바뀌지 않는 직류가 되는 것이다.

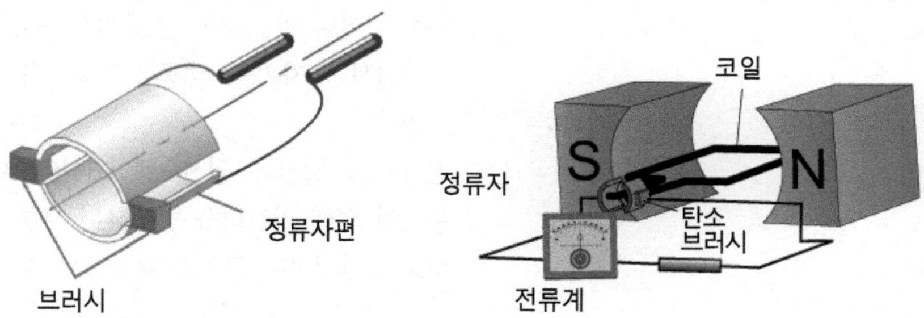

그림 5-11 브러시와 정류자편 구성

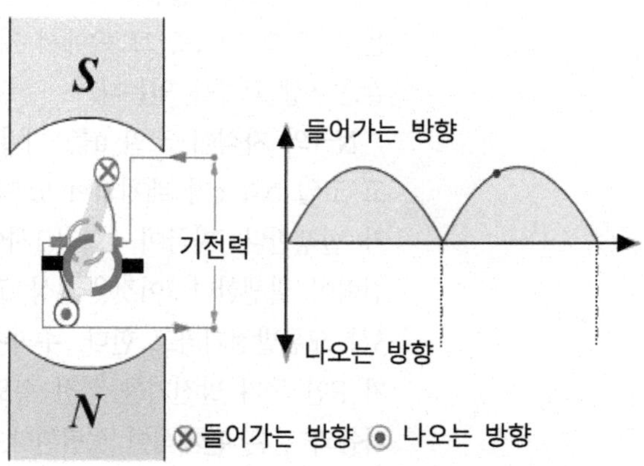

그림 5-12 직류의 발생원리

[분　류]

직류 발전기의 자극은 전자석을 사용하는데, 전자석을 만드는 여자 방식에 따라 자여자 발전기와 타여자 발전기로 분류한다.

① 자여자 직류 발전기 : 계자 권선의 여자 전류를 자기 자신의 전기자 유기 전압에 의해 공급하는 발전기이다. 계자 권선과 전기자 권선의 결선 방법에 따라 분권, 직권, 복권 발전기로 나눈다.

② 타여자 직류 발전기 : 독립된 직류전원에 의해 계자 권선을 여자시키는 발전기이다. 여자 전류를 변화시킴으로써 발전 전압을 변화시킬 수 있다.

[용　도]

직류 발전기는 전기 화학 공업, 축전지의 충전, 아크 용접기 등과 같이 직류 전원이 필요한 곳에 사용된다.

① 여자 : 권선에 전류를 통해서 자속을 발생 시키는 것.

② 자속 : 어떤 면을 지나는 자력선의 수

③ 계자권선 : 자속을 발생시키기 위해서 주 자극 또는 보극에 감은 권선

④ 전기자 : 철심과 권선으로 되어있으며 쇄교하는 자속과의 상대적 운동에 의해 기전력을 발생하는 부분

⑤ 쇄교 : 자력선이 코일과 교차하는 것.

(1) 3상 교류의 발생

원통형 성층 철심의 안쪽에 3조의 권선 aa' bb' cc'를 2p/3[rad]의 간격을 두고 배치하고, 그 속에서 자극을 시계방향으로 회전시키면 그림 5-13과 같은 3상 교류를 얻는다.

N극의 자석이 코일 a를 지날 때 기전력 e1이 발생하고 120° 간격을 두고 코일 b와 c가 배치되어 있으므로 2p/3의 위상차를 두고 기전력 e2와 e3가 발생한다. 자극이 1회전(1사이클)하는 동안 120° 의 간격으로 3개의 기전력이 발생한다. 이것을 3상 교류라 하며, 3상 교류를 발생하는 발전기를 3상 교류발전기라고 한다. 주파수가 f[Hz]인 교류를 발생시키기 위해서 극수가 P인 동기 발전기를 회전 속도 Ns[rpm]로 회전시키면, f, P, Ns 사이에는 다음과 같은 관계식이 성립된다.

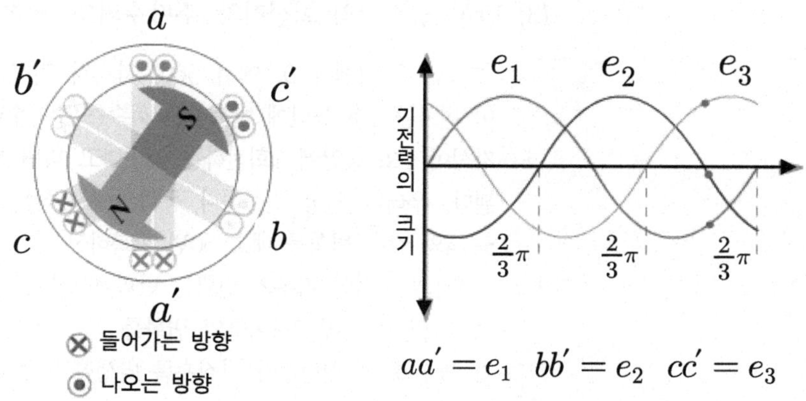

그림 5-13 3상 교류 파형

$$Ns = \frac{120f}{P}[rpm]$$

교류 발전기의 회전 속도 Ns를 동기 속도라 한다.

(2) 단상교류의 발생

자장 내에서 도체를 회전시킴으로써 교류 기전력을 얻을 수 있다는 사실은 앞서 설명했지만 도체 내에서 자석을 회전시켜도 마찬가지로 교류 기전력을 얻을 수 있다.

그림 5-14는 자석이 1회전했을 때 도체에 생기는 기전력의 크기와 방향을 보여주고 있다. 이와 같이 기전력을 발생하는 도체가 권선 한짝으로 되어 있는 것을 단상 교류라 하며 이 형식의 발전기를 단상(교류) 발전기라 한다.

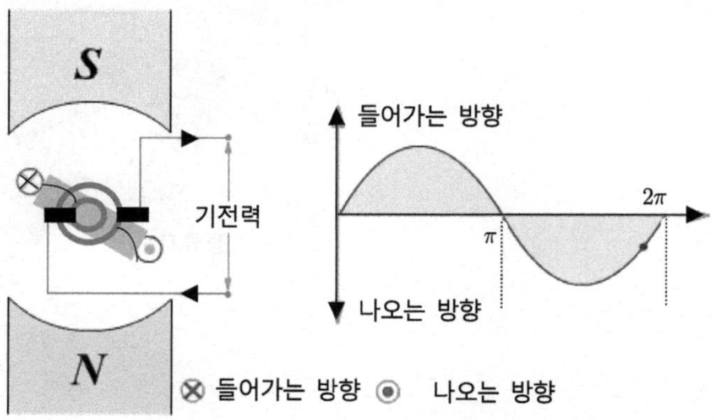

그림 5-14 단상교류의 발생

(3) 단상 발전기의 회전기와 주파수와의 관계

그림 5-14에서 0˚에서 360˚까지의 기전력 변화를 1사이클이라 하고, 이 변화를 1초 동안에 반복하는 회수를 주파수라 부른다. 만일 그림 5-14의 자석이 1초 동안에 1회전하는 것이라고 하면 발생하는 주파수는 1사이클이 된다. 우리가 일상 전등이나 동력에 사용하는 주파수는 60[Hz]이므로 그림 5-14와 같은 변화를 매초 60번 반복하고 있는 교류인 것이다.

4극의 자석인 경우의 변화는 반회전마다 같은 변화가 반복되기 때문에 자석 1회전에 대해 2사이클의 변화를 하는 것이 된다. 따라서 자석의 자극수가 늘수록 또 회전수가 커질수록 발생하는 주파수는 증가한다는 것을 알 수 있다. 이것을 식으로 표시하면 다음과 같다.

(주파수) = (자극수) × (회전수)

$$f = \frac{\frac{P}{2}n}{60} = \frac{nP}{120} \qquad n = \frac{120f}{P}$$

f[Hz] : 주파수　　P : 자극수　n[min-4] : 회전속도

5.1.2 직류 발전기의 구성

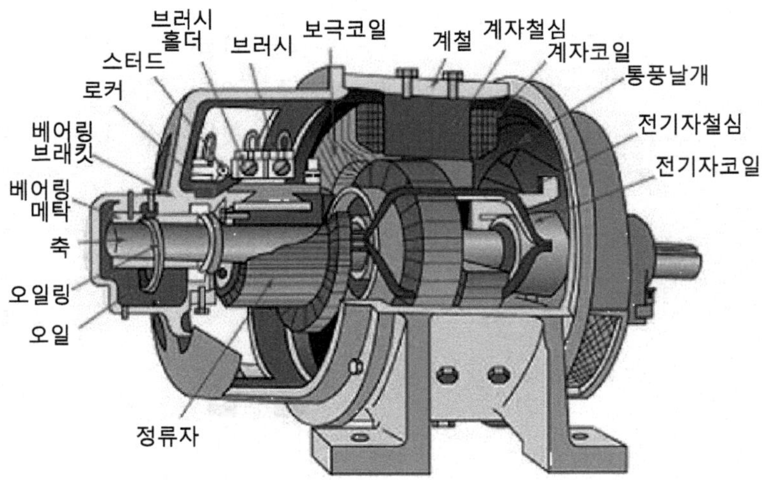

그림 5-15　직류발전기의 구조

(1) 전기자(armature)

전기자는 계자코일 내에서 회전하며 전류를 발생한다.

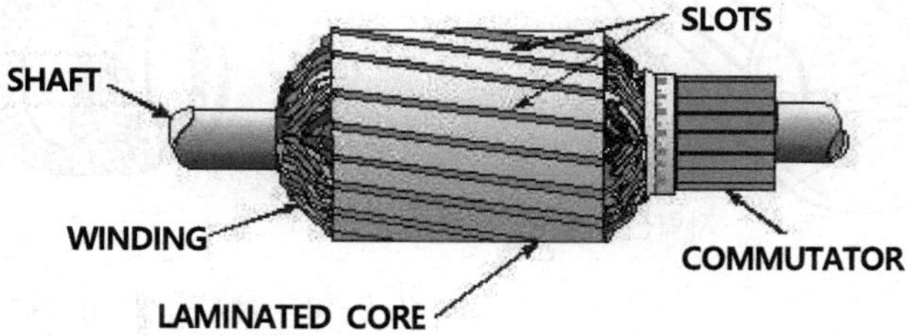

그림 5-16 전기자

(2) 브러시(brush)

브러시는 뒤쪽 브래킷에 고정된 브러시 홀더에 끼워져 정류자와 접속하여 전기자에 발생한 전류를 정류하여 외부에 내보내는 일을 한다.

발전기 브러시는 엔진의 운전과 함께 항상 작용하고 회전속도 범위도 상당히 넓기 때문에 정류작용이 잘되고 정류자의 마멸을 작게하는 전기 흑연계의 것이 사용된다(기동전동기 : 금속 흑연계).

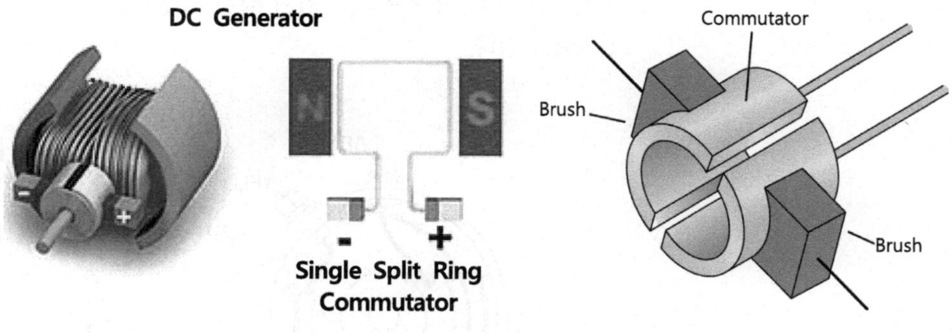

그림 5-17 브러시(brush)

(3) 계자철심 및 계자코일

자속을 발생하는 부분으로 스크루에 의하여 요크에 고정된 계자철심에 계자코일이 감겨진 구조로 되어 있다. 기본적 구조는 기동전동기와 같으나 계자코일이 전기자 코일과 병렬로 접속된 분권식이기 때문에 계자코일은 가늘고 권선수가 많아서 흐르는 전류는 적은 편이다.

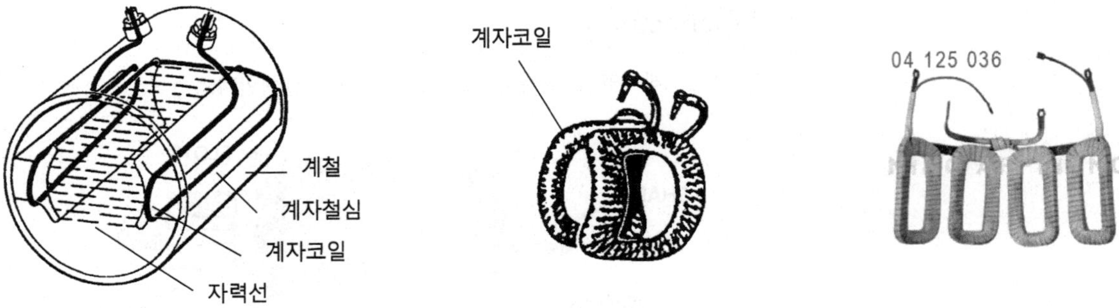

그림 5-18 계자철심 및 계자코일

(4) 발전기의 내부결선

기동 전동기의 브러시가 정류자에 대해 직각으로 접촉되는 데 비해 발전기 브러시는 각도를 두고 있다. 또 계자코일과 전기자 코일은 병렬접속(분권식이므로)으로 되어 있으며 코일 한끝의 접지방법에 따라 내부 접지식(internal grounded generator)과 외부접지식(external grounded generator)으로 구분된다.

내부 접지식에는 코일의 감기 시작은 발전기 조정기의 전압조정기에 접속되고 감기 끝은 계철 내부에 접지되어 있다. 외부 접지식에서는 감기 시작이 전기자 단자에 접속되고 감기 끝은 발전기 조정기의 전압조정기를 거쳐 접지되어 있다.

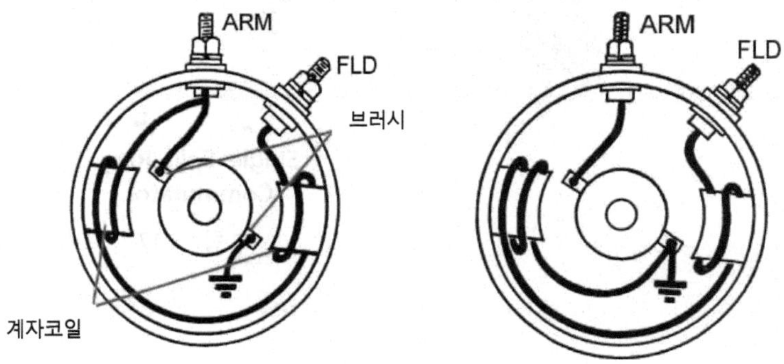

(a) 외부 접지식　　(b) 내부 접지식

그림 5-19 계자코일의 접지방법

(5) 베어링

어떤 형식에서는 정류자 엔드 프레임 쪽에는 부싱을 구동엔드 프레임 쪽에는 볼 베어링을 사용하고 어떤 형식에서는 양쪽 모두에 볼 베어링을 사용하고 있다.

5.2 교류 발전기

그림 5-20의 회로에 있어서 점화 스위치를 닫으면 축전지의 전류가 전압조정기 단자를 거쳐 발전기의 로터 코일로 흐르므로 로터에는 자장이 발생한다.

기관이 시동되고 로터가 회전을 시작하면 스테이터 코일에 발전작용이 일어나 3상 교류를 발생한다. 이 3상 교류는 다이오드에 의해 전파 정류되어 B단자에 도달하며, B단자의 전압이 축전지 전압보다 높을 때는 즉시 축전지의 충전과 각 부하에 전류를 공급한다. 발전기의 회전속도가 점차 높아지고 B단자의 전압이 규정값에 달하면 전압조정기가 작동하기 시작해 로터 코일로 가는 전류를 감소시키기 때문에 발전기의 발전 작용은 제어되고, B단자의 전압은 규정값으로 유지되게끔 되어 있다. 또 기관회전을 정지시키면 축전지에서 발전기에 전류가 역류하려고 하지만, 다이오드가 이것을 저지하기 때문에 역류하지 않는다.

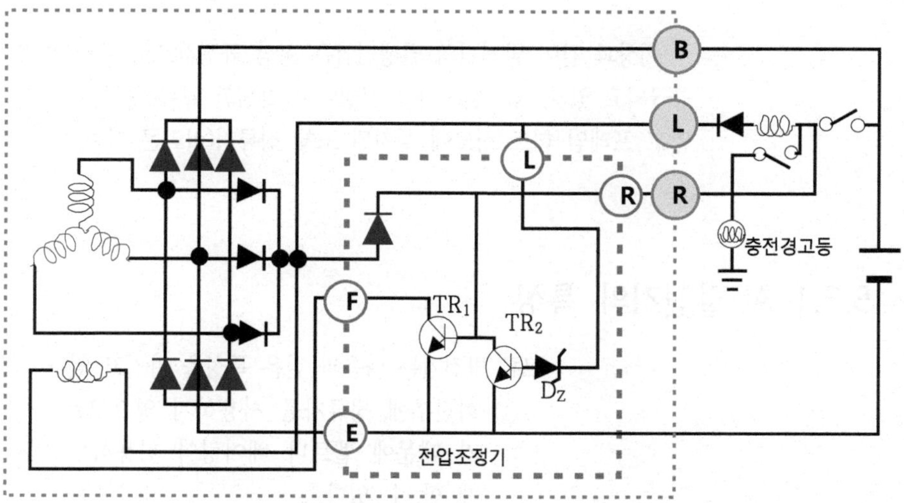

그림 5-20 발전기의 회로

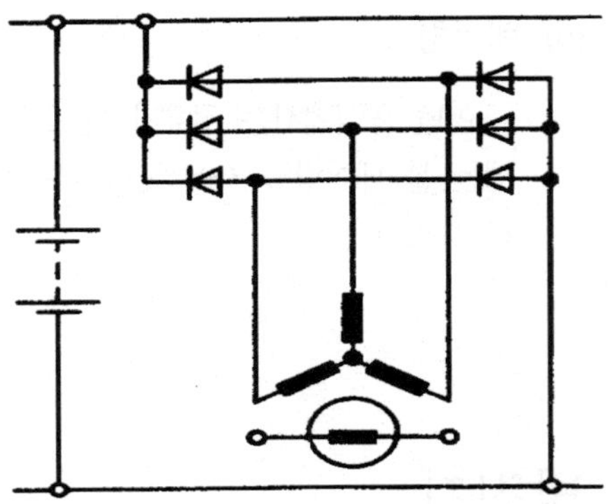

그림 5-21 3상 전파정류 회로

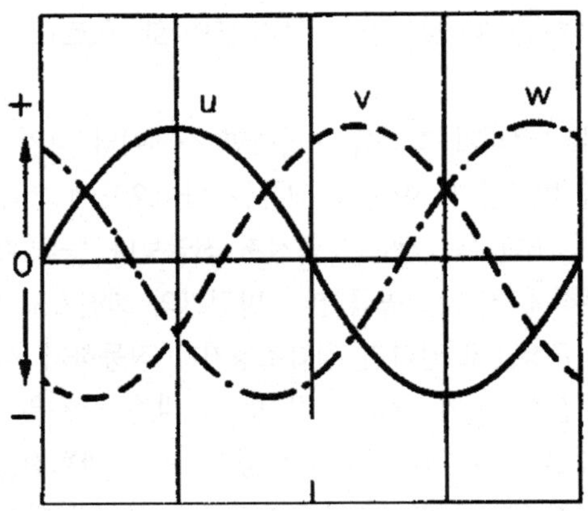

그림 5-22 3상 교류

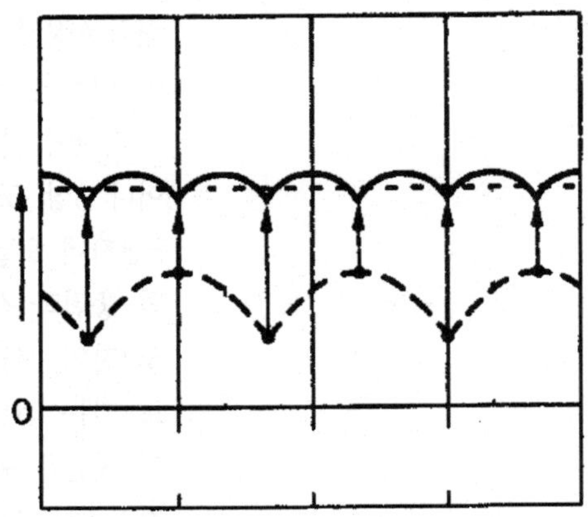

그림 5-23 발전기의 정류전압

이상과 같이 발전기의 발생전압은 항상 규정값으로 유지되면서 각 부의 전기장치에 공급되고 있다. AC 발전기는 코일에서 발생한 교류전류를 정류자와 브러시로 정류하지 않고 프레임 히트 싱크에 설치된 도체 정류기(실리콘 다이오드)로 정류하게 되어 있다.

5.2.1 AC발전기의 특성

교류 발전기는 다음과 같은 특성을 가지고 있다.

① 회전부에 정류자를 사용하지 않으므로 허용 회전속도 한계가 높기 때문에 벨트나 베어링이 허용하는 범위 내에서 풀리비를 크게 할 수 있다.

② 불꽃을 수반하는 정류자에 의한 정류를 하지 않고 고정된 쪽에 설치된 소형의 반도체 정류기가 이를 대신하기 때문에 주로 정류조건에 억제되고 있던 발전기의 전기적 용량을 크게 할 수 있다.
③ 랜트형 자극 구성을 사용할 수 있다.
④ 기관의 저속회전에서도 축전지에 충전이 가능하다.
⑤ 슬립링에 DC 발전기와 같이 언더컷이 없으므로 브러시의 수명이 길어지고 정류자 처럼 정비할 필요가 없다.
⑥ 소형이면서 가벼운 것으로 만들 수 있다.
⑦ 정류기 사용 등으로 컷아웃 릴레이 및 전류 조정기를 필요로 하지 않는다.

5.2.2 구 조

교류 발전기는 그림 5-24와 같이 앞뒤에 브래킷으로 지지된 스테이터의 안쪽에서 로터가 회전하는 구조로 되어 있다. 로터는 기관과 연결된 V벨트에 의해 구동되며 회전중에 로터 코일에는 브러시와 슬립링을 통해 여자 전류가 흐른다.

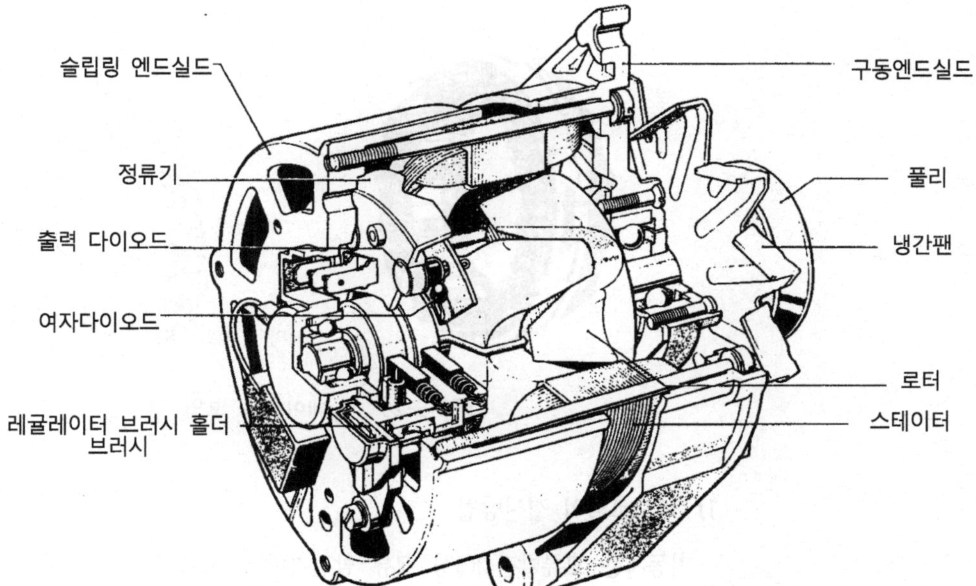

그림 5-24 교류 발전기의 기본구조

스테이터 코일에서 발생한 3상 교류는 뒤 브래킷에 부착된 6개의 실리콘 다이오드에 의해 정류되어 자동차 전기장치에서 필요로 하는 직류로 바뀐다. 교류발전기는 올터네이터라고도 부르며 기전력은 교류이지만 다이오드(diode)를 사용하여 직류로 바꾸어 충전하거나 전장품에 전력을 공급한다.

(1) 스테이터(stator)

DC 발전기의 전기자에 해당되며 성층한 철심에 독립된 3개의 코일이 감겨져 있고 이 코일에서 3상의 교류가 유기된다. 코일의 접속방법은 선간 전압이 높은 스타결선(star connection)이 사용되고 있다.

스테이터는 스테이터 철심(core)과 스테이터 코일로 되어 있으며, 스테이터 철심은 자장의 손실을 적게 하기 위하여 0.8~1.2[mm]의 강판이나 규소강판을 여러 장 겹쳐서 만들며 로터 철심과 함께 자기회로를 형성한다. 일반적으로 스테이터 코일은 삼각(델타)결선과 Y(스타)결선 방식이 있으며, 자동차용 교류발전기는 Y결선이 주로 사용된다.

스테이터 코일은 직류 발전기의 전기자에 해당하며, 로터가 회전하면 세 개의 코일에 3상 교류전류가 발생한다. 철심은 얇은 강판을 여러 장 겹쳐서 고정하고 그 안쪽에는 코일이 들어가는 홈(slot)이 24 또는 36개가 마련되어 있으며 작동중에는 로터의 자극에서 나온 자속의 통로가 된다(고정부).

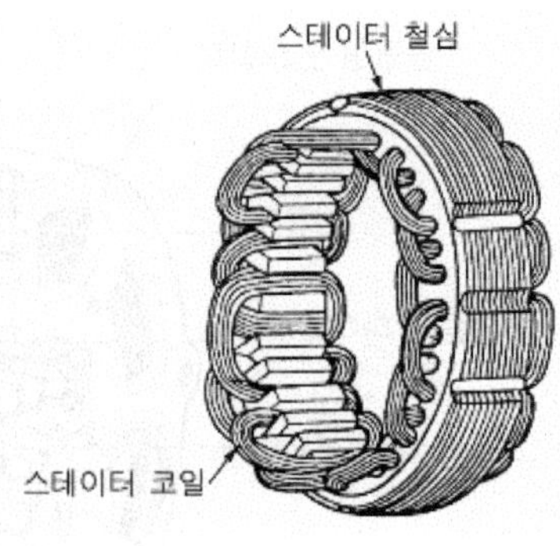

그림 5-25 스테이터와 코일 결선

1) 3상 코일의 결선방법

자동차용 교류발전기(3상 교류 발전기)에서 3개의코일을 접속하여 3개의 선을 끌어내는 방법에는 두 종류가 있다.

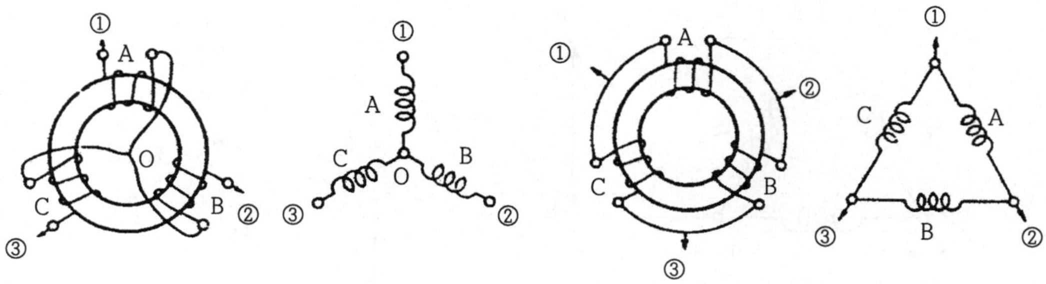

(a) Y결선 (b) Δ결선

그림 5-26 3상 교류결선

① 성형 결선(star connection) : 성형 결선은 Y결선이라고도 하며, 그림 5-24(a)와 같이 각 코일의 감기 시작한 A, B, C선을 외부단자로 하고, 감기가 끝난 선을 한곳으로 모아서 연결(이 점을 중성점이라 한다)시킨 것을 성형결선이라 한다. 즉 이것은 각 코일의 한끝을 공통점 0(중립)에 접속하고 다른 한 끝 셋(A, B, C)을 끌어낸 것이다.

② 3각 결선(delta connection) : 3각 결선은 델타(Δ) 결선이라고도 하며 그림 5-24(b)와 같이 각 코일의 감기 시작과 감기 끝을 연결하여 각 연결점을 외부단자로 한 것이 삼각결선이다.

즉, 이것은 각 코일의 끝을 차례로 접속하여 둥글게 하고 각 코일의 접속점에서 하나씩 끌어낸 것이다.

2) 3상 교류의 선간전압

① 스타(Y) 결선의 선간전압은 각 상에 EA, EB, EC의 크기가 같은 기전력이 발생되고 있으면, 각 상전압의 $\sqrt{3}$ 배가 되어 3각형 결선에 비해 선간 전압이 높다(각 상전압이 같을 때).
자동차용 교류발전기에 Y결선이 사용되고 있는 것은 이 때문이며 이것에 의해 공전운전할 때에도 충전 가능한 전압을 발생시킬 수 있다.

② 3각형 결선에서는 각 상전압과 선간 전압이 같다.
㉮ Y결선 : $\sqrt{3}$ × 상전압 = $\sqrt{3}\,V$
㉯ Δ결선 : 상전압과 같다

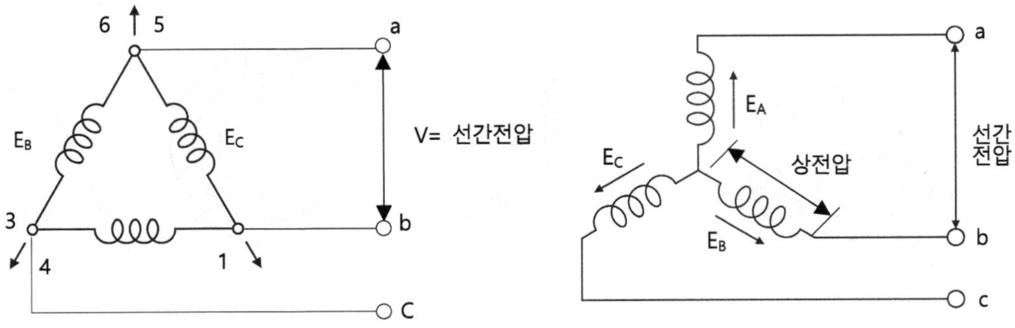

(a) ⊿결선 (b) Y결선

그림 5-27 선간 전압과 상전압

(2) 로터(rotor)

로터는 DC 발전기의 계자코일과 계자철심에 상당하며 자속을 만든다. 로터는 로터철심, 로터코일, 로터축, 슬립링 등으로 구성되어 있다. 로터는 그림 5-26과 같이 로터—철심(core), 로터 코일(계자 코일), 슬립링, 로터축으로 구성되며, 크랭크 풀리와 V벨트로 연결되어 회전하는 부분이다. 로터 코일은 브러시와 슬립링을 통해 들어온 여자 전류로 자장을 발생하는 부분이며, 코일의 양끝은 구리 또는 스테인리스로 만들어진 슬립 링에 각각 연결되어 있다.

로터 철심은 로터 코일에서 발생한 자장으로 자석이 되는 부분이며, 자극수에 따라 4극식, 6극식 등이 많이 사용된다. 또한 로터 철심은 그림 5-29과 같이 두 종류가 있으며, 자동차용으로는 구조가 간단하고 기계적 강도가 큰 손톱형(lundell type)을 많이 사용한다. 그림 5-28과 같이 도넛 모양의 철심 위에 코일이 감겨 있고 그 양쪽에 자극편(pole piece)이 있으며 함께 축에 삽입되어 있다.

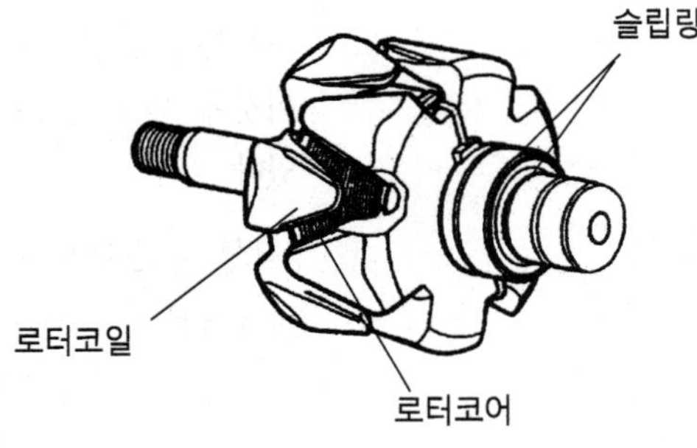

그림 5-28 로터 코일의 구조

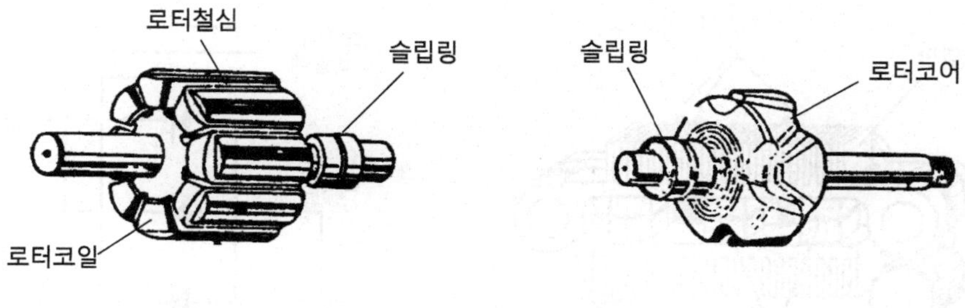

(a) 돌극형 (b) 손톱형

그림 5-29 로터의 종류

자극편은 로터 코일에 여자 전류가 흐르면 한쪽이 N극 다른 한쪽이 S극으로 자화되며 로터가 회전하면 스테이터 코일이 이 자력선을 끊기 때문에 전압이 유기된다. 자극의 수는 핑거(finger)의 수만큼 생기며 보통 8~12개이다. 슬립링(slip ring)은 축과 절연되어 있으며 각각 로터코일의 양끝과 연결되어 있다. 이 슬립링 위를 브러시가 접동하면서 로터코일에 여자전류를 공급한다. 여자 전류는 몇 A 정도이고 정류자와 같이 정류작용을 하지 않기 때문에 불꽃 발생에 의한 소손이 거의 없다(재질 : 구리 또는 스테인리스).

(3) 다이오드

현재 사용하고 있는 실리콘 다이오드는 다이오드 단체를 완성한 다음, 히트싱크(heatsink, 방열판)에 압입하거나 납땜으로 고정하는 디스크리트(discrete) 방식과 히트싱크에 다이오드의 펠릿(pellet)을 직접 납땜하는 집적 방식으로 분류한다. 디스크리트 방식에는 교류발전기가 개발된 초기부터 사용해온 캔형(can type)과 근년에 채용하게 된 몰드형(mold type)이 있다.

캔형의 구조는 구리판 또는 케이스 위에 실리콘 펠릿을 납땜한 다음 케이스 및 유리로 밀폐하여 펠릿을 보호하는 구조로 되어 있다. 몰드형은 캔형에 비해 부품수가 적고 생산성이 좋기 때문에 캔형 대신에 널리 쓰이고 있다. 집적형은 ⊕쪽과 ⊖쪽의 히트싱크 위에 각각 세 개의 펠릿을 함께 납땜하여 만들었으며, 캔형이나 몰드형에 비해 부품수가 적고 납땜을 한 번만 하면 된다. 다이오드는 실리콘 다이오드를 사용하며 (+), (-)쪽에 각각 3개씩을 두어 3상 교류를 전파 정류하고 있다. (+)쪽은 프레임과 절연된 알루미늄 다이캐스트제의 히트싱크(heat sink)에 압입되어 있으며 스테이터 코일에 유기된 전류는 이 다이오드를 거쳐 B단자에 접속하게 되어 있다. (-)쪽의 3개의 다이오드는 엔드 프레임에 압입되어 있다.

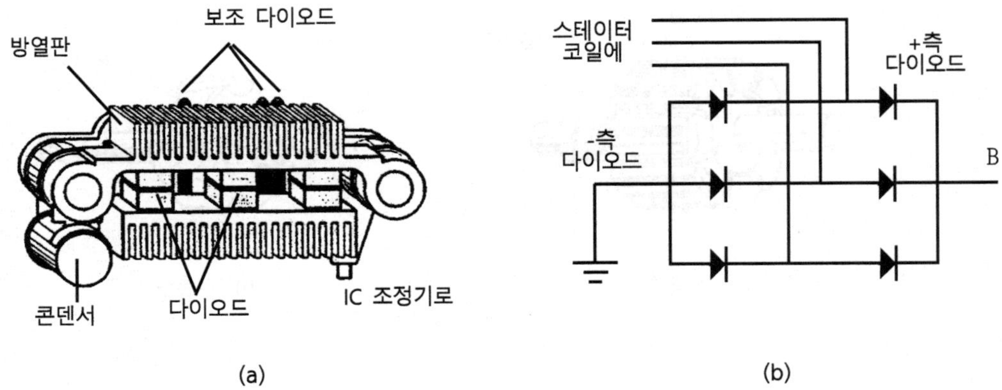

그림 5-30 다이오드와 회로

그림 5-30(b)는 AC 전압원(Voltage source)에 다이오드를 접속한 것을 보인다. 그림에서 A가 (+)이고 B가 (-)이면 전류가 흐르고, 반대로 A가 (-)이고 B가 (+)이면 전류가 흐르지 않는다. 전류가 흐를 때를 정방향 다이오드라 하고 전류가 흐르지 않을 때를 역방향(reVerse-biased)의 다이오드라 한다.

(4) 브러시(brush)

2개의 브러시는 각각 브러시에 고정된 브러시 홀더에 끼우고 브러시 스프링으로 눌러서 슬립링에 접촉시키고 있다. 한쪽 브러시는 발전기 F단자에 연결되고 다른 한쪽 브러시는 브러시 홀더를 통하여 접지되어 있다(브러시의 재질 : 금속 흑연).

브러시는 내마모성이 좋고 접촉 전압강하가 적어야 하고, 슬립링을 마모시키지 말아야 하는 등의 조건을 갖추어야 한다. 따라서 슬립링이 구리일 때는 전기 흑연 또는 금속 흑연을 쓰고, 스테인리스일 때는 금속 흑연을 쓴다. 또한 브러시 홀더는 수지 성형한 것이며, 전압조정기를 교류발전기 내부에 장치한 경우에는 브러시 홀더와 전압조정기가 일체로 된 것이 많다.

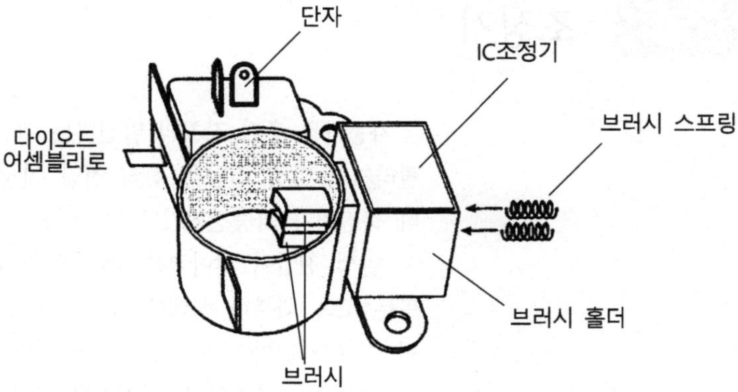

그림 5-31 브러시

(5) 팬과 풀리(fan and pulley)

팬(fan)을 이용한 냉각방식은 뒤쪽에서 들어간 공기가 로터와 스테이터의 틈새를 지나 앞쪽으로 나가는 방식이 보통이며, 특히 다이오드와 스테이터 코일의 냉각에 주의해야 한다. 팬의 재질은 1.6~2[mm] 철판을 사용하며 팬의 소음을 적게 한다.

풀리(pulley)는 주철제와 판금제가 있으며 특수한 경우(2, 3단형)를 제외하고는 판금제를 많이 쓴다.

(6) 브래킷(bracket)

브래킷은 스테이터 및 로터와 그 밖의 부품을 지지하는 바깥틀이 되고, 또 기관에 부착하는 플랜지(flange)와 함께 붙어 있으며, 일반적으로 알루미늄 다이캐스트를 많이 쓴다. 뒤쪽 베어링 부분에는 베어링의 크리프(creep : 늘어나 헐거워짐)을 방지하기 위해 주철제 인서트(insert)를 일체로 만들거나 O링을 끼우는 예도 있으며 브래킷 사이의 치수 오차를 흡수하기 위해 뒤쪽의 설치구멍에 철제 콜러(collar, slide bush)를 끼우는 경우도 있다.

5.3 조정기

자동차용 충전 장치의 발전기는 기관에 의하여 구동되기 때문에 회전수가 빨라지면 발생 전압은 정격 전압 이상으로 상승하여 전기 장치가 소손되거나 축전지가 과충전되기도 한다. 또, 직류 발전기의 경우는 회전수가 떨어져서 발생 전압이 낮아졌을 때 축전지에서 발전기 쪽으로 전류가 역류하거나 또는 고속 과부하 상태에서는 출력 전류가 정격값을 넘어서 발전기가 소손될 염려가 있다. 그러므로, 충전 장치에는 과전압, 과전류를 방지하여 발전기나 부하를 보호하고, 발전기를 안정된 상태에서 작동하도록 각종 보호 회로를 구비한 조정기가 사용되고 있다.

조정기는 발전기의 발생 전압을 제어하는 전압 조정기가 중심이 되고, 이 밖에 직류 발전기용으로 출력 전류를 제한하는 전류 제한기와, 축전지로부터 전류의 역류를 방지하는 컷아웃 릴레이(cut-out-relay)가 있고, 교류 발전기용은 기관이 정지하고 있을 때 계자 코일로 흐르는 불필요한 전류를 막아주는 필드 릴레이(field relay)와, 충전 상태를 확인하는 충전 경고등을 작동시키는 충전 경고등 릴레이 등 각종 릴레이로 구성되어 있다.

5.3.1 전압 조정기

전압 조정기는 기관이 운전되는 동안 발전기의 발생 전압을 항상 규정값으로 유지시키는 자동조정 장치이다. 전압 조정기의 원리는 발전기의 회전수의 변화에 따라 계자 전류를 증감시켜서 발전기의 전압을 제어하도록 한 것이 전압 조정기의 원리이다.

전압 조정기는 발전기의 발생 전압이 규정 전압보다 높아지지 않도록 제어할 뿐이고, 저속 회전에서 전압이 낮을 때 이것을 규정 전압까지 상승시키는 일을 하는 것은 아니다.

계자 전류를 제어하는 방법으로는 전압속에 가변저항을 계자 코일과 직렬로 접속하여 저항값을 변화시키는 방법, 고정 저항을 접점과 병렬로 접속하여 이것을 계자 코일에 연결시키는 방법, 기계적 접점 대신에 트랜지스터의 스위칭 작용을 이용하여 계자 전류의 평균값을 변화시키는 방법 등 여러 가지 방법이 있다.

5.3.2 직류 발전기 조정기

직류 발전기용 조정기는 전압조정기, 전류조정기, 컷아웃 릴레이(역류방지) 등 세 가지 기능을 가지고 있으며 이들의 형식에는 접점식, 카본 파일식, 트랜지스터 등이 있다. 발전기 조정기는 어느 형식이나 발전기 계자 코일에 흐르는 전류의 세기를 조정하여 발생되는 전류를 조정한다. 접점식 조정기는 일반적으로 3유닛 형식이 많이 쓰인다.

(1) 3유닛 접점식 조정기

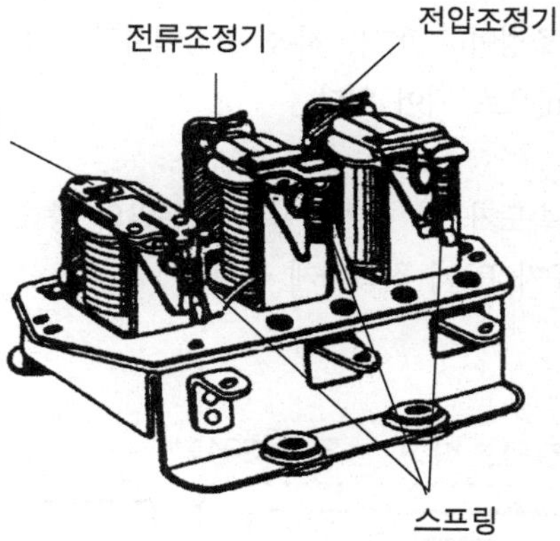

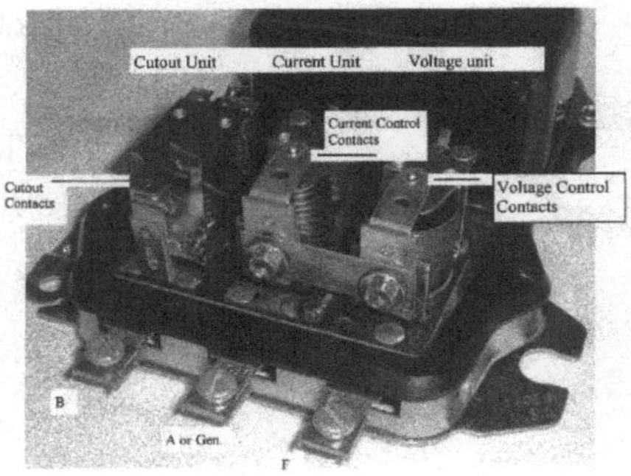

그림 5-32 3유닛형 조정기 외형

그림 5-33
cut-out-relay

1) 컷아웃 릴레이(cut-out-relay) 역할

발전기가 정지되어 있거나 발생전압이 낮을 때 축전지에서 발전기로 전류가 역류되는 것을 방지한다. 또 축전지로 전류가 흐를 때에는 접점이 닫혀야 하며 이것을 컷인 전압이라 한다.

2) 전압 조정기(Voltage regulator) 역할 :

발생전압을 일정하게 유지하기 위한 것이며 발생 전압이 규정값보다 커지면 계자코일에 직렬로 저항을 넣어 여자전류를 감소시켜 발생 전압을 저하시키고 전압이 낮아지면 계자코일 회로에서 저항을 빼내어 발생전압을 회복시키게 되어 있다.

3) 전류 조정기(current limiter) 역할 :

전기의 발생 전류를 조정하여 부하에 과대전류에 의한 발전기의 소손을 방지하는 일을 한다. 즉 발전기에 규정출력 이상의 전기적 부하가 걸리지 않게 한다.

4) 작용(2접점용 진동접점식) 역할 :

발전기의 회전속도가 낮을 때에는 전압 코일의 자력도 약하기 때문에 접점은 P1과 접촉된다. 따라서 계자코일과 전기자 A단자가 직접 접속되어 발생전압이 점차로 상승한다. 발생 전압이 상승되면 전압코일의 자력도 점차로 강하게 되어 아마추어를 끌어 당겨 P가 P2에 접촉되어 발생전압이 회복된다. 이와 같이 P가 P1과의 개폐를 계속하여 발전기의 발생전압을 조정하며 이 단계를 저속 조정이라 한다. 저속 조정에서의 발전기의 회전속도 범위는 1,500~2,000[rpm]으로 되어 있다.

발전기의 회전속도가 더 증가되면 발생전압의 증대로 전압코일의 자력이 더 강하게 되어 P가 P2에 접촉하게 된다.

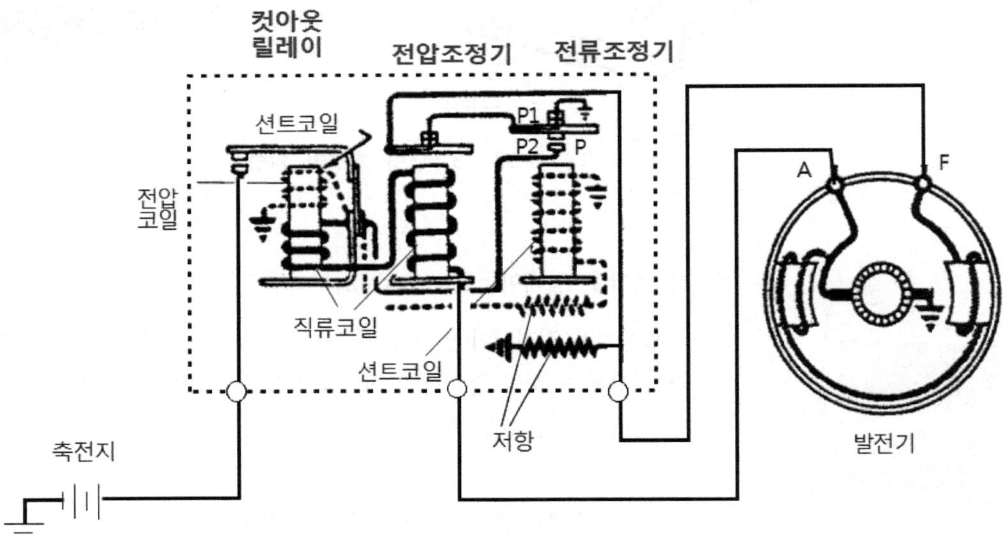

그림 5-34 3유닛형식 조정기 회로

(2) 카본 파일식 조정기

카본 파일식 조정기는 파일시트부, 가동철심부, 전자석 등의 주요부로 되어 있다. 카본 파일식 조정기의 저항체로 카본을 쓰는 이유는 다음과 같다.

① 저항값 범위를 연속적으로 넓게 취재할 수 있고, 또한 산화 부식 등의 화학 작용에 대한 저항력이 있으며, 표면 상태가 오랫동안 변하지 않는 특성이 있기 때문이다.

② 카본 파일식 조정기의 구성

㉮ 가압 조정나사(P나사)는 카본파일 압착

㉯ 자속 조정나사(F나사)는 계자 전류 가감

㉰ 카본 파일 계자 전류 가감

㉱ 스프링은 카본 파일의 압착력 가감

㉲ 가동철편은 전자석에 흡입되어 가감 스프링의 힘으로 가감한다.

5.3.3 교류발전기 조정기

교류 발전기는 다이오드를 내장시켜 놓았기 때문에 축전지로부터 역류될 염려가 없고, 또 전류의 자기 제한 작용이 있기 때문에 출력 전류도 과대하게 흐르지 않으므로, 직류 발전기용 조정기와 같은 컷아웃 릴레이나 전류 제한기는 없어도 된다.

그러나, 교류 발전기용 조정기는 기본적으로 전압 조정기만 있으면 되지만, 기관 정지시 축전지의 불필요한 방전을 방지하는 계자 릴레이, 출력 전압의 변동을 방지하는 전압 코일 릴레이, 충전 경고등을 작동시키는 충전 경고등 릴레이 등을 조정기와 함께 조립하여 사용하는 예가 많다. 교류 발전기에 전류조정기가 필요하지 않는 이유는 회전속도의 증가에 따라 리액턴스가 증가하여 발생 전류를 제어하기 때문이다.

전압 조정기의 원리는 발전기의 회전수의 변화에 따라 계자 전류를 증감시켜서 발전기의 전압을 제어하도록 한 것이 전압 조정기의 원리인데, 계자 전류를 제어하는 방법으로는 전압속에 가변저항을 계자 코일과 직렬로 접속하여 저항값을 변화시키는 방법, 고정 저항을 접점과 병렬로 접속하여 이것을 계자 코일에 연결시키는 방법, 기계적 접점 대신에 트랜지스터의 스위칭 작용을 이용하여 계자 전류의 평균값을 변화시키는 방법 등 여러 가지 방법이 있다. 즉, 이는 계자전류와 제어 방식에 따라서 접점식, 카본 파일식, 트랜지스터식 등으로 구분된다. 또한 접점식에는 1접점식과 2접점식이 있으며, 트랜지스터식에는 반 트랜지스터식, 전 트랜지스터식 및 IC식 등이 있다.

(1) 접점식 조정기

접점식 조정기는 접점 저항과 접점을 개폐시키는 전자석 등으로 구성되어 있고, 운전 중 접점은 매우 빠른 속도로 개폐 작용을 하기 때문에 접점 진동식이라고도 하며, 접점의 수에 따라 1접점식과 2접점식이 있다.

접점식 조정기는 전압조정기와 충전 경고 릴레이로 구성되어 있는 2유닛과, 충전 경고등을 릴레이식 외의 방법으로 작동시키는 장치 또는 충전 경고등 대신에 전류계를 사용하는 장치에서는 전압조정기만으로 되어 있는 1유닛식으로 분류할 수 있다.

1접점식의 경우 100[Ω] 정도의 제어 저항을 가지고 있기 때문에 600[rpm]까지 전압 제어가 가능하지만, 저항이 크면 접점에 생기는 불꽃이 크기 때문에 전압 제어의 가능한 속도범위가 한정된다. 이에 비하여 2접점식은 제어 저항이 10[Ω] 정도로 작기 때문에 접점에 걸리는 전압이 낮고, 접점 불꽃이 작은 외에 고속 접점에 의한 전압 제어의 속도 범위를 넓게 할 수 있는 이점이 있다.

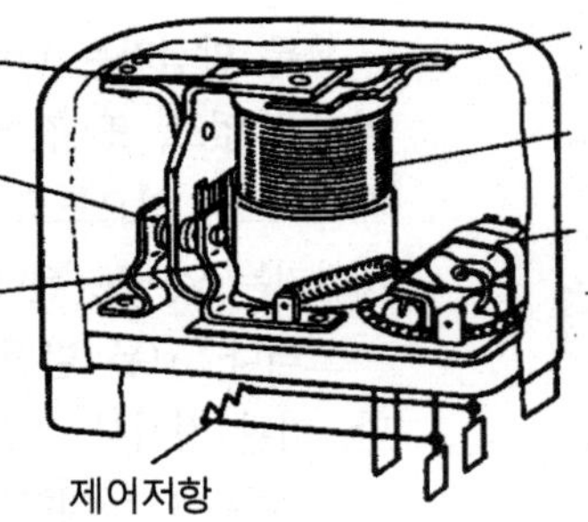

그림 5-35 접점식 전압조정기

(2) 트랜지스터식 조정기

접점식 조정기의 접점 대신에 트랜지스터의 스위칭 작용을 이용하여 계자 전류의 평균값을 변화시켜서 전압을 제어하는 방식이다.

이 방식에는 트랜지스터와 릴레이를 합쳐서 회로를 구성한 반 트랜지스터식과 기계적인 작동 부분을 모두 없게 한 전 트랜지스터식 외에 트랜지스터 회로를 IC로 통합하여 발전기 속에 조립시킨 IC 조정기 등이 있다.

Q. 우리 주변의 변압기에는 어떤 것들이 있나요?

A. 작게는 해외 여행 시 들고 다니는 어댑터부터 길가의 한국전력 글씨가 표기되어 있는 회색 철제 박스까지, 우리 생활 곳곳에서 의외로 쉽게 발견할 수 는 것이 변압기입니다.

Q. 왜 200 V, 100 V가 아니라 220 V, 110 V인가요?

A. 수학적으로 전기적 효율이 좋은 황금수가 존재합니다. 그 중 220과 110등이 황금수라서 위의 단위를 사용하게 되었다고 합니다.

Q. 만화를 보면 발전소 장면에는 굉장히 굵은 케이블과 거대한 플러그가 등장하던데요. 실제로도 그러한가요?

A. 네, 사실입니다. 전력=전압x전류로 발전소에서의 전류가 가장 크고, 변압기의 전압도 가장 큽니다. 전력이 커질수록 전선의 굵기와 플러그의 크기가 커지는 것도 당연한 일이죠.

Q. 왜 나라마다 정격전압이 다른가요?

A. 우리나라 가전제품의 정격전압은 220 V, 미국은 120 V, 일본은 100 V, 호주는 240 V 등으로 나라마다 다양한데요. 각 나라의 식민지 역사에 따라 어느 나라의 전력시스템을 받아들였냐의 차이로 인해 정격전압의 차이가 발생한다고 합니다. 저전압이 더 안전하지만, 먼 곳까지 효율적으로 전류를 보내려면 높은 전압이 유리합니다. 우리나라도 110 V를 사용하다가 이러한 이유로 220 V로 승압하게 된 것입니다.

Q. 초고압 변압기와 일반 변압기는 몇 KV를 기준으로 나뉘어지나요?

A. 70 kV가 변압기의 기준으로, 이를 초과하면 초고압 변압기라고 부릅니다. 전압이 높을수록 멀리 보낼 수 있으므로 보통 국토 면적이 넓은 나라들에서 고전압의 변압기를 쓰게 됩니다. 브라질, 러시아, 중국 일부의 경우 1,000 kV의 변압기를 쓰는 경우가 간혹 존재하지만 대부분의 국가에서는 765 kV,를 최대 전압의 변압기로 사용합니다. 한국의 경우 345 kV면 충분히 전국을 커버할 수 있지만, 통일을 대비하여 765 KV 변압기 시스템을 구축했다고 합니다.

Q. 프리볼티지(Free Voltage)제품은 무엇인가요?

A. 전원의 전압 사양에 관계없이 연결하여 쓸 수 있는 제품을 말합니다. 가정용으로는 100 V~240 V 등에서 사용 가능한 전압의 범위를 갖추고 있습니다.

4차 산업혁명 개념은 스위스에서 열린 세계경제포럼(다보스)에서 처음으로 소개됐다. 의장이 설명한 산업발전의 혁명적 변화를 보면 4차 산업혁명은 기존 1~3차 산업혁명과 확연한 차이가 있다. 과거 수력과 증기, 전기, 전자공학과 정보기술(IT)을 중심으로 산업이 혁명적 변화를 경험했다면 4차 산업혁명은 물리학·전자공학·생물학 등의 경계가 없어지는, 즉 융합된 기술혁명이다.

4차 산업혁명이 전 세계적 트렌드로 발돋움할 수 있었던 이유로 전문가들은 기술의 빠른 발전을 꼽고 있다. 단순히 기술만 업그레이드된 게 아니다. 가격까지 저렴해졌다.

센서와 사물인터넷(IoT)은 저렴하고 다양해졌고 유·무선 통신망은 갈수록 빨라지고 있다. 초 단위로 발생하는 빅데이터를 담아내기 위한 저장공간은 무한대에 가까워졌고 인공지능(AI)은 하루가 다르게 진화하고 있다.

에너지가 첨단기술과 만나면서 에너지 시장 생태계도 바뀌고 있다. 에너지·자동화 다국적 기업인 ABB 그룹이 4차 산업혁명에 따른 에너지 밸류 체인의 변화를 설명한 것을 보면 이해하기 쉽다. 발전사들은 발전소 설비에 센서를 부착하고 여기서 발생하는 빅데이터를 분석해 운영효율을 높일 수 있다. 나아가 설비 사고 예방 등에도 효과적으로 대응할 수 있다.

에너지 기업들은 4차 산업혁명을 도입하기 위해 변화를 시도하고 있다. 우리나라의 각 에어지 기업은 빅데이터를 적극 사용하기로 했다. 빅데이터로 에너지저장시스템(ESS), 스마트시티, 전기차(EV) 충전 등 신사업을 추진한다. 컨설팅 전문업체는 '4차 산업혁명과 에너지 산업' 보고서에서 최근 2년간 생성된 데이터는 이전 인류 역사를 통해 생성된 데이터보다 많다고 했다. 2020년이면 매초 약 1.7MB(메가바이트)의 새로운 정보가 생성될 것으로 봤다. 그러나 현재까지 전체 데이터의 0.5% 미만만 의미 있는 용도에 쓰이고 있다.

발전소들은 센서를 부착해 활용하는 방안을 고민하고 있다. 3000개에서 2만개의 센서를 발전소 곳곳에 설치하면 온도, 진동, 주변 상태 등 운전 데이터를 수집·분석해 설비의 엔진 고장과 균열 등의 현상을 방지할 수 있다. 발전소에 이상이 생기기 전에 미리 예방해 효과적 대처방안이 가능하다는 얘기다. 안전성 문제로 지적받고 있는 원자력발전소의 경우 드론을 투입해 설비를 점검할 수 있다. 통합 모바일 솔루션 도입으로 작업 관리 과정을 통합하면 노동효율도 끌어올릴 수 있다. 4차 산업혁명을 활용하면 비용 절감 효과도 기대할 수 있다.

6장

모터

그림 6-1　자동차 기동모터

세계 곳곳의 환경 규제가 강화됨에 따라 석유 시대가 위기를 맞고 있다. 이에 자동차업계는 석유를 연소해 엔진을 가동하던 기존 내연기관 대신 전기 모터를 이용하는 전기자동차로 눈을 돌렸다.

전기모터 기술을 세계에 알린 사람은 마이클 패러데이다. 패러데이는 1831년 말, 1832년 초에 자신의 아이디어를 왕립협회에 발표했는데, 패러데이의 연구를 바탕으로 다른 과학자들이 다양한 전기 원리를 발견하면서 현대적인 전기모터가 개발되기 시작했다.

모터는 사용 목적에 따라 여러 가지 성질의 동력 장치를 만들 수 있다. 그래서 종류가 매우 많고 기술적으로도 상당히 광범위하다. 분류방식도 다양하다. 모터는 일반적으로 전원의 종류, 구조, 동작 원리, 토크 발생 원리, 용도, 동작 형태 등으로 분류할 수 있다.

전기자동차는 휴대폰처럼 배터리를 충전해 움직이는 방식으로 배터리는 전기모터에 전기를 부여하고, 전기자동차는 모터의 힘을 통해 구동된다.

그렇다면, 전기모터가 무엇이기에 미래 자동차 산업의 핵심 부품이 된 것일까?

답은 바로 저소음, 친환경에 있다. 전기모터는 엔진과 달리 전기를 이용해 힘을 얻기 때문에 소음도 적고 유해물질도 생성하지 않기 때문이다. 뿐만 아니라 디젤 차량이 미세먼지의 주범으로 몰리면서 전기자동차 같은 친환경차에 대한 사람들의 관심이 높아진 덕분이기도 하다.

기본적으로 가정용 220 V 전기를 사용하는 것이 AC모터다. AC모터는 다양한 분야에 광범위하게 사용됐고, 가격도 저렴한 특징을 가지고 있다. DC모터보다 내구성도 뛰어나다. 이 때문에 AC모터는 큰 힘이 있어야 하는 공작기계, 압축기 등 산업 분야에서 많이 활용되지만 제어가 복잡하다는 단점도 있다.

DC모터는 교류를 사용하지 않고 12 V, 24 V, 90 V, 180 V 등 직류전압을 사용하기 때문에 직류 변환 어댑터가 필요하다. DC모터는 대부분 크기가 작고, 저렴하며, 다양한 성능을 자랑한다. DC모터는 고정자의 전극을 마이너스와 플러스로 바꿔주기 위한 브러쉬가 필요하다.

구조상 모터 내부의 브러쉬와 정류자가 회전시 접촉하면서 작동되는데, 이때 브러쉬가 닳아서 작동되지 않을 수 있다. 이런 단점을 극복하기 위해 BLDC모터, 즉 브러쉬가 없는 모터가 개발되기도 했다.

6.1 모터의 종류

모터는 모든 동력의 근원이며, 공장의 기계, 전차, 엘리베이터, 에스컬레이터, 자동판매기, 냉장고, 세탁기 등 모든 기계장치 전기기기, 가전제품 등 구동원으로 사용된다.

그림 6-2 전기적 에너지→에너지 변환

복잡한 기계도 구동원은 모터(motor)나 솔레노이드(solenoid)이다. 모터는 전기적 에너지를 기계적 에너지로 변환시키는 유일한 동력원이다. 모터의 발명은 영국 물리학자 마이켈 파라데이(1791~1876)인데 전자기유도의 발견이 그 계기이다. 전자기 유도에 의하여 변압기를 만들고 더 발전하여 발전기를 만들었으며, 발전기의 반대개념이 모터로 유도모터가 모터의 원형이다.

모터를 한마디로 표현하면 '전기적 에너지를 기계적 에너지로 변환하는 장치'라고 표현할 수 있다.

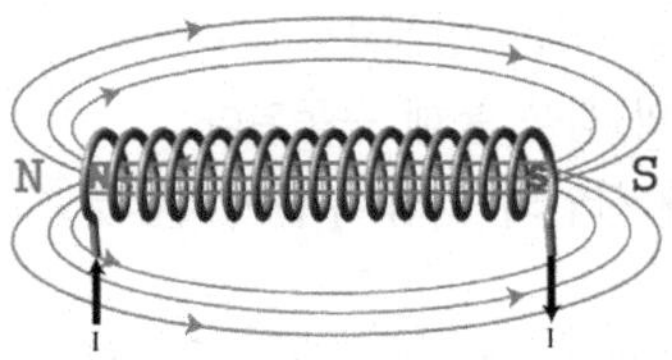

그림 6-3 솔레노이드(solenoid)

모터는 사용에너지에 따라 유압식 모터, 공기압식 모터, 수압식 모터 및 전기식 모터 등으로 구분되는데 전기를 이용하고, 전기식은 전기를 이용하여 동력으로 변환시키는 것이다. 각종 모터 중 전기식, 공압식 및 유압식 모토의 소형모터에 대한 장단점을 표에 나타내었다. 물론 이들의 특징은 일반적인 개념에 의한 비교이기 때문에 실제의 사용환경과 조건에 따라 그 차이는 있을 수 있다. 메카트로닉스 시스템에서는 제어가 가능한 모터로 전기식 모터를 일반적으로 사용하기 때문에 이 장에서는 전기식 소형모터에 대하여 설명하고자 한다.

그림 6-4 모터의 개념

6.1.1 사용에너지에 따른 구분

① 유압 시스템(hydraulic system) : 작은 관성과 작은 중량으로 큰 힘 제공, 속도가 빠름

② 공압 시스템(pneumatic system) : 공기의 압축성으로 인해 시간지연

③ 전기 시스템(electric system) : 응답속도 느리나 제어용이

[표 6-1 각종 모터의 비교]

구분	장 점	단 점
전기식	• 소형이다. • 신호변환의 속도성이 좋다. • 위치결정 정밀도가 좋다. • 배선처리가 용이하다	• 외부의 노이즈 등 외란에 취약하다. • 전원고장이 직접적으로 영향을 준다.
유압식	• 힘과 토크가 크다. • 외부의 노이즈가 강하다 • 전원고장 시 어큐뮬레이터로 대용가능	• 온도에 의한 특성변화가 크다. • 환경오염의 문제가 된다. • 가격이 높다. • 소음이 크다. • 배관이 복잡하고 대형이다.
공압식	• 구조가 간단하다. • 보수성이 좋다.	• 부하에 대한 특성변화가 크다. • 배관이 복잡하다. • 원격조정이 곤란하다.

6.1.2 전기식 모터의 구분

(1) DC 모터 :

1) DC브러시 모터 :

일반적인 DC모터이다. 플레밍의 왼손법칙을 이용한 모터로서, 정류자의 전류를 흘렸다 끊었다 하는 일련의 과정마다 전류의 방향을 반대로 해주어야 하기 때문에, 필시 브러시라는 기계적인 요소가 필요하다. 브러시는 정류자편에 전류를 공급해 주지만, 기계적인 요소라, 브러시가 닳아 없어지는 단점이 있다. 따라서 주기적으로 브러시를 교체하지 않으면 안된다. 또한 브러시가 닳아가면서 모터의 성능 또한 저하되고, 분진이 날리는 등 환경적인 문제가 대두된다. 장점은 제어가 간편하고, 토크가 전류에 비례하므로 단순히 전류제어만으로 토크 직접제어를 행할 수 있다.

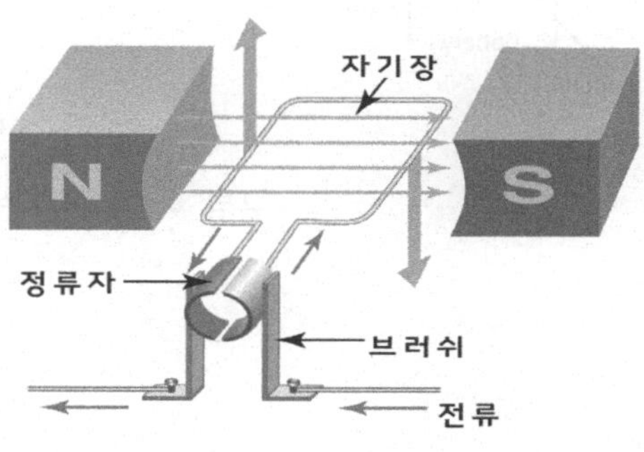

그림 6-5 DC브러시 모터 기본구조

2) DC브러시리스(Brushless)모터 :

[In-Runner 브러시리스 모터]

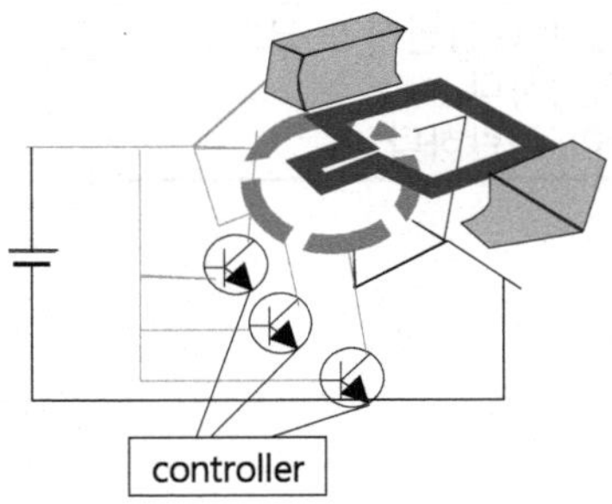

그림 6-6
DC브러시리스(Brushless)모터

브러시가 부착된 DC 모터에서는 정류자와 브러시의 접촉에 의해서 코일에 전류를 흐르게 함과 동시에 전류시키는 기능을 하지만, 브러시가 마모되는 단점이 있다. 그러나 Brushless DC모터는 브러시를 사용하지 않고 비접촉의 위치 검출기와 반도체 소자로서 통전 및 전류시키는 기능을 바꾸어 놓은 모터이다. 따라서 Brushless DC 모터의 토크발생 원리는 DC모터의 경우와 같은 형태이다.

Brushless DC 모터를 구조면에서 분류하면 권선으로의 통전은 브러시 등 접동요소를 사용하지 않는 고정식으로 하기 때문에 자계를 만드는 마그네트 회전기를 어디에 배치하느냐에 따라서 자로의 구성방법, 권선의 배치방법이 변한다. 브러시가 없기 때문에, 브러시의 마모가 없는 것이 가장 큰 장점이고, 공간벡터제어(Space Vector Control)기법의 상용화로 기존의 DC모터를 대체해가면서 DC모터와 유사한 방법으로 모터를 제어한다. 이 또한 토크 직접제어가 가능하고, 속도제어, 위치제어 등에서 탁월한 성능을 발휘한다. BLDC는 최근 많은 연구가 진행되고 있고, 상용화가 한창인 모터이다. PMSM이 주로 정밀 서보용인 반면에, BLDC는 고 토크 및 고속도 제어에 많이 이용된다. 미사일의 속도제어, 러닝머신의 벨트제어 등 여러가지로 이용된다.

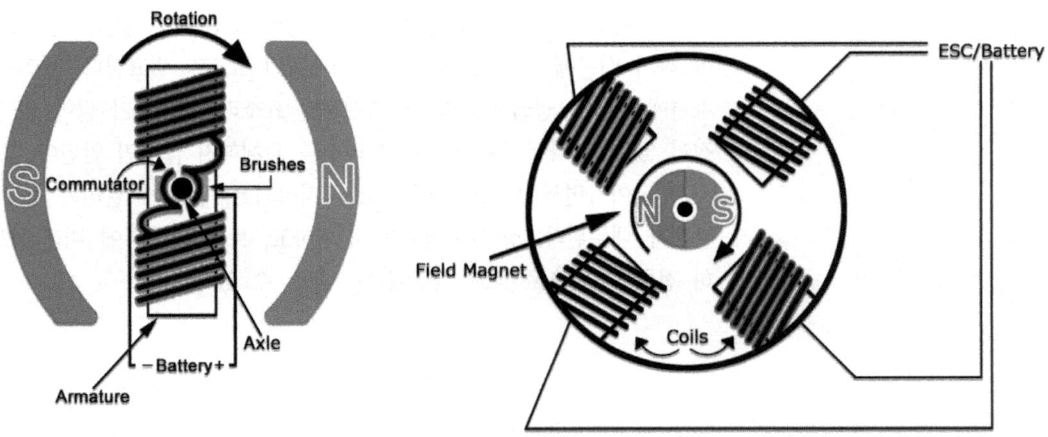

그림 6-7 DC브러시 모터와 BLDC

(2) AC 모터

1) 유도모터(Induction Motor) :

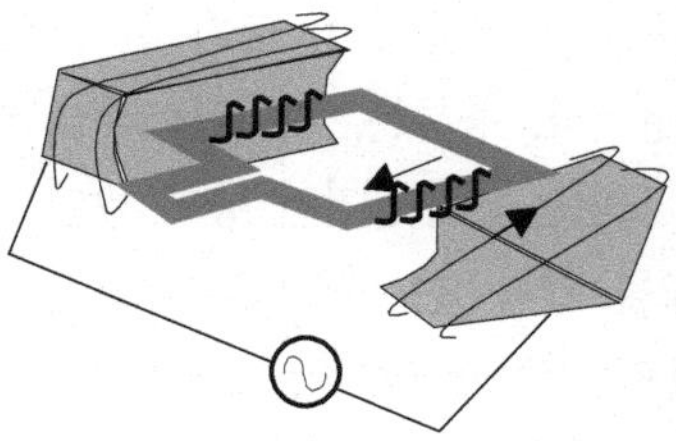

그림 6-8 유도모터

유도모터는 변압기의 구조와 완전히 동일하며, 1차 측과 2차 측이 분리된 그러한 형태이다. 유도모터는 최초 3상 유도모터가 먼저 상용화 되었고, 후에 일반 단상유도모터가 상용화된다. 이유는 단상전원으로는 회전자계를 만들 수가 없었고, 3상은 각상이 120도의 위상차를 가지면서 공급되므로, 적절한 구조에 의해서 쉽게 3상회전자계를 구성할 수 있기 때문이다. 단상유도모터는 보조권선을 첨가하여 자기벡터를 전기벡터와 위상차가 생기게끔 해서 회전시킨다. 유도모터는 말 그대로 회전자에 전류를 유도시킨다. 회전자는 권선 또는 다람쥐 챗바퀴 처럼 생긴(농형) 형태로 되어 있다. 회전자에는 자석도 없고, 따로 외부에서 전원을 공급해 주지 않지만, 고정자의 회전자계가 회전자를 훑고 지나가면 회전자에서는 발전기와 같은 역할이 되어서, 회전자도 자성체가 된다.

회전자는 슬립주파수(Slip Frequency)라는 게 있는데, 회전자의 회전속도는 고정자의 회전자계속도와 일치하지 않는다. 왜냐하면 완전히 일치하면 회전자계가 훑고 지나갈 수 없으므로 모터의 토크는 0이 된다. 따라서 늘 회전자계보다 조금 늦은 속도로 회전하게 된다.

2) 동기모터(Synchronous Motor)

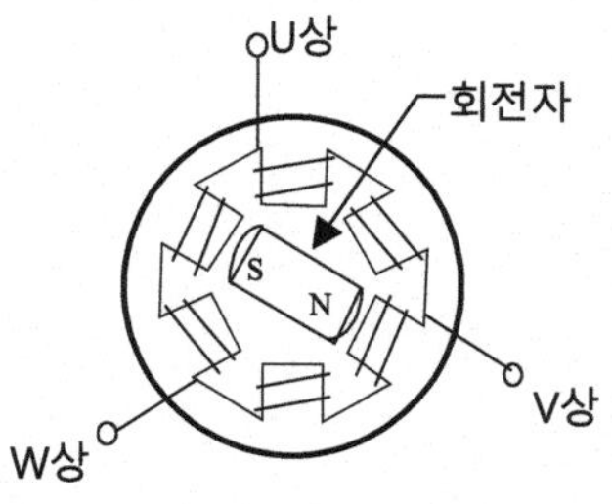

그림 6-9 동기모터

고정자(stator)와 회전자(rotor)로 구성되어 있으며 고정자에 전류가 공급되며 회전자는 영구자석을 사용한다. 구조상의 형태는 **BLDC모터와 유사구조 및 작용을 갖는다.** 구동 시스템이 복잡하나 큰 힘을 낼 수 있기에 세탁기 등에 사용되어진다. 브러시와 정류자가 없기 때문에 수명이 길다

Synchronous Motor는 발전기 및 제철소의 압연기 등의 일정한 속도를 요구하는데 많이 쓰이고, 영구자석으로는 도저히 만들 수 없는 초대형 모터에 주로 사용된다. 하지만 최근 희토류자석(현재 발견된 자성체중 가장 강한 자석이다)등의 저가화에 힘입어 메가와트급 모터도 영구자석으로 개발되고 있다.

(3) Servo 모터 :

1) 스테핑모터(Stepping Motor) :

스테핑 모터는 위에서 열거한 모터들과 크게 다르지 않으나, 단지 한 스텝씩 작은 회전을 정밀하게 하고 싶을 때 사용한다. 종류는, 리럭턴스타입, 영구자석타입, 하이브리드타입이 있다. 스테핑 모터는 사무용기기 등에 많이 사용되며 위의 2번에서 4번까지의 모터가 각도를 알려주는 엔코더가 필요한 반면, 이 스테핑 모터는 엔코더가 없이도 사용이 가능한 장점이 있다. 최근에는 스테핑모터의 위치를 PMSM(Permanent Magnet Synchronous Motor)이 점차 잠식하고 있는 추세이다.

2) 리니어 모터(Linear Motor) :

일반적인 모터가 회전운동을 하는 반면에 이 모터는 직선운동을 한다. 주로 PCB기판 자동화용 기기 및 반도체 제작장비 등에 많이 사용된다. 예전에는 볼네지 라는 스크류를 이용해서 일반적인 회전모터를 사용했지만, 볼네지의 백러쉬(Backlash) 및 마모문제로 마이크로미터 정도의 정밀한 단위에서 오차가 발생하고, 효율이 낮은 등의 문제가 있어서 요즈음 리니어 모터가 많은 각광을 받고 있다. 리니어 모터를 대형화하면 리니어모터식 전기철도가 된다.

그림 6-10 전기식 모터의 구분

[표 6-2 모터 종류별 특징]

	구분	구성회로	특 징
DC 모터	브러시 DC모터	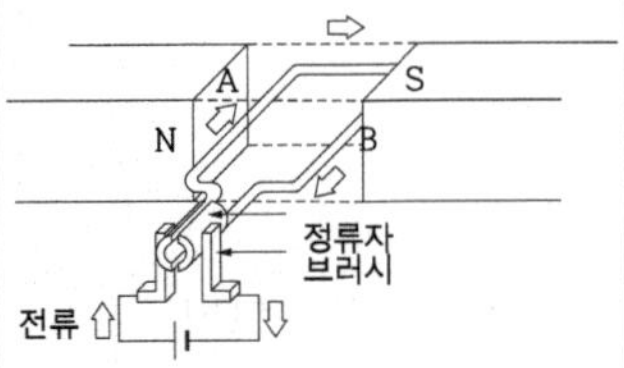	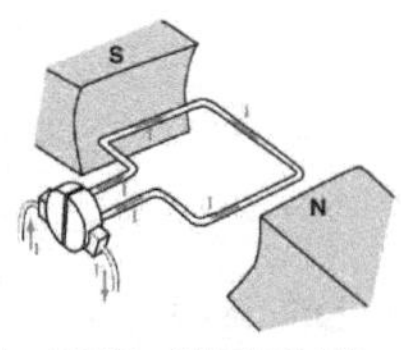 • 고정자 : 전자석 (혹은 영구자석) • 회전자 : 브러시 통해 일정 전류 공급 - 플레밍 왼손법칙 : 회전자 회전
	브러시리스 DC모터 (BLDC)	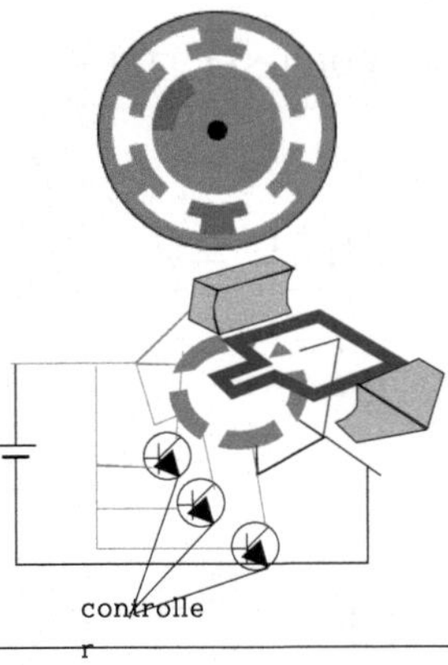	• 고정자 : 반도체소자 및 컨트롤러(트랜지스터, 싸이리스터)사용 - 순차적으로 자력을 발생 • 회전자 : 영구자석 - 순차적으로 변하는 고정자의 자력에 의해 매끄럽게 회전자 회전 • 특징: - 기계적 정류기구를 전자화(무접점화) - 전기적노이즈(불꽃), 기계적노이즈가 작다. - 신뢰성이 높고 수명이 길고 고속화가 용이하다. • 동기모터와 유사작용
AC 모터	유도모터	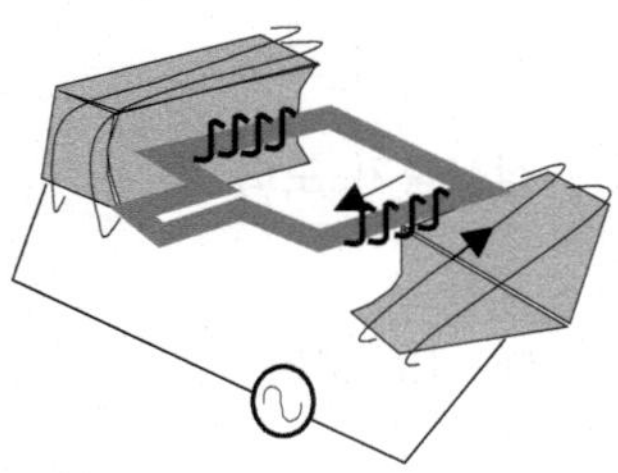	• 고정자 : 교류 공급(주파수에 비례 전류흐름 변화) • 회전자 : 고정자의 자장변화에 의해 전류 유도(전자유도 작용/회전자에서 역기전력발생) → 회전력 발생 • 교류모터는 보통 유도모터 • 교류모터는 정류자가 없어서 수명이 아주 길다 • 변압기와 유사 작용
	동기모터	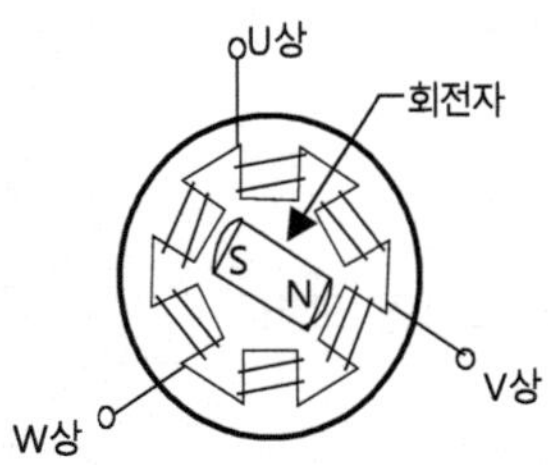	• 고정자 : 전류공급 • 회전자 : 영구자석 - 구동 시스템이 복잡하다 - 큰 힘을 낼 수 있다.(세탁기) - 방열특성이 좋다. • BLDC와 유사작용

<table>
<tr><td rowspan="3">Servo
모터</td><td rowspan="3">회전형
모터</td><td>DC서보 모터
</td><td>• 고정자 : 영구자석
• 회전자 : 전류공급
- 수명 짧다(브러시 소모)
- 고성능 추종능력 좋다.
- 값싸다.</td></tr>
<tr><td>AC서보 모터
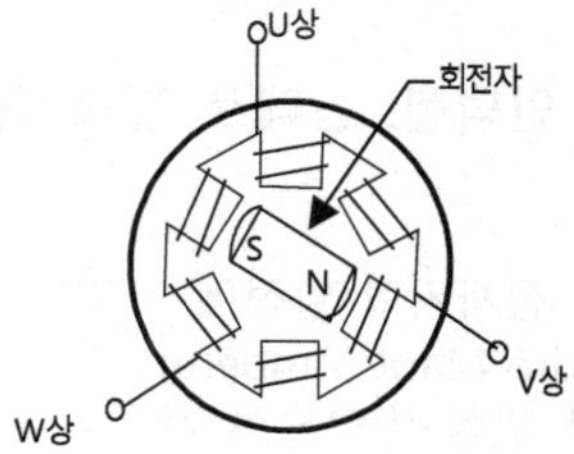</td><td>• 고정자 : 전류공급
• 회전자 : 영구자석
- 구동 시스템이 복잡하다
- 큰 힘을 낼 수 있다.(세탁기)
- 방열특성이 좋다.
- 수명이 길다(브러시와 정류자가 없음)</td></tr>
<tr><td>스텝모터</td><td>• 한 단계 한 단계 짤라서 일정각을 회전한다.</td></tr>
</table>

직류모터와 교류모터의 차이

- 모터는 일반적으로 회전자와 고정자로 구성되어 있다.
- 직류모터는 고정자에 일정한 전류가 가해져 발생하는 자장 또는 영구자석에 의해서 발생하는 자장 내에서 회전자의 코일이 받는 힘에 의해서 회전하게 된다. 이 때 정류자를 이용하여 회전자가 회전하더라도 코일에 흐르는 전류의 방향을 바꾸어 주어 항상 일정한 방향으로 회전력이 발생하도록 해준다. 직류모터의 회전력은 전류에 비례하고 회전속도는 전압에 비례하는 특징이 있다. 우리주변에서는 소형 장난감에 사용되는 (영구자석)모터나 청소기에 사용되는 모터가 직류모터이다.
- 교류모터는 보통 유도모터라고도 한다. 교류모터는 고정자 권선에 교류(보통 60 Hz, 1초에 극성이 60번 바뀜.)를 흘려주면 이때 발생하는 자장의 변화에 의하여(전자유도에 의하여) 회전자에 전류가 유도되어 회전력이 발생하게 된다. 회전자의 구조는 소형 모터에서는 단순한 다람쥐 쳇바퀴 모양의 단락된 권선을 사용하고, 대형 교류 모터에서는 권선을 감아서 사용한다(권선형). 교류모터는 우리 생활 주변에서 가장 널리 쓰이는 모터로 용량이 수십 W의 소형부터 수백 KW에 이르는 대형까지 가정과 산업현장에서 널리 쓰여 선풍기, 세탁기, 냉장고나 엘리베이터, 펌프, 크레인 등에 사용된다. 교류모터는 정류자가 없어서 수명이 아주 길다는 장점이 있다.
- 요즘은 전자제어가 발달하여 직류와 교류모터의 혼합형을 사용하기도 한다.

- 가전제품이 교류로 오는 전기를 직류로 바꿔서 쓴다고 하던데 왜 그럴까요? 우리가 교류를 사용하여 전력을 보내는 것은 변압기를 사용하여 전압을 마음대로 바꿀 수 있기 때문에 교류를 사용하는 것이다. 보통 컴퓨터나 VTR, TV, 오디오 등의 가전제품에서 가정에 들어오는 전압을 소형 변압기와 정류회로를 이용하여 12 volt나 5 volt의 직류로 바꾸어서 사용한다. 전자제품은 내부에 트랜지스터 증폭회로를 사용하는 데, 직류에 적합하도록 회로가 설계되었기 때문에 직류를 사용한다. 그리고 내부에 구동부가 있는 컴퓨터나 오디오, TVR의 내부에서는 12 V의 직류모터를 사용한다.

전자기학에서 출발한 인덕션...앙페르 법칙 응용

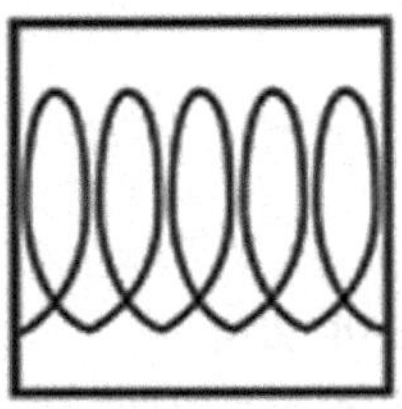

- 인덕션 기술은 19세기 전자기학 발전에 초석을 놓은 프랑스 물리학자 장 자크 앙페르(André-Marie Ampère)로부터 출발한다. 앙페르는 1819년 전류가 흐르면 일정 방향으로 자기장이 형성된다는 앙페르 법칙을 발표했다. 또 전류가 흐르는 두 도선 사이에 서로 끌어당기는 '인력'이나 서로 밀어내는 '척력'이 작용한다는 사실도 발견했다.
- 맥스웰의 방정식'으로 유명한 물리학자 제임스 맥스웰(James Maxwell)은 훗날 앙페르의 업적을 '과학역사상 최고의 성과'라고 극찬하며 앙페르를 '전기학의 뉴턴'이라고 불렀다. 현재 전류의 단위를 암페어(A)라고 부르는 것은 앙페르 성(姓)의 영어식 발음을 따서 부른 것이다.
- 인덕션은 앙페르 법칙을 응용했다. 기기 상판 아래 코일(둥글게 말아진 구리선)을 장착하고 전기를 흘려주면 자기장이 만들어진다. 이 상태에서 인덕션 상판에 냄비 등 용기를 올려둘 경우 자기장이 용기 하단 부분과 만나면서 높은 저항과 열이 발생한다. 이 열로 용기가 뜨거워져 물도 끓이고 음식도 만들 수 있다.

6.2 DC 모터

DC 모터는 고정자로 영구자석(혹은 전자석)을 사용하고, 회전자(전기자)로 코일을 사용하여 구성한 것으로, 전기자에 흐르는 전류의 방향을 전환함으로써 자력의 반발, 흡인력으로 회전력을 생성시키는 모터이다.

큰 기동 토크, 입력전압의 변화에 대한 직선적인 회전특성, 입력전류에 대한 출력 토크의 직선성, 출력효율의 높이, 가격이 저렴하다는 등 제어용 모터로서 우수한 특성을 지니고 있다. 그 반면에 브러시나 정류자(commutator) 등 기계적 접점을 가지기 때문에 소음이나 수명 등의 문제가 있다.

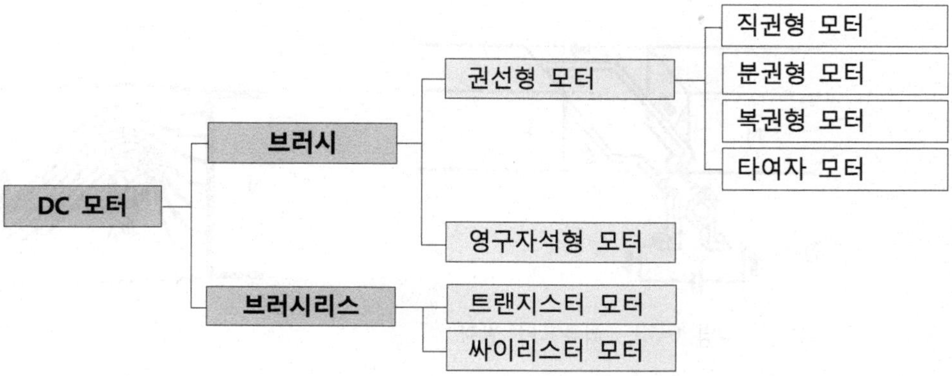

그림 6-11 DC 모터의 구분

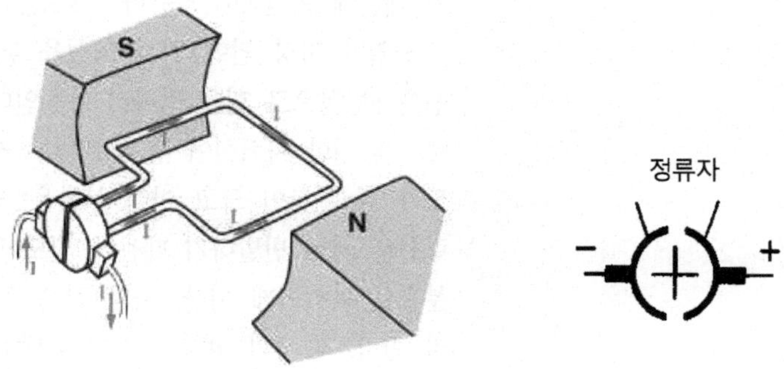

그림 6-12 DC 모터의 구조

모형 자동차, 무선조정용 장난감 등을 비롯하여 여러 방면에서 가장 널리 사용되고 있는 모터이다.

6.2.1 직류 모터의 원리

자석 사이에 회전할 수 있는 여자코일(도체)을 놓고 이 코일에 전류를 흐르게 하면 도체는 플레밍의 왼손법칙의 방향으로 힘이 발생한다. 즉, 직류 모터의 원리는 플레밍의 왼손법칙(Flemings left hand rule)에 의한 것이다. 그림과 같이 왼손의 세손가락을 직각으로 펼치고 가운데 손가락을 전류, 집게손가락을 자력선의 방향으로 하면 엄지손가락이 힘(전자력)의 방향이 된다. 이것을 플레밍의 왼손법칙이라 한다.

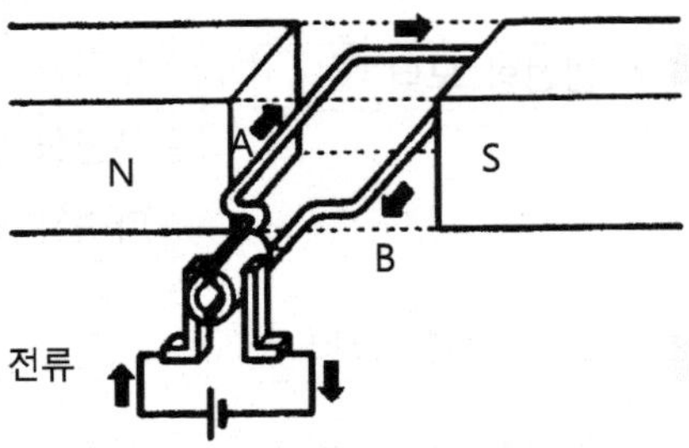

그림 6-13 직류모터 원리

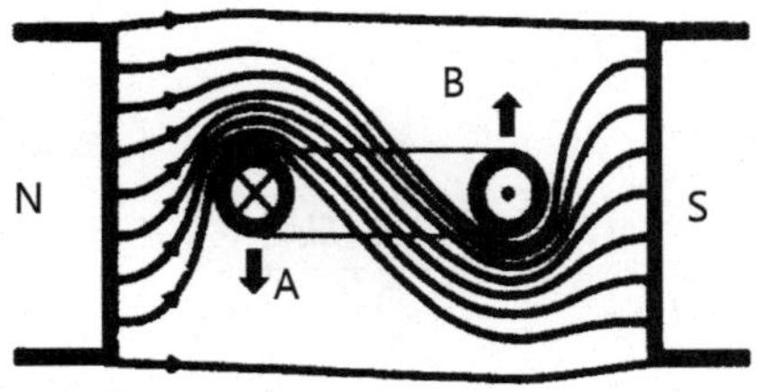

그림 6-14 자력선 분포

이 때 코일의 양쪽에 흐르는 전류의 방향이 반대로 되어 자력선이 형성되기 때문에 회전력이 작용하여 회전운동을 일으킨다.

균일한 자장 안에 직선 도선을 놓고 이것에 ⊗방향의 전류를 보내면 도선은 F방향으로 힘을 받아서 움직인다. 이 힘은 전류 I의 주위에 시계방향으로 I에 의한 자력선이 생겨서 외부 자장과의 합성에 의한 자력선 분포의 밀도가 위 부분이 크고 아래 부분은 작기 때문에 F방향으로 힘을 받는다. 자력선은 서로 반발하기 때문에 밀도가 큰 윗 부분에서 밀도가 작은 아래 부분으로 움직이게 된다. 이와 같은 힘 F를 전자력(electromagnetic force)이라 한다. 힘 F의 방향은 자속의 방향과 전류의 방향을 직각으로 놓으며 이들에 대하여 직각이 된다.

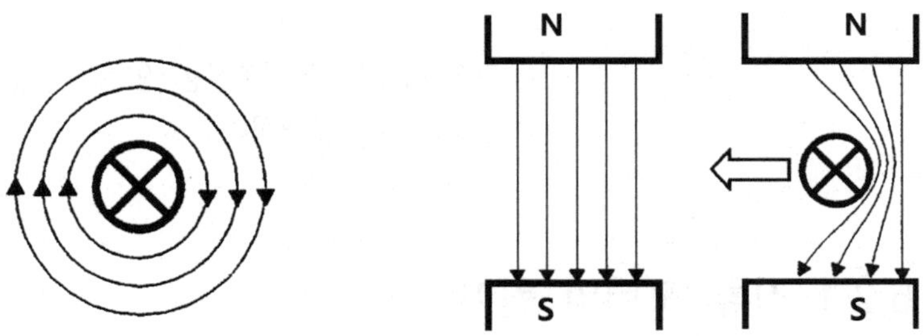

(a) 도체의 자장 (b) 자석의 자장 (c) 자장의 합성

그림 6-15 전자력

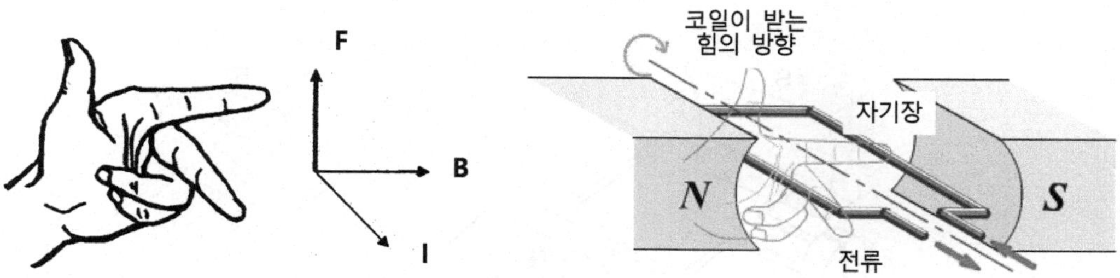

그림 6-16 플레밍의 왼손법칙

이 전자력 F는 자속 밀도 B와 전류 I의 곱에 비례하며 또 자장 안에 들어 있는 도선의 길이에도 비례한다. 자속 밀도(B[Wb/㎡])인 자장 안에 직각으로 길이 ℓ[m]의 도선을 놓고 도선에 I[A]의 전류를 흐르게 하면 전자력 F(N)는 다음과 같이 된다.

전자력[F] = 자속 밀도[B] × 도체의 길이[ℓ] × 전류[I]

이 전자력 F를 이용한 것이 모터이다. 그림 6-16은 모터의 원리를 나타내는 것이며, N·S극에 의하여 생기는 자장의 자속 밀도가 B[Wb/m2]이고 길이 ℓ[m]의 도선에 그림과 같은 방향으로 전류가 흐르면 플레밍의 왼손법칙에 의하여 도체는 시계방향으로 회전하려고 한다.

도체가 회전할 때 기계적으로 항상 N극 가까이에서는 ◉, S극 가까이에서는 ⊗의 방향으로 전류가 흐르게 하는 구조로 만들어 주면 계속적으로 일정한 방향으로 회전하는 직류 모터가 된다.

실제로는 토크를 크게 하기 위하여 코일을 많이 감는다. 일반적으로 도체에 전기에너지를 공급하여 기계적 에너지로 바꾸는 기계를 모터라 하는데 전자력을 이용하여 동력을 얻는 편리한 기계이다. 플레밍의 왼손법칙(전자력 이용)은 직류모터, 전류계, 전압계 등에 이용된다.

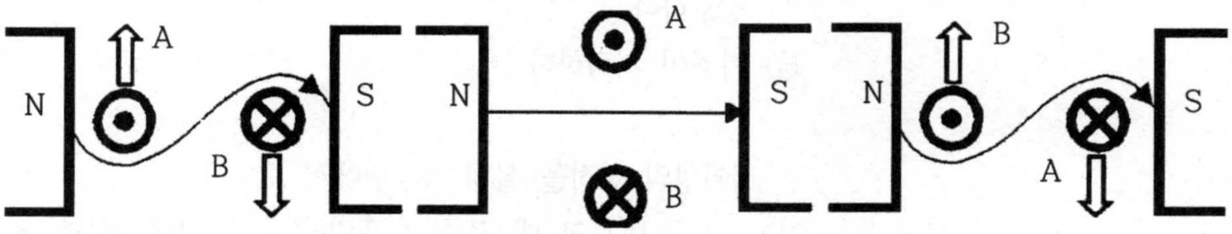

(a) 0° 위치에서 전자력 (b) 90° 위치에서 전자력 (c) 90° 이후에서 전자력

그림 6-17 모터의 원리

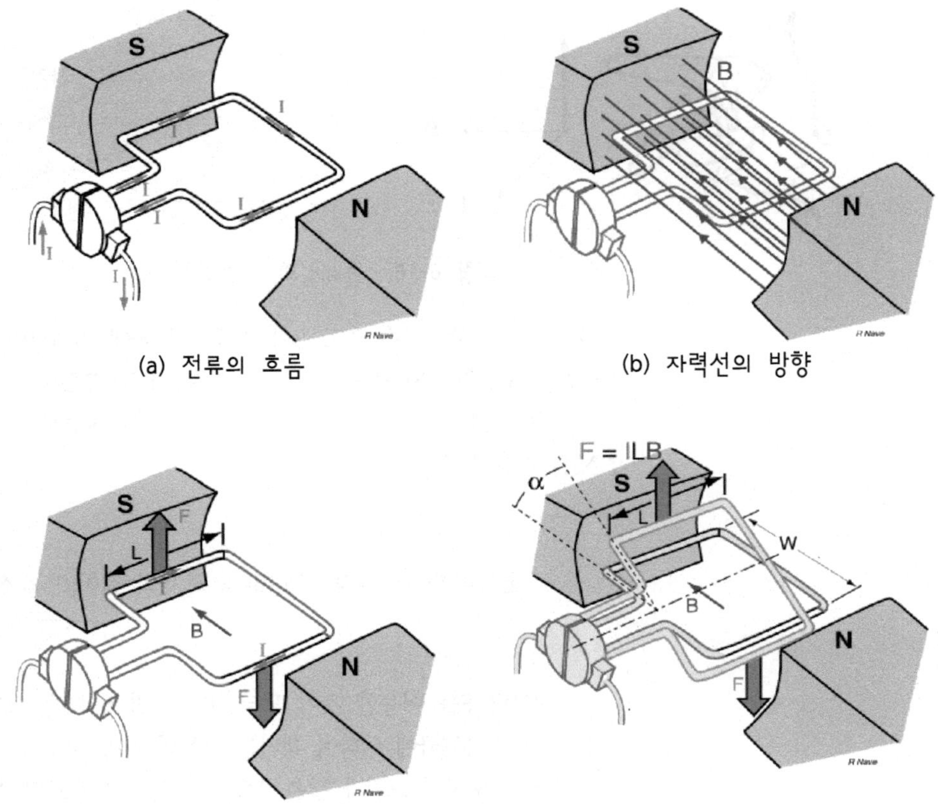

(a) 전류의 흐름　(b) 자력선의 방향

(c) 도체의 받는 힘 방향　(d) 직류모터의 회전

그림 6-18　직류모터의 동작원리

(1) DC 모터의 특징

① 기동 토크가 크다
② 인가전압에 대하여 회전특성이 직선적으로 비례한다
③ 입력전류에 대하여 출력 토크가 직선적으로 비례하며, 또한 출력 효율이 양호하다
④ 가격이 저렴하다

제어성의 장점을 실제 특성면에서 보면
① T-I 특성(토크 대 전류) : 흘린 전류에 대해 깨끗하게 직선적으로 토크가 비례한다. 즉, 큰 힘이 필요한 때는 전류를 많이 흘리면 되는 것이다.

② T-N 특성(토크 대 회전수) : 토크에 대하여 회전수는 직선적으로 반비례한다. 이것에 의하면 무거운 것을 돌릴 때는 천천히 회전시키게 되고, 이것을 빨리 회전시키기 위해서는 전류를 많이 흘리게 된다. 그리고 인가전압에 대해서도 비례한다.

이들 2가지 특성은 서로 연동하고 있기 때문에 3가지 요소는 이 그래프에서 관계를 지을 수 있다. 즉, 이들 특성에서 알 수 있는 것은 회전수나 토크를 일정하게 하는 제어를 하려는 경우에는 여하튼 전류를 제어하면 양자를 제어할 수 있다는 것을 나타내고 있다. 이것은 제어회로나 제어방식을 생각할 때, 매우 단순한 회로나 방식으로 할 수 있는 것이다. 이것이 DC 모터는 제어하기 쉽다고 하는 이유이다. 그러므로 회전특성을 중요시하는 제어장치에는 우선적으로 DC 모터를 사용합니다.

(2) DC 모터의 결점

DC 모터의 가장 큰 결점으로는 그 구조상 브러시(brush)와 정류자(commutator)에 의한 기계식 접점이 있다는 점이다. 이것에 의한 영향은 전류가 흐를 때 전기불꽃(spark), 회전 소음, 수명이라는 형태로 나타난다.

그리고 마이크로컴퓨터 제어를 하려는 경우는 '노이즈'가 발생하게 된다. 따라서 이 노이즈 대책이 유일한 과제가 될 수 있다. 이 노이즈 대책을 위해서는 각 단자와 케이스 사이에 $0.01\mu F \sim 0.1\mu F$ 정도의 세라믹 콘덴서를 직접 부착한다. 이것으로 정류자에서 발생하는 전기불꽃을 흡수하여 노이즈를 억제할 수 있다.

DC 모터의 노이즈 대책에는 콘덴서를 케이스와 단자 간에 직접 부착한다. 콘덴서의 리드는 가급적 짧게 한다.

6.2.2 브러시 모터의 종류와 특성

직류 모터는 계자코일과 전기자 코일의 접속방법에 따라 직권, 분권 및 복권의 3형식으로 구분되며 자동차용은 직권모터가 주로 사용되고 있다. 그리고 그 특성은 부하 전류의 변화에 대해 속도의 변화를 나타내는 특성과 토크의 변화를 나타내는 특성이 기동모터의 종류에 따라 달라진다.

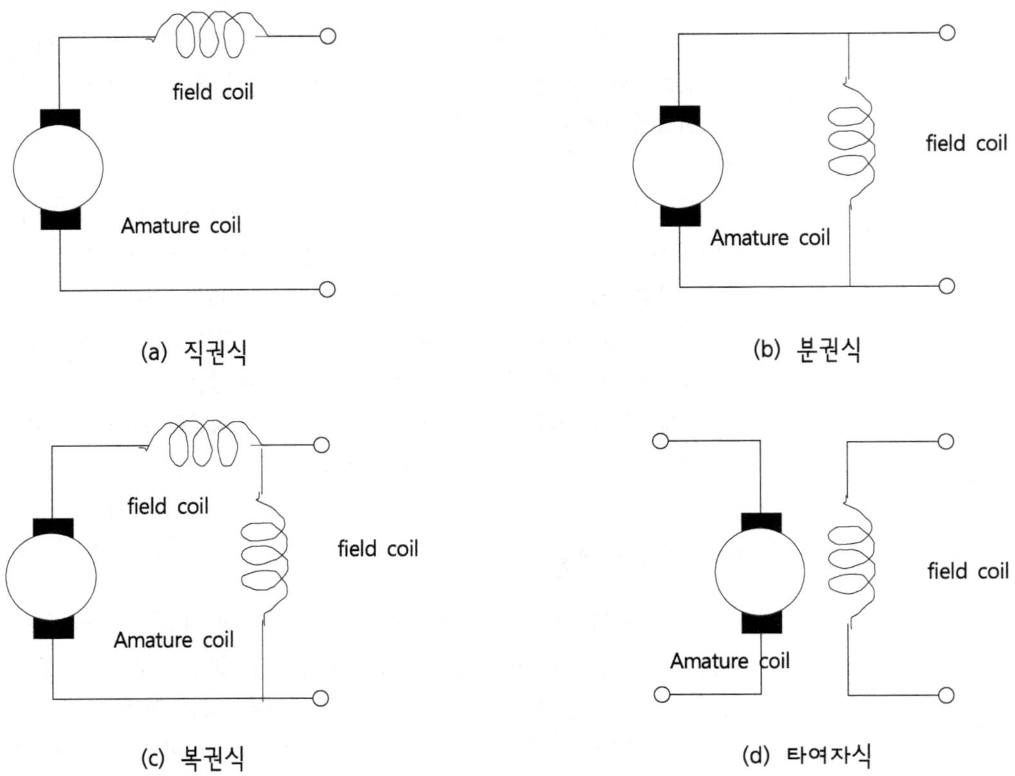

그림 6-19 직류 모터의 종류

(1) 직권식 모터(series winding type)

그림 6-20
직류직권 모터-기동모터

직권식 모터는 전기자 코일과 계자 코일이 전원에 대해 직렬로 접속되어 있다. 자동차에서의 사용 예는 기동 모터의 경우이다.

전기자 전류와 자장의 세기에 비례하는데 자장의 세기는 계자전류에 의해 결정되고, 또 계자 전류는 전기자 전류와 같기 때문에 결과적으로 토크는 전기자 전류의 제곱에 비례한다. 즉 전기자 전류가 클수록 발생하는 토크도 크다.

전기자 전류는 모터에서 발생하는 역기전력에 반비례하고, 역기전력은 속도에 비례한다. 따라서 전기자 전류는 속도에 반비례하여 증감하며, 그림 6-21(b)와 같은 특성을 나타낸다. 직권식은 속도가 낮을 때, 즉 부하가 커지면 발생토크도 증가하고, 부하가 감소함에 따라 회전이 빨라지는 특성을 가지고 있어 기관의 시동에 요구되는 조건과 적합하기 때문에 일반적으로 직권식을 쓴다.

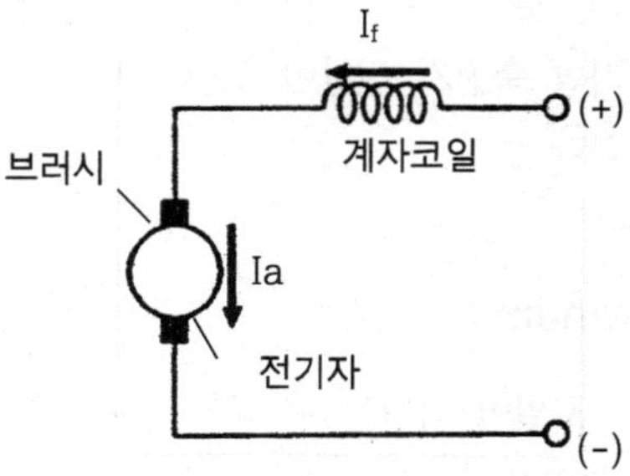

(a) 구조

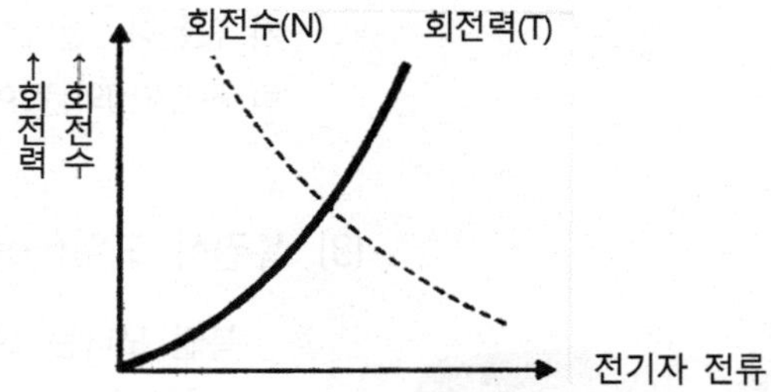

(b) 특성곡선

그림 6-21 직류 직권식 모터

모터에 부하가 걸렸을 때는 회전속도는 낮으나 회전력이 크고, 부하가 작아지면 회전력은 감소되나 회전수는 점차로 커진다. 즉, 회전수가 부하에 따라 현저하게 변화한다. 때문에 보통의 용도에는 적합하지 않으나 짧은 시간 안에 큰 회전력을 필요로 하는 기동모터에는 가장 알맞다.

(2) 분권식 모터(shunt winding type)

그림 6-22 팬 모터

분권식 모터는 전기자 코일과 계자 코일이 전원에 대해 병렬로 접속되어 있으므로, 가해진 전원 전압이 일정하면 계자 전류도 일정하며 자장의 세기도 일정하다. 자동차에서의 사용 예는 팬 모터의 경우이다.

직권모터와 마찬가지로 전기자 전류와 자장의 세기를 곱한 값에 비례하지만 자장의 세기가 변화하지 않으므로 결과적으로 토크는 전기자 전류에 비례한다. 즉 전기자 전류가 클수록 발생하는 토크는 커지지만 그 증가율이 직권식보다 낮으며 그림과 같은 특성을 나타낸다.

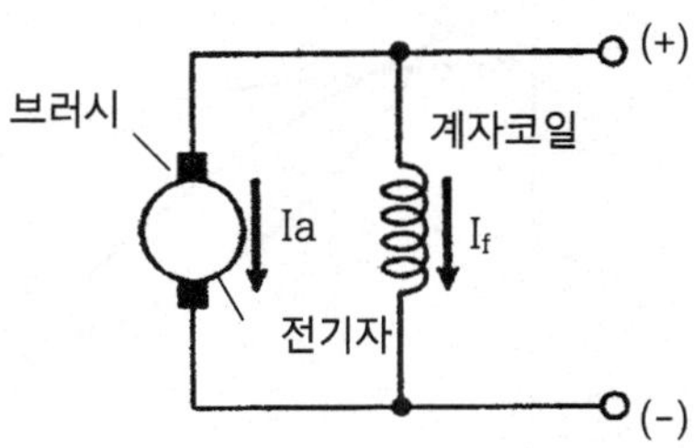

(a) 구조

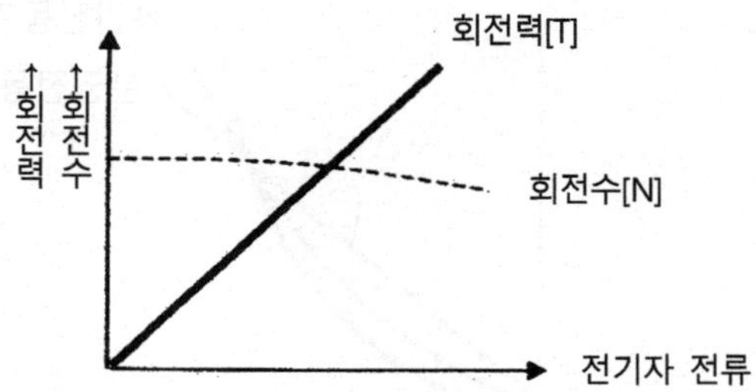

(b) 특성곡선

그림 6-23 직류 분권식 모터

분권 모터의 회전수는 전원이 축전지라면 단자전압은 일정하므로 변화하지 않는다. 전기자 전류가 커지면 축전지 전압이 조금 낮아지나, 속도는 그림 6-23(b)와 같이 거의 일정하다.

(3) 복권식 모터(compound winding)

그림 6-24
윈도우 와이퍼 모터

복권 모터는 3두 개의 계자 코일이 하나는 전기자 코일과 직렬로 접속되고, 다른 하나는 병렬로 접속되어 있다. 2개 계자 코일의 자속의 방향이 같은 것을 화동 복권이라 하고, 자속의 방향이 반대로 된 것을 차동 복권이라 하는데, 일반적으로 화동 복권이 많다.

복권식 모터는 직권과 분권의 중간 특성을 나타낸다. 즉 시동할 때에는 직권식과 같은 큰 토크 특성을 나타내고, 시동이 된 뒤에는 분권식과 같이 정속도 특성을 나타낸다. 자동차에서의 사용 예는 윈도우 와이퍼 모터의 경우이다.

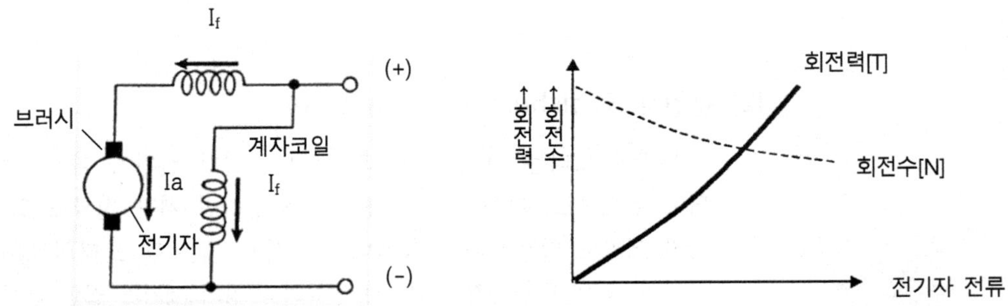

(a) 구조 (b) 특성곡선

그림 6-25 직류 복권식 모터

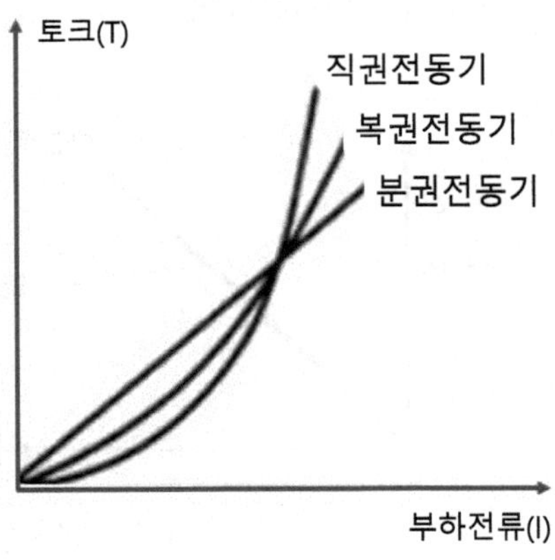

그림 6-26 토크특성곡선

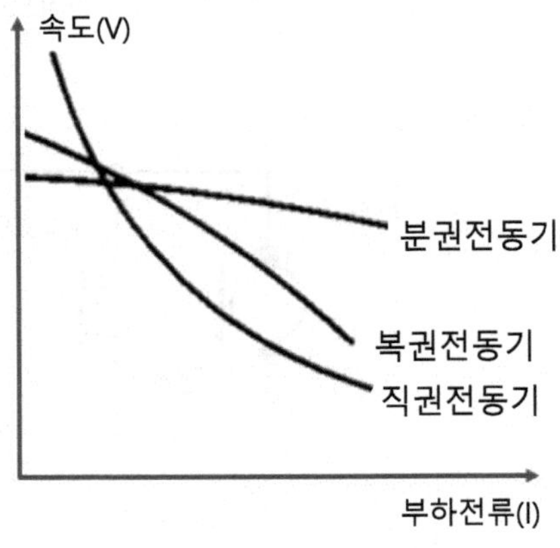

그림 6-27 속도특성곡선

[표 6-3 직류모터의 종류 및 특성]

구분	구성특성	특 성	사용장치
직류직권식	• 전기자 코일과 계자 코일이 전원에 대해 직렬로 접속	• 토크는 전기자 전류의 제곱에 비례. 즉 전기자 전류가 클수록 발생하는 토크도 크다. • 전기자 전류는 속도에 반비례하여 증감	• 기동모터
직류분권식	• 전기자 코일과 계자 코일이 전원에 대해 병렬로 접속	• 가해진 전원 전압이 일정하면 계자 전류도 일정하며 자장의 세기도 일정 • 전기자 전류가 커지면 축전지 전압이 조금 낮아지나, 속도는 거의 일정	• 팬모터
직류복권식	• 두 개의 계자 코일이 하나는 전기자 코일과 직.병렬로 접속	• 복권식 모터는 직권과 분권의 중간 특성을 갖음. 즉 시동할 때에는 직권식과 같은 큰 토크 특성을 나타내고, 시동이 된 뒤에는 분권식과 같이 정속도 특성을 나타냄.	• 윈도우 와이퍼 모터

(4) 자동차 기동모터

자동차의 기관은 자기기동(self starting) 능력이 없다. 때문에 외력으로 크랭크축을 회전시켜 시동을 해야 하며, 이 일을 하는 장치가 기동장치(starting system)이다. 즉, 기관을 시동시키기 위하여 최초의 흡입과 압축행정에 필요한 에너지를 외부로부터 공급하여 기관을 회전시키는 장치를 시동장치 혹은 기동장치라 한다.

기동전동기는 시동 토크가 큰 직류 직권전동기를 사용하며, 기동전동기에 요구되는 조건을 요약하면 다음과 같다.

① 소형 경량이며 출력이 커야 한다.
② 기동 토크가 커야 한다.
③ 가능한 소요되는 전원용량이 작아야 한다.
④ 먼지나 물이 들어가지 않는 구조이어야 한다.
⑤ 기계적인 충격에 잘 견디어야 한다.

기동전동기는 피니언을 링 기어에 물리는 방식에 따라 구조가 크게 달라진다. 다음 표는 피니언 치합방식에 따라 기동전동기를 분류한 것이다. 관성섭동식은 오늘날 2륜 소형차에 사용되는 정도로 그 용도가 제한되어있다. 현재 자동차에 주로 사용되는 시스템을 중심으로 간략하게 설명하고자 한다. 다음과 같이 분류한다.

[전동기의 형식]

구분	구조도	특성
전자피니언 섭동식 **(magnetic shift starter)**		직권식 또는 영구자석식 **승용 및 소형상용 자동차용** 12 V 또는 24V식, 0.3 kW - 4.8 kW
감속 기어식 **(reduction gear starter)**		직권식 또는 영구자석식 승용 및 소형상용자동차용 12 V 또는 24 V식, 0.3 kW - 4.8 kW 감속기어(유성기어장치) 설치
관성 섭동식 **(bendix starter)**		직권식 또는 영구자석식 소형2륜차용, 12 V 0.1 kW - 0.3 kW
전기자 섭동식 **(armature shift starter)**		직권식(전기자권선과 홀드인 코일) 상용자동차용(버스,트럭 등) 12 V 또는 24 V식, 1.8 kW - 4.4 kW
슬라이딩 기어식 **(sliding-gear starter)**		직권식 상용트럭 또는 버스용 12 V 또는 24 V식, 5.5 kW - 7.5 kW
		복권식(감속기어 유또는 무) 상용자동차, 버스, 특수자동차용 12 V, 24 V또는 110 V까지, 4 kW - 21 kW
	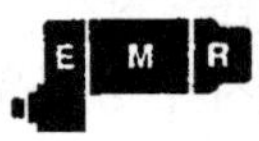	

전자 피니언 섭동식(magnetic shift type starter) :

이 식의 전동기는 주로 승용 또는 소형상용 자동차에 가장 많이 사용하고 있는 기동전동기로서 솔레노이드 스위치, 롤러식 오버러닝 클러치, 그리고 전동기가 일체로 조립된 형식이다. 솔레노이드 스위치에는 풀인(pull-in)코일과 홀드인(hold-in)코일이 감겨 있다. 그리고 전기자축의 헬리켈 기어상을 따라 이동하는 구동슬리브는 오버러닝 클러치를 통해 구동 피니언과 연결되어 있다.

일반적으로 자동차에서 사용하고 있는 기동전동기는 전자 피니언 접동식이며, 그 구조상 다음과 같다.

① 전동기 : 회전력을 발생하는 부분

② 마그네틱 스위치 : 마그네틱 스위치의 작동에 의해 피니언을 이동시켜 링 기어에 물리게 하는 부분

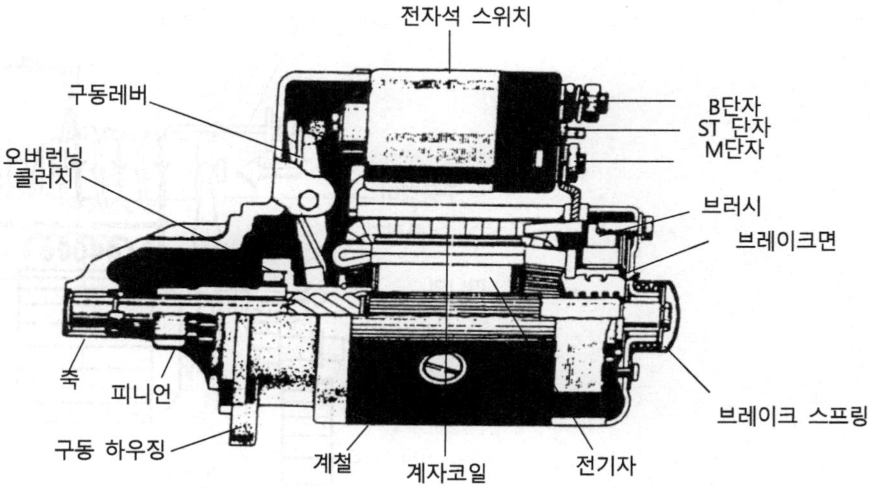

그림 6-28 전자피니언 섭동식 기동전동기(a)

③ 동력전달기구 : 회전력을 엔진에 전달하는 부분

④ 제동기구 : 피니언의 관성 회전이 없도록 하여 빨리 재시동을 하기 위한 제동기구

[기동전동기의 구조]

구분	구조도	특성식
전동기	전기자	전기자축, 전기자 철심
	전기자 코일	
	계자철심	요크, 계자철심
	계자코일	
	정류자	브러시, 브러시 홀더, 정류자
마그네틱 스위치	릴레이코일	풀인 코일, 홀드인 코일
	아마추어	마그네틱 아마추어, 릴레이 아마추어
동력전달기구	피니언 기어	
	오버런닝 클러치	
제동기구	치합레버	로드, 리턴스프링
	브레이크	

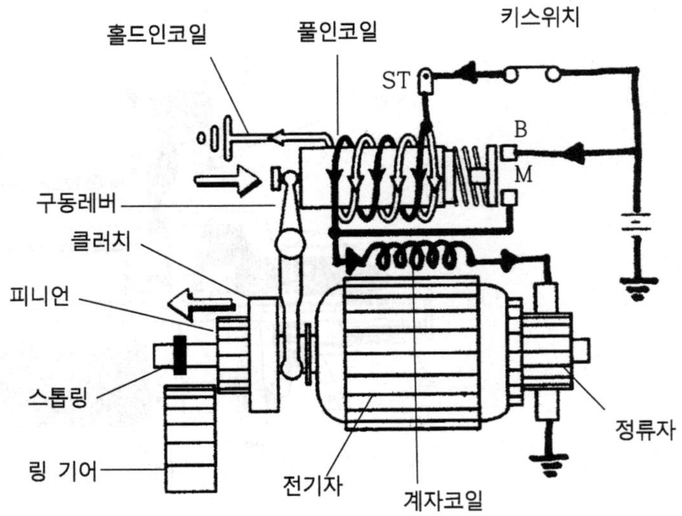

그림 6-29 기동전동기 작동원리

6.2.3 Brushless DC 모터

Brushless DC 모터의 정의

브러시(Brush)가 부착된 DC 모터에서는 정류자와 브러시의 접촉에 의해서 코일에 전류를 흐르게 함과 동시에 전류시키는 기능을 하지만, 브러시가 마모되는 단점이 있다. 그러나 Brushless DC모터는 브러시를 사용하지 않고 비접촉의 위치 검출기와 반도체 소자로서 통전 및 전류시키는 기능을 바꾸어 놓은 모터이다. 따라서 Brushless DC 모터의 토크발생 원리는 DC모터의 경우와 같은 형태이다.

브러시리스 모터의 특징

브러시리스 모터의 최대특징은 원리적으로 브러시리스로 인해 노이즈가 발생하지 않는다는 점이다. 여기에는 기계적인 접촉부가 없으므로 고속 회전형 모터, 장수명형 모터의 실현도 가능해진다.

한편, DC모터는 제어용 모터로 매우 뛰어난 특성을 가지고 있는 것으로 알려져 있다. 예를 들면 급격한 가속성, 큰 기동 토크, 전압 변화에 대한 선형 수하 특성, 출력 토크 대 입력 전류의 선형성 등이다.

이것은 매우 중요한 사항으로 제어용 모터에 요구되는 거의 모든 특성을 겸비한 모터라 할 수 있다. 그러나 이와 같이 뛰어난 모터에도 오직하나, 결정적인 결점을 지니고 있다. 그것은 브러시, 정류자에 의한 기계적인 접촉부이다. 이것은 DC모터가 기능하기 위해서는 필요불가결의 요소로서 이것으로 인하여 모터가 회전되는 셈이다. 그러나 모터가 끊임없이 섭동작용을 반복하므로 브러시, 정류자의 마모가 진행되고 이 이유 때문에 금속분말이나 흑연이 비산하여 현저히 모터의 수명을 줄인다.

또 마모가 진행되면 정류자간에 이상 아크가 발생하고 마침내는 플래시 오버 현상을 일으킨다. 그 구조상 회전 중에 아무래도 불꽃이 발생하므로 주변에 주는 영향이 크다. 특히 인화성이 있는 가스내에서는 방폭 대책이 큰 문제로 대두된다.

상기한 이유로 DC모터를 브러시리스화 한다는 것은 아주 큰 의미가 있다. 그래서 요즘의 경향은 DC모터의 브러시리스화가 연구, 검토되고 있는 것이다. 또한 무보수와 장수명 모터를 만들 수 있다는 것을 의미한다.

[표 6-4 브러시리스 모터의 특징]

구 분	특 징
브러시리스 모 터	• 기계적인 브러시, 정류자가 없다.(마모, 먼지의 발생이 없다.) • 모터의 수명이 길다. • 센서를 이용한 전자 정류장치를 사용한다. • 로터의 자극 센서에 홀 소자가 많이 사용되고 있다. • 기계적인 노이즈가 발생하지 않는다. 베어링 부위는 제외 • 브러시부에 카본, 오일미스트 등의 오탁이 발생하지 않는다. • 전기적인 노이즈가 발생하지 않는다.(전파장애가 발생하지 않는다.) • 불꽃의 발생이 없다. • 플래시오버가 없다. • 고속 회전형의 모터를 만들기 쉽다. • 다극형 모터를 만들기 쉽다.(단상, 2상, 3상 등) • 정방향 및 역방향 회전에 강하다. • 모터의 제 특성은 종래의 DC모터와 동등하다. 다만 로터부의 관성이 크고 출력 효율도 저하한다. • 브러시가 없어 설계에 있어 자유롭다. • 구동회로가 필요하여 종래의 DC모터보다 가격이 비싸다. • 회로 기술에 의하여 브러시리스모터의 특성을 개선할 수 있다.

Brushless DC 모터의 구조

Brushless DC 모터를 구조면에서 분류하면 권선으로의 통전은 브러시 등 접동요소를 사용하지 않는 고정식으로 하기 때문에 자계를 만드는 마그네트 회전기를 어디에 배치하느냐에 따라서 자로의 구성방법, 권선의 배치방법이 변한다.

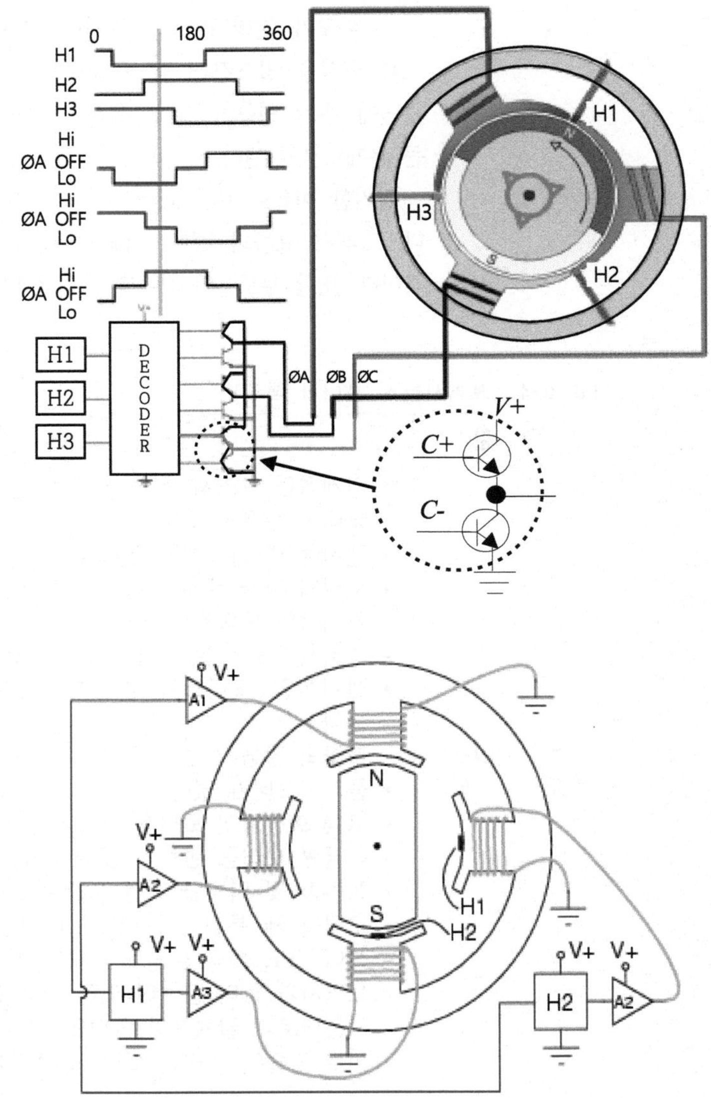

그림 6-30 Brushless DC 모터의 구조(Inner Rotor형)

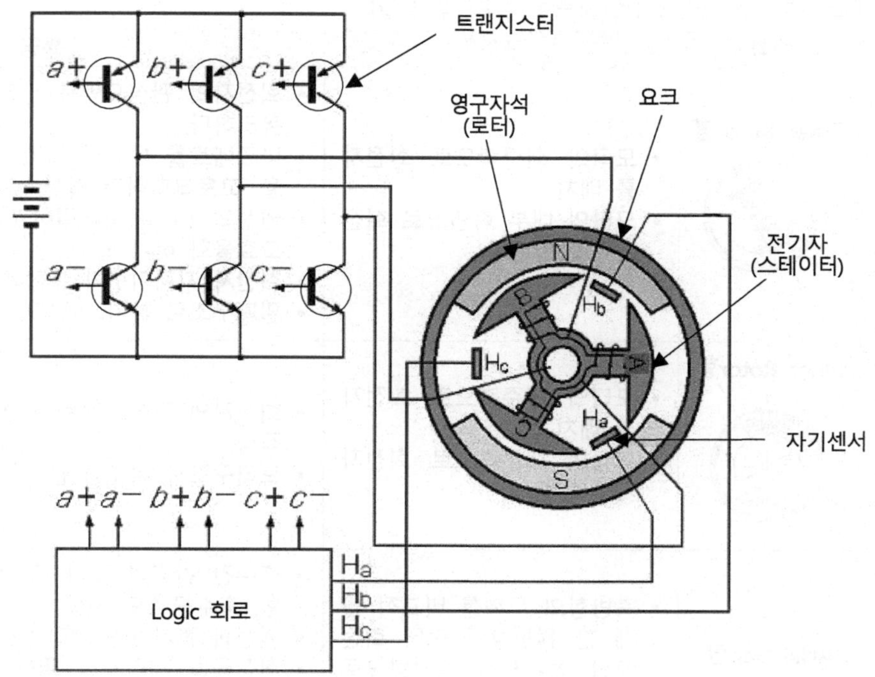

그림 6-31 Brushless DC 모터의 구조(Outer Rotor형)

(1) 회전기의 구조

Brushless DC 모터를 구조면에서 분류하면 권선으로의 통전은 Brush 등 접동요소를 사용하지 않는 고정식으로 하기 때문에 자계를 만드는 마그네트 회전기를 어디에 배치하느냐에 따라서 자로의 구성방법, 권선의 배치방법이 변한다.

브러시리스 모터를 로터구조에 의하여 분류하면 아우터 로터형, 이너 로터형, 디스크 로터형으로 나눌 수 있다. 아우터 로터형은 스테이터부가 내측에 있고 이것을 둘러싸는 것처럼 마그넷로터가 그 외측에 배치되어 있다. 즉 구조상, 그 외측에 로터가 있으므로 이너셔가 상당히 커진다. 따라서 급격한 동작을 빈번히 반복하는 용도에는 부적합하다. 용도 예로서는 레코드 플레이어의 터 테이블 구동, VTR의 실린더 모터, 헤이저 프린터의 스케너 모터 등이 있다. 이들은 무두 정속제어에 속한다.

[표 6-5 Brushless DC 모터의 종류 및 특징]

종류	구조	특징
Outer Rotor형 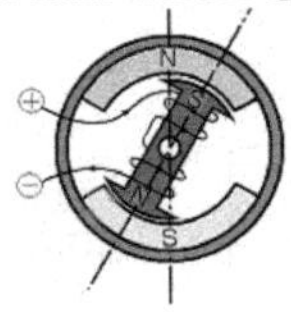	• 모터의 외주측으로 회전자를 배치 • 모터의 내부 측면으로 회전자계를 만든다.	• 회전자의 관성모멘트가 크므로 정속도 주행에 유리하다. • 마드네트를 비교적 크게 할 수 있으므로 고효율, 고토크화하기 쉽다. • 권선의 1코일 평균길이가 짧게 되어 손실절감, 고효율화 하기 쉽다. • 회전자 지지기구가 복잡하다. • 밀폐구조로 하기 어렵다.
Inner Rotor형 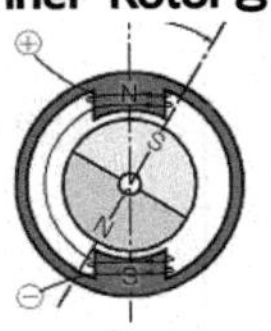	• 모터의 내주측으로 회전자를 배치 • 모터의 외주측으로 회전자계를 만든다.	• 회전자의 관성모멘트가 Outer motor에 비하여 작다. • 모터구조를 비교적 간단하게 구성할 수 있다.
Axial Gap형	• 축방향의 두께를 비교적 얇게 한 원판상의 모터 회전자의 전기자를 축방향으로 나열한 구조	• 축수간 간격이 짧기 때문에 공작의 정확을 요함, 축수구조도 복잡 • 권선과 전기자를 분리 Slotless구조로 함 • 회전율을 저감시킬 필요가 있는 곳에서 많이 사용되고 있지만, 권선의 배치정도와 권선형상의 밸런스를 작게 하여야 할 필요가 있다.

브러시리스(Brushless) 모터

• 브러시리스 모터는 최근 중국, 대만 등을 주축으로 여러 신규 업체의 시장개입에 따라 가격하락을 주도하면서 모형항공기의 파워소스로 널리 채택되고 있다. 특히 모터의 구조와 특성상 높은 토크, 고효율 및 낮은 소음으로 일반 브러시 모터 보다 상대적으로 전동 매니아들이 선호하고 있다.

□ 모터구조

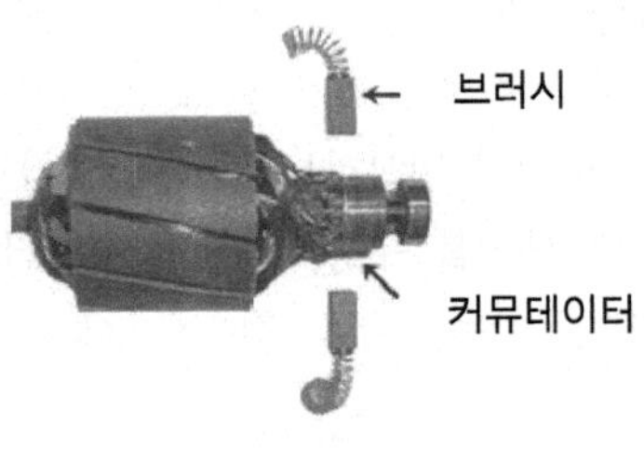

(a) 브러시 모터

고정자 회전자

(b) 브러시리스 모터

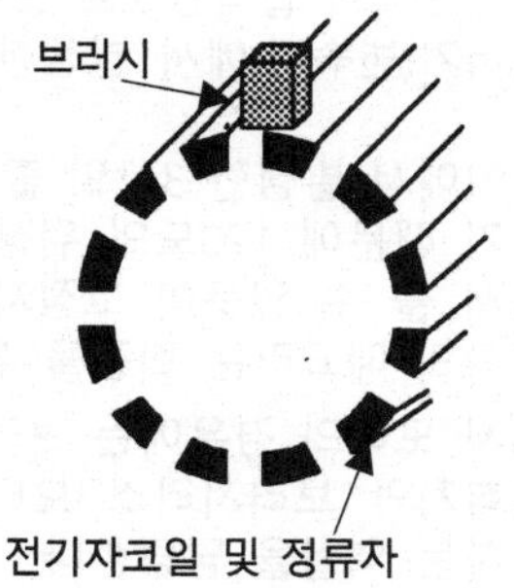

(a) 브러시 모터

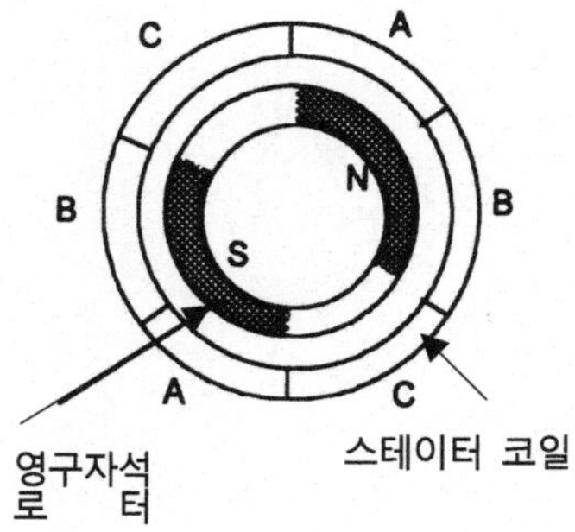

(b) 브러시리스 모터

- 위의 그림에서 볼 수 있듯이 브러시리스 모터와 브러시 모터와 가장 큰 차이점은 브러시와 정류자(commutator)가 없다는 것이다.
- 브러시 모터의 일반적인 구조는 크게 회전코일(회전자)과 고정자석(고정자) 및 브러시와 정류자 부분으로 구성되어 있다. 브러시와 정류자는 아마튜어 코일에 공급되는 전류방향을 회전각도에 따라 전환시켜줌으로써 회전자를 회전시킬 수 있는 자극의 변화를 만들어 주는 중요한 장치이다.
- 브러시리스 모터에서는 컨트롤러(변속기)가 그 역할을 담당하기 때문에 브러시나 정류자가 필요하지 않습니다. 이로 인해 구조가 간단해지며, 회전마찰에 의한 열 발생 감소와 브러시 마모에 따른 교체가 이루어지지 않으므로 반영구적인 수명을 보장한다.

□ 회전원리

- In-Runner 브러시리스 모터의 경우에는 회전자가 코어안쪽에 위치하고 있으며, Out- Runner 브러시리스 모터는 보통 통돌이라고 하는데 회전자가 코어의 바깥쪽에 있는 것이 큰 차이이다. 브러시리스 모터는 기본적으로 3상구조를 가지며 회전 제어는 외부의 컨트롤러가 전담한다.
- 양극(+,-)의 DC전원를 3상으로 전환하여 모터에 공급하며 , 3개의 고정코일에 공급된 전압으로 고정자석의 위치를 감지하여 위상변화를 줌으로써 회전을 하는 방식의 구조이다. 이 제어구조를 센서가 없는 브러시리스(Sensorless Brushless)라고 한다.

[In-Runner 브러시리스 모터]

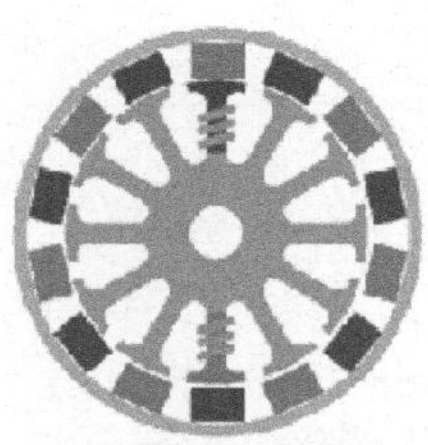

[Out-Runner 브러시리스 모터]

- 어떻게 3개의 입력신호로 모터를 구동할 수 있을까? 위의 그림은 외부제어기(변속기)에서 발생한 3상의 입력신호를 나타낸 다이어그램이다.
  변속기에서 발생한 3상의 출력은 브러시리스 모터의 입력신호로 연결되기 때문에 120도의 위상 차이를 갖습니다. 위의 회전 애니메이션에서 볼 수 있듯이 고정자가 순차적으로 자력을 발생시킴으로써 회전자의 매끄러운 회전을 유도한다.
- 브러시 모터의 경우에는 브러시와 정류자가 입력신호를 기계적으로 제어하지만 브러시리스 모터는 변속기는 직류 신호입력을 교류로 전환하는 역할을 담당한다.

(2) 회전자 위치 검출장치

Brush가 부착된 DC 모터와 같은 모양으로 전류의 방향과 자속의 방향을 직교시키기 위해 마그네트 모터 위치를 정확하게 파악해서 그 신호에 의해 권선에 전류를 흐르게 하기도 하고 차단하기도 할 필요가 있다. 그 기능이 회전자 위치 검출장치이다. 검출수단으로서는 광소자와 자기저항소자, 그밖에 다른 것들이 있지만 소형이면서 가격이 싸다는 점에서 홀소자가 가장 실용화되어 있다. 모터의 발열에 의해 고온하에 있기 때문에 온도특성이 좋은 갈륨비소와 같은 것이 주류이다. 홀소자는 반도체에 전류를 흘리고 전류와 직각방향으로 자계를 주면 직각방향으로 홀전압을 발생하는 것이다.

(3) 마그네트

Brushless DC 모터에 사용되는 마그네트로는 소형 모터에 있어서는 그 대부분이 성능과 가격면에서 페라이트 마그네트가 주류이지만 최근에는 그것보다도 한층 더 성능이 좋은 플라스틱 네어듐을 사용하는 체적효율(경박단소화)을 보다 높인 방향이 보이고 있다.

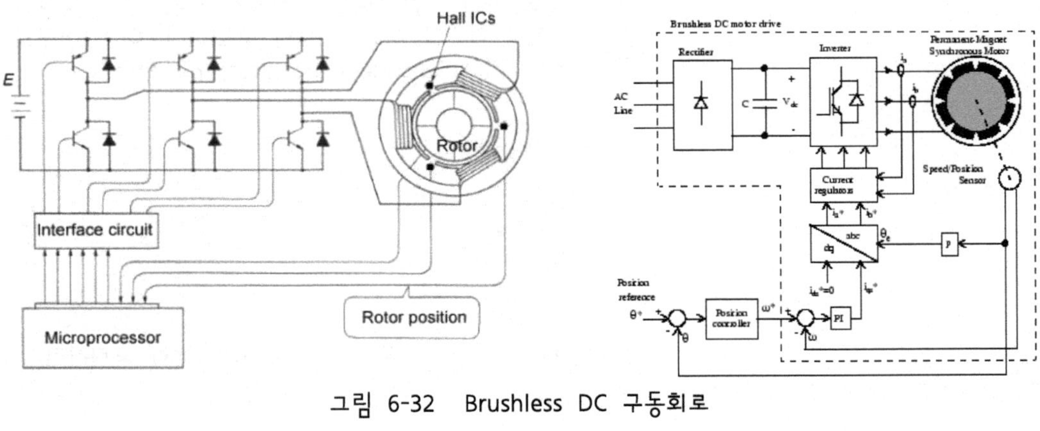

그림 6-32 Brushless DC 구동회로

(4) 구동회로

Brushless DC 모터는 통전, 전류의 기능은 반도체로 구성된 구동회로를 모터의 내부 또는 모터의 외부로 접속해서 최초로 회전한다. 회전의 논리는 위치검출을 해서 홀소자에서의 신호를 인버터용 트랜지스터의 베이스로 구동하기 위한 분배기능을 한다. 더욱 이 회전의 논리회로는 회전수에 비례한 펄스를 발생하고 동시에 회전수의 피드백 신호로 해서 이용할 수도 있다.

[표 6-6 BLDC 모터의 특징]

종류	특 징
장 점	• 기계적 정류기구를 전자화(무접점화)하여 전기적노이즈(불꽃), 기계적 노이즈가 작다. • 신뢰성이 높고 수명이 길고 고속화가 용이하다. • 기기의 고밀도화에 따른 요청에 용이하게 대응된다.(형상, 구조의 자유도화 → 경박 단순화 → 기전일체화) • 기기의 다기능화에 쉽게 대응된다.(일정 속도제어, 가변 속도제어 등)
단 점	• 로터에 영구자석을 사용하므로 저관성화에는 제한이 있다. • 일반적으로 페라이트 자석을 사용할 경우가 많으므로 체적당 토크가 작다.(결점보완을 위해 회토류자석을 사용하는데 비용이 높음) • 정류기구를 전산화하기 위해 반도체회로를 필요로 하여 비용이 높아진다.(최근의 반도체 기술의 진보에 의해 개선됨)

[표 6-7 DC모터 종류 및 특징]

종류	특 징
브러시 DC모터	• 고정자 : 전자석(혹은 영구자석) • 회전자 : 브러시 통해 일정 전류 공급 → 플레밍 왼손법칙 : 회전자 회전
브러시리스 DC모터 (BLDC)	• 고정자 : 반도체소자 및 컨트롤러(트랜지스터, 싸이리스터)사용 → 순차적으로 자력을 발생 • 회전자 : 영구자석 → 순차적으로 변하는 고정자의 자력에 의해 매끄럽게 회전자 회전 • 장점 : - 기계적 정류기구를 전자화(무접점화) - 전기적노이즈(불꽃), 기계적노이즈가 작다. - 신뢰성이 높고 수명이 길고 고속화가 용이하다. - 기기의 다기능화에 쉽게 대응(일정 속도제어, 가변 속도제어 등)

6.3 AC 모터

교류 전원으로 운전되며, 생활 주변에서 가장 널리 쓰이는 모터이다.

교류모터는 기본적으로 외부 고정자와 내부 회전자로 구성되어 있다. 교류전류가 고정자 권선에 공급되면 전자기유도에 의해 자기장이 변화한다. 이때 회전자에서 회전하는 자기장에 의해 유도전류가 생기고 토크에 의해 회전자에 있는 축에서 회전력이 발생한다. 보통 50~60 Hz의 교류전원을 사용하지만, 높은 회전속도를 얻고자 할 때에는 수백 Hz에 이르는 높은 주파수의 교류전원을 사용하기도 한다. 소형 모터의 회전자에는 단락된 권선을 사용하고, 대형 교류 모터에는 권선을 감아서 사용한다.

교류모터는 크게 단상식과 삼상식으로 나뉘며, 회전자의 유형에 따라 유도모터(Induction Motor), 동기모터(synchronous motor)로 분류한다. 일정한 주파수 전원으로 운전할 경우, 유도모터는 대체적으로 정속도를 유지하며, 동기모터는 완전한 정속도를 갖는다.

교류모터의 용량은 수십 W의 소형에서 수백 kW의 대형에까지 이르며 선풍기, 세탁기, 냉장고, 펌프, 크레인 등 가정과 산업현장 전반에서 널리 사용되고 있다. 교류모터는 구조가 간단하고 브러시나 정류자와 같은 기계 소모부가 없고, 고속에서 순간 최대 토크를 출력할 수 있어 응답특성이 빠르며 무게당 토크가 크므로 소형 경량화할 수 있다는 장점이 있다. 그러나 직류모터에 비해 제어 방법이 복잡하다는 단점이 있다.

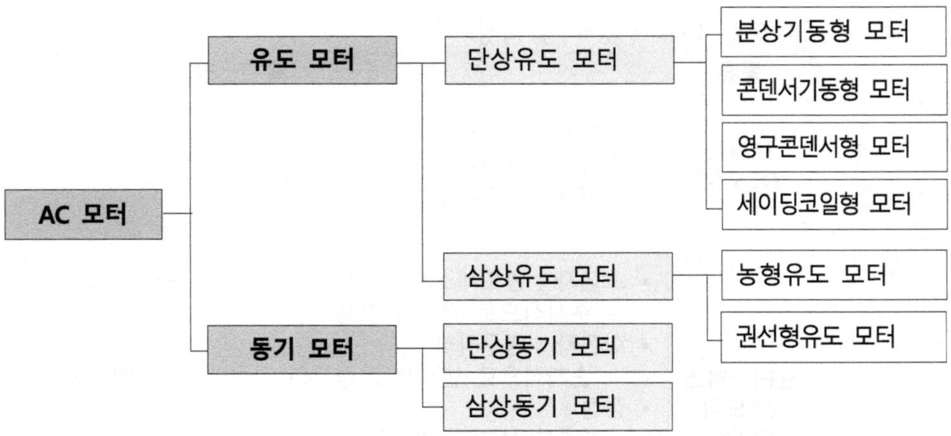

그림 6-33 AC 모터의 구분

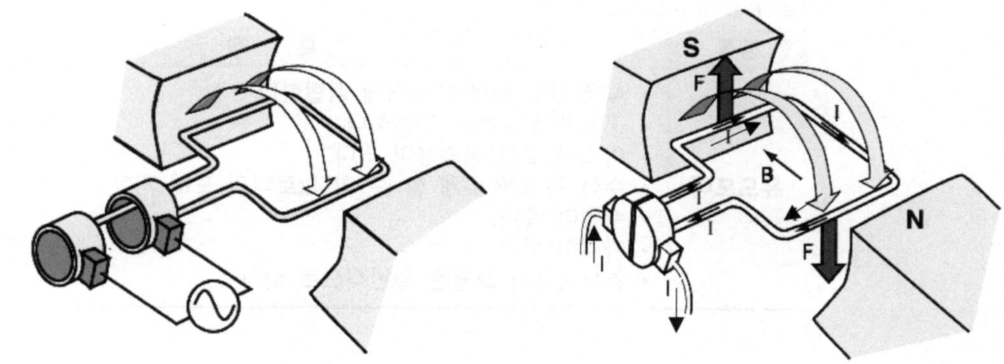

(a) AC모터 (b) DC모터

그림 6-34 모터의 구분

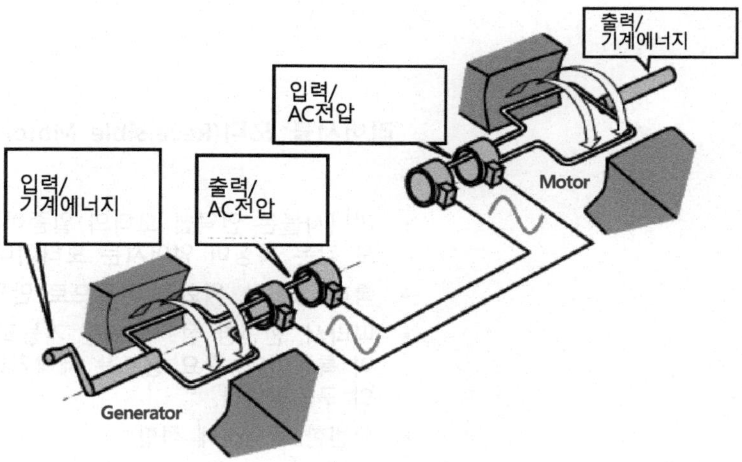

그림 6-35 AC모터와 발전기

6.3.1 유도모터(Induction Motor)

유도모터(인덕션 모터)는 ac모터의 일종으로서 회전자계형에 속한다. 그 구동 원리는 스테이터부에 발생하는 회전자계와 로터부에 생기는 유도자계와의 상호작용으로 회전력을 얻는다. 단상 뿐만 아니라 3상 유도모터, 3상 권선형 유도모터 등이 있다.

[표 6-8 유도모터의 특징]

종류	특 징
유도모터	• AC전원의 동력용 모터에 적합하다 • 구조가 심플하고 튼튼하다. • 어느 정도의 정속성이 있다. • 수하 특성을 갖게 할 수 있다.(로터의 도체 저항을 올려 주면 된다.) • 수명이 길다. • 가격이 싸다. • 경부하에서 효율은 일반적으로 낮다.

인덕션 모터는 AC모터 중에서도 가장 사용하기 쉬운 모터의 하나로서 일반 가정의 전기 제품에 많이 사용되고 있다. 인덕션 모터는 부하에 대응하는 회전수로 회전하나 여기에는 어느정도의 정속성이 있다. 따라서 별로 정속성을 요구하지 않는 동력용 모터로서도 많이 사용된다. 인덕션 모터에도 여러가지 종류가 있으나 소형 중에서는 단상형의 콘덴서 모터가 가장 많이 보급되고 있다.

리버서블 모터(Reversible Motor)

- 리버시블는 인덕션 모터의 일종이며 우회전, 좌회전 어느 방향으로도 같은 특성이 얻어지는 모터이다.
- 특히 정회전, 역회전 전용으로 만들어진 모터를 가리킨다.
- 따라서, 빈번한 정·역 회전 기능과 큰 기둥 토크를 가지고 있는 점이 특징이다. 주요 용도는 세탁기의 펄세이터용, 사무기, 자동기 등의 구동원이다.
- 빈번한 정역전에 적합
- 브레이크 특성이 좋다.(전자식)
- 단시간이면 크기에 비해 큰 출력이 얻어진다.
- 기동 특성이 뛰어나다.

유니버설 모터(Universal Motor)

- 유니버설 모터(Universal Motor)는 직류나 교류로 회전시킬 수 있는 정류자 모터를 말한다. 유니버설이라는 말은 "여러가지 목적에 사용되는 만능"이라는 뜻이며 이 모터를 직류나 교류로 사용할 수 있기 때문에 이 명칭으로 불려지고 있다. 이 모터의 구조는 직류 직권모터와 같으며 스테이터 코일과 로터 코일에 동일 전류를 흐르게 하며 회전력을 발생시킨다.

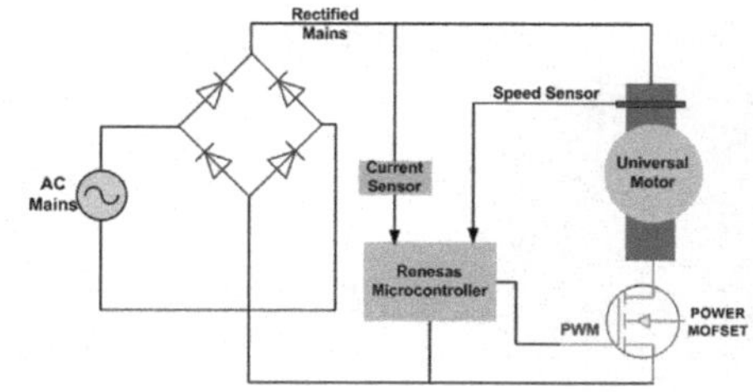

따라서 직류나 교류에서 토크의 발생 방향이 일정하게 되어 항상 일정한 방향으로 회전할 수 있게 된다. 또 유니버설 모터는 입력 단자에 공급하는 전압의 극성을 바꾸어도 회전 방향은 변하지 않는다. 유니버설 모터를 교류 전원으로 사용하는 경우 전원주파수의 2배로 맥동하는데 50/60 Hz 정도의 주파수이면 그 맥동은 별로 문제가 되지 않는다.

특징은 시동 토크가 크고 고속 회전이 쉽게 얻어진다는 것이다. 그 때문에 전차 등의 구동 모터로 많이 사용되고 있다. 한편, 결점으로는 브러시와 정류자가 있기 때문에 전기 노이즈, 기계 노이즈가 크고 수명도 그다지 길지 않다는 점 등을 들 수 있다.

3상 유도모터는 바깥쪽의 고정자와 안쪽의 회전자가 모두 얇은 강판으로 쌓아올려서 만들어져 있으며 거기에 각각 슬롯을 내고 있다. 고정자 슬롯에는 코일을 넣는다. 3상의 각 상이 1개의 코일인 예는 없으며 적어도 몇 개의 코일을 사용하기 때문에 고정자의 슬롯 수는 24, 36, 48, 64 … 등이며 많은 것은 수백에 달한다. 각 상의 코일은 공간에서 120° 씩 이동시켜서 배치한다. 회전자에는 피복되지 않은 동봉이나 알루미늄의 주물을 슬롯 속에 넣는 농형(squirrel cage induction motor)이라 불리는 것과 3상 권선으로 하는 권선형이 있다.

2극 모터는 2극의 회전자계를 발생하는 경우인데, 코일의 넓이를 반으로 줄이고 코일수를 2배로 하면 4극의 회전자기장을 발생한다. 코일의 폭을 더욱 좁혀서 6극과 8극 등을 만들 수 있으며 수십 극을 만드는 예도 있다. 극수가 많을수록 회전자기장의 속도가 늦어지며, 회전자의 속도도 이에 따라서 저속도로 회전한다. 고정자의 3상 권선에 3상 전압을 가하면 3상전류가 흘러들어서 회전자계를 만든다.

그림 6-36 전기자동차 구조

그 속도 Nn는 p를 극수로 f를 주파수로 하면 1분당 120 f/p 회전이 된다. 회전자가 전기적으로 닫혀진 회로로 되어 있으면 회전자계에 의해서 발생한 회전자도체 속의 기전력 때문에 전류는 흘러서 모터로서 회전한다. 그 회전방향은 회전자기장의 방향과 같지만 회전자의 속도는 회전자기장의 속도보다 느리다. 이 차이를 슬립(slip)이라고 하는데 이 슬립의 값이 모터의 동작에 끼치는 영향은 크다. 예를 들면 슬립이 0에 가까이 하면 출력은 0에 가까워진다.

일반적으로 규정출력을 낼 때의 슬립의 값은 회전자계 속도의 몇 % 정도이다. 이상과 같은 것은 회전자가 농형이든 권선형이든 마찬가지이다.

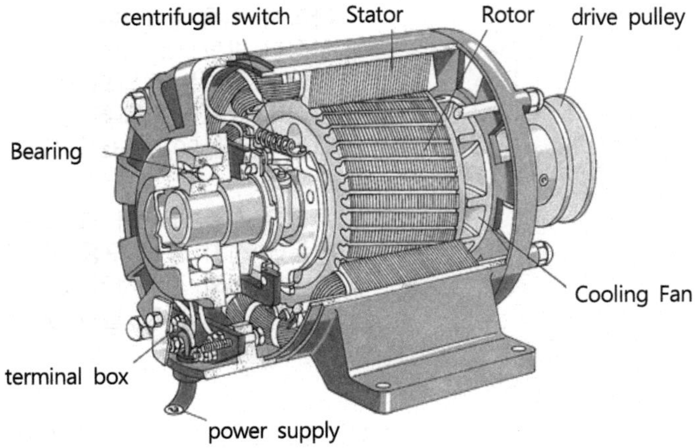

그림 6-37 유도 모터의 구조

(a)유도모터

(b)영구자석 동기모터

그림 6-38

일반적으로 볼 수 있는 3상 유도모터는 농형으로 4극의 것이 많으며, 속도는 거의 1,500 rpm이다. 농형모터는 정속도로 운전하는 데 적합하다. 권선형은 3상 단자가 축에 설치된 집전링과 브러시를 통해 외부로 나와 있다. 3상 단자에 적당한 값의 저항을 연결함으로써 속도를 제어할 수 있고 또한 시동할 때의 유입전류를 적게 할 수 있으며, 더욱이 토크를 크게 할 수 있는 것이 특징이다.

농형모터의 속도를 제어하는 방법은 여러 가지로 연구 ·검토되고 있지만 직류모터처럼 자유로이 조정하기가 매우 어렵다. 소형 유도모터는 단상 100 또는 200 V의 전압으로 사용되는 단상기이며 가정용 기기로서 세탁기·선풍기·냉장고·펌프 등을 예로 들 수 있다. 이것은 모두 단상유도모터이고 출력은 750 W 이하이며 회전자의 농형은 3상 모터와 거의 같은 구조이다. 고정자 쪽의 구성의 한 예는 주권선과 보조권선을 서로 공간적으로 90° 벗어난 곳에 놓고, 전원전압은 주권선에는 직접 가하고 보조권선에는 콘덴서와 스위치를 통해서 가한다. 그 이유는 주권선만으로는 전압을 가해도 시동되지 않는 성질이 있으므로 보조권선을 두어 시동 토크를 만드는 것으로서, 더욱이 콘덴서를 넣음으로써 시동할 때의 특성을 좋게 할 수 있기 때문이다.

시동이 되어 회전자가 고속으로 회전하게 되면 보조권선이 없어도 회전이 계속되기 때문에 회전자 측에 부착되어 있다. 운전 후 전원을 끊으면 회전자속도가 저하되어 정지하게 되는데 이때는 스위치 K를 닫고 다음 시동에 대비한다. 시동 토크를 얻는 방법에는 몇 가지가 있다. 운전 중의 회전자속도는 3상의 경우와 마찬가지로 120 f/p 보다 수 % 가량 느리게 된다. 펌프용 회전자와 같이 고속회전이 요구되는 것으로는 2극이 사용되지만 그 밖의 것은 4극이 많다.

그림 6-39을 참고하면 유도모터의 원리를 쉽게 이해할 수 있으리라. 즉 회전이 가능한 자석 속에, 바구니형으로 만든 구리막대의 회전자를 둔 장치라 할 수 있다. 따라서 자석을 회전시켜 주면, 회전자도 자석과 같은 방향으로 회전하게 된다. 자석의 회전을 정지시키면 회전자도 정지하고 자석을 역방향으로 돌이면 회전자도 역방향으로 돌게 된다. 그 이유는 다음과 같이 생각할 수 있다. 머물고 있는 회전자에 대해서 자석이 시계방향으로 돌면, 회전자의 도선을 자력선이 끊는 것이 된다. 그 때문에 도선에는 플레밍의 왼손 법칙에 따라서 그림과 같은 방향으로 유도전류가 흐른다.

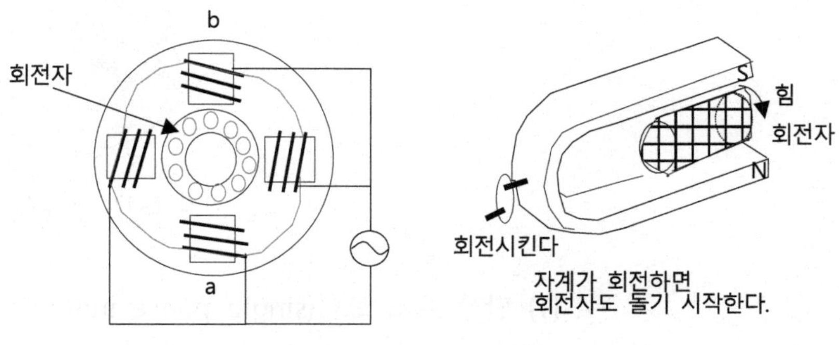

그림 6-39 유도모터의 구조

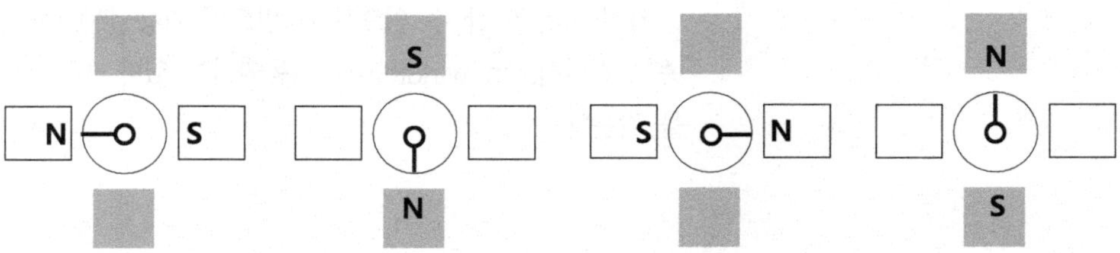

그림 6-40 단상 유도모터의 원리

다음에 회전자에서 생긴 유도전류와 자석의 자계 사이에 이번에는 플레밍의 왼손 법칙에 따른 전자력이 발생한다. 이 전자력의 방향은 자석의 회전 방향과 일치한다. 이렇게 해서 회전자도 자석의 회전에 따라가듯이 회전한다. 이것이 유도모터의 원리이다.

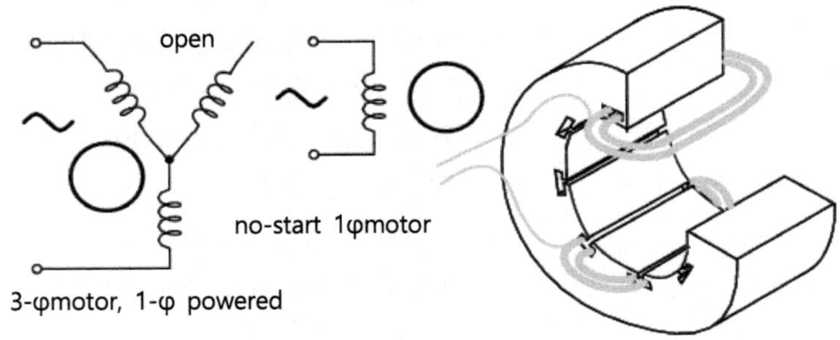

그림 6-41 단상전원-3상 모터

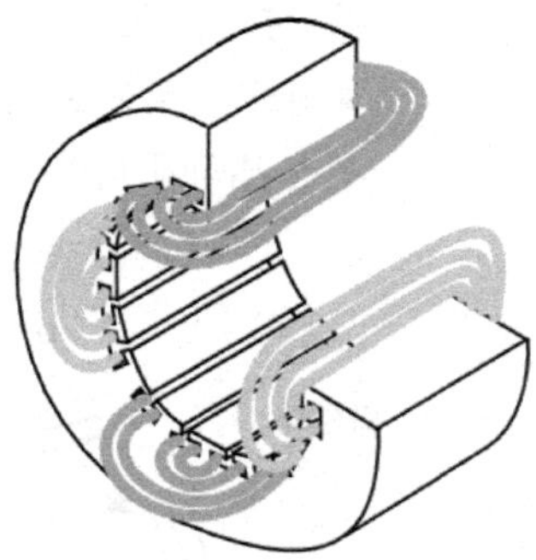

그림 6-42 단상유도 모터

(1) 단상 유도 모터(single phase induction motor)

단상 교류는 쉽게 구할 수 있는 전원이므로, 단상 유도 모터는 가정용과 산업용으로 많이 사용된다.

자력 기동을 할 수 없으므로, 별도의 기동권선(start winding)이 필요하다. 즉 운전권선(run winding)과 기동권선이 있다. 대개 1 - 2 hp 정도의 크기를 갖는다.

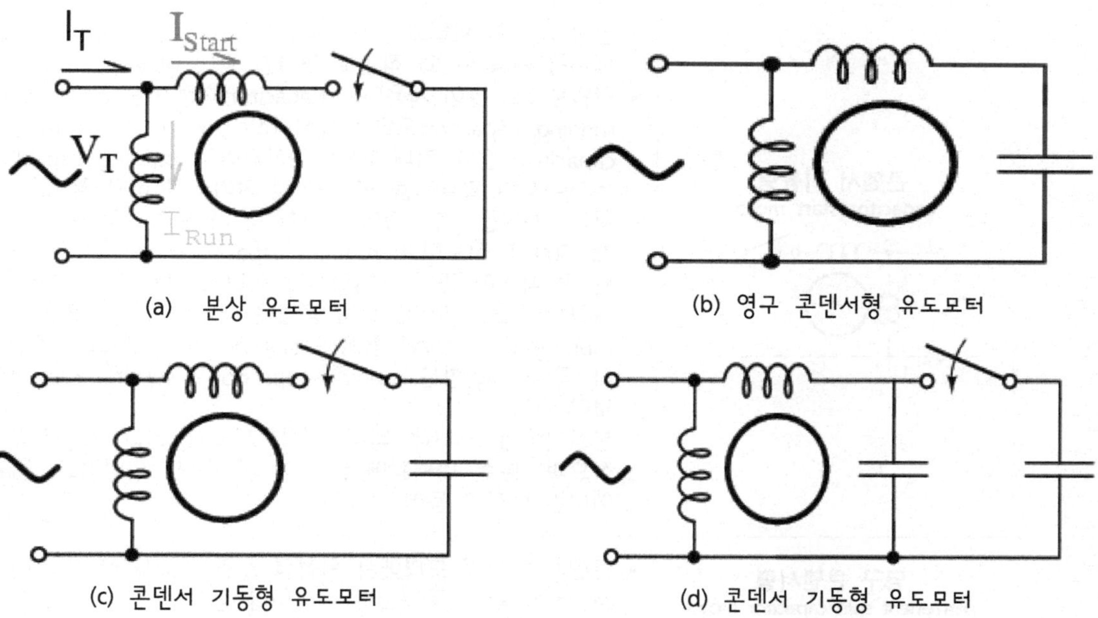

(a) 분상 유도모터 (b) 영구 콘덴서형 유도모터

(c) 콘덴서 기동형 유도모터 (d) 콘덴서 기동형 유도모터

그림 6-43 단상 유도모터의 구조

[표 6-9 단상 유도 모터]

종류	특 징
분상 기동형 **(split phase motor)** 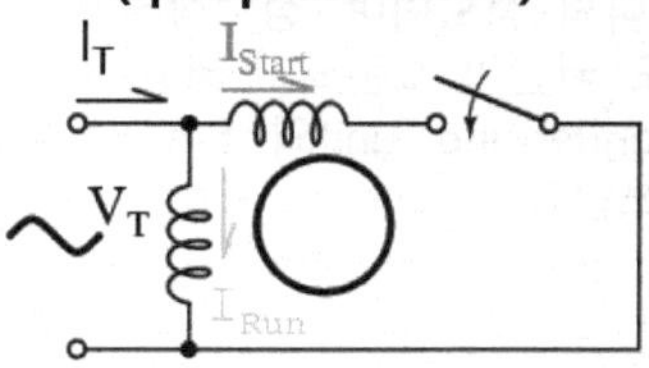	• 고정자(stator), 회전자(rotor), 엔드플레이트 또는 브래킷(end plate or bracket), 원심력 스위치(centrifugal switch)의 4가지 주요부품으로 되어있다. • 회전자는 농형권선(squirrel cage winding)으로 되어있고, 고정자는 주권선인 운전권선(running winding)과 보조권선인 기동권선(starting winding)이 병렬로 감겨저 있어서 이 병렬회로에 단상 교류전압을 가하면 운전권선과 보조권선 사이의 리액턴스 차이로 두 회로에 흐르는 전류에 위상차이가 생겨서 회전자기장이 발생하여 토크가 발생하게 된다. • 원심력 스위치(centrifugal switch)는 기동권선과 직렬로 연결되어 있으며, 기동 초기에는 스위치가 on 상태로 있다가 회전자의 속도가 증가하여 정격속도의 75% 정도에 이르면 스위치가 off 되어 기동권선 회로가 개방되고, 모터는 운전권선에 의하여 계속 회전하게 된다. • 가격이 싸나, 기동 토크가 작고 원심력 스위치 때문에 부피가 크며 큰 기동전류 때문에, 소형 분수 마력형 모터(냉장고, 펌프, 세탁기 등)에 많이 사용되고 있다.

<table>
<tr>
<td>콘덴서 기동형
capacitor start motor
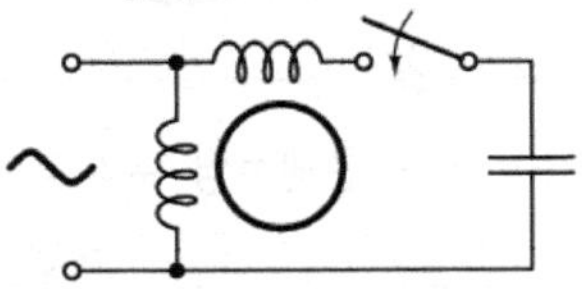</td>
<td>• 분상 기동형 모터와 비슷하나, 기동토크 증대 목적으로 콘덴서를 기동권선과 직렬로 연결한 점이 다름.
• 산업용으로 많이 사용되는 Capacitor(축전기)는 oil-filled, or running, capacitor(오일 커패시터)와 starting, or electrolytic, capacitor (전해 커패시터)의 2가지이다. starting capacitor는 두 장의 알루미늄 판 사이에 전기를 통하지 않도록 화학적 처리를 한 종이가 채워져 있으며 용량은 대략 75~600 μF 정도이고, running capacitor는 두 장의 알루미늄 판 사이에 종이가 채워지고 이것이 다시 오일 속에 담겨있는 구조로 되어있으며 용량은 대략 2~60 μF 정도이다. running capacitor의 용량이 starting capacitor의 용량 보다 적으나, 외형은 running capacitor가 starting capacitor 보다 크다.
• 분상기동형 모터에 비하여 기동토크가 크고 기동전류가 작으며, 분수 마력형에서 10여 마력까지 다양하고, 펌프 에어컨 냉장고 등에 사용된다.</td>
</tr>
<tr>
<td>영구 콘덴서형
permanent split capacitor motor
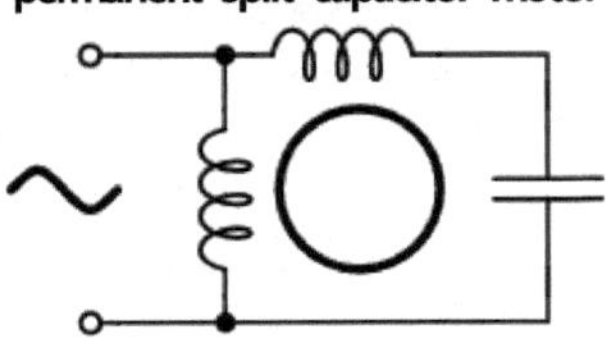</td>
<td>• 콘덴서 기동형 모터에서 원심력 스위치를 제거한 것. 따라서 컨덴서를 기동 시 뿐만 아니라 정상 운전 시에도 계속하여 사용.
• 용량이 적은 콘덴서를 사용하기 때문에 기동 토크는 콘덴서 기동형 모터 보다 작으나, 원심력 스위치가 없어서 구조가 간단하다.
• oil-filled capacitor가 주로 사용되며, 큰 기동 토크가 필요하지 않은 선풍기나 세탁기 등에 많이 사용.</td>
</tr>
<tr>
<td>셰이드 코일형
shaded pole motor
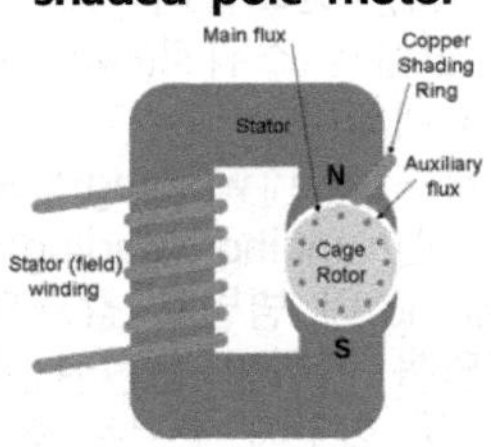
Shaded Pole Induction Motor</td>
<td>• 각각의 고정자 자극의 한쪽 끝에 홈을 파서 돌출(salient)극을 만들고 이 돌출극에 셰이딩코일(shading coil)이라 부르는 구리 단락 고리를 끼운 것. 이 shading coil에 의해서 회전 자계장이 형성되어 토크가 발생하여 회전하게 된다.
• 운전 중에도 shading coil에 전류가 계속 흐르므로 효율과 역률이 아주 작으며, 기동토크도 작다.
• 구조가 간단하고 견고하지만 회전방향을 변경할 수 없다.
• 크기는 1/100~1/20 마력 정도이며, 정지상태(stall)로 오랫동안 전전압이 걸려도 권선이 소손되지 않는 경우도 있다.
• FCU의 fan, 소형 condensing unit의 fan, 소형 선풍기, record player 등에 쓰인다.</td>
</tr>
<tr>
<td>콘덴서 기동-콘덴서 운전형
capacitor start-capacitor run motor
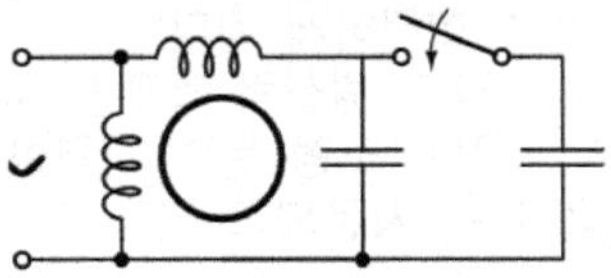</td>
<td>• 콘덴서 기동형 모터의 운전권선에 running capacitor를 추가한 형태의 모터로, 기동토크가 크고 운전효율도 높은, 특성이 아주 좋은 모터로 알려져 있다.
• 대부분 밀폐형 또는 반밀폐형 압축기에 사용되며, 고가이기 때문에 개방형 압축기에는 거의 사용되지 않고 있다.</td>
</tr>
</table>

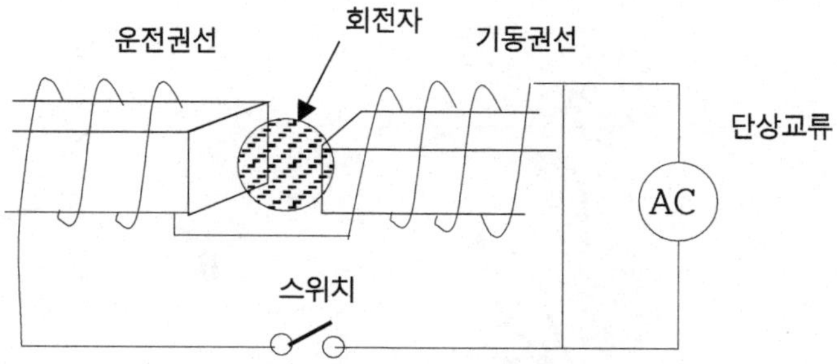

그림 6-44 단상 유도 모터 구조

(2) 삼상 유도 모터(three phase induction motor)

- 같은 마력수의 단상 유도 모터에 비해서 구조가 간단하고 더 소형이다.
- 회전자의 구조에 의해서 농형(squirrel cage induction motor)과 권선형(star winding induction motor)으로 나누어진다.
- 고정자의 권선법에는 성형결선(star winding or Y winding)법과 델타(delta winding)결선법이 있다.
- 대부분 공장용으로 사용되며, 1 마력 이상에서 수 천 마력까지 다양한 크기가 생산됨. (분수 마력도 생산이 되는 경우가 있으나 납기가 길다.)
- 소용량에서는 대부분 농형이 사용되고, 기동전류가 문제가 되는 대용량에서는 권선형이 사용된다.
- 대부분의 중소형 삼상 모터는 결선을 바꾸어 고·저 두 개의 전압 중 어느 전압에서도 작동하게 할 수 있다.

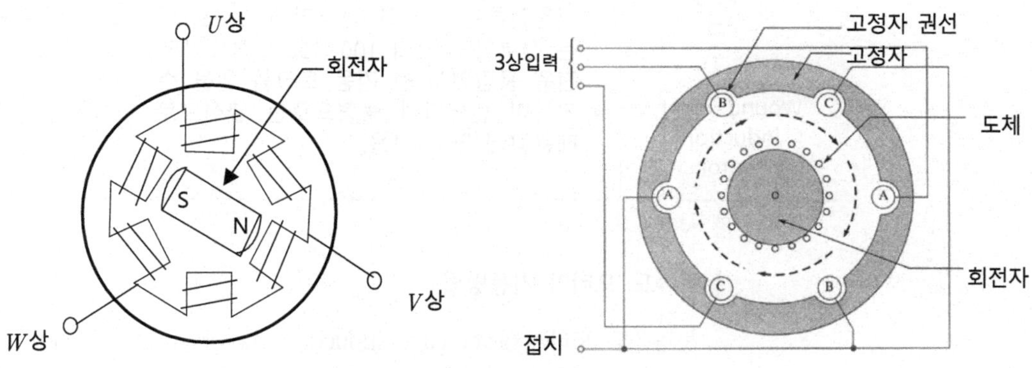

그림 6-45 3상 유도 모터 구조

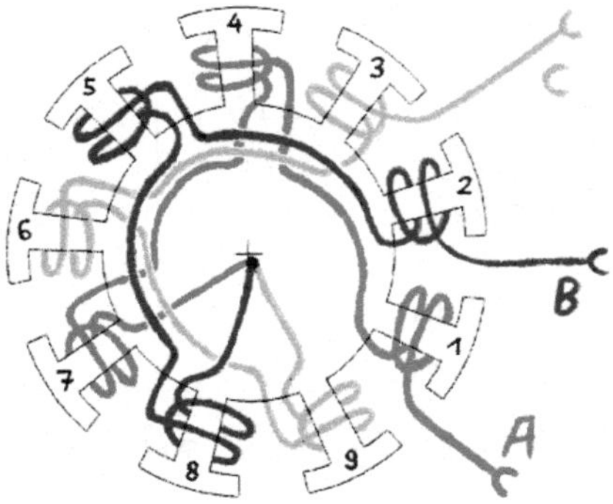

그림 6-46 Y(star)결선법의 형태

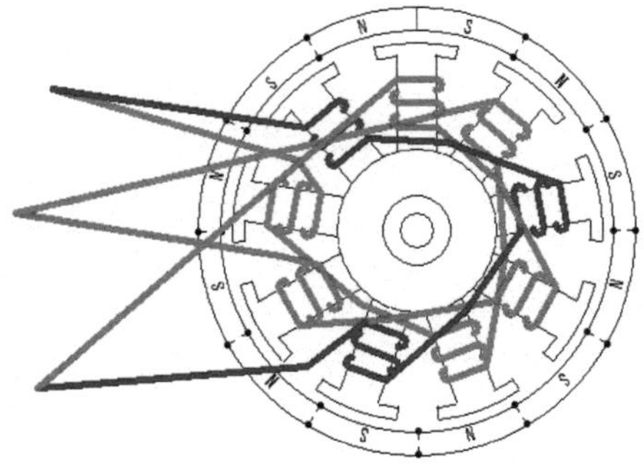

그림 6-47 Delta 결선법의 형태

[표 6-10 삼상 유도 모터]

종류	특 징
농형(쳇바퀴모양) **(squirrel cage induction motor)** 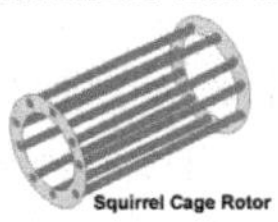	• 회전자는 구리나 알루미늄 환봉을 도체 철심 속에 넣어서 그 양쪽 끝을 원형 측판(shorting ring)에 의해서 단락시킨 것으로, 그 모양이 마치 다람쥐 쳇바퀴처럼 생겼다하여 squirrel cage라고 함. • 회전자의 구조가 간단하고 튼튼하며 운전 성능이 좋으므로 건축설비에 쓰이는 대부분의 삼상 모터는 농형이다. • 기동시에 큰 기동전류(전부하 전류의 500~650%)가 흐르는 것이 단점이며, 이 단점 때문에 권선이 타기 쉽고 공급전원에 나쁜 영향을 끼친다. • 기동 토크는 전부하 토크의 100~150% 정도.
권선형 **(wound-rotor induction motor)** 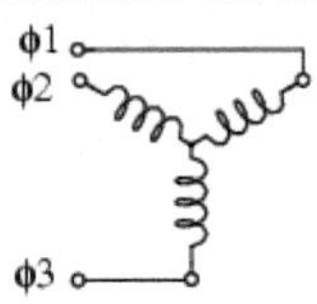 Wound rotor induction motor	• 회전자에도 3상의 권선을 감고(대개 wye 결선), 각각의 단자를 Slip Ring을 통해서 저항기에 연결한다. 저항기의 저항치를 가감하여 광범위하게 기동특성을 바꿀 수 있다. • 회전자 권선으로 인하여 농형보다 구조가 복잡하다. • 기동전류는 전부하 전류의 100~150% 정도이고, 기동토크는 전부하 토크의 100~150% 정도이므로, 상대적으로 적은 전원 용량에서 큰 기동 토크를 얻을 수 있다. • 기동이 빈번하여 농형으로는 열적으로 부적합한 경우 및 대용량에 많이 사용.

농형유도 모터의 기동방법

농형유도 모터(squirrel cage induction motor)의 기동 방법은 전전압기동기(full voltage starter)를 사용하는 방법과 감압기동기(reduced voltage starter)를 사용하는 방법으로 대별할 수 있다. 전전압기동법이나 감압기동법의 선택 시 고려할 사항은

[표 6-11 농형유도모터]

종류	특 징		
전전압기동	전전압 기동기	across-the-line starter(미국) 또는 direct-on-line starter(영국)	
감압기동	기동보상 기동기 (단권변압기식 기동기)	auto-transformer starter-compensator	어느 모터에나 적용가능
	저항(삽입) 기동기	primary-resistor starter	
	리액터(삽입)기동기	primary reactor starter	
	스타-델타 기동기	star-delta starter 또는 wye-delta start	특별한 모터에만 적용 가능

① 감압기동시의 기동전류와 기동토크
② 모터의 용량
③ 비용
④ 전력공급회사의 규정 등이다.

농형유도모터의 기동기(starter)를 세분하면 표 6-11과 같다.

단상 및 삼상 모터의 사용

□ 교류전기는 발전기에서 발전하여 보내는 방식에 따라 여러 상이 있다.

- 단상: 선 2가닥 (대지를 이용하면 1선으로 공급 할 수 있음.)
- 2상: 선 4가닥 (제어 모터에 사용함)
- 3상: 선 3가닥 (중성선이 필요시는 4선 공급, 3상4선식)
- 6상도 있음(구형 정류회로에 사용하였음)
- 교류 60 Hz 동기속도는 2극일 때 3600 rpm, 4극일 때 1800 rpm이다. 상하고는 상관없다.

□ 3상을 사용하는 이유(단상과 비교)

- 각상의 위상차가 120°로 벡터 합성하면 0°가되는데, 6가닥 중 3가닥은 공통으로 묶고 3가닥으로 전원공급을 한다.
- 단상과 비교하면 발전기 모터 변압기 크기가 10% 정도 작아지고 효율은 증가

□ 3상 모터 장점(단상과 비교)

- 회전자계를 얻기 쉽고 구조가 간단하다.

- 같은 출력, 전압, 규격의 모터를 비교하면 크기는 작아지고 효율증가, 가격 저렴, 기동력 증가, 구조 간단 , 정역회전 쉽다 등
- 단상모터는 2마력 이하용으로 주로 사용함
- 전체적으로 분석하면 같은 용량 의 전기기기 제작, 송전선로 건설시 비용 절감과 효율 증대 시킨다(비용은 약10% 감소하고 효율은 약 10% 증가하는 대단한 경제 효과임)

□ 전기방식의 선정

- 가. 전압의 종별

  1) 저 압: - 직류 750[V]이하
  - 교류600[V] 이하

  2) 고 압: - 직류 750[V]초과 ~ 7,000[V] 이하
  - 교류 600[V]초과 ~ 7,000[V] 이하

  3) 특고압: 7,000[V] 초과

- 나. 배전 방식

  1) 특고압 배전 방식
  - 우리나라의 배전 방식: Y 결선(중성점 다중 접지) 방식 사용
  - 단상 부하만 있는 경우 단상 2선식으로 회로를 구성하는 것이 간편할 수도 있으나 단상 선로의 구성률이 높아지면 부하 불평형이 발생할 수 있다.
  - 중성선 접지: 인가 밀집 지역의 경우 매 전주마다 접지하고, 인가가 없는 야외지역은 300[m]이하마다 접지한다.

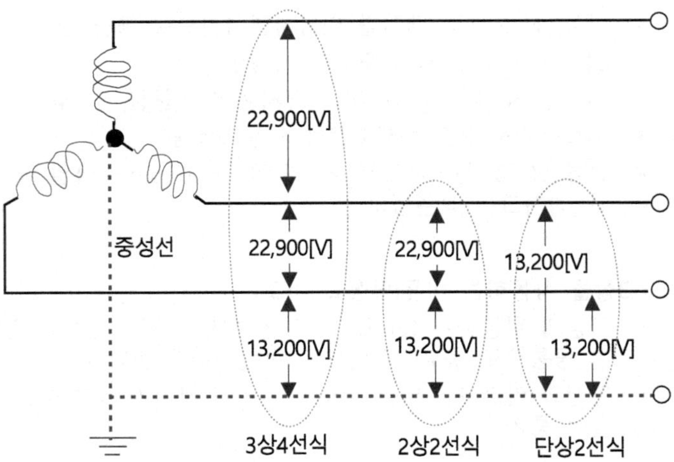

3선을 갖는 단상변압기

2) 저압 배전 방식

가) 단상 2선식(110[V], 220[V])

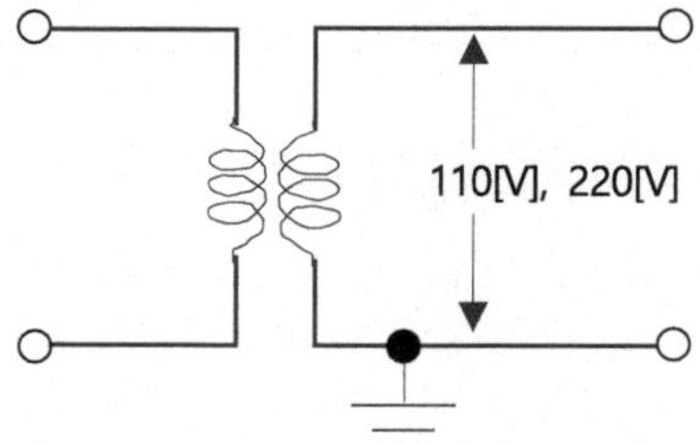

(a) 단상 2선식

- 일반 가정용
- 2차 결선 방식에 따라 110/220[V]의 전압이 유도된다.

나) 단상 3선식((110[V], 220[V])

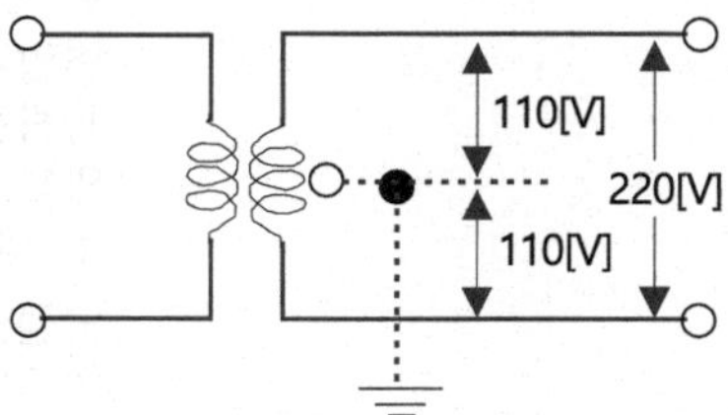

(b) 단상 3선식

- 일반 가정의 전등 부하 또는 소규모 공장에서 사용
- 한 장소에 두 종류의 전압이 필요한 경우에 채택
- 단점: 중성선이 단선되면 부하가 적게 걸린 단자 (저항이 큰 쪽의 단자)의 전압이 많이 걸리게 되어 과전압에 의한 사고 발생 위험이 있다.

다) 3상 3선식(220[V])

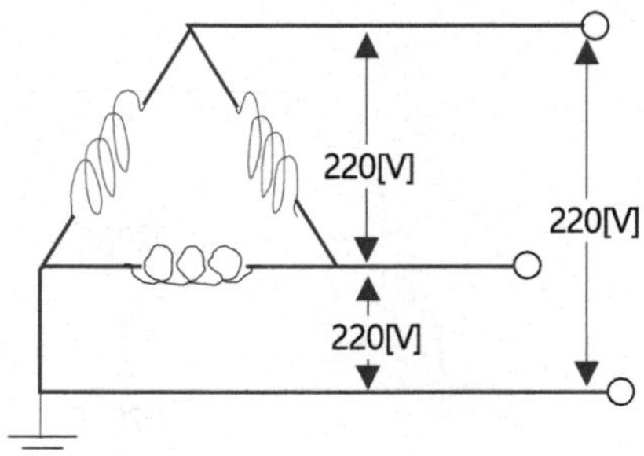

(c) 3상 3선식

- 고압 수용가의 구내 배전 설비에 많이 사용한다.(1대 고장 시 V 결선 가능)
- 선전류가 상전류의 배가 되는 결선법으로 전류가 선로에 많이 흐르게 되므로 배전 선로의 결선 방식으로는 거의 사용하지 않는다.

라) 3상 4선식(220[V], 380[V])

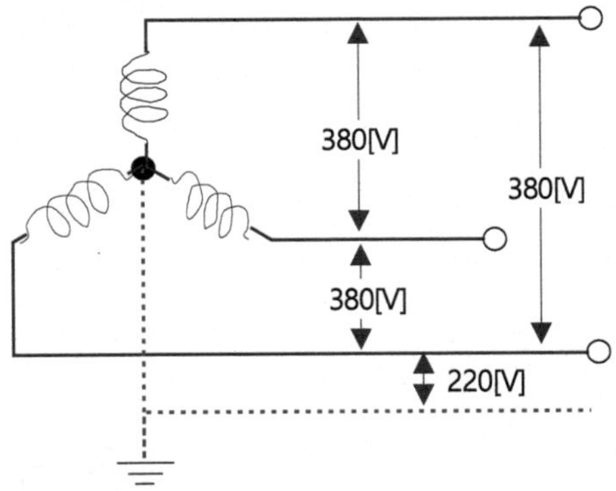

(c) 3상 4선식

- 동력과 전등 부하를 동시에 사용하는 수용가에서 사용
- 변압기 용량은 3대 모두 동일 용량을 사용하는 방식과 1대의 용량은 크게, 나머지 두 대의 용량은 작게 구성하는 방식이 있다. 이 경우, 1대는 동력 전용으로 두대는 전등·동력 공용으로 나누어 사용한다.
- 단점: 중성선이 단선되면 단상 부하에 과전압이 인가될 수 있다.

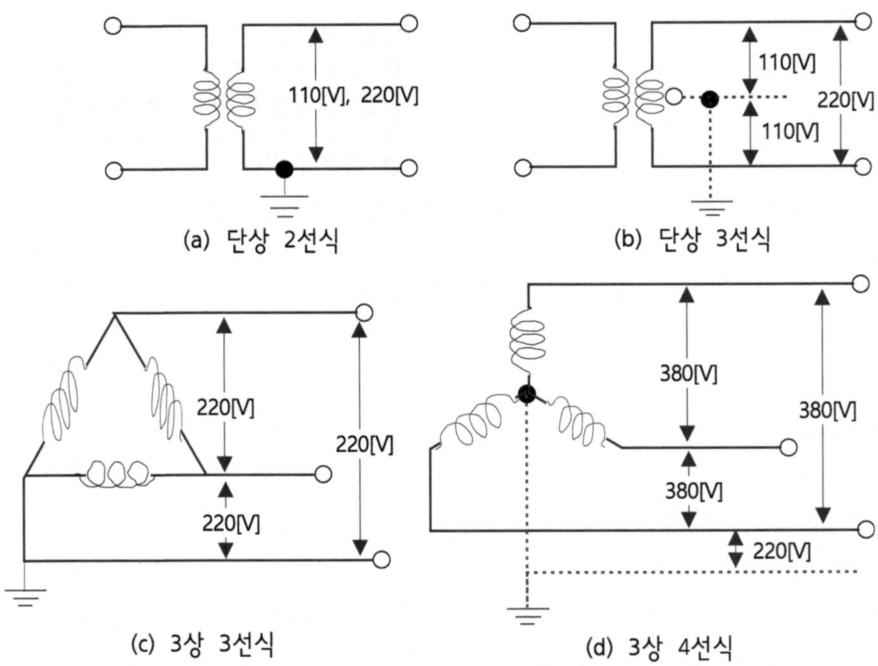

배전방식에 따른 구분

6.3.2 동기모터(synchronous motor)

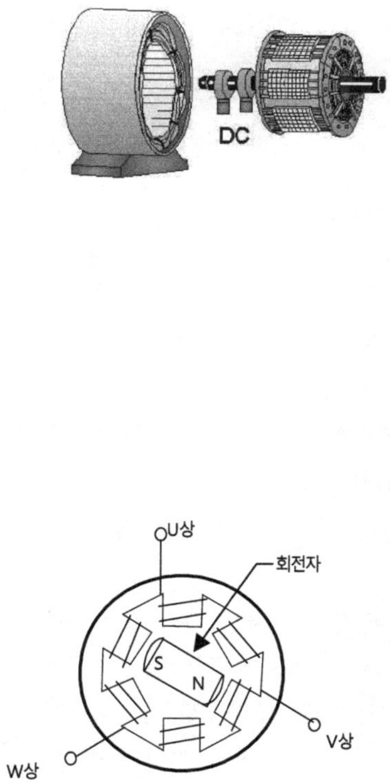

그림 6-48 동기모터

동기모터(Synchronous Motor)는 고정자(stator)와 회전자(rotor)로 구성되어 있으며 고정자에 전류가 공급되며 회전자는 영구자석을 사용한다. 구동 시스템이 복잡하나 큰 힘을 낼 수 있기에 세탁기 등에 사용되어진다. 브러시와 정류자가 없기 때문에 수명이 길다.

Synchronous Motor는 발전기 및 제철소의 압연기 등의 일정한 속도를 요구하는데 많이 쓰이고, 영구자석으로는 도저히 만들 수 없는 초대형 모터에 주로 사용된다. 하지만 최근 희토류자석(현재 발견된 자성체중 가장 강한 자석이다)등의 저가화에 힘입어 메가와트급 모터도 영구자석으로 개발되고 있다.

동기모터 작동원리는 자유롭게 회전할 수 있는 자침의 둘레에 영구자석을 설치하여 회전시키면 같은 극은 서로 밀고 다른 극은 서로 잡아당기는 자석의 성질 때문에 자침이 자석을 따라 자석보다 약간 뒤쳐져서 (속도는 같다) 회전하리라는 것을 쉽게 짐작할 수 있다. 이것이 우리 고속철도차량에 사용되는 동기모터의 원리이고 이때의 회전속도를 동기속도라 한다.

영구자석 동기 모터(PMSM: Permanent Magnetic Synchronous Motor)는 부하 또는 회선 전압의 변동에 관계없이 전원의 주파수와 동기화된 상태에서 고정 속도로 회전한다. 이 모터는 최대 작동 한계에서 토크에 관계없이 공급 전원 주파수와 동기화된 상태에서 고정 속도로 작동한다.

따라서 PMSM은 고정밀 고정 속도 드라이브에 이상적인 제품이다. 3상 PMSM은 영구 여자 모터(excited motor)이다. 매우 높은 전력 밀도, 효율성 및 높은 응답 속도를 제공하는 이 모터는 기계 설계 분야의 정밀 용도에 대부분 적합하며, 높은 과부하 용량도 갖추고 있다. PMSM은 대부분 유지보수가 필요하지 않으므로 운영 효율성을 극대화할 수 있다. 또한 PMSM은 정밀한 속도 조정이 가능하므로 특정 산업 공정에도 이상적인 제품이다. PMSM은 고마력, 저 rpm 부하의 직접 구동에 가장 적합한 속도/토크 특성을 갖고 있다.

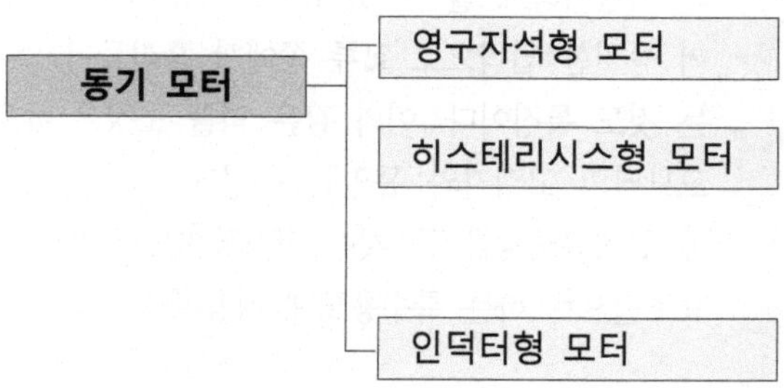

그림 6-49 동기모터 분류

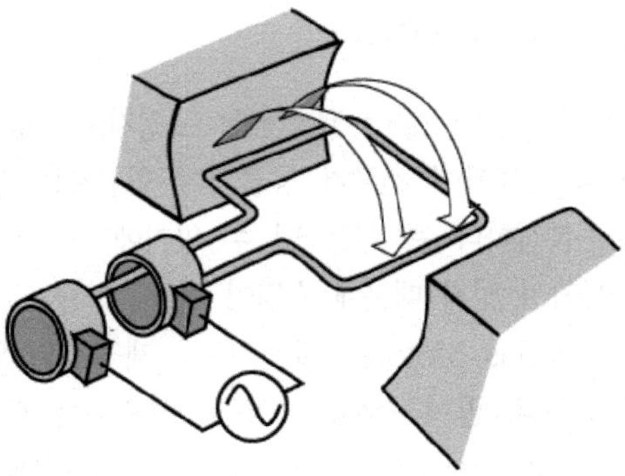

그림 6-50 동기모터

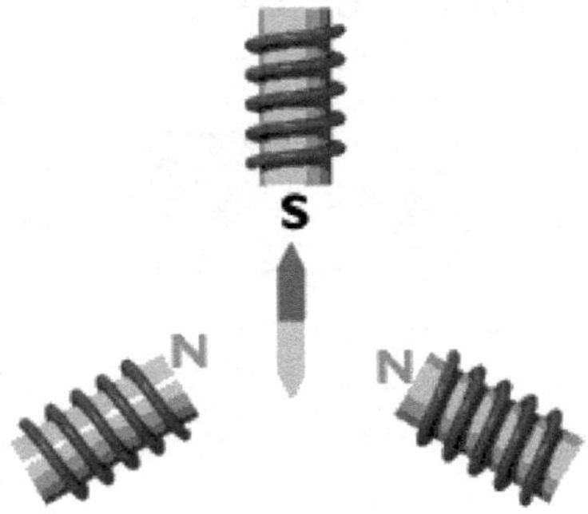

그림 6-51 3삼모터 원리

동기 모터는 개선된 역률(power factor)로 작동하므로, 시스템 전체의 역률이 높아지고 공급 전원의 역률 손실이 제거되거나 감소된다. 이렇게 개선된 역률은 또한 시스템의 전압 강하와 모터 단자에서 발생하는 전압 강하를 줄여주기도 한다.

PMSM에는 여자 권선이 필요하지 않으며, 로터가 고정자 자계와 같은 속도로 회전한다. PMSM 디자인은 로터 동손(copper loss)이 없으므로 기존 유도 모터와 비교하여 매우 높은 피크 효율을 제공한다. 또한 PMSM은 전력 대 중량비도 유도 모터보다 높다. 전력 전자 및 마이크로 전자 분야의 발전으로 인해 이전까지 DC 모터만 사용되어 왔던 고성능 드라이브에 PMSM을 활용할 수 있게 되었다.

최근, 영구자석형 동기모터(PMSM)는 눈부시게 발전되어 종래의 소용량분야 뿐만 아니라 철도 차량용 등의대용량의 분야에도 그 용도의 범위가 확대되고 있다.

동기모터는 3상 대형 모터에 널리 사용된다. 고정자 쪽은 3상 유도모터와 동일한 구조로 보아도 되지만, 회전자는 직류 여자된 자극을 둔다. 정상으로 운전할 경우의 회전자속도는 전원 주파수가 일정한 한 120 f/p로 된 일정값으로서, 이 값은 부하의 경중에 관계없이 완전히 일정하다는 점이 동기모터의 특징이라고 할 수 있다. 또 직류여자를 어느 값으로 하면 역률이 1로 되어 동일한 입력으로 교류 쪽에서 흘러들어가는 전류를 최소값으로 할 수 있는 것도 특징이다. 이와 같은 역률 조정은 유도모터로는 할 수 없다. 단상유도모터의 고정자와 동일한 구성에서 회전자는 계자권선을 없애고 자극표면에 농형유도체를 둔 것이 단상동기모터인데, 속도가 완전히 일정한 것을 필요조건으로 하는 특수용도에 사용된다.

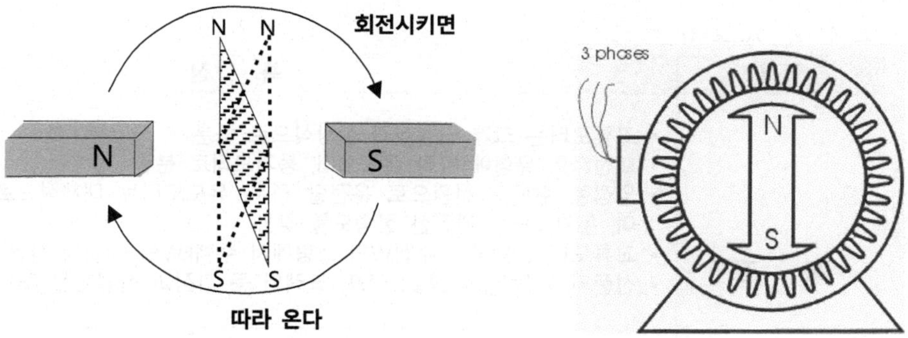

그림 6-52 동기모터 작동원리

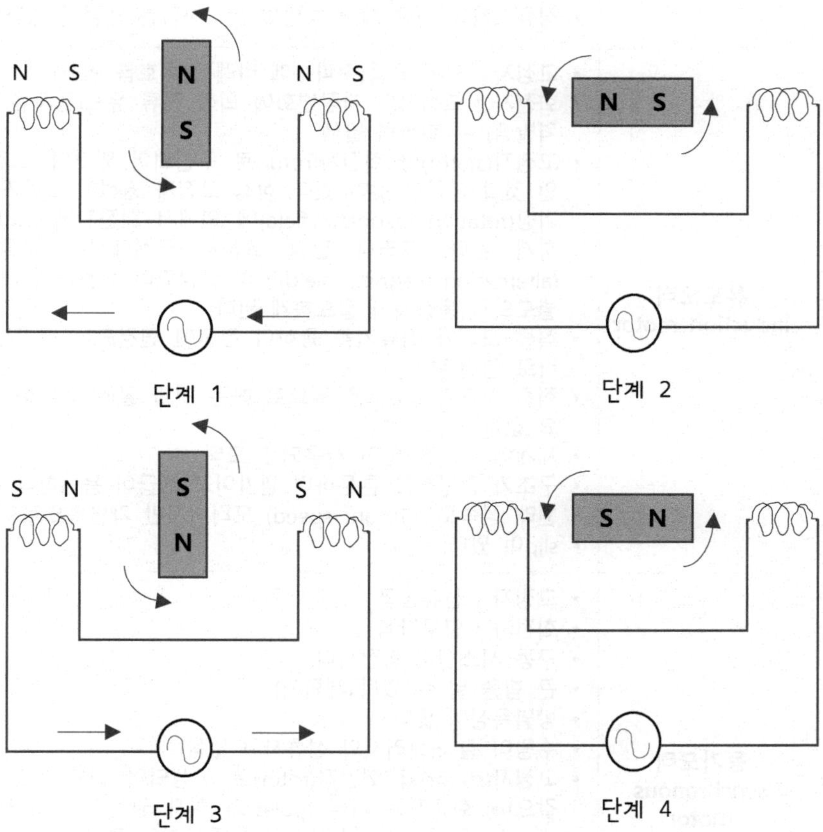

그림 6-53 AC 동기모터의 작동원리

[표 6-12 AC모터]

종류	특 징
특 징	• 교류모터는 크게 단상식과 삼상식으로 구분 • 회전자의 유형에 따라 유도모터, 동기모터로 분류 • 일정한 주파수 전원으로 운전할 경우, 유도모터는 대체적으로 정속도를 유지하며, 동기모터는 완전한 정속도를 갖음 • 교류모터의 용량은 수십W의 소형에서 수백kW의 대형에 사용 • 선풍기, 세탁기, 냉장고, 펌프, 크레인 등 가정과 산업현장 사용
	• 구조가 간단하고 브러시나 정류자와 같은 기계 소모부가 없다 • 고속에서 순간 최대 토크를 출력할 수 있어 응답특성이 빠르다 • 무게당 토크가 크므로 소형 경량화 할 수 있다 • 직류모터에 비해 제어 방법이 복잡하다는 단점이 있다.
유도모터 **induction motor**	• 고정자 : 교류 공급(주파수에 비례 전류흐름 변화) • 회전자 : 고정자의 자장변화에 의해 전류 유도(전자유도 작용/회전자에서 역기전력발생) → 회전력 발생 • 고정자(stator)와 회전자(rotor)로 구성되어 있으며, 고정자 권선(winding)이 삼상인 것과 단상인 것이 있다. 삼상 고정자 권선에 교류가 흐를 때 발생하는 회전자기장(rotating magnetic field)에 의해서 회전자에 토크가 발생하여 모터가 회전하게 된다. 그러나 단상 고정자 권선에서는 교류가 흐르면 교번 자기장(alternating magnetic field)만이 발생되어 회전자에 기동토크가 발생하지 않아서 별도의 기동장치가 필요하게 된다. • 직류 모터가 정류기를 통하여 전원에 연결되는 것과는 달리 유도모터는 전원에 바로 연결된다. • 직류 모터가 Brush를 필요로 하는 것과 달리 대부분의 유도 모터는 Brush가 필요 없다. • 세계에서 가장 많이 사용되는 모터. • 구조가 간단하고 튼튼하며 염가이고 취급이 용이하다. • 원래 정속도(constant speed) 모터이지만 가변속으로도 사용되고 있다. • slip이 있다.
동기모터 **synchronous motor** 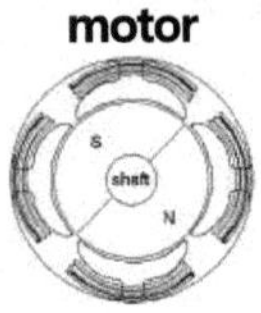	• 고정자 : 전류공급 • 회전자 : 영구자석 • 구동 시스템이 복잡하다 • 큰 힘을 낼 수 있다.(세탁기) • 방열특성이 좋다. • 수명이 길다(브러시와 정류자가 없음) • 고정자(stator)와 회전자(rotor)로 구성되어 있으며 고정자는 유도모터의 고정자 같으나, 회전자는 자극 (poles)과 여자 권선으로 되어있으며 이 권선에 brush와 slip ring을 통하여 직류 전류를 공급하여 자극을 여자하게 된다. 즉 고정자 권선에는 흐르는 교류에 의하여 발생되는 회전 자기장 속에서 직류 전류에 의하여 여자된 회전자에 토크가 발생하여 회전하게 된다. • 전원주파수와 극수로 결정되는 속도로 완전 동기되어, 정확히 일정한 속도로 회전한다. • 부하의 증감으로 회전속도가 변화하지 않는다. (slip이 없다.) • 역률이 항상 1 이다. • 기동 토크가 작고 구조와 취급이 복잡하다. • 여자용 직류 전원이 필요. • convey belt용 모터, 소형 시계 또는 timing motor에 사용.

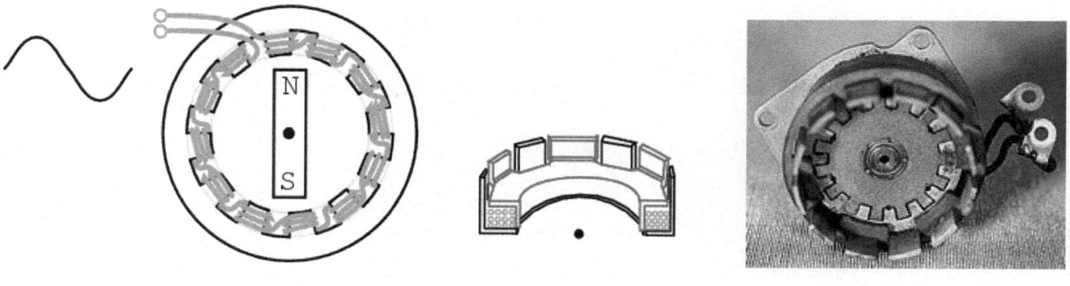

그림 6-54　1-권선 12-극성 동기모터

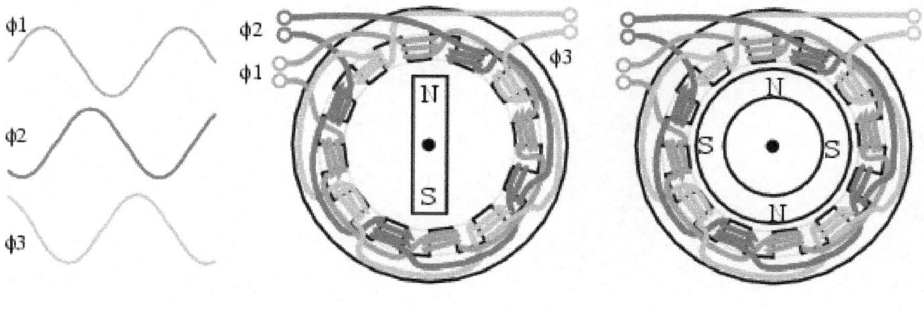

그림 6-55　3상-4극성 동기모터

동기모터의 영구자석형

- 동기모터의 영구자석형은 자기장을 생성하지 않기에 전력이 덜 필요하며 field-wound 형보다 제작비가 싸다. switched reluctance 구조는 가장 간단하고 가장싸며, 고효율을 유지하는 일정한 동력범위가 넓음으로써 전기자동차 응용용으로 우수한 성능특성을 제공한다.
- 하이브리드차나 전기자동차에 탑재하는 구동용모터 외에 많은 차재모터가 있다. 차재모터의 대부분은 페라이트 자석을 사용한 DC브러시 모터이다. 최근탑재부위가 늘고 있는 파워트레인계 모터는 페라이트보다는 성능이 높은 네오짐계 소결을 채용하는 경향이다.

가솔린 자동차의 구동력은 엔진에서 나오지만 전기자동차는 모터에서 나온다. 예전에는 전기자동차용으로 직류모터를 많이 사용하였으나, 최근에는 교류모터나 브러시리스 모터 등을 사용하는 경향이 두드러진다. 시판 차량을 개조한 EV나 소형 EV에서는 DC 모터가 사용되지만, 주류는 AC 모터다.

7장

전지

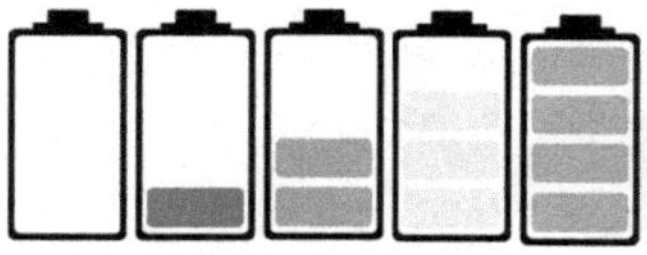

그림 7-1 전지

전기자동차의 각 부품 중에서 가장 중요한 역할을 하는 것 중의 하나는 전지이다. 기존의 내연기관에서 화석연료를 대체하는 근원적인 에너지원인 전기를 저장하는 장치이기 때문이다. 그러므로 전지 기술이야말로 성능 좋은 전기자동차를 만드는데 가장 핵심적인 사항이기도하다.

최근 들어 전자, 통신, 컴퓨터 산업의 급속한 발전에 따라 캠코더, 휴대폰, 노트북 PC 등이 출현하였고, 이에 따라 가볍고 오래 사용할 수 있으며, 신뢰성이 높은 고성능의 소형 2차 전지 개발이 절실히 요청되고 있다. 또한 환경 및 에너지문제의 해결 방안의 하나로 전기자동차의 실현과 심야 유휴 전력의 효율적 활용을 위한 대형 2차 전지의 개발이 심각히 대두되고 있다.

2차 전지 중 Ni-Cd(Nickel-cadmium) 및 Ni-MH(Nickel-Metal Hydride) 전지는 메모리 효과와 유해한 Cd 사용 등으로 인해 점차 시장에서 입지가 좁아지고 있으며 휴대용 IT 기기에는 리튬이온 전지가 가장 큰 시장 점유율을 가질 것으로 예상되며, 리튬폴리머 전지는 Ni-MH 시장을 잠식하며 꾸준히 성장할 것이다.

리튬 2차 전지는 전해질 형태에 따라 유기용매 전해질을 사용하는 리튬금속전지 및 리튬이온 전지와 고체고분자 전해질을 사용하는 리튬폴리머 전지로 나눌 수 있다.

리튬금속 전지는 리튬금속을 음극으로 사용하는 것으로 싸이클 수명 및 안전성이 낮아 상용화에 어려움을 겪고 있으며, 이를 극복하기 위해 리튬금속 대신 카본을 음극으로 사용하는 리튬이온 전지가 개발되어 상용화되고 있다. 현재는 일본뿐만 아니라, 우리나라의 여러 전지회사에서 양산을 하고 있으며 특히, 국내의 몇몇 기업에서 리튬이온 전지에 대한 대량생산 체제를 갖추고 세계시장에서의 점유율을 높이고 있다.

리튬폴리머 전지인 경우는 음극으로 리튬금속을 사용하는 경우와 카본을 사용하는 경우가 있어 카본음극을 사용하는 경우는 구별하여 리튬이온폴리머 전지로 표기하는 경우가 있으나, 대부분의 경우 편의상 리튬폴리머 전지로 통용하고 있다.

리튬금속을 음극으로 사용하는 전지의 경우는 충방전이 진행됨에 따라 리튬금속의 부피변화가 일어나고 리튬금속표면에서 국부적으로 침상리튬의 석출이 일어나며 이는 전지 단락의 원인이 된다. 그러나 카본을 음극으로 사용하는 전지에서는 충·방전시 리튬 이온의 이동만 생길 뿐 전극활물질은 원형을 유지함으로써 전지수명 및 안전성이 향상된다.

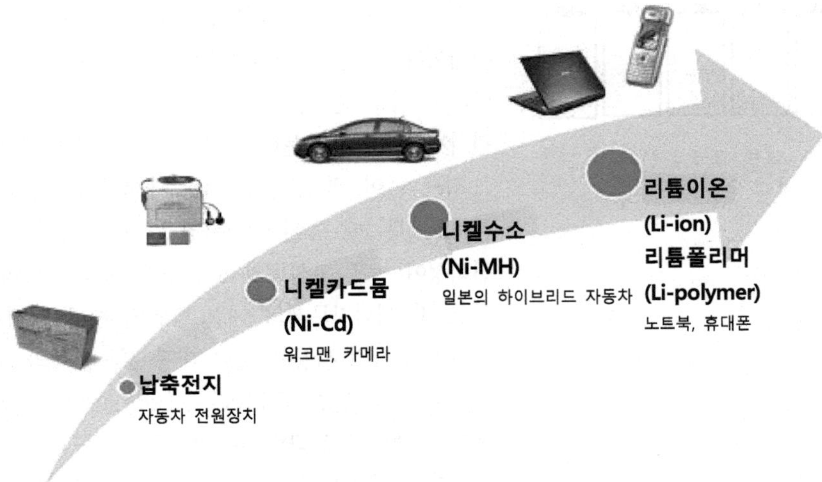

그림 7-2 2차 전지의 발전

7.1 전지의 발전동향

충방전을 반복하면서 전기에너지를 전달하는 2차 전지는 이동통신 단말기, 노트북 컴퓨터, PDA 등 휴대용 정보기기의 발달과 함께 빠르게 성장하고 있다. 여러 번 재사용이 가능한 2차 전지는 한 번의 방전을 통해 전기에너지를 이용하게 되는 1차 전지에 비하여 환경보전, 자원 절약 등 다양한 면에서 잇점을 가지고 있다. 대표적인 2차 전지로는 니켈카드뮴 전지(Ni-Cd), 니켈수소 전지(Ni-MH), 리튬이온(Li-Ion) 2차 전지, 리튬이온 폴리머 전지 등이 있다.

2차 전지 시장의 대부분을 차지하고 있는 이들 전지는 구성 재료와 전기 화학적 특성이 서로 다르다. 전동공구 등에 주로 쓰이는 니켈카드뮴 전지는 1990년대 중반까지 2차 전지 시장을 주도하였다. 그러나 니켈카드뮴 전지는 음극재로 쓰이는 중금속인 카드뮴이 인체에 해롭고 환경오염을 일으킬 우려가 있으며, 에너지 밀도가 낮다는 단점 때문에 시장이 빠르게 위축되고 있다.

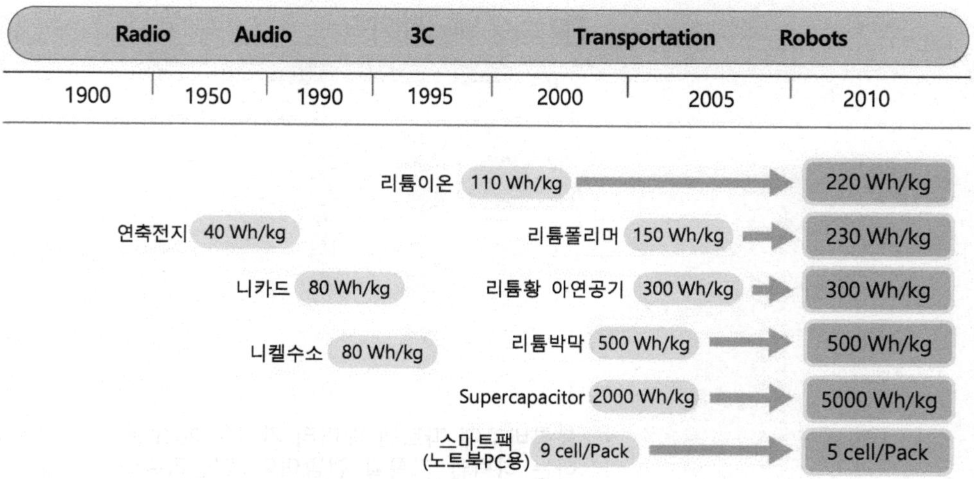

그림 7-3　전지의 발전전망

1990년대 초 등장한 니켈수소 전지는 높은 에너지 밀도와 저렴한 가격을 바탕으로 기존의 니켈카드뮴전지를 대체하면서 안정적인 시장을 형성하고 있다. 아직까지는 Ni-MH의 가격이 리튬이온 전지에 비해 싸고, 품질이 안정적이며, 기기에 따른 전압특성으로 인해 Ni-MH 를 계속 채용하는 경우가 있으나, 기기에 기능이 다양하게 추가되고 휴대용 기기의 개발이 활발하여 짐에 따라 사이즈 대비 고 용량화의 필요성이 절실하여 리튬 이온계 2차 전지의 개발이 더욱 가속화되는 실정이다.

전지의 발전방향을 요약하면 리튬이온전지의 고용량화, 슬림화와 형상을 자유자재로 바꿀 수 있는 리튬이온 폴리머 전지의 성능 개선으로 요약할 수 있다. 더 나아가 차세대 전지로서 새로운 분야에 대한 연구개발이 활발히 진행 중이다 이에 대한 응용 기기로 현재는 휴대폰, 노트북 PC, 캠코더에 응용이 되고 있으나, 향후 고 출력전지로 설계하여 전기자전거, 전기자동차용으로 개발되어 떠오르는 시장에 대응하고 있다.

전기자동차, 8년 뒤 휘발유 자동차보다 싸게 산다

- 전기자동차가 휘발유를 태우며 달리는 일반 자동차보다 저렴해질 것이라는 전망이 나왔다. 전기자동차의 동력에 해당하는 배터리 가격이 가파르게 떨어지면서 2025년이면 미국과 유럽에서 자동차 가격에 역전이 일어날 것이라는 관측이다.
- 배터리는 전기자동차 가격의 절반 가량을 차지한다. 때문에 배터리 가격의 하락은 곧 차량 가격의 인하로 이어질 수밖에 없다.

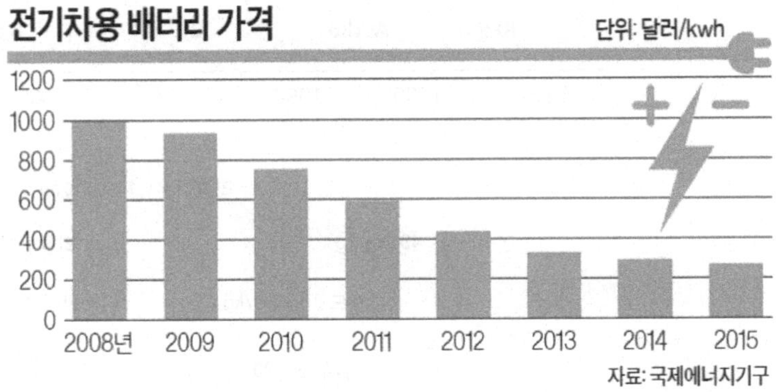

- 블룸버그에 따르면 배터리 가격은 2016년과 2030년 사이 77%에 달하는 하락을 기록할 전망이다. 테슬라부터 르노까지 관련 업체들이 전기자동차의 비용을 떨어뜨리기 위해 다각도의 연구와 투자를 단행하고 있고, 중장기적으로 커다란 결실이 나타날 것이라는 기대다.
- 배터리 가격이 지속적으로 떨어지면서 전기자동차의 가격이 점차 휘발유 자동차와 좁혀지다 역전될 것"이라며 "소비자들의 전기자동차 선호도가 상승하면서 가격 경쟁력이 보다 높아질 것"이라고 내다봤다.
- 전기자동차 조에(ZOE)를 개발한 르노는 2020년대 초반이면 전체 자동차 시장에서 전기자동차 비중이 휘발유 자동차와 같은 수준으로 상승할 것이라고 예상하고 있다.
- 기술적인 측면에서 차량 가격을 떨어뜨릴 수 있는 돌파구가 더욱 확대될 것으로 보이는 한편 전기자동차에 대해 더욱 엄격한 규제가 한층 완화되면서 소비자 층이 넓어질 것이라는 전망이다.

전지(battery)는 내부에 들어있는 물질 (활물질; active material)의 화학에너지를 화학반응에 의해 전기 에너지로 변환하는 장치이다.

정확한 의미에서 'Battery'라는 용어는 두개 이상의 셀(cell)의 집합체를 나타내지만, 보통 단위 전지(single cell)에도 사용되고 있다. 전지는 구성 물질간의 화학 반응이 일어나 전자(electron)가 도선을 통하여 외부로 빠져나갈 수 있도록 특별한 내부구조로 이루어져 있으며, 도선을 통하여 흐르는 전자의 흐름은 전기에너지의 원천이 되어 인간에게 유용한 활용성을 제공한다.

자동차의 전기 장치는 기관이 시동되어 있을 때는 발전기가 전력을 공급하지만, 기관이 정지하고 있거나 시동할 때의 필요한 전력은 축전지에 의존하게 된다. 그리고 축전지는 기관이 운전되고 있을 경우에는 발전기의 출력이 부족하거나 전압 변동이 있을 때에 이를 보상하여 전력의 공급이 안정되게 한다.

한국, 배터리 기술은 세계적 수준

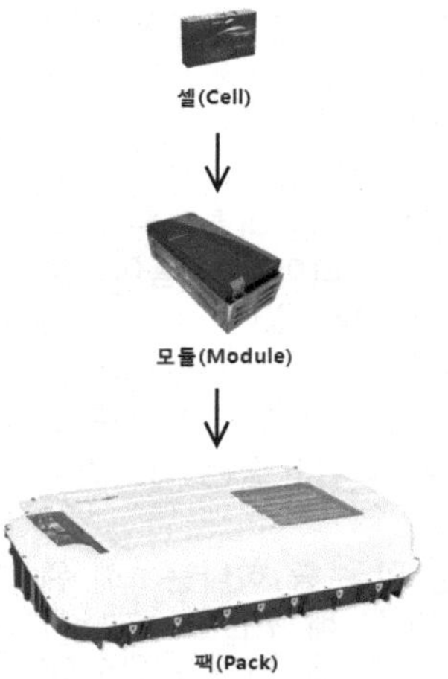

- 전기자동차, 전기자전거가 이미 많이 나와 있지만 보급화 되지 못한 가장 큰 이유는 비싼 가격이다. 전기자동차의 보급 속도를 좌우하는 것 중의 하나는 배터리 기술이다.
- 한 번 충전으로 더 긴 거리를 달리는 것을 포함해 전기자동차를 사용할 때 가솔린・디젤차보다 경제적이라는 실질적 혜택을 소비자가 느껴야한다. 블룸버그뉴에너지파이낸스(BNEF)는 배터리 가격이 기하급수적으로 하락하면서 8년 안에 전기자동차가 화석연료 차량과 유지비용이 같아지는 '패리티(Parity) 시대'에 진입할 것으로 예측했다.
- 2010년 KW당 평균 1000달러에 달하던 배터리 가격은 2025년 109달러, 2030년 73달러까지 떨어질 것으로 전망됐다. 현재 배터리 가격은 전기자동차 값의 절반 정도를 차지하지만, 2030년에는 지금의 77%수준으로 낮아진다는 것이다.
- 이런 배터리 분야에서 국내 업체 중 LG화학, 삼성SDI, SK이노베이션이 두각을 나타내고 있다. 올 1~7월 일본 파나소닉이 전세계 전기자동차 배터리 출하량의 24.9%를 차지하며 1위에 랭크돼 있다. 그 뒤를 LG화학(11.7%)이 잇고 있다 삼성 SDI는 6.1%로 5위를 차지했다. LG화학의 출하량은 전년 동기 대비 160.7%, 삼성SDI는 89.1% 증가했다.
- LG화학은 GM '볼트 EV',르노의 '트위지' 등에 배터리를 공급하고 있다. 삼성SDI는 폴크스바겐 'e골프', BMW 'i3' 등의 배터리를 생산한다. SK이노베이션은 벤츠와 배터리셀 공급계약을 체결했다. 특히 SK이노베이션은 세계 최초로 1회 충전 시 450 km를 달릴 수 있는 전기자동차 배터리 양산에 들어간다고 최근 발표했다. 세계 최초의 중대형 NCM811(니켈 코발트 망간 비율이 8 대 1 대 1)로 올 12월부터 에너지저장장치(ESS)에, 내년 3분기부터 전기자동차 배터리에 적용한다는 계획이다. 기존 배터리보다 니켈 함유량이 획기적으로 늘어난 이 배터리를 적용하면 지금까지 개발된 전기자동차 배터리보다 주행거리가 100 km가량 늘어난다.
- 삼성SDI의 경우 올해 초 전기자동차 배터리 모듈 플랫폼인 '확장형 모듈'을 공개했다. 기존 전기자동차용 배터리 모듈 1개에는 통상 12개 내외의 셀이 들어가고 용량이 2~3 kWh 수준이지만 새로운 모듈은 24개 이상의 셀을 넣을 수 있다. 이 모듈 20개로 구성된 팩을 장착하면 한 번 충전으로 600~700 km 주행이 가능하다.

BMW i3하부에 탑재된 바테리팩

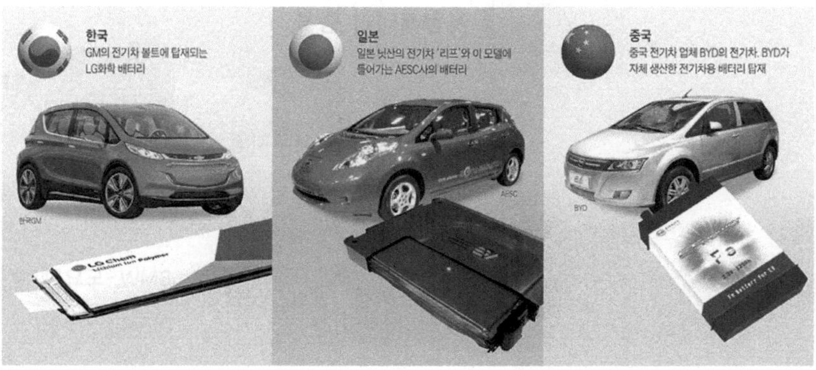

원통형 배터리의 귀환

- 원통형 리튬이온 배터리가 테슬라 전기자동차 '모델3' 신드롬 후광 효과에 다시 주목받고 있다. 그동안 전기차시장에서 파우치형 리튬 이온 폴리머 배터리에 자리를 뺏겼지만 부활을 기대하고 있다.
- 전기차에 들어가는 배터리는 크게 원통형과 각형, 파우치형으로 구분된다. 일반적으로 원통형과 각형으로 제조되는 건 리튬이온 배터리다. 파우치형은 리튬이온 폴리머 배터리다. 폴리머는 리튬이온보다 안정성과 에너지 효율성이 높은 것으로 알려져 있다.
- 테슬라 전기차시리즈에 적용되는 배터리는 파나소닉에서 제조하는 원통형이 들어간다. 2008년 처음 양산한 로드스터 모델부터 고급 세단인 모델S, 이번 모델3까지 신차를 선보일 때마다 줄곧 파나소닉 원통형 배터리를 적용하고 있다.
- 이번 모델3에 적용된 원통형에 관심이 커진 이유 중 하나는 1회 완전 충전 때의 최대 주행거리를 기존 전기차의 두 배 수준인 354㎞까지 늘렸다는 점이다. 또 예약주문 물량이 개시 1주일 만에 32만5000대를 넘어선 상황에서 그대로 판매가 될 경우 원통형 배터리의 수요가 매우 크게 발생하게 된다. 전기차시장에서 원통형 배터리가 대세가 될 수 있다는 얘기다. 모델3에는 원통형 리튬이온 약 7000개를 이어 붙인 배터리가 장착돼 있다.
- 원통형 리튬이온 배터리 자체가 새로운 건 아니다. 과거 두꺼운 노트북의 배터리 팩이나 태블릿PC에 주로 사용됐던 배터리다. 1991년 일본 소니에 의해 상용화됐다. '18650' 등으로 이미 규격화돼 있기 때문에 어느 배터리 회사의 전지를 사용하더라도 규격에 맞출 수 있다.
- 원통형 배터리는 이미 규격화되고 손쉽게 구할 수 있다는 장점이 있다. 그러나 구조적으로 물리적 압력에 견디는 힘이 다른 배터리보다 약하다는 평가를 받고 있다.
- 원통형 배터리는 경량화가 어렵고 냉각 방식의 한계로 열에 의한 성능 저하가 빨라 수명이 짧은 단점이 있는 것으로 평가받고 있다. 반면 파우치형은 무게가 가볍고 표면적이 넓어 열 발산이 용이해 냉각 방식이 편리하고 수명이 길다는 게 장점이다.
- 배터리 업계는 향후 전기자동차용 배터리 방식은 디자인이나 마케팅 전략에 따라 당분간 경쟁이 계속될 것으로 예상했다.

차량배터리 종류

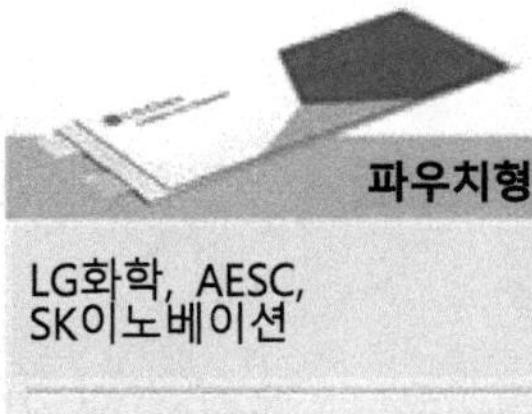

	파우치형	각형	원통형
배터리 제조사	LG화학, AESC, SK이노베이션	삼성SDI, 파나소식, 도시바 등	LG화학, 삼성SDI, 파나소식 등 대부분 배터리 업체
자동차 메이커	현대기아차, GM, 포드, 르노, 폭스바겐, 볼보, 닛산, 아우디, 다임러 등	BMW, 도요타, 혼다 등	테슬라

주요 완성차 업체들의 배터리 방식 채택 현황

완성차	1순위	2순위	배터리 공급사
도요타	캔	-	PEVE
GM	파우치	캔	LG화학, A123
폴크스바겐	캔	파우치	파나소닉, 삼성SDI
현대·기아차	파우치	-	LG화학, SK이노베이션
르노	파우치	-	LG화학, AESC
닛산	파우치	캔	AESC
BMW	캔	-	삼성SDI
포드	파우치	캔	LG화학
볼보	파우치	-	LG화학
테슬라	모바일용 원통형 전지		파나소닉

7.2 전지의 역사

정보시대가 개막되는 데 결정적인 역할을 하고 있는 것이 바로 전지다. 장난감에서부터 첨단제품에 이르기 까지 모든 휴대형 전자제품에는 전지가 필요하다. 하지만 전지는 사용시간에 한계가 있다.

휴대폰이나 노트북 PC, 휴대형 카세트 등 휴대형 제품을 사용하다가 전지가 떨어져 낭패를 보거나 사용을 중지하고 가방 속에 집어넣어야만 했던 경험이 누구에게나 한번쯤은 있을 것이다. 그렇다고 전지를 항상 휴대하면서 쓸 수도 없는 일이다. 휴대하기 편하도록 가볍고 부피도 작으면서 오래 사용할 수 있는 전지를 개발하기 위한 노력이 끊임없이 이어지고 있는 것은 바로 이런 이유에서다 전지의 역사는 상당히 길다.

볼타의 전퇴(voltaic pile)에서 발전한 것이 건전지인데, 요즘 가장 손쉽게 전기를 만들 수 있는 것이 바로 이 건전지이다. 몇 십년전만 하더라도 건전지는 회중전등에나 이용될 뿐, 활용가치가 적었지만 지금엔 여러 가지 전기제품에 두루 사용되고 있다. 그렇다면 전지 1개에서 나오는 에너지는 어느 정도인가. 1.5볼트 짜리 건전지는 외부저항 5Ω에서 500분간 사용할 수 있는 능력이 있다. 전지는 사용할 수 록 점점 전압이 떨어진다. 그러나 평균 1.3V의 전압으로 방전했다고 치면 역학적 에너지로 환산하여 1kg의 물체를 1000미터 높이로 들어 올리는 에너지에 상당한다.

건전지는 1878년 프랑스의 르크랑셰란 사람이 발명한 르크랑셰 전지를 휴대용으로 편리하게 간소화한 것인데, '망간전지'라고도 한다.

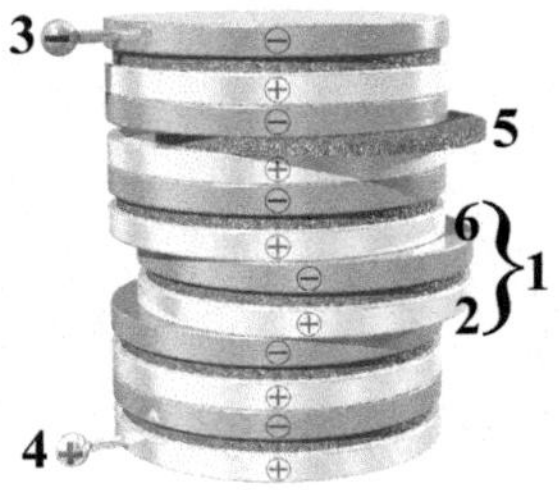

그림 7-4
볼타의 voltaic pile

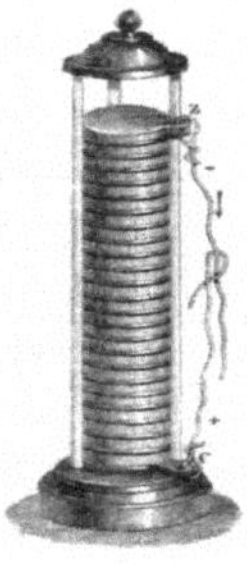

볼타전지

건전지의 구조는 중앙의 탄소봉을 (+)극 바깥쪽의 아연통을 (-)극으로 하고 있다. 탄소봉의 둘레를 염화암모늄의 포화수용액에 이산화망간의 분말과 흑연의 분말을 반죽한 것으로 싼 다음, 이것을 다시 염화암모늄의 포화용액을 전분질로 풀처럼 만들어 굳힌 것으로 싸서 아연통속에 넣은 것이다.

이 건전지에서는 어떻게 해서 전기가 만들어지는 것일까. 염화암모늄은 용액 속에서 전리해서 암모늄 이온과 염소 이온이 된다. 음극인 아연(Zn)은 아연 이온이 되어 용액 속에 녹고 아연 통에는 전자를 남긴다. 그 때문에 아연통은 마이너스 극이 된다. 액 속의 암모늄 이온은 아연 이온에 의해 쫓겨나 탄소봉에 모이게 되고, 탄소봉에서 전자를 얻어 암모니아와 수소로 분해된다. 따라서 탄소봉은 전자가 부족하므로 플러스극이 된다. 탄소봉의 주위에서 발생한 수소는 그대로 두면 탄소전극에 밀착되어 버리므로 전지의 능률이 떨어진다. 그 때문에 이산화망간의 산화작용을 이용하여 수소를 물로 변화시켜 버린다. 이런 작용이 일어나도록 사용하는 이산화망간과 같은 물질을 소극제라고 한다. 탄소봉과 아연통과의 사이에 전위차가 있으므로, 두 극 사이를 도선으로 연결하면 전류가 흐르게 된다.

요즈음 사용하는 전지 가운데 가장 오래된 전지는 양극활물질로 이산화망간 (MnO_2)을 사용하고 음극재료로 아연(Zn)을 쓰고 전해액으로 NH_4Cl과 $ZnCl_2$를 혼합한 중성염수용액을 사용한 망간전지다.

이 전지는 1868년 개발돼 1880년에 상용화된 것으로 이후 외장재질 및 봉구방법이나 양, 음극활물질의 개선을 통해 현재까지 사용되고 있는데 소비전력이 적은 용도에서 가격대비 사용시간 특성이우수해 현재도 1차전지 생산량의 60% 가량을 차지하고 있을 정도로 널리 사용되고 있다.

[표 7-1 전지의 역사]

년도	특 징
1789	개구리 다리로 부터 전지현상 발견 (Galbani(Italy))
1799	구리-아연 전지 발명 (Cu/H_2SO_4/Zn,Volta(Italy))
1860	연축전지 발명(PbO_2/H_2SO_4/Pb,Plante'(France))
1867	망간 건전지의 원형 발명(MnO_2/$NH_4ClZnCl_2$/Zn,Lechlanche France))
1880	Faure',paste식 극판에 의한 연축전지 제조법 특허, 연축전지 산업생산 개시
1888	망간 건전지 발명 (Gassener(Germany), 헤레센스(Denmark))
1899	니켈-카드뮴 전지 발명 (NiOOH/KOH/Cd,Jungner(Sweden))
1899	니켈-아연 전지 발명 (NiOOH/KOH/Zn)
1900	니켈-철 전지 발명 (NiOOH/KOH/Fe,Edison(USA))

1909	알카리 망간전지 발명(MnO_2/KOH/Zn)
1917	아연공기 축전지 발명(O_2 in Air/KOH/Zn)
1942	수은전지 발명(HgO/KOH/Zn)
1947	밀폐형 니켈-카드뮴 전지 발명
1949	알카리 망간전지 실용화
1962	밀폐형 수소전지 발명
1970	리튬 1차전지 실용화
1970	미국 GM Delco 칼슘 MF 연축전지 개발
1973	이산화망간-리튬 1차전지 실용화($MnO_2/LiClO_4$/Li)
1981	리튬 이온 2차전지 발명
1990	리튬 이온 2차전지 실용화, 생산개시(일본 SONY사)
1990	밀폐형 니켈-수소전지 실용화(NiOOH/KOH/MH)
1990	전기자동차용 전지 본격 개발착수
1995	수은전지 생산중지.
2002	LIPB, ALB, Smart Battery, Li-Polymer, 초박형 리튬이온전지(파워셀) 개발

7.3 전지의 분류

전지에는 일차전지와 이차전지, 연료전지 그리고 광에너지를 전기에너지로 변환시켜주는 태양전지 등이 있는데, 크게 분류하면 화학적 반응을 통해 전기를 발생시키는 화학전지와 물리적 반응을 통해 전기를 발생시키는 불리전지로 나눌 수 있다. 화학전지는 다시 일차전지와 이차전지, 연료전지로 구분된다. 물리전지로는 대표적인 것이 태양전지가 있으나 아직까지 전자기기에 응용되기가 어렵고 주로 건물 등에 사용되는 전력생산에 초점이 맞추어진 상태이다. 화학전지와 물리전지의 중간범위에 속하는 것이 초고용량 커패시터이다. 초고용량 커패시터는 초기에는 메모리 백업용의 틈새시장으로 출발하였으나 전기화학적 특성을 향상시켜 점차 고출력·고에너지 밀도가 요구되는 분야의 전지로 자리매김해 나가고 있다.

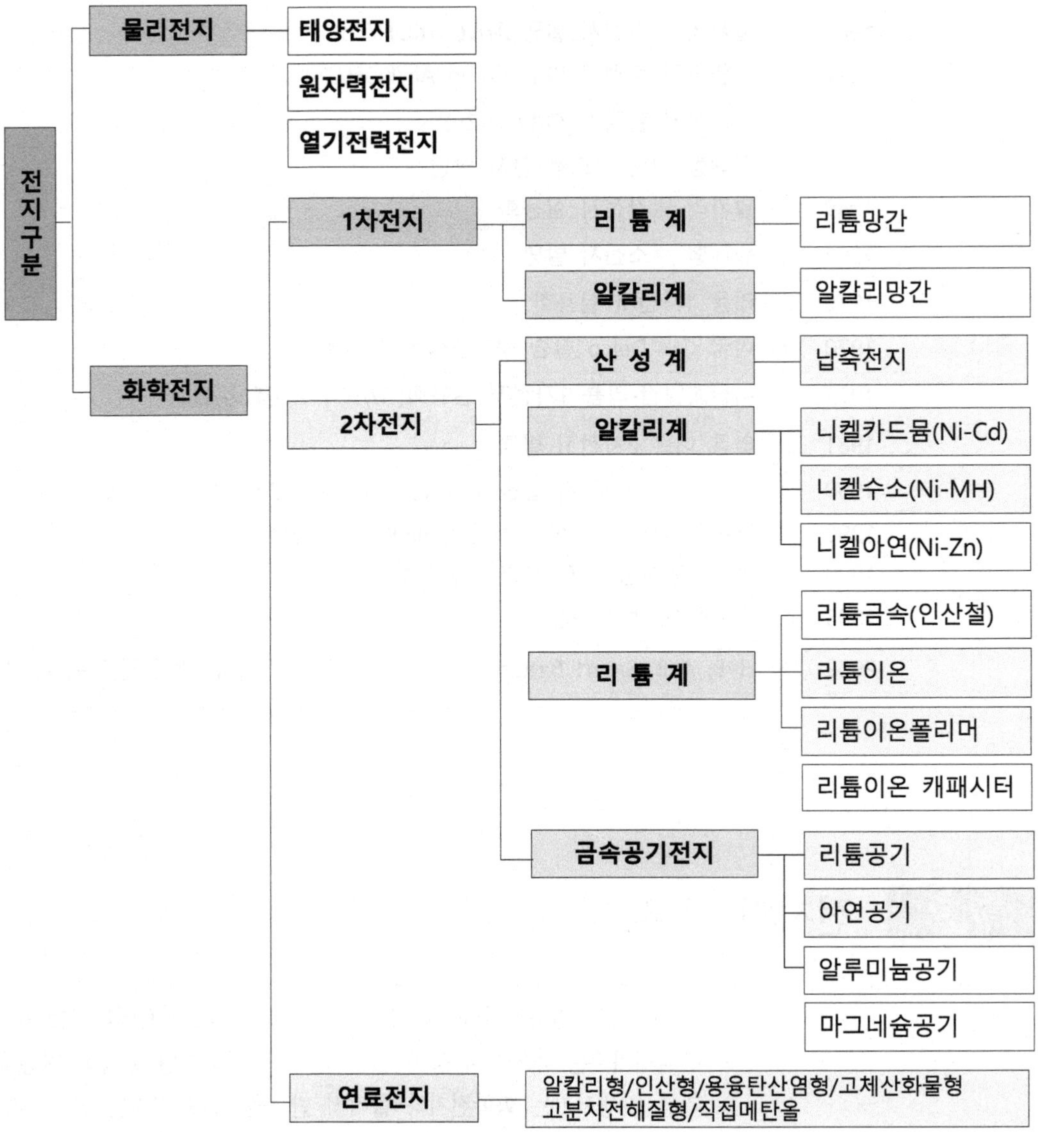

그림 7-5 전지의 종류

7.3.1 1차 전지

(1) 망간 전지

일반적으로 가장 많이 사용하는 전지라고 할 수 있다. 1868년 개발, 1880년에 상용화되어 이후 여러 차례의 성능개선을 통하여 현재에 이르기까지 사용되었다. AV, 리모컨 완구전구, 시계 등 여러 가지로 쓰인다.

음극에 아연, 양극에 탄소봉, 전해액으로는 염화암모늄과 염화아연의 혼합물을 사용하며, 방전전압은 1.5 V이다. 보통 사용되고 있는 건전지가 이것인데, 전해액이 넘쳐흐르지 않도록 풀 모양으로 해 놓았다. 내부저항이 커서 연속사용에는 적합하지 않다. 이전에는 자석식 전화기에 많이 사용되었다. 보통 건전지라고 하면 이 전지를 떠올릴 만큼 보편적인 전지이다.

주로 전력소비가 적은 용도에서 가격 대 성능비가 우수하여 1차 전지 중 60%가량을 점유한다. 하지만, 일회용이고, 사용 기간이 짧다.

(2) 알칼리 전지

이용시간이 긴 헤드폰스테레오나 카메라의 스트로보 등에 이용된다. 이 전지는 19세기말부터 연구되어 1960년대에 실용화됨과 동시에 급속히 보급되었다. 종래의 건전지 기기(회중전등·시계 등)에 비해 대 전류를 필요로 하는 포터블 CD/MD, 액정TV, 전자수첩, PDA, 휴대게임기, 호출기 등의 전지 사용 기기가 증가하면서 최근 수년간 망간 건전지에서 알칼리 건전지로 바뀌고 있는 추세다.

전압 안정성이 좋아서 보통의 사용조건에서는 용량이 망간 건전지의 약 3배이며, 고 부하 연속 방전에서는 약 10배의 용량이 된다. 그러나 망간 건전지에 비해서 1개당 수은 함유량이 많기 때문에 건전지 공해를 증폭시킬 우려가 있다.

(3) 알칼리-망간전지

망간 건전지의 중성 전해액 대신 염기성 용액을 사용한 건전지이다. 간단히 〈알칼리 건전지〉 라고도 한다. 전해액으로는 30~40%의 수산화칼륨 KOH(또는 수산화나트륨 NaOH)에 산화아연 ZnO를 포화시킨 용액이 사용된다. 음극은 아연관이 아닌 겔화된 아연분말을 사용한다. 공칭전압은 망간건전지와 같은 1.5 V이다.

(4) 리튬1차 전지

소형으로 고전압(3, 6볼트), 대전류, 긴 사용수명을 장점으로 하는 전지이며 용도에 따라 여러 형상(각형, 원통형, 핀형, 페이퍼형)으로 만들 수 있기 때문에 사용범위가 날로 확대되고 있다.

① 원통형 리튬전지 : 하이테크 시대에 중요한 역할을 담당하고 있는 전지이다. 컴퓨터나 비디오테크의 메모리 백업(기억유지기능)용, 휴대폰의 전원으로 많이 사용되고 있다.
② 코인형 리튬전지 : 카메라나 전자수첩 등에 안정된 성능을 발휘하고 있다.
③ 핀형 리튬전지 : 야간 낚시용 전기찌의 전원으로 사용되는 전지이다.
④ 페이퍼형 리튬전지 : 얇은 메모리 카드나 IC카드 등에 사용되는 전지이다.

7.3.2 2차 전지

(1) 납산 축전지

축전지 중에서 가장 오래된 역사를 자랑하는 전지로서 연축전지라고도 부른다. 비교적 싼 가격으로 전지제조가 가능하고 기술완성도가 높은 전지이다. 작은 전기제품으로부터 자동차용, 지게차의 동력용, 비상전원 공급 장치, UPS용, 전기 자동차용, 태양전지 발전용 등 다양한 부분에 작용되고 있다.

(2) Ni-Cd 전지

종래 가장 널리 사용되든 충전식 전지로서 매일 되풀이해서 사용하면 건전지보다 경제적으로 유리하다. 그러나 "메모리 효과"가 있어 완전히 방전하지 않고 충전을 하게 되면 용량이 줄어드는 단점이 있다.

또한 카드뮴 성분의 환경 유해성 때문에 점차로 생산량이 줄어들고 있는 추세이다. 코드리스 전화기, 전동 브러쉬, 면도기 등 매일 사용하는 기기에 적합하다.

양극에 니켈산화물, 음극에 카드늄 화합물, 전해액에 수산화칼륨 수용액을 주재료로 해 만든 니켈-카드늄 축전지이다.

① 충전식이므로 몇번 (500회 이상)이고 사용 가능하다. 일반 건전지와 비교해 매우 경제적이다.
② 큰 전류로 방전시켜도 전압이 그다지 내려가지 않는다. 파워가 필요한 기기에서는 다른 전지를 압도한다.
③ -20℃~ +60℃의 넓은 온도 범위에서 방전 가능하다. 특히 저온지역에서 위력을 발휘한다.

④ 오랜시간 방치해둬도 성능이 떨어지지 않는다. 충전하면 원래대로 돌아온다.
⑤ 과충전,과방전에 강하게 설계되어 있다. 내구성이 뛰어나다.
⑥ 가스 배출구를 갖춘 밀폐방식이다. 보수가 용이하다.

메모리효과(Memory Effect)

- 니켈로 만든 전지에서는 활물질로 사용된 NiOH에서 OH가 떨어졌다 붙었다 하며 전하를 전달하는 현상이 바로 충전과 방전이라는 전기적 흐름을 나타낸다.
- 여기서 shallow charge-discharge(만충전후 조금만 사용하고 다시 충전하는 것)를 몇 번만 반복하게 되면 충방전이 반복된 그 위치에 고용체가 생성이 되게 되어 새 전지라도 용량이 뚝 떨어지게 되는 것이다.
- 비가역성인 고용체는 생성이 되면 다시 되돌아가지 못하고 남아있는 용량을 사용하지 못하게 된다. 이처럼 전지가 마치 사용할 수 있는 용량의 한계를 기억하는 것과 같은 효과를 메모리 효과(Memory Effect)라고 한다. 따라서, Ni을 포함하고 있는 전지(Ni-cd, Ni-MH)는 만충전하였다가 완전히 바닥날 때까지 사용하는 것을 반복하는 것이 가장 잘 사용하는 방법이다. (단 전지가 허용하는 방전의 범위까지만)
- 그러나 리튬이온의 경우 메모리 효과 현상이 없으므로 사용자가 임의대로 주변환경에 따라 수시로 충전하여도 거의 수명에 영향을 미치지 않는다. 오히려 Ni게 전지와는 정반대로 자기 수명을 유지하는 효과가 있다고 할 수 있다.
- 이것이 리튬 전지가 비싸지만 Ni-전지보다 수요가 늘어나고 사용자가 찾는 이유이기도 하다.

(3) 니켈-수소전지

같은 중량으로 Ni-Cd 전지에 비해 2배의 전기용량을 가지고 있어 1회 충전으로 보다 장시간 사용이 가능하며 기기의 소형 경량화를 가능하게 해주는 전지이다. 노트북 컴퓨터, 휴대용 전화 등 비교적 고가의 휴대용 전자제품에 사용되어 왔으나 현재 리튬이온 2차 전지에 의해 잠식당하고 있다.

(4) 리튬 이온전지

작고 가벼우면서도 고출력 전지이다. 휴대전화에서는 없어서는 안 되는 전지이며 캠코더나 휴대전화의 소형경량화를 가능하게 해준 전지이다.

(5) 리튬 폴리머 전지

리튬폴리머 전지는 현재 시장을 장악하고 있는 리튬 이온 전지인 단점을 보안한 차세대 2차전지로 정의할 수 있다. 외부 전원을 이용해 충전하는 고체전해질전지로 안정성이 높고 에너지 효율이 좋다. 고체 또는 젤 상태의 중합체(폴리머)를 전해질로 사용하여 전지가 파손되어도 발화하거나 폭발할 위험이 거의 없다.

외장 역시 단단한 금속으로 만들 필요가 없어 3 ㎜ 이하의 두께로도 만들 수가 있고, 무게도 기존 전지의 30%까지 줄일 수 있다. 특히 제조공정이 간단하여 대량생산이 가능하며, 전기자동차에 쓰일 만한 대용량도 만들 수가 있다.

피시에스(PCS)폰이나 노트북 컴퓨터, 캠코더 등 포터블 기기에 주로 사용되며, 개발 여하에 따라 전기자동차에도 쓰일 것으로 전망된다.

국내에서는 삼성SDI(주)와 LG화학(주) 등이 2000년에 개발하여 국내 보급은 물론 수출까지 하고 있다.

(6) 연료전지(fuel cell)

수소에너지가 대체에너지로 자리 잡게 될 경우 이의 전환기관은 연료전지가 될 것으로 예측되고 있다. 연료전지는 수소와 산소가 화학반응을 통해 물이 되는 반응에서 전기 에너지를 생산하는 발전형 전지를 의미하는 것으로 1839년 영국의 W. Grove에 의해 발명되었다.

화학반응을 통해 전기에너지를 얻는 것은 연료전지가 처음이 아니며 여러 형태의 1, 2차 전지를 통해 이미 개발된 것이다. 연료전지는 1, 2차 전지와는 그 작동원리가 다르며 연료(수소)를 주입하면 연속적으로 전기가 생산되기 때문에 전지가 아니라 '발전'이라는 주장도 있다.

연료전지는 양극(anode, 연료극)과 음극(cathode, 공기극) 그리고 이들 사이에 존재하는 전해질(electrolyte)로 구성된다. 음극으로는 수소 기체 또는 수소를 포함한 물질이 들어와 촉매의 작용에 의해 전자와 H+이온으로 분리되게 된다. 이때 발생된 전자는 양극과 음극을 연결하는 외부 회로를 통해 음극으로 이동하는데 이 과정에서 외부 회로에는 전류가 흐르게 되어 이를 전기에너지로 이용할 수 있게 되는 것이다. 양극에서 발생된 수소이온은 전해질을 통과해 음극으로 이동하고 음극으로 유입된 산소는 외부회로를 통해 이동한 전자와 결합해 산소이온(O_2)이 된다. 이 산소이온은 전해질을 통해 음극으로 이동한 수소이온과 결합해 물 분자(H_2O)를 형성하게 된다.

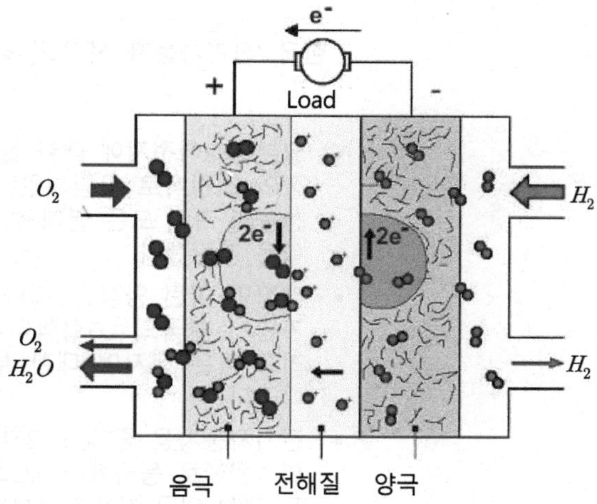

그림 7-6 연료전지(fuel cell)의 구조

양극 및 음극에서 일어나는 반응과 이들이 합해진 전체 반응은 다음과 같다.

Anode : $2H_2 \longrightarrow 4H^+ + 4e^-$

Cathode : $O_2 + 4H^+ + 4e^- \longrightarrow 2H_2O$

Overall : $2H_2 + O_2 \longrightarrow 2H_2O$ + 전류 + 열

SOFC(solid oxide fuel cell)은 다른 연료전지와 달리 산소이온이 전해질 층을 이동하게 된다.

[연료전지의 개발과정]

년도	특 징
1839년	William R. Grove(영국) - 개념 발명
1959년	F.T. Bacon(영국) - 5 kW 수소/산소 연료전지 실증시험
1960년대	제미니 및 아폴로 계획에 Alkaline Fuel Cell(AFC) 적용→ 상업적 응용
1970년대	PAFC(Phosphoric Acid Fuel Cell) 개발
1980년대	PEMFC(Proton Exchange Membrane Fuel Cell) 개발
1984년 이후	미국의 DOE(Department of Energy)에서 연료전지에 대한 연구자금 적극적 지원
1990년대	DMFC(Direct Methanol Fuel Cell) 개발, MCFC 발전 개시, SOFC 발전소 개발
2002.12	연료전지 하이브리드 차량 출시(Toyota, Honda - 리스형태 판매 개시)
2004~2005년	휴대용 연료전지(PDA, Laptop, Cellular phone etc) 출시 예정
2005년	가정용 연료전지 출시
2010년 이후	연료전지 자동차 본격 보급 예정

한국 '전기자동차 전지'의 강자로 부각

- 일본은 2차전지에 대한 원천기술 선점으로 지금껏 세계 2차전지 시장의 최강자로 군림해왔다. 산요나 파나소닉, 소니 등의 2차전지는 성능과 가격 모든 면에서 다른 나라의 제품을 압도하는 강력한 경쟁력을 자랑했다.
- 하지만 이런 양상은 2차전지가 니켈-수소에서 리튬-이온으로 넘어가면서 한국의 LG화학이나 삼성SDI 등 국내 업체들은 발 빠르게 리튬-이온 전지에 대한 투자를 확대하면서 점유율을 빠르게 늘려나갔다.
- 전기자동차용 중·대형 2차전지에서는 한국이 전기자동차 전지 생산의 1인자로 등극했다. LG화학은 미국 제너럴모터스(GM), 포드, 볼보 등 대형 외국 자동차업체들과 잇따라 전지 공급계약을 체결했고, 삼성SDI와 보쉬의 합작사인 SB리모티브는 독일 BMW와 공급계약을 맺는 등 전세계 주요 자동차업체들을 한국 전지업체가 공급계약을 체결했거나 체결을 서두르고 있는 상황이다.
- 하지만 한국의 2차전지 원천기술 수준은 일본의 30% 수준에 지나지 않는다고 할 정도로 기술격차는 아직 크고, 전기자동차 시장이 성숙기에 들어설수록 자동차 업체들은 2차전지의 공급선을 다변화할 가능성이 높으므로 후발업체의 추격을 뿌리치기위해서는 기술개발에 더 많은 노력을 기울여야한다.

7.4 전지의 종류와 특성

가솔린 자동차의 핵심 기술에 해당되는 엔진 기술과 함께 전지 기술은 전기자동차의 핵심 기술이라 할 수 있으며, 전기자동차의 특성으로는 가솔린 자동차에 비해 유해가스가 나오지 않고, 소음이 적으며, 운전이 용이하고, 구조가 간단하여 고장률이 적으며, 운전 경비가 적게 드는 장점이 있다. 그러나 현재 탑재되고 있는 전지는 무겁고, 1충전 거리가 짧으며, 최고 속도와 가속력이 적은 결점이 있다.

따라서 전기자동차 전원으로서 갖추어야 할 전지의 조건으로는 가볍고, 에너지 밀도(Wh/kg) 및 출력 밀도(W/kg)가 커야 한다. 재래형 전지를 전기자동차용 전원으로 사용하기에는 성능이 상당히 떨어지기 때문에 우수한 성능의 신형 전지를 개발하기 위해 선진 각국에서는 이의 연구개발에 적극적으로 나서고 있다.

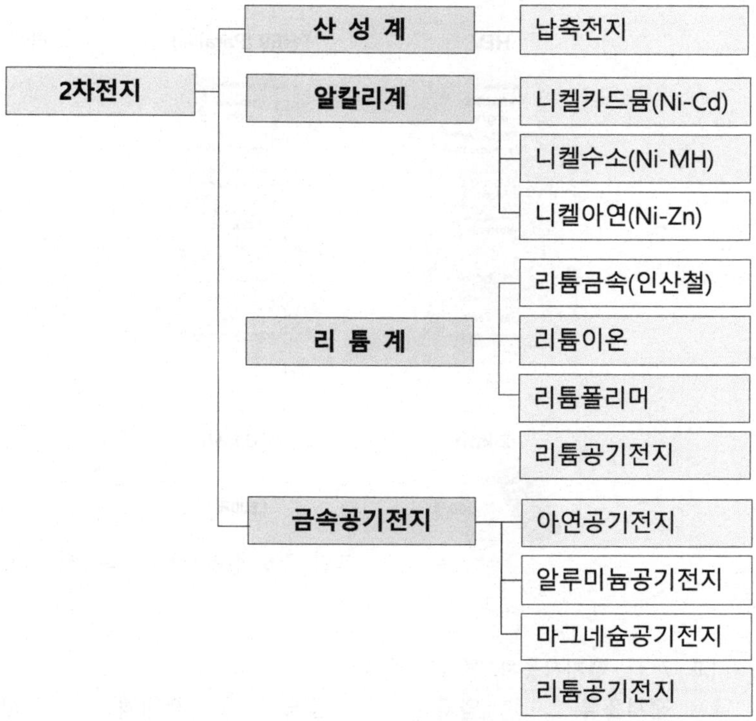

그림 7-7 2차 전지의 종류

전기자동차가 실용화되기 위한 전제로는 전지 가격이 저렴하여야 하므로 우선 주재료인 전극 재료가 자원적으로 풍부해야 하고, 폐전지로부터 금속의 회전 및 리사이클이 용이해야 하며, 경제성이 좋아야 한다. 표 7-2는 현재 전기자동차용으로 사용되는 주요 전지의 제특성을 나타낸 것이다. 재래형 전지로는 현재 널리 사용되고 있는 납축전지, Ni/Cd 전지 등이 있고, 신형 전지는 다양하다.

[표 7-2 리튬계 전지의 종류와 특징]

전지종류	리튬이온 전지	리튬폴리머 전지	리튬금속폴리머 전지
음 극	탄소	탄소	리튬
전해질	액체전해질	고분자 전해질	고분자 전해질
양 극	금속산화물	금속산화물	금속산화물
	$LiCoO_2, LiNiO_2, LiMn_2O_4$	$LiCoO_2, LiNiO_2, LiMn_2O_4$	유기설퍼, 전도성고분자
평균전압	3.7V	3.7V	2.0~3.6V
에너지밀도	high	high	very high
저온특성	excellent	good	poor
안정성	poor	medium	good

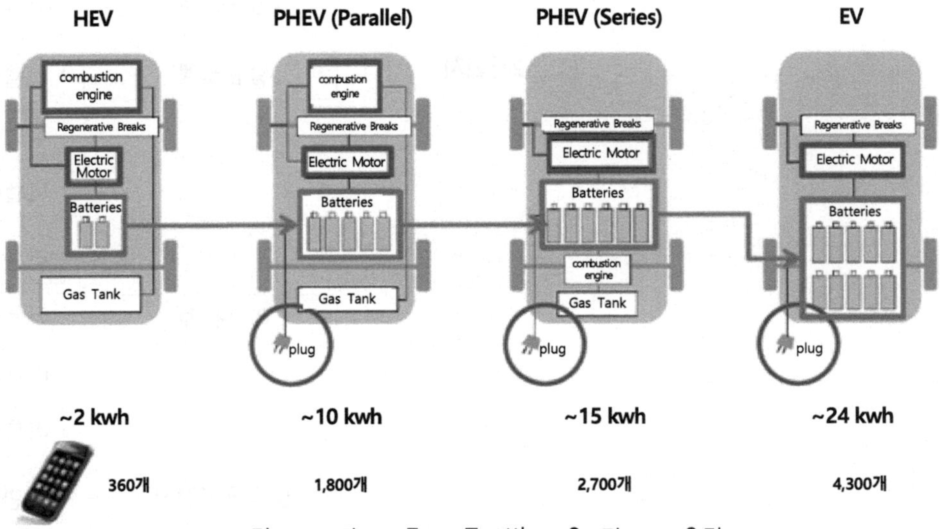

그림 7-8 전기자동차 종류별 사용 전지의 용량

[표 7-3 전기자동차 전지의 종류]

전지종류	양극	음극	전해액	전압	작동온도	에너지밀도
나트륨유황전지	S	Na	β - Al_2O_2	2.08	약 300℃	300(Wh/kg)
납축전지	PbO_2	Pb	H2SO4	2.00	상온	40(Wh/kg)
Ni/Cd	NiOOH	Cd	KOH	1.20	상온	80(Wh/kg)
Ni/Zn	NIOOH	Zn	KOH	1.50	상온	74(Wh/kg)
Zn/Air	O_2	Zn	KOH	1.45	상온	150(Wh/kg)

[표 7-4 2차전지의 특징]

특성	Ni/Cd 전지	Ni/MH 전지	Li-Ion 전지	Li-Ion Polymer전지
양극활물질	NiOOH	NiOOH	$LiMO_2$	$LiMO_2$
음극활물질	Cd	MH	Carbon	Carbon
전해액	KOH/H_2O	KOH/H_2O	LiX/유기용매	LiX/고분자전해질
평균전압(V)	1.2	1.2	3.7	3.7
에너지밀도(Wh/L)	160	240	300~350	250~300
수명(회)	1000	1000	1200	1000
자기방전율(%/월)		20~25	<10	<<10
환경친화도	Bad	Bad	Good	Good
저온특성	Good	Good	Good	Bad

[표 7-5 전지별 특징]

구분	종류	특징
1차 전지	망간전지	• 1868년 프랑스 르클량셰에 의해 발명된 역사가 오래된 전지로서, 고부하, 고용량화용에 적합한 전지
		• 정극재료 : 이산화망간 • 부극재료 : 아연 • 전해액 : 물 • 전해질 : 염화암모늄, 염화아연 • 격리판 : 크라프트지
	알카리망간전지	• 전지용량이 크고 내부저항이 적어서 부하가 큰 장시간 사용에 적합한 전지이며, 원통형과 코인형으로 분류
		• 정극재료 : 이산화망간 • 부극재료 : 아연 • 전해액 : 수산화칼륨 수용액 • 전해질 : 수산화칼륨, 수산화나트륨 • 격리판 : 부직포(폴리오레핀, 폴리아미드계)
	리튬1차전지	• 리튬1차전지는 60년대들어 미국의 NASA에서 우주개발용 전원으로 연구개발된 고에너지 밀도의 전지로서, 오늘날 본격적으로 실용화 가 되고 있는 것은 플루오르화 흑연·리튬전지와 이산화망간·리튬전지
		• 정극재료 : 플루오르화 흑연, 이산화망간에 탄소 결착 • 부극재료 : 리튬 • 전해액 : r-부칠락톤, 1, 2디메특시 에탄의 혼합 유기용매에 보론 플루오 로와 리튬의 전해질을 용해시킨 액체 • 격리판 : 폴리프로필렌, 올레핀계 부직포
2차 전지	납축전지	• 1859년에 발명된 전지로서, 대부분의 자동차 기초전원으로 이용 • 싼값으로 제조가능하고 넓은 온도조건에서 고출력 • 안정된 성능을 발휘하나 비교적 무겁고 에너지 저장밀도가 높지 않다.
		• 정극재료 : PbO_2 • 부극재료 : Pb • 전해질 : H_2SO_4(수용액) • $PbO_2+2H_2SO_4+Pb \leftrightarrow PbSO_4+2H_2O+PbSO_4$
	니켈카드뮴전지	• **납축전지와 가장 큰 차이점은 전해질 황산 대신 알카리수용액 사용** • 1899년에 발명되고 1960년대에 밀폐형 니켈카드뮴전지 양산기술이 확립되어, 철도차량용, 비행기 엔진 시동용등을 비롯하여 고출력이 요구되는 산업 및 군사용으로 널리 이용 • 밀폐형의 경우에는 전동공구 및 휴대용 전자기기의 전원으로 사용 • **메모리 효과(memory effect)와 유해한 카드뮴 사용**으로 인해 점차 사용을 기피하고 있는 추세
		• 정극재료 : NiooH • 부극재료 : Cd • 전해질 : KOH(수용액) • $2Ni(OH)_2+Cd(OH)_2 \leftrightarrow 2NiOOH+Cd+2H_2O$

2차 전지	**니켈수소전지**	• '90년에 실용화하여 '92년에 대량 생산이 개시된 2차전지 • 니켈-카드뮴전지에 비하여 에너지밀도가 크고 **공해물질이 없어서** 무공해 소형 고성능전지 • 전기자동차용 등의 무공해 대형 고성능전지로 개발이 가능한 새로운 2차전지로서 주목을 받고 있다. • 니켈카드뮴전지와 동작전압이 같고 구조적으로도 비슷하지만 부극에 수소흡장합금을 채용하고 있어, 에너지밀도가 높다. • 단점은 **메모리효과(memory effect)가 약간 있다**.
		• 정극재료 : NiooH • 부극재료 : MH • 전해질 : KOH(수용액) • $MH(s)+N_iOOH(s)\rightarrow M+N_i(OH)_2(s)$
	리튬이온 전지	• 전압은 3.6V로 휴대폰, PCS, 캠코더, 디지털 카메라, 노트북, MD 등에 사용 • 양산 전지중 성능이 가장 우수하며 가볍다. • 일본 소니사가 가장 앞선 기술을 보유하고 있으며 가장 먼저 양산 • 리튬이온 전지는 **폭발 위험**이 있기 때문에 일반 소비자들은 구입할 수 없으며 보호회로가 정착된 PACK 형태로 판매 • 위험성만 제거되면 가볍고 높은 전압을 갖고 있어 앞으로 가장 많이 사용될 전지 • 양극, 분리막, 음극, 전해액으로 구성되어 있고 리튬이온의 전달이 전해액을 통해 이루어짐 • 정상적인 조건하에서 500회 이상의 충전 / 방전 수명 • 리튬이온 전지에는 **메모리 효과가 없다**. • **전해액이 누수되어 리튬 전이금속이 공기중에 노출될 경우 전지가 폭발할 수 있고** 과충전 시에도 화학반응으로 인해 전지 케이스내의 압력이 상승하여 폭발할 가능성이 있어 보호회로가 필수 • 되도록 완전충전/완전방전을 하지 않고 조금사용하고 충전하고 하는 것이 더 좋다. • $LiCoO_2+Cn \Leftrightarrow Li1-xCoO_2+CnLix$
	리튬폴리머 전지	• 전압은 3.6V로 폭발 위험이 없고 전해질이 젤타입이기 때문에 전지 모양을 다양하게 만들 수 있는 것이 장점 • 일부 휴대폰에 사용되고 있으며 리튬이온 전지를 이을 차세대 전지. 현재는 양산하는 곳이 적으며 국내에서도 많은 기업이 연구 개발 중 • 양극, 전해질, 음극으로 구성되어 있고 양극과 음극 사이의 전해질이 양극과 음극을 분리하는 분리막과 리튬이온의 전달역할을 수행 • **고분자 겔 형태의 전해질을 사용함으로써 과충전과 과방전으로 인한 화학적 반응에 강하게 만들 수 있어 리튬이온전지에 필수적인 보호회로가 불필요** • **리튬이온 전지의 단점인 안전성 문제, 제조비용의 고가, 대형 전지제조의 어려움, 고용량화의 어려움 등의 문제를 해결할 수 있는 전지** • $LiCoO_2(s)+C(s)=LI_{1-n}CoO_2(s)+CLi_x$

아연공기전지	• 19세기말부터 20세기 초에 걸쳐 거치형 공기전지가 개발되어 항로 표지용 전원이나 각종 통신기기에 사용 • 단추형으로는 의료기(보청기)용도로 사용하고 있으며, 고에너지 밀도와 큰 전기용량, 평탄 한 방전특성
	• 정극재료 : 공기중의 산소 • 부극재료 : 아연 • 전해액 : 수산화칼륨 수용액 • 격리판 : 폴리오레핀, 폴리아미드계 부직포
리튬공기전지	• 양극 물질은 금속 산화물 대신 공기(산소)사용하는 차세대 배터리. • 음극에서 리튬이 산화·환원 반응하고, 양극인 공기극에서는 외부로부터 유입되는 산소의 산화·환원 반응 • 리튬이온 전지에 비해 에너지 밀도를 크게 높일 수 있어 차세대 배터리로 큰 관심 • 금속을 쓰지 않아 제작비가 싸고 무게도 가볍다. • **상용화하면 한 번 충전으로 600㎞ 이상 달릴 수 있는 전기자동차 생산이 가능**

[표 7-6 주요 1차/2차 전지의 특성]

구분	종류	구 성			공칭전압	에너지밀도
		양극	전해질	음극		
1차 전지	망간전지	MnO_2	$ZnCl_2$ NH_4Cl	Zn	1.5	200
	알카리전지	MnO_2	KOH (ZnO)	Zn	1.5	320
	산화은전지	Ag_2O	KOH $NaOH$	Zn	1.55	450
	공기아연축전지	O_2	KOH	Zn	1.4	1,235
	플루오르흑연리튬전지	$(CF)_n$	$LiBF_4/YBL$	Li	3	400
	이산화망간리튬전지	MnO_2	$LiCF_3SO_3/PC+DME$	Li	3	75
2차 전지	납축전지	PbO_2	H_2SO_4	Pb	2	100
	니켈카드뮴전지	$NiOOH$	KOH	Cd	1.2	200
	니켈수소전지	$NiOOH$	KOH	$MH(H)$	1.2	240
	바나듐리튬전지	V_2O_5	$LiBF_4/PC+DME$	$Li-Al$	3	140
	리튬이온 전지	$LiCoO_2$	$LiPF_6/EC+DEC$	C	4	280

[표 7-7 2차전지의 특징]

특성	Ni/Cd 전지	Ni/MH 전지	리튬이온 전지	리튬폴리머전지	리튬공기전지
양극 활물질	NiOOH	NiOOH	$LiCoO_2$	$LiCoO_2$	공기
음극 활물질	Cd	MH	Carbon	Carbon	Li(리튬)
전해액	KOH/H_2O	KOH/H_2O	유기용매(액체)	고분자전해질(고체)	유기용매(액체)

전기자동차 전지시장 주도권 한국으로

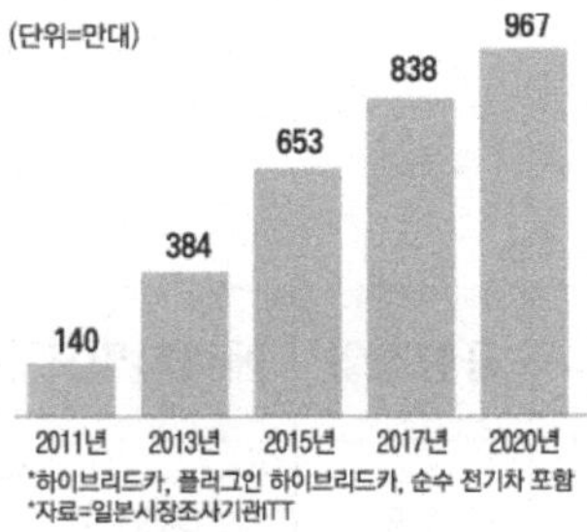

전기자동차 글로벌 시장전망

- 세계 전기자동차용 전지 시장은 한국과 일본이 주도권 싸움을 하고 있다.
- 한국에는 삼성SDI(SB리모티브), LG화학, SK이노베이션 등 3개사가 전기자동차 전지사업에 주력하고 있다.
- 일본에는 산요, GM유아사, 히타치 등이 주력업체이고 미국에는 A123 업체 등도 전기자동차용 전지 개발을 위해 노력하고 있다. 하이브리드자동차의 전지는 일본 업체가 주도하는 니켈수소 전지가 대부분 적용되어 왔다.
- 미국 GM의 전기자동차인 쉐보레 볼트에 LG화학이 리튬이온 전지를 공급하기로 하면서 세계 전기자동차용 전지 시장의 판도가 바뀌기 시작했다. 리튬이온 전지는 니켈수소 전지에 비해 부피와 무게가 50% 줄어들면서도 같은 출력을 내며, 기술발전이 거듭되면서 니켈수소 전지에 비해 월등히 비쌌던 제조가격이 현저히 떨어진 것도 전지시장의 판도 변화에 큰 역할을 담당하였다.

폭스바겐 - 차세대 전기자동차에 삼성·LG 배터리 채택

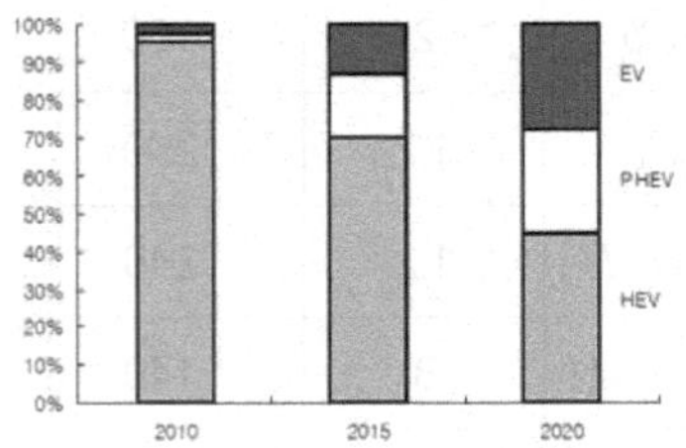

전기자동차 유형별 비중 전망

- 삼성SDI는 주행거리 600 km 배터리 개발을 통해 차세대 배터리 기술 선도를 추진하고 있다. 삼성SDI는 2017 북미 오토쇼에서 20분 급속 충전 기술을 접목한 고에너지밀도 600 km 주행배터리 셀을 공개했다. 공개된 배터리는 600 km 주행거리와 급속충전 기술까지 확보한 제품이다. 오는 2021년 양산을 목표로 하고 있는 이 제품은 20분 급속충전을 통해 80% 충전거리인 500 km 주행거리를 확보할 수 있다.

- 현재 삼성SDI는 아우디·폭스바겐·BMW·재규어·랜드로버 등등에 배터리를 공급하고 있다. 현대기아차는 공급하지 않는다. 삼성SDI 관계자는 "해외 브랜드 중심으로 전기차 배터리를 공급하고 있다"며 "주요 공급차량으로는 BMW i3, i8이며, 향후 공급처를 확대할 방침"이라고 설명했다. 그는 이어 "소형 배터리를 제외한 대형 배터리 공급 능력은 연간 14만대 수준"이라며 "배터리 생산능력도 중요하지만, 차세대 배터리 개발을 통해 관련 시장 선도에 나설 것"이라고 덧붙였다.
- 배터리 업계 부동의 1위를 차지하고 있는 LG화학은 올해 글로벌 4각 생산체제 구축에 나선다. 한국·중국·미국·유럽 중심의 약 30만대 생산 능력을 확보한다는 계획이다.
- 생산체제 구축 외에도 배터리 업계 1위를 수성하기 위한 3세대 전기차 프로젝트 수주를 확대한다. LG화학은 500 km 이상 주행거리 전기차 배터리 공급을 위한 수주를 전지사업본부의 경영계획으로 세웠다.
- 관계자는 볼트의 판매량이 예측대로 달성된다면 LG화학뿐 아니라 LG전자의 전장사업 매출의 최대 40%를 차지할 것이라고 전망했다.

7.5 납축 전지

현재 내연기관 자동차에 사용되고 있는 전지에는 납산 전지와 알칼리 전지의 두 종류가 있으나, 거의 납산 전지를 사용하고 있다. 알칼리 전지는 납축전지에 비해 과다 충·방전에 견디고 수명이 길지만 원료의 공급 등에 제한을 받고 값이 비싸다는 단점이 있다.

그림 7-9 MF 축전지

납축전지는 전극으로 납을 사용하기 때문에 전지의 중량이 무겁고, 에너지 밀도는 2차 세계 대전 전에는 약 20 Wh/kg 전후였으나, 대전 후는 재료 혁명의 영향으로 성능·수명이 크게 진보, 지금도 전지 산업의 주역 자리를 유지하고 있고, 또 성능 향상을 위해 많은 연구를 하고 있다. 현재 전기자동차용 납축전지의 에너지 밀도는 약 40 Wh/kg (5HR)이고, 대전류 방전에 있어서도 비교적 양호한 특성을 보여주고 있다. 영국에서의 우유 배달차 전원으로 사용되는 납축전지의 에너지 밀도는 25 Wh/kg 전후로 상당히 낮은 편이다. 그러나 영국에서는 일정 궤도용으로만 사용되고 있기 때문에 일일 주행거리가 짧아 이 정도의 에너지 밀도로도 충분하며, 오히려 전지의 수명 연장에 초점을 맞추어 4년간의 보증을 유도하고 있다.

영국에서의 전기자동차가 경제성이 있는 것은 이 때문이다. 현재 사용되고 있는 전지 중에서 납축전지는 가장 저렴하여 전기자동차의 전원으로 사용될 경우 엔진차에 비해 저렴한 가격으로 유지할 수 있는 이점을 가지고 있다. 또한 폐전지로부터 납의 회수가 용이한 장점도 있다.

전기자동차 충전, 급속보다 완속이 유리?

- MF 전지는 보통 전지의 단점이라 할 수 있는 자기방전이나 화학 반응할 때 발생하는 가스로 인한 전해액의 감소를 적게 하기 위해 개발한 것이며, 우리말로 명칭을 붙인다면 무정비(또는 무보수) 전지라 할 수 있다.
- MF전지가 보통 전지와 다른 점은 극판 격자의 재질과 제작방식 및 모양을 들 수 있다. 격자의 재질은 보통 전지에서는 납-안티몬 합금을 쓰고, MF전지는 안티몬(sb)의 함량이 적은납-저안티몬 합금이나 또는 안티몬이 전혀 들어 있지 않은 납-칼슘 합금을 쓴다.
- 보통 전지의 재료인 안티몬은 무른 납의 기계적인 강도를 높이고 격자의 주조를 용이하게 하기 때문에 사용한다. 그런데 안티몬은 사용 중에 극판의 표면에 서서히 석출하여 국부전지를 형성해서 자기방전을 촉진하고, 또 충전전압을 저하시키므로 자동차와 같이 일정한 전압으로 충전을 하는 경우에는 점차 충전전류가 증가하여 물의 전기 분해량이 많아진다.
- 따라서 전해액의 감소나 자기방전의 원인이 되는 안티몬의 양을 감소한 합금(저안티몬 합금)이나 또는 납-칼슘 합금을 사용하여 무정비화가 가능하다.

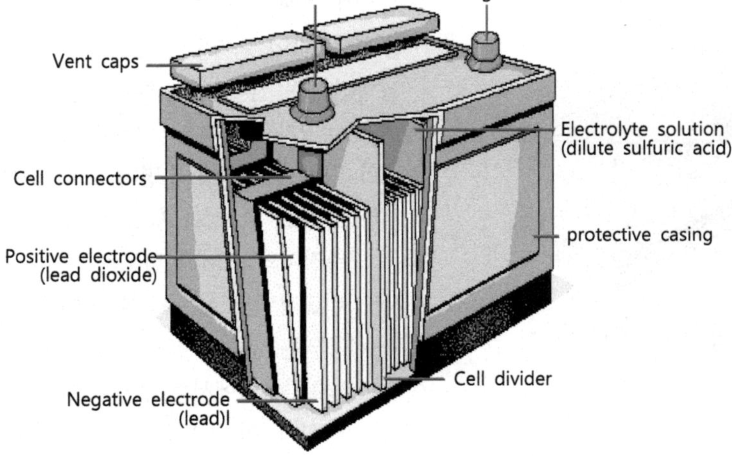

그림 7-10 납산전지 구조

그러나 에너지 밀도가 낮은 40 Wh/kg 전후의 전지를 탑재할 경우 전기자동차의 1충전 주행거리는 연속주행에서 약 100 km 전후이고, 도시 내에서 GO/STOP의 반복으로 인해 이의 약 1/2 또는 그 이하의 주행거리로 감소한다. 물론 이 정도의 주행 거리로 용도에 따라서는 실용성이 있으나 광범위한 목적으로 활용하기 위해서는 에너지 밀도를 높이지 않으면 안된다.

납축전지의 또한 단점으로는 방전 후의 충전에 통상 6~8시간의 상당히 긴 시간이 요구되는 것이다. 효과적인 충전을 하기 위해서는 저렴하고 신뢰도가 높은 충전기의 제어기구가 개발되어야 하며, 이를 개발하기 위해서는 보다 많은 연구 노력이 필요하다. 앞으로는 전지의 액 보충 횟수를 줄이거나, 전지의 밀폐화로 액 보충을 없애는 방안, 충·방전량을 알려주는 지시계의 개발, 전지에 관한 유지 관리의 간소화를 위한 성능 향상 연구가 추진되어야 할 것이다.

1) 납 전지

① 양극판 : 과산화납(PbO_2, 다갈색)

② 음극판 : 해면상납(Pb, 순납)

③ 전해액 : 비중 1.2 - 1.3 정도의 묽은 황산($2H_2SO_4$)

④ 셀당 기전력 : 2.1[V]

2) 알칼리 전지

① 양극판 : 수산화 제2니켈($ZLi(CH)_3$) → 수산화 제1니켈($ZLi(CH)_2$)

② 음극판 : 카드뮴(Cd) → 수산화 카드뮴($Cd(OH)_2$)

③ 전해액 : 수산화알칼리 용액(KOH)

양극에 수산화 제2니켈, 음극에 카드뮴, 전해액으로는 알칼리 용액을 사용한 것이 널리 사용되고 있다. 기전력은 약 1.2 V이다. 알칼리 전지의 특징은 진동에 견디며 자기방전이 적고 평균수명이 길고 넓은 온도 범위에서 사용할 수 있다.

7.5.1 전지의 구조와 작용

현재 많이 쓰이고 있는 납산 전지는 그림과 같은 구조로 되어 있으며, 여러 개의 단전지(Cell)로 이루어진 케이스가 있고, 각 단전지마다 양극판과 음극판, 격리판 및 전해액이 들어 있다. 또한 양극판은 음극판보다 작용이 활발하여 쉽게 파손되므로 화학적인 평형을 고려해서 음극판을 한 장 더 많이 둔다.

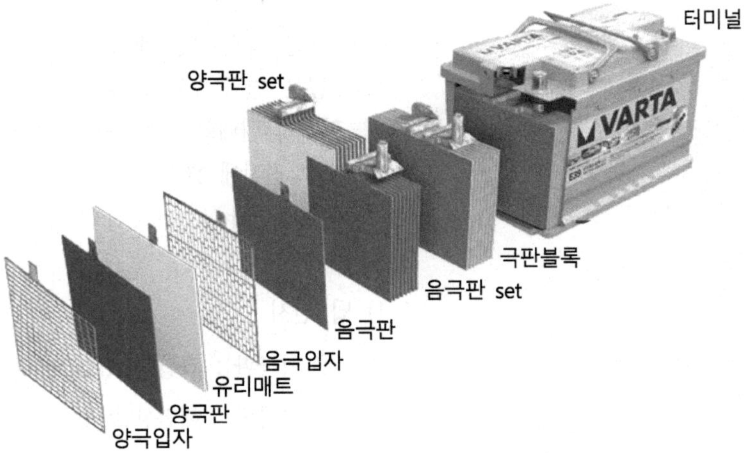

그림 7-11 전지의 구조

전지의 4대 구성요소

- 양극(cathode) : 외부 도선으로부터 전자를 받아 양극 활물질이 환원되는 전극
- 음극(anode) : 음극 활물질이 산화되면서 도선으로 전자를 방출하는 전극
- 전해질(electrolyte) : 양극의 환원 반응, 음극의 산화반응이 화학적 조화를 이루도록 물질이동이 일어나는 매체
- 분리막(separator) : 양극과 음극의 직접적인 물리적 접촉 방지를 위한 격리막.

(1) 극판(plate)

극판은 납과 안티몬 합금의 격자 속에 납 산화물의 분말을 묽은 황산으로 반죽(paste)하여 붙인 상태로 만든 것을 충전하여 건조시킨 후 전기 화학처리를 하면 양극판은 다갈색의 과산화납(PbO_2)으로, 음극판은 해면상납의 작용물질로 변한다.

극판의 두께는 2[mm] 또는 3[mm]의 것이 사용되고 있다. 또한 최근에는 부피를 작게 하기 위하여 1.5[mm] 정도의 얇은 극판도 만들어지고 있다.

(2) 격리판(separator)

격리판의 기능은 음양극판 사이에 끼워져 단락을 방지한다. 그 종류에는 강화섬유 격리판, 비공성 고무 격리판, 합성수지 격리판이 있다. 또한 이 격리판(separator)은 부도체이며, 전해액이 자유로이 확산할 수 있도록 다공성이어야 하고, 또 내산성과 내진성이 좋아야 한다. 또한 격리판의 설치는 화학작용을 원활하게 하기 위하여 주름진 쪽이 양극판(+극판 : positive plate) 쪽을 가게 한다. 홈이 있는 면이 양극판 쪽으로 끼워져 있고, 단독 또는 글래스 매트(glass mat)와 함께 사용한다. 글래스 매트는 양극판의 양면에 끼워져 어떤 일정압력으로 눌러 진동에 약한 작용물질이 떨어지는 것을 방지한다(글래스 매트 : 유리 섬유판).

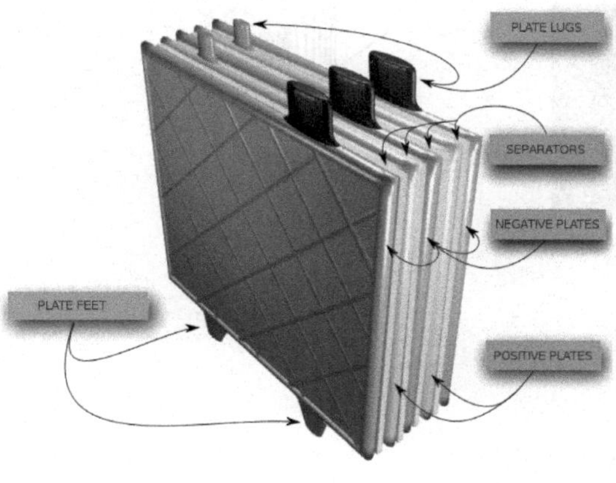

그림 7-12 극 판

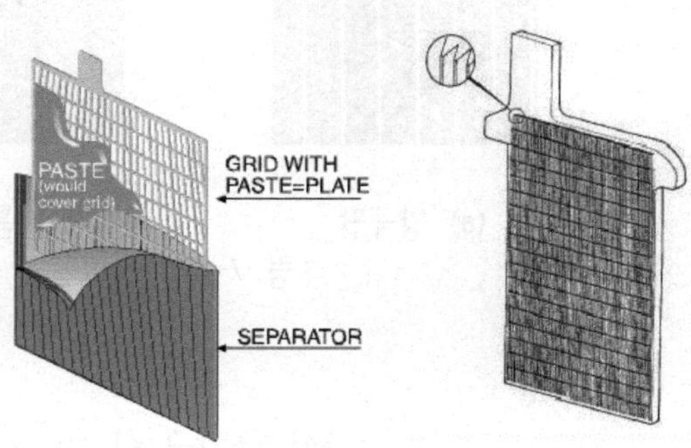

그림 7-13 격리판(separator)

(3) 유리 매트(glass mat)

양극판의 작용물질은 진동에 약하여 떨어져 나가기 쉬우므로, 이것을 방지하여 전지의 수명을 길게 할 목적으로 유리 섬유의 매트로 양 극판의 양쪽에서 작용물질을 누르듯이 끼워놓는다.

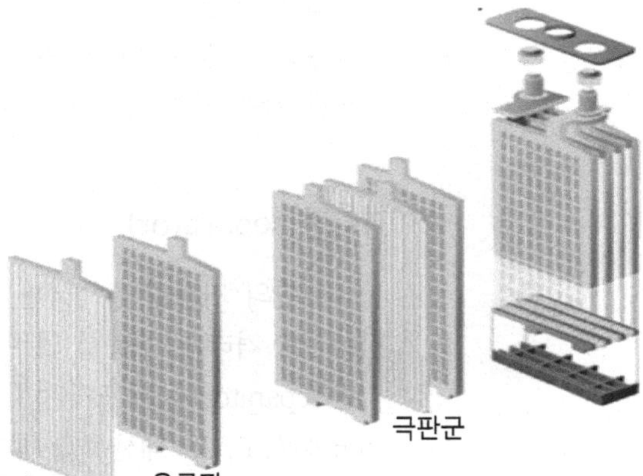

그림 7-14 단전지의 구성

그림 7-15 격리판

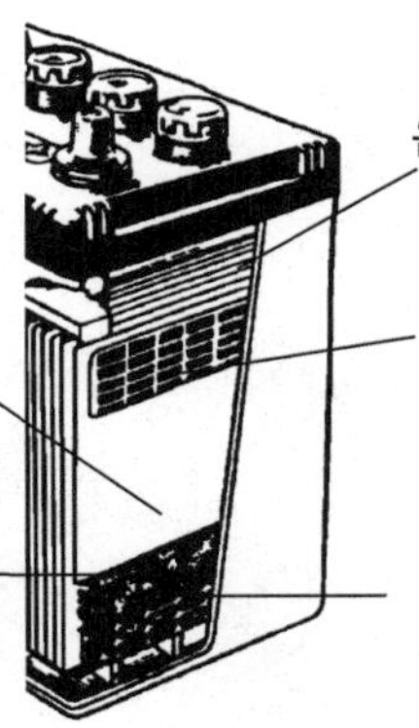

그림 7-16 유리 매트

(4) 극판군(plate group)

극판군은 여러 장의 극판을 그림과 같이 조립하여 연결편(strap)과 극주(terminal post)를 용접해서 만든다. 이렇게 해서 만든 극판군을 단전지라 하며, 완전충전시 약 2.1[V]의 전압이 발생한다. 따라서 6[V] 전지는 단전지 3개로 되어 있고, 12[V] 전지는 6개의 단전지가 직렬로 접속되어 있다.

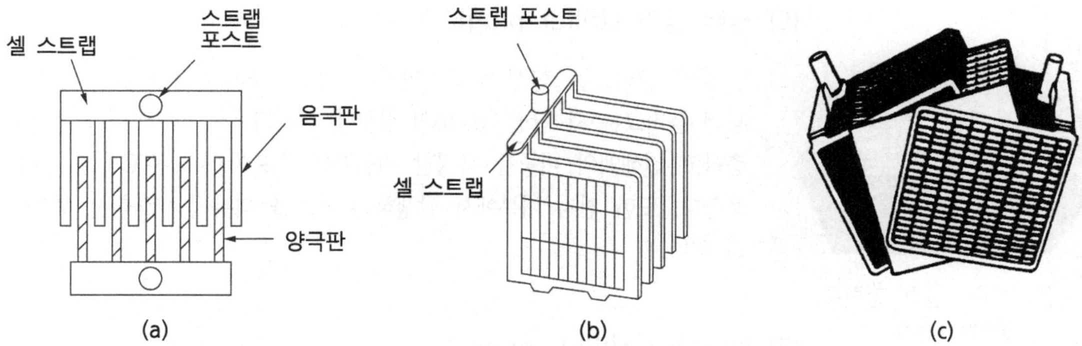

그림 7-17 극판군의 구성

단전지 속의 양 극판의 매수는 3~5 정도이고, 많은 것은 14매 정도다. 극판의 매수는 많을수록 극판의 대량면적이 많아지므로 전지의 용량은 커진다. 단전지는 몇 장의 극판을 접속편에 용접하여 단자 기둥에 연결한 것을 말한다. 또는 셀(cell)이라고도 한다. (+), (-)극판은 1장씩 서로 엇갈리게 조립되고 비교적 결합력이 강한 음극판이 바깥쪽에서 양극판을 보호하기 위하여 양극판보다 1장 더 많게 조립된다.

① 셀당 양극판의 수 : 3~5장(최고 14장)
② 완전 충전시 셀당 기전력 : 2.1[V]
③ 단전지 6개를 직렬로 이으면 : 12[V]

(5) 케이스(case)

전지의 몸체를 이루는 부분이며 내부에 칸막이를 두어 단전지(cell)를 구분하고 있다. 또한 극판 작용물질의 탈락으로 인한 침전물의 쌓임을 방지하여 단락(short)이 일어나지 않게 하는 엘리먼트 레스트가 케이스 및 부분에 설치되어 있다.

케이스는 각 셀(cell)에 극판군을 넣은 다음 합성수지(plastic) 또는 에보나이트, 경고무 등으로 성형하고 있으며 케이스의 밑부분 엘리먼트 레스트(element rest)는 극판작용 물질의 탈락이나 침전 불순물의 축적에 의한 단락을 방지한다.

커버의 중앙부에는 전해액이나 증류수를 주입하기 위한 주입구인 필러 플러그(filler-plug)가 있다. 플러그(plug)의 가운데 부분이나 옆부분에 작은 통기 구멍이 있으며, 이 구멍은 전지 내부에서 발생하는 수소가스나 산소가스를 방출하는 역할을 한다.

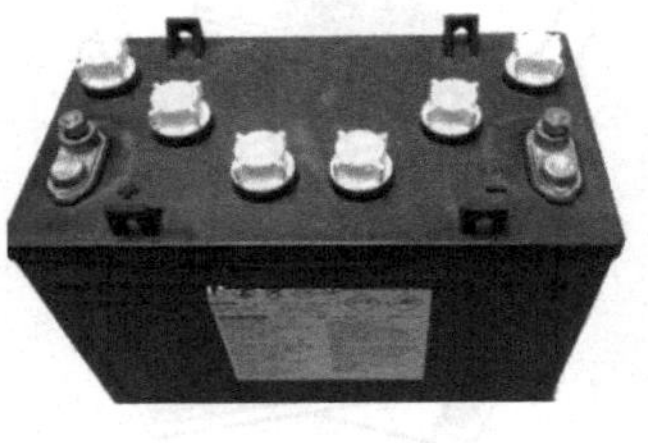
그림 7-18 필러 플러그 (filler plug)

(6) 필러 플러그(filler plug)

필러 플러그는 합성수지로 만들며, 벤트 플러그(vent-plug)라고도 한다. 필러 플러그는 각 단전지(cell)의 상부에 설치되어서 전해액이나 증류수를 보충하고 전해액의 비중을 측정할 비중계의 스포이스나 온도계를 넣을 때 사용한다. 또한 전지 내부에서 발생하는 가스를 외부에 방출하는 통기공이 뚫려 있다.

(7) 커넥터와 터미널(connector and terminal post)

커넥터는 납 합금으로 되어 있으며, 전지 내의 각각의 단전지(cell)를 직렬로 접속하기 위한 것이다. 또한 기동시의 대전류가 흘러도 발열하지 않도록 굵게 되어 있다. 터미널은 납 합금이므로 외부 연결체와 완전한 접촉을 이룰 수 있으며, 크기가 규격화되고 양극이 음극보다 조금 크게 되어 있다.

① 커넥터 : 각 셀을 직렬로 접속하기 위한 것이며 납 합금으로 되어 있다.

② 단자기둥 : 납 합금으로 되어 있으며 외부 회로와 확실하게 접속되도록 테이퍼로 되어 있다.

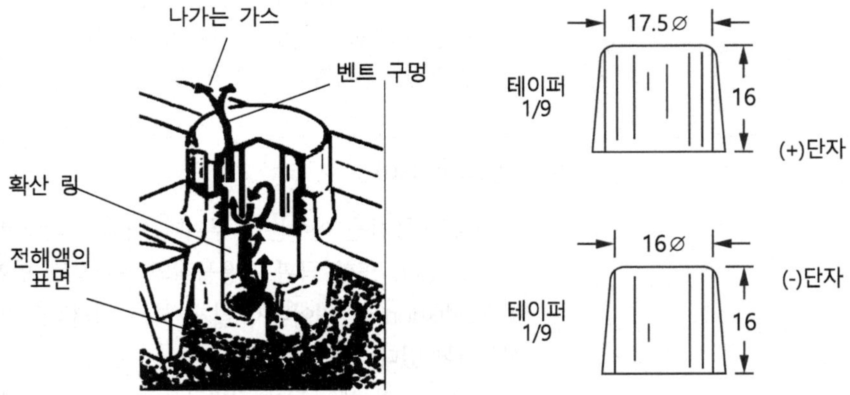

그림 7-19 필러 플러그 및 터미널 단자

(8) 전해액

전해액은 무색, 무취의 순도 높은 묽은 황산이며, 전지 내부의 화학작용을 돕고 각 극판사이에서 전류를 통하게 하는 일을 한다.

비중이란 물체의 중량과 그 물체와 같은 부피의 물(4[℃])과의 중량비를 말하며 진한 황산의 비중은 1.835이다. 전지에 어느 정도의 전기가 축전되어 있는가를 아는 방법으로서, 보통 전해액의 비중을 측정한다.

전해액 비중은 전지가 완전 충전 상태일 때 20[℃]에서 1.240, 1.260, 1.280의 세 종류를 쓰며, 열대지방에서는 1.240, 온대지방에서는 1.260, 한랭지방에서는 1.280을 쓴다. 국내에서는 일반적으로 1.260(20[℃])을 표준으로 하고 있다. 전해액은 순도 높은 무색, 무취의 황산에 증류수를 혼합한 묽은 황산을 사용한다. 전해액은 그 전력을 높이고 방전시에 내부저항의 증가를 작게 하고 있다.

전지의 충방전

- **방전** : 묽은 황산 속에 수소는 양극판속의 산소와 화합하여 물을 만들기 때문에 비중이 낮아진다.
- **충전** : 양.음극판에서 수소와 산소발생

[표 7-8 비중에 의한 충 · 방전상태]

충전상태	20[℃]일 때의 비중	바테리 전압
완전충전(100%)	1.26 - 1.28	12.6이상
3/4충전 (75%)	1.21 - 1.23	12.0
1/2충전 (50%)	1.16 - 1.18	11.7
1/4충전 (25%)	1.11 - 1.13	11.1
완전방전 (0%)	1.06 - 1.08	10.5

7.5.2 전지의 화학작용

(1) 충 · 방전작용

전지의 +, - 양 단자 사이에 부하(load)를 접속하여 전지에서 전류가 흘러나가는 것을 방전(discharge)이라 하고, 반대로 충전기나 발전기 등의 직류 전원을 접속하여 전지로 전류가 흘러 들어가게 하는 것을 충전(charge)이라 한다.

방전이나 충전을 하면 전지 내부에서는 양극판, 음극판 및 전해액 사이에 화학반응이 일어난다. 즉 전지의 충·방전작용은 극판의 작용물질인 과산화납(PbO_2)과 해면상납(Pb) 및 전해액인 묽은황산(H_2SO_4)에 의해 화학반응을 하게 된다.

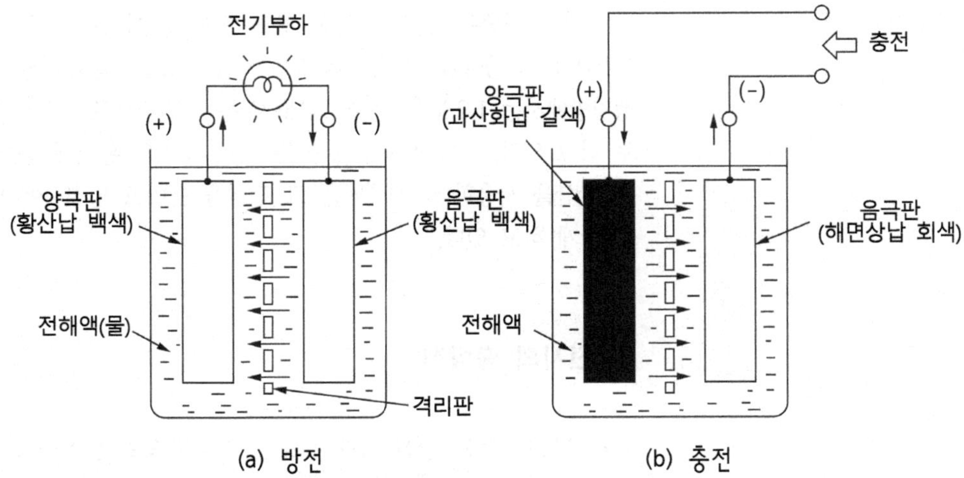

그림 7-20 충 · 방전의 화학반응

1) 방 전

양극판인 과산화납은 방전하면 과산화납 속의 산소가 전해액(황산)의 수소와 결합하여 물이 생기고, 과산화납 속의 납은 전해액의 황산기(SO_4)와 결합하여 황산납이 된다. 또한 음극판인 해면상납은 양극판과 같이 황산납이 된다.

양극		전해액		음극		양극		전해액		음극
PbO_2	+	$2H_2SO_4$	+	Pb	방전 ⇨ ⇦ 충전	$PbSO_2$	+	$2H_2O$	+	$PbSO_4$
과산화납		황산		해면상납		황산납		물		황산납

그림 7-21 충 · 방전의 화학반응식

전지 방전

- 양극판 : 과산화납(PbO_2) → 황산납($PbSO_4$)
- 음극판 : 해면상납(Pb) → 황산납($PbSO_4$)
- 전해액 : 묽은 황산(H_2SO_4) → 물(H_2O)

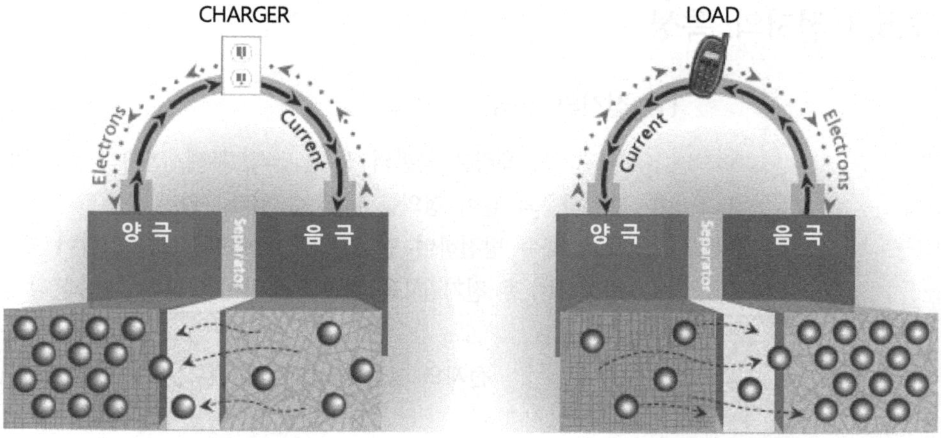

충전 메카니즘　　　　방전 메카니즘

이와 같이 방전시키면 양극과 음극의 극판은 황산납이 된다. 전해액은 액 속의 황산분이 감소하고 생성된 물에 의해 묽게 된다. 따라서 방전이 진행됨에 따라 전해액의 비중은 낮아져 극판이 황산납으로 변하고, 극판사이의 도체인 전해액이 물로 되기 때문에 전지의 내부저항은 증가하여 전류는 점점 흐르지 않게 된다.

2) 충 전

외부의 직접 전원에서 전지에 충전전류를 흘러 들어가게 하면, 방전으로 인하여 황산납으로 변한 음극판과 양극판의 작용물질은 납과 황산기로 분해되고 전해액 속의 물은 산소와 수소로 분해 된다. 분해 된 황산기와 수소가 결합하여 황산이 되어 전해액으로 환원한다. 이때 전해액의 황산농도는 증가하여 비중이 높아진다. 이 상태로 되면 양극판은 과산화납이 되고, 음극판은 해면상납(Pb)으로 된다.

자동차의 전지 등 평소 흔히 쓰이는 전지의 대표적인 것에 연(납)전지가 있다. 전지는 전기를 저축하고 있는 것이 아니라, 전기 에너지를 만들어내는 화학 에너지를 저장하고 있는 것이다. 묽은 황산 속에 이산화연()판을 (+)극으로, 순수한 납(Pb)판을 (-)극으로 넣는다. 그런 다음 연축전지의 두 극을 도선으로 연결하면 다음과 같은 화학반응이 일어난다. 즉 묽은 황산 용액 속에는 황산이 전리되어 수소 이온 2 와 황산이온으로 된다.

7.5.3 전지의 특성

(1) 전지의 용량

전지의 용량은 극판의 장수, 면적, 두께, 전해액 등의 양이 많을수록 커지며, 다음과 같이 정의를 내릴 수 있다. '완전 충전된 전지를 일정한 방전 전류로 계속 방전하여 단자전압이 완전방전 종지전압이 될 때까지, 전지에서 방출하는 총 전기량' 을 전지의 용량이라 하며 다음과 같이 나타낸다.

전지의 용량[Ah] = 방전전류[A] × 방전시간[h]

여기서 방전시간이란 완전 충전상태에서 방전 종지전압까지의 연속 방전하는 시간을 말한다. 이것을 암페어시(時) 용량이라 하며, Ah(ampere hour)의 단위를 쓴다.

(2) 자기방전(Self discharge)

전지는 사용하지 않고 그대로 방치해 두어도 조금씩 자연히 방전을 일으키는데, 이러한 현상을 자기방전이라 한다. 자기방전은 그때의 환경에 따라 다르다. 예를 들면, 전해액의 비중이 높을수록, 주위의 온도와 습도가 높을수록 방전량이 크다. 사용기간에 따라서 다르다.

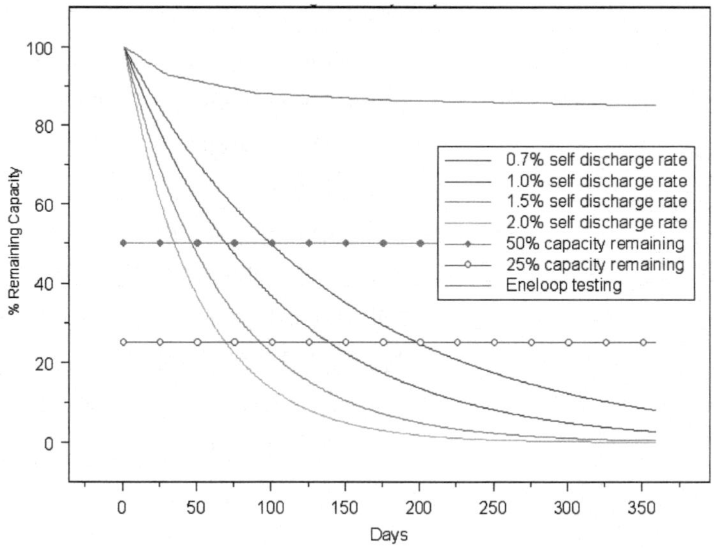

그림 7-22 배터리 자기방전 비율

자기방전의 주요 원인은 전해액 속의 불순물에 의해 음극과의 사이에 국부 전지가 생기고, 또 격자(grid)와 양극판의 작용물질 사이에 국부전지가 생겨 방전하는 경우가 있다. 그리고 전지의 외부 표면에서 생기는 누전 전류도 자기방전의 원인이 된다. 자기방전량은 전지 실용량에 대한 백분율로 나타내며 보통 0.3~1.5[%] 정도다.

자기방전에서 특히 주의해야 할 점은 장기간 사용하지 않은 경우의 자기방전으로 인한 과도한 방전이다. 이 과도한 방전으로 인한 설페이션(sulfation)을 일으키면 완전 회복이 곤란하며 다시 사용하지 못하게 되는 경우가 있다.

7.6 니켈 카드뮴 전지(Ni/Cd전지)

그림 7-23 Ni/Cd 전지

대형의 Ni-Cd 전지는 2차 대전 중에 유럽에서 개발되었고 소형의 Ni-Cd 전지는 역시 유럽에서 1960년대 유럽에서 상용화 되었다. $Ni(OH)_2$를 양극으로, Cd을 음극으로 사용하는 전지이며, 알카리 수용액을 전해질로 사용한다.

납축전지와 Ni-Cd 전지의 가장 큰 차별점은 전해질을 황산 대신 알카리 수용액을 사용한다는 점이다. 알카리 수용액은 황산과 같은 산성 수용액보다 전도성이 뛰어나다는 장점이 있다.

대형 Ni-Cd 전지는 철도, 차량용, 비행기 엔진 시동용 등을 비롯하여 고출력이 요구되는 다양한 산업 및 군사 용도로 널리 이용되고 있다. 방전 시에 일어나는 가스 발생을 제어하는 기술이 개발되어 밀폐식으로 만들어 진 것이 바로 소형 Ni-Cd 전지이다.

전지가 디지털 기기의 키 컴포넌트의 하나로 주목 받게 된지 10년 가까이 지났으며 그 동안에 니카드전지(원래 명칭은 니켈카드뮴전지)에서 니켈수소전지, 리튬이온 전지로 화제의 중심이 이동하고 있다.

이런 상황에서 니켈카드뮴전지는 기술적으로 오래 되어 환경에 좋지 않다는 이미지를 가지게 되었다.

노트북, 휴대전화의 전원인 리튬이온전지도 원래는 니켈카드뮴전지에서부터 시작되었다.

7.6.1 원리와 구조

일본의 삼양전기는 니켈카드뮴전지를 「카드니카전지」의 명칭으로 상표 등록하고 1964년부터 생산을 개시했다. 과거에 세계적으로 큰 경쟁사의 메이커와 장기간에 걸쳐 치열한 기술 경쟁을 하고 그 결과 카드뮴전지의 품질과 신뢰성을 만들어낸 것이라 할 수 있다.

(1) 니켈카드뮴전지의 원리와 구조

일반적으로 니켈카드뮴전지의 반응식은 다음과 같다. 양극은 니켈 산화물, 음극은 카드뮴화합물을 활성물질로서 전해액은 주로 수산화칼륨 수용액을 사용하고 있다.

$$2Ni(OH)_2 + Cd(OH)_2 \leftrightarrow 2NiOOH + Cd + 2H_2O$$

원통형 니켈카드뮴전지의 내부는 얇은 시트 모양의 양·음극판을 나일론이나 폴리프로필렌을 소재로 한 부직포로 된 격리판를 통하여 말은 상태로, 강철제의 견고한 외장 캔에 수납되어 있다. 또, 과충전시에 양극에서 발생한 산소 가스는 음극에서 흡수되어 전지 내부에서 소비하는 메커니즘으로 되어 있지만 규정 이상의 내부 가스압 상승에 대비하여 복귀식 가스 배출 밸브를 설치하고 있다.

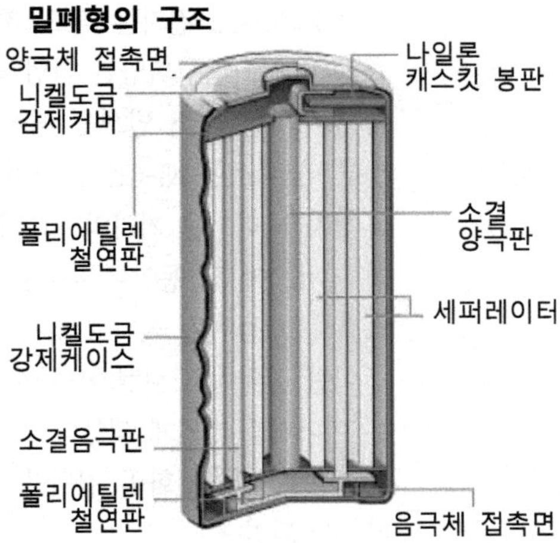

그림 7-24 밀폐형 니켈카드뮴전지의 구조

(2) 충전특성

니켈카드뮴전지의 충전특성은 전지의 종류, 온도, 충전전류에 따라서 달라진다. 충전이 진행됨과 동시에 전지 전압은 상승하여 어느 정도 충전량에 도달하면 피크전압을 나타낸 후에 강하된다.

이 전압 강하는 충전말기에 발생하는 산소 가스가 음극에 흡수될 때의 산화열로 전지온도가 상승하기 때문에 발생한다. 충전기를 설계할 때 이 음극에 흡수되는 속도 이상으로 산소 가스를 발생시키지 않아야 한다는 것이 중요한 포인트이다.

충전에는 다음과 같은 3종류가 있다.

① 정전류충전 : 트리클(Trickle)충전이라고 하며, 전지의 수명에 나쁜 영향을 미치지 않을 정도의 작은 전류에 의해 전지를 계속 충전상태 유지하는 방법

② 보통충전 : 0.1C~0.2C[A]에서 150% 정도의 충전

③ 급속충전 : 1C~1.5C[A]에서 약 1시간의 충전이 가능. 만충전 제어가 필요.

(3) 방전특성

니켈카드뮴전지의 방전 동작전압은 방전전류에 의해서 다소 변화되지만 방전기간의 약 90%가 1.2 V 전후를 유지한다. 또 건전지나 연축전지에 비해 방전중인 전압변화가 적어 안정된 방전 전압을 나타낸다. 방전 종지전압은 기기의 설계상 1셀당 0.8~1.0 V가 적합하다. 또한 내부저항이 작기 때문에 외부 단락 시 대전류가 흐르기 때문에 위험하여 보호부품 등의 설치도 필요하다.

(4) 메모리 효과란 ?

방전 종지전압이 높게 설정되어 있는 기기나 매회 얕은 방전 레벨에서 사이클을 반복했을 경우, 그 후의 완전방전에서 방전 도중에 0.04~0.08 V의 전압강하가 일어나는 경우가 있다.

최근에는 기기측의 방전 종지전압 설정을 1.1 V/셀 이하로 하는 등 저전압 구동 IC의 사용과 적당한 세트 전지수의 선정으로 거의 문제가 되지 않는다.

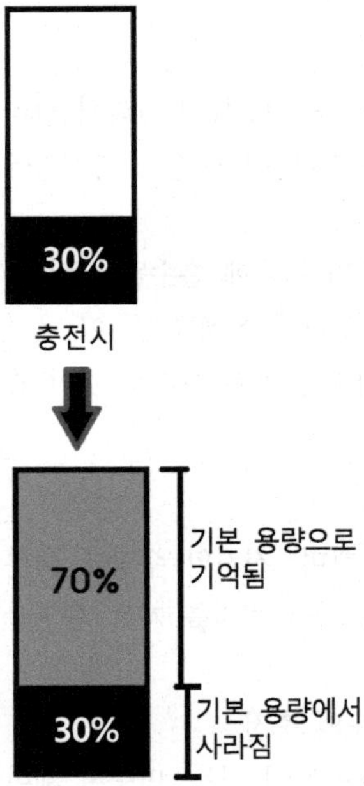

그림 7-25 메모리 효과

Ni-Cd 전지의 전압은 1.2 V 인데, Ni-Cd 전지에서는 전지를 다 사용하기 전에 충전하면 메모리 효과(memory effect) 때문에 다음 충 방전 시에 용량이 줄어드는 현상이 발생한다.

메모리 효과의 단적인 예는 전기면도기처럼 매일 일정시간 사용하고 곧바로 충전하는 기기에서의 이상 동작 현상을 들 수 있다. 본인이 면도하고 난 후 충전 후에, 다른 사람이 면도하려고 하였는데 면도기가 작동하지 않는 것이다. 메모리라고 말할 수 있는 이 현상은 이 전지를 강제 방전함으로써 메모리를 지울 수 있다.

메모리 효과는 Cd(카드뮴) 금속 고유의 특성이다. 카드뮴 금속은 수정과 같은 결정구조를 이루고 있는데 방전이 일어나면서, 반응이 일어난 부분은 결정구조가 흐트러져 비정형 구조로 변한다. 비정형구조와 결정 구조사이의 경계는 충전과 방전을 거듭하면서 굵어지고, 이러한 경계가 메모리 효과의 원인이 된다.

(5) 수명특성

니켈카드뮴 전지의 수명은 보통 사용 조건에서는 500회 이상 반복해서 사용할 수 있지만 수명에 영향을 주는 주된 요인으로 충전전류, 온도, 방전 심도/빈도, 과충전기간이 있다. 수명의 모드로는 전지부품의 열화나 활물질의 기능저하에 의한 용량저하를 들 수 있다. 다른 계통의 전지에 비해 보다 안전하게 오래 사용하기 위해서는 특히 온도와 충전전류를 고려하기 바란다.

(6) 니켈카드뮴 전지의 특징

① 사용실적을 뒷받침하는 높은 신뢰성 : 35년 정도의 시장실적으로 신뢰성을 인정 받는다.

② 장수명으로 경제성이 우수하다 : 1회의 방전 용량은 기존의 건전지와 같지만, 일반적으로 500회 이상의 충방전이 가능하여 경제적이다. 최근에는 충전의 제어기술이 발달하여 1000~2000회 이상 사용할 수도 있다.

③ 전지 자체가 견고하여 다소 무리한 조건에서도 오래 사용되므로 기기를 복잡한 회로로 할 필요가 없다. 또 다른 2차전지에 비해 과충전·과방전에 강한 설계로 되어 있다. 또한 전지 내부에 흡수되지 않았던 가스를 방출하는 복귀식 가스 배출 밸브가 있어 안전성이 뛰어나다 전동 공구에서의 30A까지 미치는 방전특성 및 10분이내의 충전 등 다른 2차전지에서는 어려운 사용조건을 가능케 하고 있다.

④ 폭넓은 기종과 건전지와의 호환성 : 다양한 용도에 대응할 수 있도록 여러 종류(타입, 사이즈)의 전지와 기기 스페이스에 맞춘 세트 전지가 있다. 또 건전지와 호환성이 있는 카드뮴전지와 충전기도 충실한 라인업을 골고루 갖추고 있다.

⑤ 우수한 신뢰성과 넓은 사용 온도·습도 범위 : 온도에 의한 성능의 변화가 적고 밀폐구조이기 때문에 습도에 의한 영향도 거의 없다. 방전은 보통 -20~+60℃를 허용한다. 특히 저온에서 1C[A]를 초과하는 고부하 방전이 가능한 2차전지는 아직 적어 니켈카드뮴전지의 용도를 확대시켜 왔다. 비상 조명기기나 자동 화재경보기 등의 방재기기의 백업 전원으로 전부터 활용되고 있어, 신뢰성이 매우 높다.

⑥ 보수가 용이하고 견고 : 밀폐구조이기 때문에 보충액이 필요없이 충방전 상태를 불문하고 보관할 수 있으므로 보수가 용이하다. 또 기기내에 장착이 가능하며 취급이 간단하다. 구조는 견고하고 재질도 금속 용기를 사용하고 있기 때문에 충격이나 진동에 대해서도 충분한 내구성을 지니고 있다.

7.7 니켈수소 전지(Ni-MH)

그림 7-26 Ni-MH전지

니켈-금속수소화물전지(Ni-MH전지: metal hydrogen battery)는 기존의 니켈카드뮴(Ni-Cd)전지에 카드뮴 음극을 수소저장 합금으로 대체한 전지이다.

최근 전자기기들의 소형·경량화 추세에 따라서 이들 전자기기의 전원으로 사용되는 전지에도 고에너지 밀도화, 소형 경량화, 장수명화 등이 강하게 요구되고 있으나, 기존의 니켈-카드뮴전지나 납축전지의 성능향상은 거의 한계에 도달해 있으며, 환경오염이 사회문제로 대두됨에 따라서 카드뮴과 같은 공해유발 물질의 사용이 규제되고 있다. 또한 자동차 배기가스에 의한 대기오염을 줄일 목적으로 무공해 자동차의 하나로 전기자동차의 개발이 활발히 진행되고 있는데, Ni-MH전지는 니켈-카드뮴전지에 비하여 에너지밀도가 크고 공해물질이 없어서 무공해 소형 고성능전지로 뿐만 아니라 전기자동차용 등의 무공해 대형 고성능전지로 개발이 가능한 새로운 2차전지로서 주목을 받고 있다.

특히 최근에는 이동통신기기, 노트북 컴퓨터, 캠코더 등 휴대용 전자기기에 리튬이온 이차전지가 보급됨으로써 소형 Ni-MH전지의 시장점유율이 감소하고 있는 실정이다. 그러나 전기자동차용과 하이브리드 자동차에 사용되는 중대형 용량의 전지는 자동차의 동력원으로 사용되는 특수성 때문에 고에너지밀도와 고파워밀도 같은 전지의 기본적인 성능뿐 아니라 전지의 수명 및 신뢰성과 특히 안전성에 관한 요소가 중요한 결정요인이 된다. 즉 Li이차전지가 갖고 있는 근본적인 문제점인 리튬금속이 대기 중에 노출할 경우 리튬 고유의 활성으로 인한 화재의 발생문제가 있으므로 최근에 개발 중인 완전 고체형의 리튬-폴리머전지가 개발되기 이전까지는 전기자동차용으로는 안전성이 있는 Ni-MH전지를 사용하는 것이 바람직하며 최근 미국이나 일본에서 판매 또는 리스 중인 전기자동차 및 하이브리드자동차는 대부분 Ni-MH전지를 사용하고 있는 실정이다.

양극 : $MH(s) + OH^-(aq) \rightarrow M + H_2O(l) + e^-$

음극 : $N_iOOH(s) + H_2O(l) + 2e^- \rightarrow N_i(OH)_2(s) + OH^-(aq)$

전체 : $MH(s) + N_iOOH(s) \rightarrow M + N_i(OH)_2(s)$

이러한 새로운 알칼리 2차전지로서 Ni-MH전지가 제안된 것은 1970년경이지만 연구개발이 활발하게 진행된 것은 1980년대 중반부터이다.

Ni-MH전지의 고성능화를 위한 음극용 수소저장합금의 개발 결과 현재 상용화되어 있는 합금들은 주로 일본에서 소형전지로 상용화된 $LaNi_5$나 $MmNi_5$(Mm: misch metal, 희토류원소의 혼합물)를 기본으로 하는 AB5계 합금과, 미국의 OBC(Ovonic Battery Company)사에 의하여 개발된 C14 또는 C15 Laves상을 주로 하는 AB2계 합금으로 나눌 수 있다.

소형 Ni-MH전지는 현재 AB5 Type의 전지가 상용화되고 있으며 AB5계보다 용량이 다소 큰 AB2계 전지는 홍콩의 GPI에서 최초로 상용화하였으나 대부분의 시장은 일본의 3사인 마쓰시타, 산요, 도시바에서 점유하고 있다.

Ni-MH전지는 현재 소형전지의 경우 리튬이온전지에 시장을 잠식당하고 있는 실정이며 중대용량의 전지는 기술개발이 활발히 진행되고 있다.

7.7.1 Ni-MH전지의 구성과 반응

Ni-MH전지는 기존의 Ni-Cd전지에서 Cd극을 수소저장 합금으로 대체한 것으로서 음극에 수소저장합금(M), 양극에 수산화니켈($Ni(OH)_2/NiOOH$)이 사용되며, 분리막으로는 Ni-Cd전지와 같은 내알칼리성의 나일론 부직포, 폴리프로필렌 부직포 및 폴리아미드 부직포 등이 사용되고 있다. 또한 전해액은 이온전도성이 최대로 되는 5~8 M KOH 수용액이 사용되고 있다.

충전시 음극에서는 물이 전기분해되어 생기는 수소이온이 수소저장합금에 저장되는 환원반응이, 양극에서는 $Ni(OH)_2$가 NiOOH로 산화되는 반응이 일어난다. 방전시에는 역으로 음극에서는 수소화합물의 수소원자가 산화되어 물로 되고, 양극에서는 NiOOH가 $Ni(OH)_2$로 환원되는 반응이 일어난다. 니켈양극이 완전히 충전된 후에도 전류가 계속 흐르면, 즉 과충전이 되면, 양극에서는 산소가 발생된다.

그러나 음극의 용량이 양극보다 크면, 발생된 산소가 음극표면으로 확산되어 산소재결합반응이 일어나게 된다. 음극에서는 산소를 소비시키기 위하여 수소가 감소하게 되어 동일한 전기량이 충전되므로 전체적으로는 변화가 없다. 역으로 과방전이 되면, 양극에서는 수소가 생성되고 이 수소는 음극에서 산화되므로 전체적으로 전지내압은 상승하지 않는다. 이와 같이 Ni-MH 전지는 원리적으로는 과충전과 방전시 전지내압이 증가하지 않고, 전해액의 농도가 변하지 않는 신뢰성이 높은 전지이다. 그러나 실제적으로는 충전효율의 문제로 인하여 전지내압이 어느 정도 상승하게 된다.

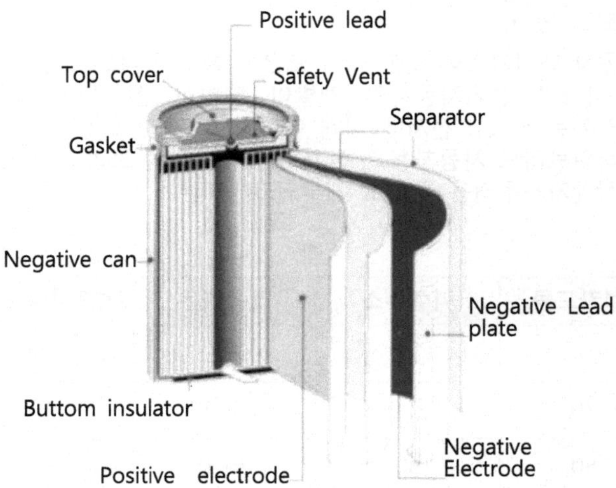

그림 7-27 Ni-MH전지 구조

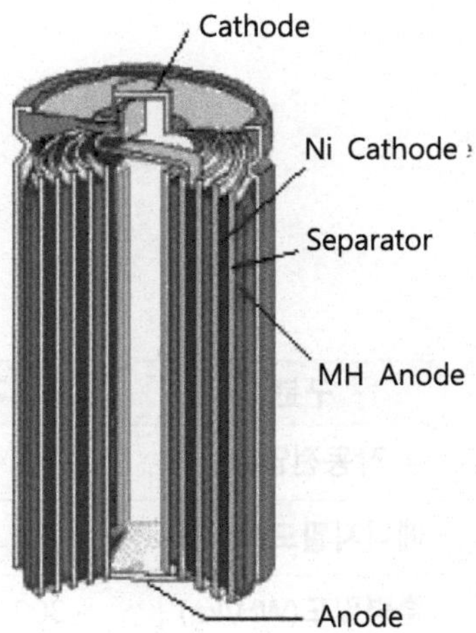

그림 7-28 Ni-MH전지 구조

Ni-MH전지는 다음과 같은 장단점을 가지고 있다.

[표 7-9 Ni-MH전지의 장단점 구분]

구 분	
장 점	① 전지전압이 1.2~1.3 V로 Ni-Cd전지와 동일하여 호환성이 있다. ② 에너지밀도가 Ni-Cd전지의 1.5~2배이다. ③ 급속 충·방전이 가능하고 저온특성이 우수하다. ④ 밀폐화가 가능하여 과충전 및 과방전에 강하다. ⑤ 공해물질이 거의 없다. ⑥ 수지상(dendrite) 성장에 기인하는 단락이나 기억효과가 없다. ⑦ 수소이온 전도성의 고체전해질을 사용하면 고체형 전지로도 가능하다. ⑧ 충방전 싸이클 수명이 길다.
단 점	① Ni-Cd전지만큼 고율방전 특성이 좋지 못하다. ② 자기방전율이 크다. ③ 메모리효과(memory effect)가 약간 있다.

Ni-MH(니켈-수소) 전지

- 니켈-수소전지는 니켈-금속수소화물 전지(MH는 metal hydrogen의 약자임)의 약칭으로 기존의 니켈-카드뮴(Ni-Cd) 전지에 카드뮴 음극을 수소저장합금으로 대체한 전지이다.
- 최근 전자기기들의 소형, 경량화 추세에 따라서 이들 전자기기의 전원으로 사용되는 전지에도 고에너지 밀도화, 소형경량화, 장수명화 등이 강하게 요구되고 있으나, 기존의 Ni-Cd 전지나 납축전지로는 요구 수준에 도달하기 어려우며 유해 중금속 등에 의한 환경오염이 사회문제로 대두됨에 따라서 카드뮴과 같은 공해 유발 물질의 사용이 규제되고 있다.
- 또한 자동차 배기가스에 의한 대기 오염을 줄일 목적으로 무공해 자동차의 하나로 전기자동차의 개발이 활발히 진행되고 있는데, Ni-MH 전지는 Ni-Cd 전지에 비해 에너지 밀도가 크고 공해물질이 없어서 하이브리드 자동차용과 전기자동차용 전원 그리고 전기스쿠터용과 장애자스쿠터용 등으로 개발되고 있다.

구분	납축전지	니켈카드뮴	니켈수소	리튬이온	수퍼커패시터
작동전압(V)	1.2	1.2	1.2	3.7	2.8
에너지밀도(Wh/l)	90	170	300	500	13
출력밀도(WH/kg)	300	250	1300	3000	2500
수명(회)	-	500	>500	>500	반영구

- 이와 같은 전극반응으로 나타나는 Ni-MH rechargeable battery 의 특성은 다음과 같다.
    - ① 에너지의 용량이 크다.(Ni-Cd 전지 또는 lead-acid 전지의 약 1.5~2배)
    - ② 독성물질(heavy metal)을 함유하고 있지 않다.
    - ③ 충전, 방전 속도가 빠르다.
    - ④ 저온, 고충전 속도에서도 에너지 효율이 높다.
    - ⑤ 충전, 방전시 전해질의 농도 변화가 없다.
    - ⑥ 밀폐형 전지의 제조가 용이하다.
    - ⑦ 원하는 특성에 따라 수소저장합금을 선택할 수 있다.
- Ni-MH 전지에 대한 연구는 고용량의 전극개발과 전지 설계 및 제조 기술의 최적화 방향으로 진행되고 있다.
- 수소저장합금 전극의 방전용량은 합금의 수소저장용량에 비례하기 때문에 이론적인 방전용량이 Ni양극처럼 제한되지 않고 개발의 여지가 충분히 있는 것으로 평가된다.
- 현 상태에서 음극의 내부저항이 전지에서 가장 큰 비중을 차지하고 있어 고출력을 요하는 전기자동차 용 Ni-MH 2차전지의 성능 개선은 MH 음극의 개발 여부에 좌우된다고 할 수 있다.

7.8 리튬이온 전지

7.8.1 전지의 특성

리튬이온 전지(Lithium-ion battery, Li-ion battery)는 이차 전지의 일종으로서, 방전 과정에서 리튬 이온이 음극에서 양극으로 이동하는 전지이다.

친환경 자동차용 이차전지 시장은 어떤 종류의 차종이 시장을 주도하느냐에 따라 결정이 될텐데, 현재 상용화가 어느 정도 완료된 HEV에 주로 사용되는 니켈수소전지의 영향력이 크지만 PHEV, EV등이 상용화되어 시장에 진출함에 따라 리튬이온전지가 대세를 이룰 것으로 전망이다.

HEV의 경우는 가솔린 엔진을 주동력원으로 사용하지만 PHEV와 EV는 전기모터를 주동력으로 사용하기 때문에 에너지밀도가 크고 용량이 큰 리튬이온 이차전지가 반드시 사용되어야 하기 때문이다.

리튬이온 전지는 충전시에는 리튬 이온이 양극에서 음극으로 다시 이동하여 제자리를 찾게 된다. 리튬이온 전지는 충전 및 재사용이 불가능한 일차전지인 리튬 전지와는 다르며, 전해질로서 고체 폴리머를 이용하는 리튬 이온 폴리머 전지와도 다르다.

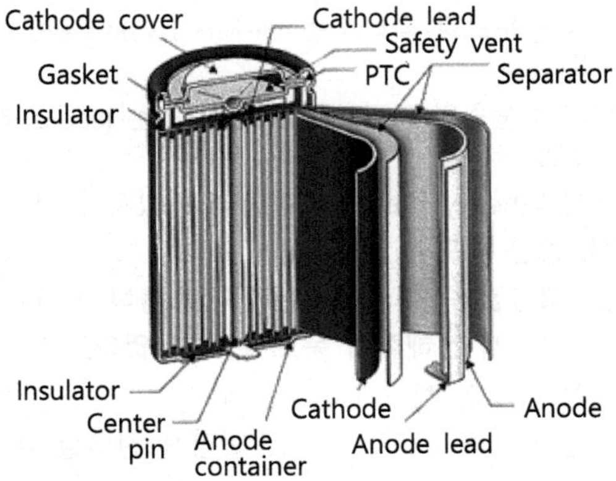

그림 7-29 리튬이온 전지의 구조

그림 7-30 리튬이온 전지 외형

리튬이온 전지는 에너지 밀도가 높고 기억 효과가 없으며, 사용하지 않을 때에도 자연방전이 일어나는 정도가 작기 때문에 시중의 휴대용 전자 기기들에 많이 사용되고 있다. 이 외에도 에너지밀도가 높은 특성을 이용하여 방위산업이나 자동화시스템, 그리고 항공산업 분야에서도 점점 그 사용 빈도가 증가하는 추세이다. 그러나 일반적인 리튬이온 전지는 잘못 사용하게 되면 폭발할 염려가 있으므로 주의해야 한다.

리튬이온 전지는 크게 양극, 음극, 전해질의 세 부분으로 나눌 수 있는데, 다양한 종류의 물질들이 이용될 수 있다. 상업적으로 가장 많이 이용되는 음극 재질은 흑연이다. 양극에는 층상의 리튬코발트산화물(lithium cobalt oxide)과 같은 산화물, 인산철리튬(lithium iron phosphate, $LiFePO_4$)과 같은 폴리음이온, 리튬망간 산화물, 스피넬 등이 쓰이며, 초기에는 이황화티탄(TiS_2)도 쓰였다. 음극, 양극과 전해질로 어떤 물질을 사용하느냐에 따라 전지의 전압과 수명, 용량, 안정성 등이 크게 바뀔 수 있다. 최근에는 나노기술을 응용한 제작으로 전지의 성능을 높이고 있다.

리튬은 가장 가벼운 금속 원소(원소 기호 Li, 번호 3)로서, 휴대용 단말기에 사용되는 리튬이온 전지는 니켈-카드뮴 전지에 비해 약 2배의 용량과 약 3배의 전압을 유지하며 자기 방전이 적은 특징을 가지고 있다. 그리고 충·방전을 1,000회 이상 반복해도 메모리 효과가 발생하지 않아 전지를 다 쓰지 않고 재충전해도 수명이 단축되지 않으며 내구성이 좋다.

리튬이온 전지는 현재 2차전지 시장의 대부분을 차지하고 있는 전지이다. 한번 쓰고 버리는 1차전지(일반 건전지)와 달리 외부전원을 이용해 충전해서 반영구적으로 사용하는 전지를 2차전지라고 한다.

양극과 음극 사이에 유기전해질을 넣어 충전과 방전을 반복하게 하는 원리이다. 즉, 리튬산화물로 (+)극을 만들고, 탄소화합물로 (-)극을 만드는데,

(+)극의 리튬이온이 중간의 전해액을 지나 (-)극 쪽으로 이동하면서 전기를 발생시킨다.

무게가 가벼운데다 고용량의 전지를 만드는 데 유리해 휴대폰, 노트북, 디지털 카메라 등에 많이 사용되고 있다.

그러나 리튬은 본래 불안정한 원소여서 공기 중의 수분과 급격히 반응해 폭발하기 쉬우며 전해액은 과열에 따른 화재 위험성이 있다. 이런 이유 때문에 리튬이온 전지에는 안전보호회로(PCM)가 들어가며, 내부를 단단한 플라스틱으로 둘러싸게 된다.

리튬이온 전지의 원리는 다음과 같다.

리튬이온 전지는 정극(양극, anode)으로 Lithium oxide계(예: $LiCoO_2$)를 사용하고, 부극(음극,Cathode)으로 carbon계(예: graphite)를 사용한다.

방전시 리튬이온은 부극인 graphite 격자구조 속에 있는 리튬이온이 빠져나와 분리막을 거쳐 정극의 결정구조 속으로 이동해 들어간다.

충전시에는 산화물 정극에서 리튬이온이 빠져나와 분리막을 거쳐 탄소부극의 결정 속으로 이동하여 들어간다. 따라서 충방전시 리튬이온의 이동에 따라 결정구조는 크게 변한다.

전해질로 수용액대신 유기용매를 사용한다.

$$LiCoO_2 + Cn \Leftrightarrow Li1 - xCoO_2 + CnLix$$

양극(산화) : $LiCoO_2 \rightarrow Li_{(1-X)}CoO_2$ + xLi+ + xe-
음극(환원) : xLi+ + xe- + 6C $\rightarrow LixC_6$

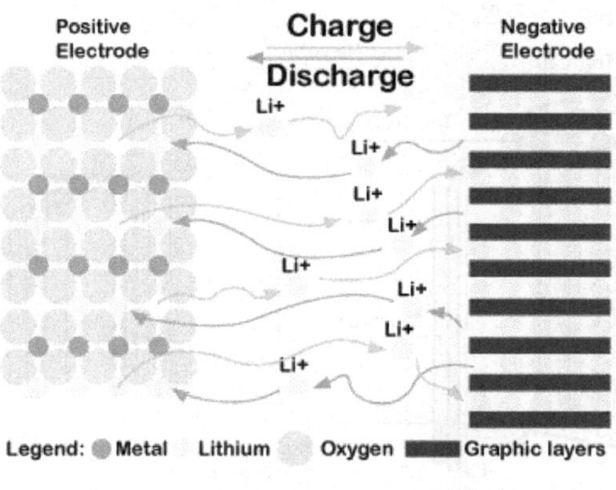

그림 7-31 리튬이온 전지 충방전 작용

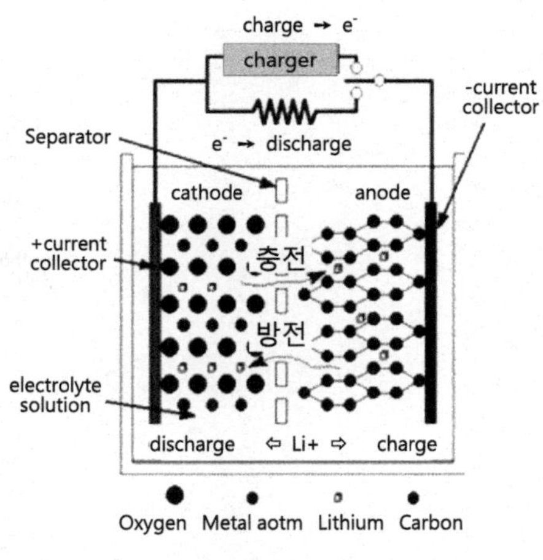

그림 7-32 리튬이온 전지 충방전 작용

따라서 전지작동은 충방전시 양쪽 전극의 전위차에 따라 전지 외부회로에서의 전자흐름과 전지내부에서의 이온흐름이 동시에 일어난다.

충전은 외부의 전기에너지를 전지내부의 전기화학반응을 통하여 화학에너지로 바꾸는 것이다. 외부에서 음극(탄소전극)으로 전자가 들어가면 전해염의 리튬이온은 전자를 받아 환원되어 음극에 붙게 된다. 이때, 양극에서는 전자가 외부회로로 흘러나가며 전극 활물질은 산화되고 리튬이온을 잃게 된다.

방전은 충전의 역반응으로 외부회로에 전기에너지를 공급한다.

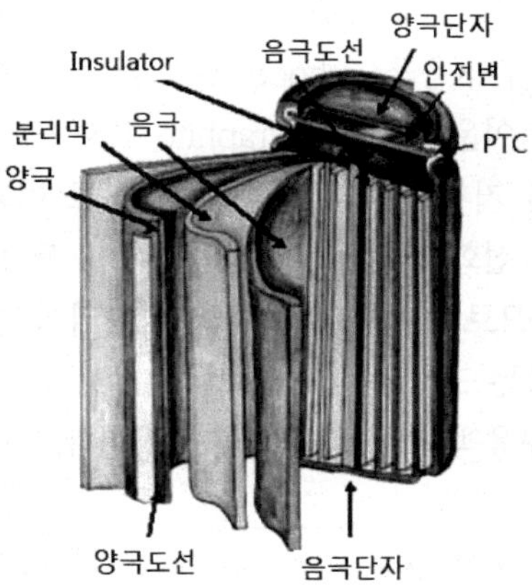

그림 7-33
원통형 리튬이온 전지의 구성도

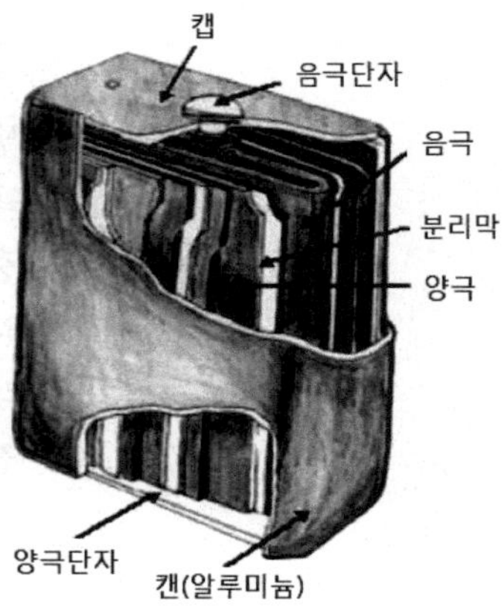

그림 7-34
각형 리튬이온 전지

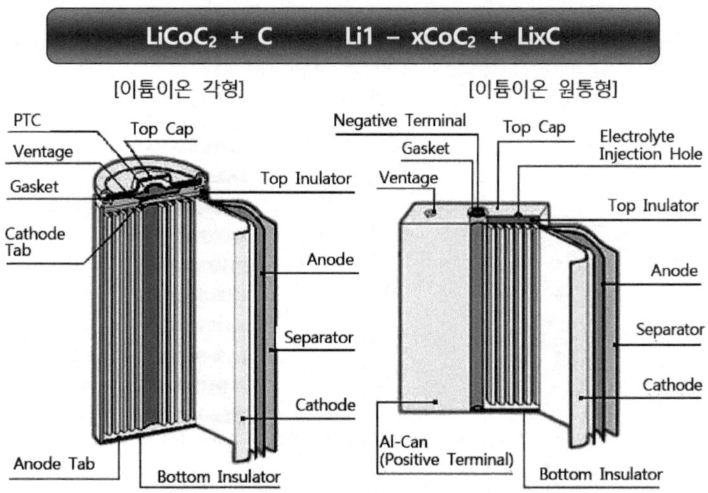

그림 7-35 리튬이온 각형, 원통형 구조

[표 7-10 리튬-이온전지의 특성]

구분	특성
고에너지 밀도	• 리튬이온 전지는 같은 용량의 니카드(Ni-Cd:니켈카드늄), 혹은 니켈수소 전지에 비해 질량이 절반에 지나지 않는다. • 부피는 니카드 전지에 비해 40~50% 작을 뿐 아니라 니켈수소 전지에 비해서도 20~30% 작다
고전압	• 하나의 리튬이온 전지의 평균 전압은 3.7 V로서 니카드나 니켈수소 전지 3개를 직렬로 연결해 놓은 것과 같은 전압이다.
고출력	• 리튬이온 전지는 1.5 CmA까지 연속적으로 방전이 가능하다. (1 CmA란 전지의 용량을 1시간 동안 모두 충전 또는 방전하는 전류를 말한다)
무공해	• 리튬이온 전지는 카드뮴, 납 또는 수은과 같은 오염물질을 사용하지 않는다.
금속 리튬 아님	• 리튬이온 전지는 리튬 금속을 사용하지 않아 더욱 안전하다.
우수한 수명	• 정상적인 조건하에서 리튬이온 전지는 500회 이상의 충전 / 방전 수명을 지닌다.
메모리 효과 없음	• 리튬이온 전지에는 메모리 효과가 없다. • 반면에 니카드 전지는 불완전한 충전과 방전이 반복적으로 이루어질 때 전지의 용량이 감소하는 메모리 효과를 보인다.
고속 충전	• 리튬이온 전지는 정전류/정전압(CC/CV) 방식의 전용 충전기를 이용하여 4.2 V의 전압으로 1~2시간 안에 완전하게 충전할 수 있다.

리튬이온 전지의 수명

- 리튬이온은 장수명을 가질 수 있도록 설계되어 있지만 수명은 수천회 충방전이 가능하다.
- 무엇으로 리튬이온 전지를 만들었나에 따라, 아니면 제작업체의 기술력에 따라 달라진다. 세계에서 우수한 기술을 갖은 일본 소니의 경우 4000회의 충방전에도 원래 용량을 유지한다.
- 전지를 사용하는 온도도 중요하다. 리튬이온 전지는 열에 매우 약하다. 사회적 문제가 되었던 노트북의 전지 폭발사건도 모두 노트북의 온도가 너무 높게 올라가 전지에 작용하였기 때문이다.
- 리튬이온 전지는 열에 매우 약하기 때문에 온도가 높은 곳에서 사용을 하면 더욱 빨리 성능의 저하가 올 수 있다. 리튬이온 전지의 성능이 감소하는 주된 원인은 극 재료로 사용되는 탄소분자의 구조가 변하면서 탄소와 결합하는 리튬이온의 양이 줄어들기 때문인데 여기에 열이 가해지면 그 변화되는 속도가 가속되기 때문에 성능이 급격히 떨어지게 된다.

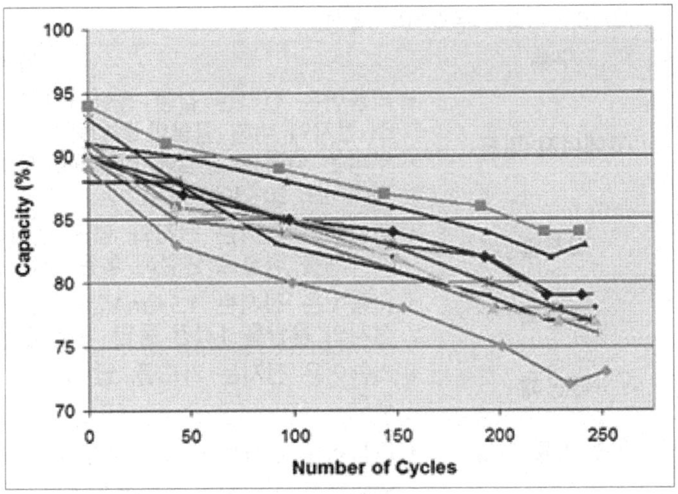

리튬이온 전지 오래 쓰는 법

- 되도록 완전충전/완전방전을 하지 않고 조금 사용하고 충전하고 하는 것이 더 좋다.
- 보통 전지를 사용하다 보면 용량이 적어진 것을 느낄 수 있다. 이때 다시 완전충전/완전방전을 하면 용량이 다시 살아나는 것을 알 수 있다. 이것하고 수명을 혼돈해서는 안된다. 즉, 용량과 수명은 선형적인 관계가 아니다는 것이다.
- 용량이 다시 살아나는 이유는 이온이 흘러가는 통로에서 여러가지 이유로 이온 중 여러개가 극판까지 도달하지 못하게 되는 것이 많아지게 되는 것이다. 이때 완전충전/완전방전을 해주면 다시 잘 흐르게 되는 것이다. 이것은 용량 문제이지 수명문제가 아니다. 리튬이온 셀은 일정 전압을 넘어서거나 낮아지면 셀이 손상된다. 즉, 과충전과 과방전은 수명에 치명적이라는 것이다.
- 결론적으로 장수의 비결은 "사용을 하고 자주자주 충전을 해주는 것" 이다.

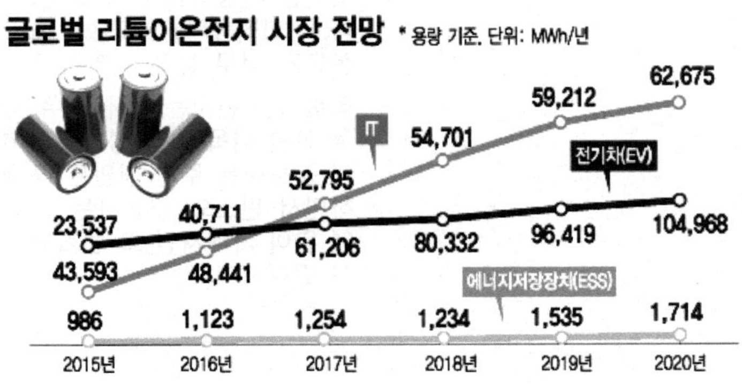

7.9 리튬폴리머 전지

그림 7-36 리튬폴리머 전지

리튬폴리머 전지는 현재 일본에서 상용화되어 있는 액체 전해질형 **리튬이온 전지의 단점인 안전성 문제, 제조비용의 고가, 대형 전지제조의 어려움, 고용량화의 어려움 등의 문제를 해결할 수 있는 전지**이다.

리튬폴리머전지인 경우는 리튬이온전지와 유사하나 리튬이온전지의 전해액을 고분자물질로 대체하여 안정성을 높인 것이 다르다. 또한 리튬폴리머전지는 음극으로 리튬금속을 사용하는 경우와 카본을 사용하는 경우가 있는데 카본음극을 사용하는 경우를 구별하여 리튬이온폴리머전지로 표기하는 경우가 있으나, 대부분의 경우 편의상 리튬폴리머전지로 통용하고 있다.

전해질이 고체이기 때문에 전해질의 누수염려가 없어 안전성이 확보되고, 또한 용도에 따라 다양한 크기와 모양으로 전지팩을 제조할 수 있어 기존의 리튬이온 전지에서 원통형 및 각형전지로 전지팩을 제작할 경우 전지와 전지 사이에 전지용량과 무관한 쓸데없는 공간이 생기는 문제를 해결함으로써 에너지밀도가 높은 전지를 제조할 수 있다.

또한 자기방전율 문제, 환경오염문제, 메모리효과 문제가 거의 없는 차세대 전지라 할 수 있다. 특히 전지제조공정이 리튬이온 전지에 비하여 비교적 용이할 것으로 예상되어 대량생산 및 대형전지 제조가 가능할 것으로 보이므로 전지제조비용의 저렴화 및 전기자동차 전지로의 활용 가능성이 매우 높은 전지라 할 수 있다. 그러나 리튬폴리머 전지가 기술적으로 실현 가능하게 하기 위해서는 아래와 같은 문제가 선결되어야 한다.

① 전기화학적으로 안정해야 함.(과충방전에 견디기 위해 넓은 전압범위에서 안정)

② 전기전도도가 높아야 함. (상온에서 1 mS/cm 이상)

③ 전극물질이나 전지내의 다른 조성들과 화학적, 전기화학 적 호환성이 요구됨.

④ 열안정성이 우수하여야 함.

리튬폴리머 전지는 리튬이온 전지와 동작원리는 같으나 전해액에 유기 용매와 겔상의 고분자를 사용하는 것으로 누액의 위험이 적고 안전성이 뛰어나며 필름 형태의 재료를 중첩시켜 구성하므로 형상의 자유도가 높아 다양한 모양이 가능한 특징이 있는 반면에 리튬이온 전지에 비해 체적 에너지 밀도가 떨어지며 제조공정이 비교적 복잡하여 아직까지 가격이 높다.

[표 7-11 리튬폴리머 전지의 분류]

	양극	전해질	음극	개발사
1	고분자	유기용매	리튬 or 고분자	Bridgeststone, Ricoh, Matsushida
2	고분자	고분자	리튬 or 고분자	Kanedo
3	무기재료	고분자	리튬 or 고분자	Yuasa, Hydro-Quedec, Ultralife
4	무기재료	겔형고분자	리튬 or 고분자	LG, Bellcore, Hitachi Maxell, Sony, Toshibe

현재 휴대기기용(디지털 카메라 등)으로 사용되고 있는 폴리머 전지는 폴리에틸렌 글리콜(Polyethylene glycol)이나 폴리에틸렌 플로라이드(Polyethylene fluoride)으로 구성된 폴리머에 전기분해액을 포함시켜 교질화(겔화)한 것으로, 본질적으로는 리튬이온 전지와 큰 차이가 없다. 하지만 전해질이 준고체 상태이기 때문에, 용액이 잘 새어나오지 않는다는 장점이 있다. 다른 방식의 2차전지에 비해 상당히 가볍고, 메모리 효과도 매우 적다. 모양도 비교적 자유롭게 만들 수 있기 때문에 이용이 증가하고 있다. 애플의 노트북인 맥북, 맥북프로에서 사용되기도 한다.

리튬폴리머 전지는 음극과 양극사이의 분리막이 리튬이온 전지에서의 전극의 분리역할 외에 이온전도의 매개체, 즉 전해질의 역할을 하는 전지이다. 리튬폴리머 전지는 전극재료 및 고분자 분리막의 종류에 따라 다음과 같이 구분할 수 있다.

전기 화학적 원리

음극과 양극의 활물질(active material)이 리튬이온 전지와 유사하기 때문에 전기화학적 원리는 같다. 전지의 작동은 충·방전에 의해 리튬이온이 양극과 음극 사이를 이동하며 사이에 끼움에 의해 이루어진다. 전지작동에 의한 전극의 변화는 없기 때문에 안정적인 충·방전이 가능하다.

$$\text{Anode: } LiCoO_2(s) = LI_{1-n}CoO_2(s) + ne^-$$

$$\text{Cathode: } C(s) + nLi^+ + ne^- = CLi_x$$

$$LiCoO_2(s) + C(s) = LI_{1-n}CoO_2(s) + CLi_x$$

전해질 구분	전지	종류	구성
	리튬이온 전지	소용매성 분리막	Polyolefin+ 전해액
		친용매성 분리막	다공성 PVDF계 분리막+ 전해액
	겔형 리튬이온폴리머 전지	비가교성 고분자	P대, PAN ,PVDF+가소제+리튬염
		가교 고분자	가교성 고분자+사고제+ 리튬염
	리튬이온폴리머 전지	가소제항침 고분자	+ 리튬염
		무기첨가제항침 고분자	+ 리튬염
		고분자	+ 리튬염

그림 7-37 전해질에 의한 전지의 구분

LIPB는 리튬이온 전지(LIB)의 전극구성과 비슷하며, 단지 전해질만 고분자 전해질을 사용하는 것이 다르다. 전해질은 고체고분자전해질, 유기용매와 염을 고분자에 혼합한 하이브리드 gel 전해질이 있다.

[리튬이온 전지와 리튬폴리머 전지와의 차이점]

① 구조상의 특징에서 판상 구조이기 때문에 리튬이온전지의 공정에서 나오는 구불구불한 작업이 필요 없으며, 각형의 구조에 매우 알맞은 형태를 얻을 수 있다.

② 전해액이 모두 일체화된 셀 내부에 주입되어 있기 때문에 외부에 노출되는 전해액은 존재하지 않는다.

③ 자체가 판상 구조로 되어 있기 때문에 각형을 만들 때 압력이 필요 없다. 그래서 캔(can)을 사용한 것 보다 팩을 사용하는 것이 용이하다.

앞으로 휴대폰과 휴대용 컴퓨터의 기능을 통합하고 화상 정보까지 결합된 휴대용 정보기기를 위해서는 전자회로의 집적화 및 통신속도 증대가 필수적이다. 그에 따라 이들 휴대용 정보기기를 구동시키기 위한 전력도 증가될 것이다.

리튬폴리머전지는 이러한 휴대용 정보기기의 전력의 심장부로써 폭발 위험성이 없고, 저렴한 가격의 폴리머를 사용하여 전지의 생산단가가 저렴할 뿐만 아니라 필름과 같은 박막형태로 제작이 가능하여 크기나 모양을 다양하게 조절할 수 있는 장점이 있기 때문에 앞으로 리튬폴리머전지의 쓰임새는 더욱 다양해질 것으로 예상된다.

[표 7-12 리튬폴리머 전지의 구성특징]

항목	특징	비 고
전극	양극재료의 다양성	전도성 고분자, 유기 황 화합물
	음극재료의 다양성	리튬 화합물, 리튬합금 또는 금속
형상	박막 가능	0.1 mm이하 가능
	성형성	-
	유연성	-
	포장 용이성	Can 사용등에 의한 어려움 없음
물성	고전압	3~4 V
	Bipolar 전지가능	2~3 cell 연결가능
	고 에너지 밀도	100~400 Wh/kg
	긴수명	1000회 이상 충·방전 가능
안전성	잔기간 보관 가능	5~10년
	내열성	100℃ 이상
	누전해액 문제없음	-
	과충전 대응	-
	과방전 대응	-
환경문제	재료 공급 용이	-
	공해물질 사용 않음	유해금속 사용 않음
기타	저가	-
	생산 용이성	-

[표 7-13 전지의 특징]

종류	장점	단점
리튬이온 전지	• 고용량/ 고에너지밀도 • 좋은 저온 성능 • 외장재의 견고함-기계적 충격 등에 강하다.	• 폴리머전지보다 무겁다. • 금속 외장재의 특성상 일반적으로 4~5 mm이하의 박형 얇은 전지와 광면적 전지를 제조하기가 어렵다
리튬폴리머 전지	• 고온에서의 안전성. • 얇은 외장재에 따른 무게의 경량화	• 얇은 외장재-기계적 충격에 약한다. • 저온에서 성능저하 • 용량/에너지 밀도가 매우 낮다

7.10 리튬공기 전지

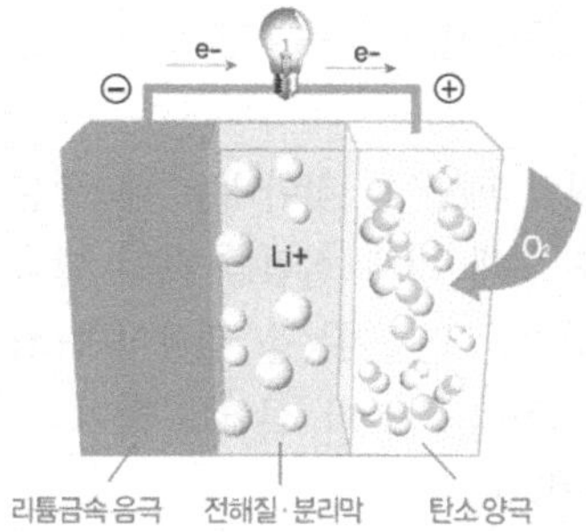

그림 7-38
리튬공기전지 구성도

가장 많이 사용되는 배터리인 리튬 이온 배터리의 경우 가장 주목되는 문제점은 안전성이다. 그래서 이를 해결하기 위한 전지가 리튬 폴리머전지이다. 전해질을 기존에 사용한 액체와 달리 폴리머라고 하는 아주 큰 분자로 만들어서 전해질로 사용하는 방식이다. 액체처럼 흐르는 성질이 없고 잘 휘어지는 성질을 가지고 있어서 안정성을 높일 수 있다. 그러나 아직은 용량이 작고 수명이 짧다는 단점이 있어서 많은 연구가 필요한 분야이다. 기존의 배터리는 용량이 부족하다는 단점이 있다. 최근 많이 사용되는 스마트폰에서도 이러한 현상이 일어나고 있는데, 기존보다 더 큰 용량을 갖는 배터리가 연구 되고 있다. 그 중 가장 주목을 받는 것이 금속공기전지이다.

금속과 공기의 조합으로 이뤄지는 금속공기전지 중 리튬공기전지는 가장 높은 에너지 밀도를 갖고 있다. 리튬공기전지의 부피당 에너지 보유량은 리튬이온배터리보다 10배 이상 우수하다. 전기자동차용 실제 배터리 팩(pack)으로 따지면 성능이 4~5배 이상 늘어나는 셈이다. 또한 리튬공기전지는 기존 리튬이온전지가 사용하던 니켈, 망간, 코발트 등의 금속을 사용하지 않고 탄소를 사용해 가격경쟁력과 친환경 측면에서 우수하다.

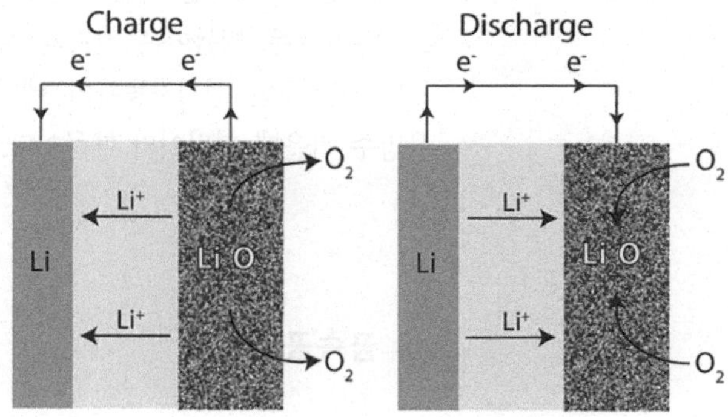

그림 7-39 리튬공기전지의 충방전

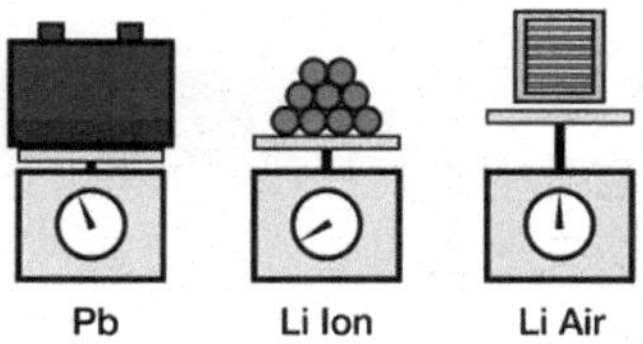

그림 7-40
전지 구성물질 질량비교

가솔린 차량은 한번 주유로 최대 약 800 km(500마일) 정도 갈 수 있는데 반해 전기 자동차는 배터리의 용량 및 무게 때문에 약 160 km(100마일) 정도 갈 수 있는 것을 보면 아직도 우리가 전기자동차를 보편화 시키기에는 여러가지로 어려운 점이 많다.

기존의 납(Pb)이나 리튬-이온(Li Ion) 배터리보다 더 가벼운 리튬공기(Li Air)를 활용한 배터리를 만드는 연구가 여러연구기관을 통하여 이루어지고 있다. 리튬공기 배터리의 가장 큰 특징은 대기중에 있는 '산소'를 반응 물질

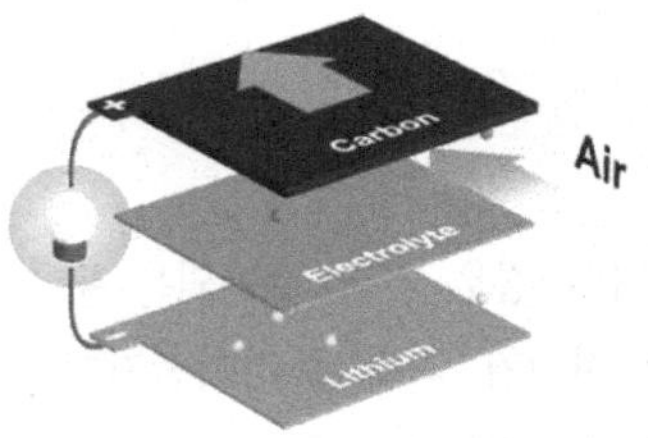

그림 7-41 리튬공기전지 구조

로 이용, 무게를 획기적으로 줄일 수 있다는 점이다. 현재의 리튬 이온 배터리를 가지고 800 km 를 가게 만들려면 완전 충전시 배터리의 무게만 약 1.5톤이 되어야 한다. 하지만 리튬에어 배터리의 경우 150~300 kg 정도면 충분하기 때문에 자동차를 멀리 가게 할 수 있는 전기 자동차의 배터리 충전재로 가장 현실적인 대안인 셈이다.

더 지능화된 인공지능 기술을 '최적의 물질의 배합'을 찾아내는 데 활용하고 있다. 이제까지 과학자들은 물질 배합을 위해 실제 실험을 해서 답을 찾아내는 시행착오를 겪을 수 밖에 없었다. 하지만 인공지능을 활용하면 컴퓨터 시뮬레이션을 이용하여 적합한 배합을 찾아내 가상의 실험을 하기 때문에 기술 개발의 효율성도 높아질 것이라고 기대한다.

물론 아직 이 기술이 상용화되기에는 개선해야 할 문제가 많고 새로운 배터리 기술이 출시되려면 10년 이상 더 걸릴 지도 모른다. 하지만 이 또한 전세계 50여개의 유사한 노력들 중 하나로 세상을 더 깨끗하게, 편리하게, 똑똑하게 만들고 싶은 미국 IBM 연구소를 비롯 독일, 일본, 한국 등 전세계의 많은 조력자들이 함께 참여하고 있다. 우리는 곧 휴대폰을 충전하듯이 자동차를 충전하며 도로를 누빌 날을 맞게 되리라 믿는다.

금속공기 전지를 2차전지로 사용하기 위해서는 아직 해결해야 할 과제가 많이 있으며, 개발에 몇 년이나 걸릴지 그 햇수를 말하기도 어렵다. 그렇지만 도요타를 비롯한 기업이나 일본 국내외 대학, 연구기관이 연구에 전념하고 있는 것은 리튬이온 전지의 성능 향상이 거의 한계에 다다르고 있는 가운데 실용적인 전기자동차의 에너지원으로서 금속공기 전지가 몇 안 되는 유망주 가운데 하나이기 때문이다.

금속공기전지

□ 금속공기전지 : 마그네슘, 알루미늄, 아연, 리튬 등의 금속을 공기(특히 산소)와 결합하여 전기를 발생시키는 2차전지

- 아연공기전지 : 음극/아연, 양극/산소
- 알루미늄공기전지 : 음극/알루미늄, 양극/산소
- 마그네슘공기전지 : 음극/마그네슘, 양극/산소
- 리튬공기전지 : 음극/리튬, 양극/산소

- 금속과 산소의 반응을 이용한 금속공기전지는 장점이 많아서 많은 국가에서 개발하고 있다. 이 전지는 화학적으로 안정된 금속을 쓰

기 때문에 여타 이차전지보다 에너지 밀도가 월등한데 기존 2차전지는 중량당 에너지가 30 ~140 Wh/kg이지만 금속 연료전지는 200~500 Wh/kg 에 달해 훨씬 더 많은 전기를 생산할 수 있다.
- 전지내부에 화학산화제가 없어 폭발이나 화재의 염려도 없고 부피와 무게가 크게 줄어든다.
- 수소나 알코올을 사용하는 연료 전지보다 훨씬 저렴하고 안전성과 낮은 온도에서의 작동능력도 우월하다.
- 금속판 자체로는 자가방전이 전혀 없기 때문에 수십년이 지나도 전해액만 섞으면 곧바로 작동하는 신뢰성을 갖는다

7.11 전지 개발동향

전기자동차 배터리 수요가 폭발적으로 증가하면서 한국은 물론 세계 각국이 배터리 개발 및 생산에 박차를 가하고 있다. 현재 전 세계 전기자동차용 배터리는 한·중·일 동북아 3국이 시장점유율 95% 이상을 차지하며 주도하고 있다. 판매량을 기준으로 하면 일본이 시장점유율 60% 이상을 차지하면서 앞서가는 모양새지만, 한국(30%)과 중국(8%)이 일본을 빠르게 쫓고 있다. 특히 한국은 배터리 관련 원천 기술력을 확보하고, 이를 기반으로 자동차 업체 수주를 많이 이끌어내 향후 3국 중 1위로 오를 가능성이 큰 것으로 분석되고 있다. 국내 배터리 업계는 "전기자동차 시장이 본격적으로 성장하는 내년 이후에는 점유율에서도 일본을 추월할 것"이라고 자신하고 있다.

그림 7-42 한중일의 주요 전기자동차 배터리 특징

한국은 기술력으로 승부

시장조사업체는 전 세계 전기자동차 배터리 제조업체들의 경쟁력을 평가하면서 LG화학에 가장 높은 점수로 평가했다. 삼성SDI는 그 뒤에 올랐다. 이번 조사에선 순위에 없지만, 다른 조사업체는 SK이노베이션도 전 세계 수위 안에 드는 업체로 판단하고 있다.

LG화학은 에너지 밀도가 높은 '주머니형 배터리'의 세계 선두주자다. 20여 곳의 완성차 업체를 고객으로 두고 있다. 삼성SDI는 한 번 충전으로 최대 600 km까지 주행할 수 있는 전기자동차 배터리 제조 기술을 갖고 있다. SK이노베이션은 배터리 폭발 사고 위험성을 낮추는 세계 특허기술을 갖고 있다.

국내 업체들은 생산 능력에서도 업계 상위에 들고 있다. LG화학은 세계 최대 규모의 배터리 생산공장인 충북 오창 공장을 비롯, 미국 홀랜드 공장과 중국 남경 공장 등을 운영하고 있다.

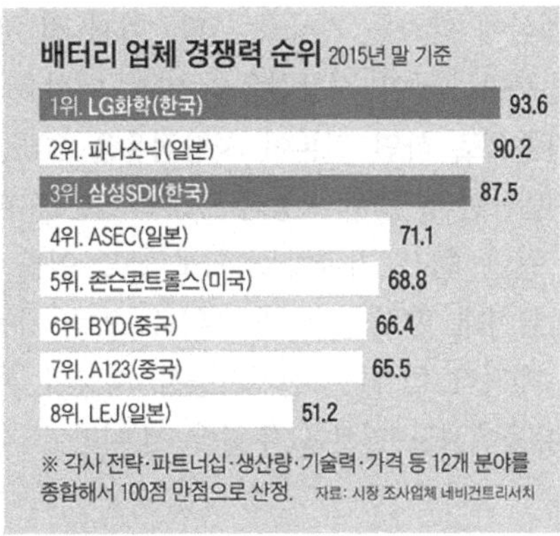

그림 7-43 배터리업체 경쟁력 순위

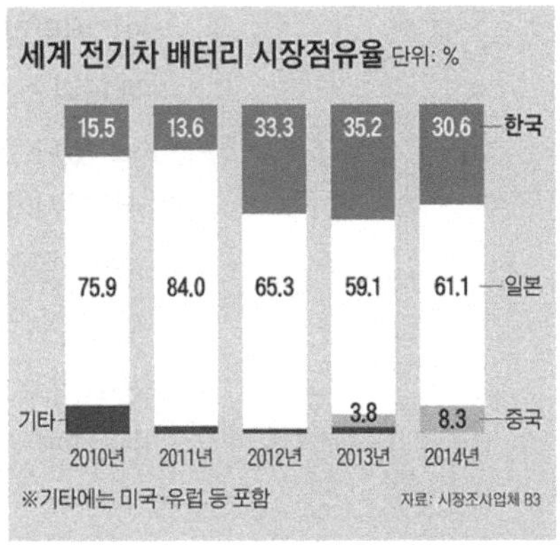

그림 7-44 국가별 배터리업체 시장점유율

일본은 시장 선점 효과로 선방

일본은 2000년대 초반 전기자동차 배터리 시장이 태동할 때 시장을 선점했다. 도요타의 하이브리드차 '프리우스'에는 도요타와 파나소닉의 배터리 합작사인 PEVE사의 배터리가 탑재된다. 세계 최초의 양산형 전기자동차 닛산 '리프' 모델에는 닛산과 일본전기주식회사(NEC)의 합작사인 AESC사의 배터리가 장착된다. 리프는 2010년 출시 이후 전기자동차 중에서는 가장 많이 팔렸다.

파나소닉은 미국 전기자동차 업체 테슬라와도 2003년부터 관계를 맺어왔다. 테슬라의 전기자동차는 지난해까지 전 세계 10여만대 이상 팔렸다. 현재

전 세계 배터리 시장에서 일본 업체들이 가장 큰 점유율을 쥐고 있는 이유다.

다만 이것이 일본 업체들의 한계이기도 하다. PEVE와 AESC는 모기업이 일본 자동차 업체들인 만큼, 모기업 자동차에 우선적으로 납품을 할 수밖에 없다. 다른 자동차 업체와는 계약을 맺기 어려운 것이다. 벤츠, BMW, GM , 포드 등 글로벌 자동차 업체들이 한국 3사와 공급 계약을 맺는 이유다.

중국은 막강한 내수시장과 정부의 지원

중국의 전기자동차 업체 BYD는 테슬라와 닛산을 제치고 글로벌 전기자동차 판매 1위에 올랐다. 고속성장의 배경엔 중국 정부의 전폭적인 지원이 있다.

중국 정부는 심각한 대기오염 문제를 해결하고 글로벌 자동차 산업에서 주도권을 쥐기 위해 2020년까지 전기자동차 500만대를 보급하겠다는 목표를 세우고 보조금을 지급하는 등 전기자동차 업계를 지원하고 나섰다. 이 때문에 중국의 전기자동차 내수시장은 지난해 이미 미국·유럽을 제쳤다. 자동차 업계 관계자는 중국은 내연기관 엔진 기술 개발이 늦어 상대적으로 글로벌 경쟁력이 떨어지는 상황이라며 정부 차원에서 내연기관차를 뛰어넘어 바로 전기자동차를 지원한다는 전략이라고 말했다.

BYD는 정부 지원을 등에 업고 핵심 부품인 배터리와 모터, 전기 제어기술을 자체 개발하는 데 성공했다. 다만 기술력에선 한국·일본에 미치지 못한다. BYD의 배터리는 리튬인산철 배터리로 한국의 리튬이온 배터리보다는 한 단계 낮은 기술로 평가받는다. 리튬인산철 배터리는 에너지 밀도가 낮아 주행 가능 거리가 짧다.

그러나 중국 배터리 업체의 성장 속도는 3국 중 가장 빠르다. 포스코경영연구원 수석연구원은 2020년까지 중국의 전기자동차용 배터리 시장은 연평균 57%씩 성장에 달할 전망이라며 특히 IT 기기용 소형 전지 배터리 사업이 활성화되면서 기술적으로 국내 업체를 빠르게 추격할 것이라고 내다봤다.

전기자동차 1회 충전으로 1000 km주행시대 열리나

전기자동차용 전지 개발을 위해 세계적 관련업체들이 각축전에 나서고 있다. 전기자동차(EV) 충전 인프라가 부족한 현실을 감안하면 1회 충전 시 운행거리를 최대한 늘리는 것이 전기자동차 개발의 핵심이다. 관련업계에 따르면 일본 도요타자동차와 대학, 연구기관 공동 연구로 자동차 연속 주행거리를 현재 200 km에서 1,000 km까지 늘릴 수 있는 전기자동차용 전지 시제품을 선보였다. 이 전지는 현재 출시된 전기자동차에 주로 사용하는 리튬-이온 전지와 전혀 다른 방식이다.

불에 타기 쉬운 액체를 사용하지 않는 전체를 고체형식으로 발화방지재 등이 불필요하고 내부 구조도 간단하다. 이를 통해 발화·폭발 위험이 있고 구조가 복잡해 주행거리를 늘리기에 한계가 있는 기존 리튬-이온 전지의 단점을 상당 부분 개선하였다. 또 전기자동차 가속에 필요한 고압의 전류를 낼 수 있고 주행거리도 현재보다 4~5배나 늘릴 수 있다.

도요타는 이 전지의 성능을 더욱 향상시켜 2015~2020년 실용화할 계획이다. 도요타는 현재 전지와 내연기관을 같이 사용하는 하이브리드 차량 개발에 주력하고 있다. 이들 차량은 1회 주유로 1,000 km 이상 주행이 가능하다.

도요타 외에 마쓰다자동차는 전지의 용량을 2배로 늘리는 전극재료를 개발했다. 또 NEC는 수명이 20년 정도로 긴 주택용 리튬-이온 전지를 개발했다.

전기자동차 전지를 미래 성장동력으로 키우고 있는 삼성과 LG는 전지의 주행거리 확대를 위하여 박차를 가하고 있다. 현재 두 회사가 개발한 전기자동차용 전지 주행거리는 한 번 충전에 160~200 km 수준이다.

삼성 SB리모티브는 한 번 충전에 160 km를 달릴 수 있지만 3년 이내에 최대 300 km를 달릴 수 있는 전기자동차 전지를 생산할 계획이다. 관계자는 미국 전기자동차 개발 컨소시엄과 공동 개발하고 있는 차세대 전기자동차용 전지 용량은 40 kWh급으로 미쓰비시 아이-미브(16 kWh)와 닛산 리프 EV(24 kWh)의 2배 수준이며, 1회 충전으로 300 km 이상 주행이 가능하다.

문제는 전지의 경제성이다. 기존 가솔린·디젤 자동차와 비교했을 때 가격경쟁력을 갖춰야 전기자동차 대중화 시대를 열 수 있기 때문이다. 전지 때문에 하이브리드 자동차의 경우 일반 모델에 비해 가격이 비싸고 순수 전기자동차로 가면 최소 1000만~2000만원 가격이 오르는 상황이다.

현재 플러그인 하이브리드로 불리는 GM 볼트에 들어가는 LG화학 전지팩은 300여 개의 전지로 구성돼 한 번 충전하면 40~80 km 갈 수 있다. 여기에 볼트의 가솔린엔진이 충전 역할을 하면서 최대 610 km까지 연속 주행거리가 늘어나게 된다.

전기자동차 배터리 시장 전망

2020년 전기자동차 배터리 출하량은 95.7 GWh로 증가할 전망이다. 전기자동차 배터리 시장의 폭발적인 성장의 배경은 다음과 같다.

① 전기자동차 판매대수가 증가한다. 배터리 가격 하락과 각 국의 정책 목표를 감안하면 2020년 이후 성장 속도는 더욱 빨라질 수 있다.

② 배터리의 대용량화다. HEV에 채택되는 배터리의 용량은 1~2KWh에 불과하다. 반면 PHEV에는 10~20 KWh의 배터리가 적용되고 순

그림 7-45 세계 전기자동차 배터리 시장규모

수 전기자동차의 배터리 용량은 20 KWh를 상회한다. 환경 기준이 엄격해지면서 HEV는 더 이상 친환경차로 인식되지 않고 보조금 혜택도 사라진다. 완성차 업체 입장에서는 HEV보다 PHEV나 BEV에 주력할 수 밖에 없다. 주행거리를 늘리기 위해 동일 모델이라도 연식이 바뀌면서 대용량의 배터리가 채택된다. 2015년형 Nissan LEAF의 배터리는 24 KWh였지만 2016년 신형 모델의 경우 30 KWh다.

③ 잠재적인 시장이 크다. 전기버스와 마일드 하이브리드 시스템이다. 전기버스의 배터리 용량은 200 KWh를 상회한다. 전기버스 1대에 적용되는 배터리 용량이 전기 승용차 20대 이상과 맞먹는다. 각 국 정부가 전기버스 보급에 열을 올리면 배터리 시장은 예상보다 더욱 빠르게 커질 수 있다. Micro Hybrid System의 확산도 주목해야 한다. 자동차가 사실상 전자기기화 되면서 기존 12 V 납축전지로는 대응하기 어려워졌다. 추가적인 연비 절감 등의 이유로 48 V 리튬 배터리의 채택 비중이 높아질 전망이다.

전기배터리를 지배하는 자가 4차 혁명을 이끈다.

인공지능(AI), 사물인터넷(IoT), 전기자동차, 자율주행차, 드론 등 4차 산업 혁명의 기반 기술로 수렴되는 최근 기술 경쟁의 핵심 경쟁력은 어디에서 나오는 것일까?

더 작고 더 강력한 마이크로칩, 더 빠르고 더 저렴한 통신 네트워크 등 여러 기술들이 있지만 전기배터리를 4차 산업혁명의 핵심 기술로 보는 전문가들이 적지 않다. 제 아무리 똑똑하고 뛰어난 인공지능·사물인터넷 기기, 자율주행차, 전기자동차, 드론이라 해도 빨리 충전되면서 안정적으로 전기를 공급하는 배터리가 없으면 무용지물이기 때문이다. 특히 최근 불붙은 전기자동차 개발 전쟁에서 전기 배터리는 산업의 주도권을 좌우할 핵심 기술로 꼽힌다.

전기 배터리가 완성차 가격의 30~40%를 차지하는 핵심 부품인데다 짧은 주행거리, 오랜 충전 시간 등 전기자동차 보급을 가로 막는 기술적 난관으로 남아 있기 때문이다.

전기자동차에 사용되고 있는 리튬이온 배터리는 1990년대 상용화된 제품으로 충전 효율과 지속성, 안전성 등에서 한계가 많다. 글로벌 기업들은 더 빨리 충전되면서도 더 강력하고 더 오래가는 전기배터리를 개발하기 위해 전력을 다하고 있다.

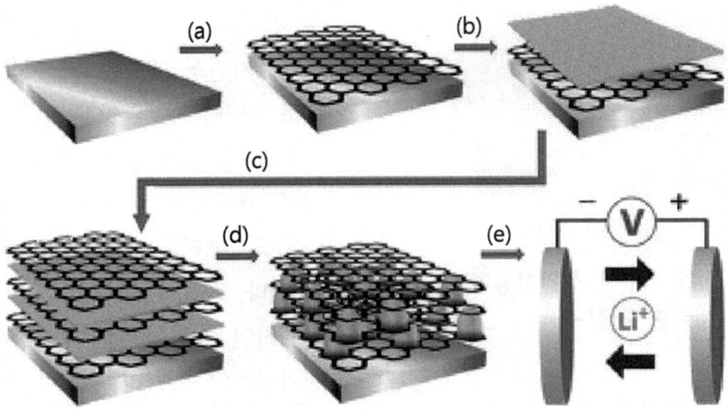

그림 7-46 그래핀 볼 전지

이런 가운데 삼성전자는 리튬이온 배터리 보다 충전 용량을 45% 향상시키면서 충전 속도를 5배 이상 빠르게 할 수 있는 새로운 배터리 소재인 '그래핀 볼' 개발에 성공했다고 밝혀 주목을 끌었다.

흑연에서 벗겨낸 얇은 탄소 원자막인 그래핀은 구리보다 100배 이상 전기가 잘 흐르고 실리콘보다 140배 이상 전자를 빠르게 이동시킬 수 있어 급속 충전에 이상적 소재로 꼽히는 물질이다. 팝콘 형태의 그래핀 볼을 전지의 음극 소재와 양극 보호막으로 활용하면 충전 용량은 늘면서도 충전시간은 단축되고 고온 안전성까지 만족시키는 결과가 나왔다고 연구팀은 설명했다.

삼성전자는 '그래핀 볼'을 리튬이온 배터리의 음극과 양극에 적용하면 현재 1시간 가까이 걸리는 충전 속도를 12분 수준으로 단축시킬 수 있고, 전기자동차용 배터리에 요구되는 온도 기준인 60도까지 안정성을 유지할 수 있다고 밝혔다.

몇 시간 걸려 배터리를 충전해도 하루를 가지 못하는 스마트폰이나 주행거리와 충전 시간에 한계를 보이는 전기자동차 성능을 획기적으로 개선할 기술이 될 수 있다는 기대를 모으고 있다.

전기자동차의 아이콘 기업으로 부상한 테슬라는 원래 노트북용 배터리로 쓰이던 원통형 전기배터리를 전기자동차에 채택하는 발상의 전환을 통해 대세로 뜬 기업이다. 노트북용 원통형 배터리는 가격은 비싸지만 셀의 밀도를 높일 수 있어 테슬라가 만든 전기자동차는 한 때 마의 주행거리로 간주되던 200마일(320 km)을 주파할 수 있었다. 원통형 전기배터리는 최근 전기자동차 배터리의 대세로 자리 잡았다. 테슬라는 최근 원통형 배터리 대량생산을 통한 단가 낮추기에 전력을 다하고 있다. 일본 파나소닉과 함께 미국 네바다주에 기가(Giga)팩토리를 건설 중인데 공장이 모두 완공되면 35 GWh의 전기자동차 배터리셀을 생산한다. 현재 전 세계의 모든 배터리 생산량과 맞먹는 수준이다.

테슬라는 기가팩토리가 완성되면 모델 3에 들어갈 배터리 생산 비용을 30% 가량 절감할 수 있다고 밝혔다.

액체·겔 형태의 기존 전해질 대신 고체 전해질을 쓰는 전고체 배터리는 차세대 전기배터리 방식으로 주목받은 기술이다. 양극재와 음극재가 고정돼 있어 합선이나 발화 위험이 적어 안전성이 높지만 액체·겔 배터리에 비해 강한 출력을 얻기 어려워 상용화의 어려움을 겪었다. 도시바가 기술적인 난관을 어떻게 극복할 지 관심이다.

일본 도시바는 6분 충전해 325 km를 달리는 전기자동차 배터리를 개발했다. 도시바가 개발한 EV용 리튬이온 배터리는 부극 재료에 티타늄과 니오븀 산화물을 사용해 체적 당 용량을 두 배로 높여 6분 만에 배터리 전체 용량의 90%를 충전할 수 있다. 이전 제품은 30분 충전으로 전체 용량의 80%를 충전할 수 있다.

10여년 전 한국, 일본, 미국의 반도체 메모리 회사들은 조 단위 투자 계획을 앞서거니 뒤서거니 발표하며 죽기 아니면 살기식의 치킨게임을 벌였다. 지금 패자는 사라졌고 승자는 유례없는 호황이란 단맛을 즐기고 있다.

갈수록 치킨 게임 양상으로 전개될 전기자동차 배터리 전쟁 결과에 따라 4차 산업혁명의 승패가 정해지고 그에 따라 국민들의 미래도 상당 부분 좌우될 가능성이 높다.

그림 7-47 테슬라와 파나소닉이 미국 네바다주 사막 위에 짓고 있는 기가팩토리.

8장

센서

그림 8-1 사이보그

그림 8-2
메카트로닉스 공학

요즘 TV나 영화 혹은 책 등을 보면 매우 흥미로운 이야기의 주인공들이 많이 등장한다. 바로 로봇과 복제인간 등 과거에 만화영화에서나 나오는 사이보그(Cyborg) 같은 존재의 이야기이다. 이는 각종 센서(Sensor)와 액츄에이터(Actuator)의 융합에 의해 구동되어지는 메카트로닉스(mechatronics)공학의 최첨단 산물들이다.

다가올 유비쿼터스(Ubiquitous)시대는 센서와 액츄에이터가 메인이 되는 시대로 고부가가치가 예상되는 센서와 액츄에이터에 대한 새로운 인식의 전환이 필요할 때이다.

이제 센서와 액츄에이터는 단순히 현재 상황만 감지하여 구동하는 기능뿐만 아니라, 인지된 상황을 판단함과 동시에 다음 상황으로 잇달아 신호를 보내는 등 고기능, 고집적화 되면서, 각종 기계·전자기기의 핵심구성원으로서 자림매김하고 있는 상황이다.

앞으로의 기계·전자 산업에서 센서와 액츄에이터의 역할은 점차적으로 증대 할 것으로 판단되고 센서와 액츄에이터 기술을 이용한 미래산업의 각종 응용분야는 더욱 확대 될 것으로 생각된다.

8.1 센서의 정의

센서의 사전적 해석은 '빛, 소리, 압력, 변위, 진동, 자계 등 각종 물리량이나 이온, 가스, 당분 등 여러가지 화학량 등 외계의 정보를 감지하여 신호처리하기 쉬운 전기나 빛의 신호로 변환하는 기능을 지닌 소자, 또는 장치'를 일컫는 말이다. 즉, 센서란 측정 대상의 물리량이나 화학량을 시간적으로 측정하여 유용한 신호(주로 전기적신호)로 변환하여 출력하는 장치 즉, 모든 정보 및 에너지의 검출 장치이다.

센서는 인간의 감각을 대신하여 외계의 물리적 현상을 감지하는 검출기로서 첨단 과학기술의 핵심기술로 일컬어지고 있으며 그중요성이 크게 부각되고 있다. 메카니즘, 컨트롤부, 센서의 3가지 요소가 발달하여 공장자동화(FA), 사무자동화(OA)및 가정자동화(HA)에서 중추적인 역할을 한다.

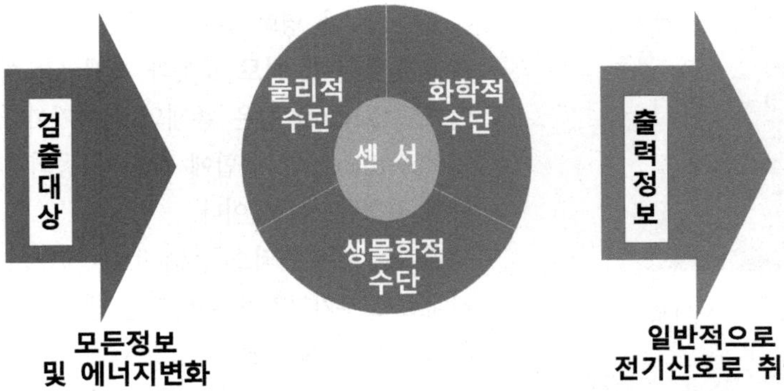

그림 8-3 센서의 개요

그림 8-4 인간의 오감

보고 듣고 맛보고 느끼고 냄새 맡는 인간의 감각을 대신하려는 기계에게 오감을 갖게 해 주는 것이 있다. 감각을 의미하는 센스(sense)라는 말에서 유래된 센서(sensor)가 바로 그것이다. 평범한 오감을 지닌 인간에게 독수리의 눈이 되고, 박쥐의 귀가 되고, 개 코가 되는 더욱 성능 좋은 오감이 생긴다면 어떨까? 더 자세하고 예민하게 보고 느낀다는 것이 어떤 의미가 있을까?

센서(Sensor)라는 단어는 감각 또는 느낌이라는 뜻을 지닌 라틴어의 낱말 'sens(-us)'에서 유래된 것으로, 센서라고 하는 용어가 사용되기 시작한지 오래 되었지만 이 어휘가 등장한 것은 1950년대 후반경의 일이다.

그러나 당시는 일부 학자, 전문가 사이에서 사용될 정도이었으며, 일반에게는 알려져 있지 않았었다.

1965년경까지도 문헌상에 나타나지 않았다. 'Dictionary of Scientific and Technical Terms'에 처음으로 정의를 넣어서 sensor라는 단어를 수록하였다. 그러나 이 단계에서도 아직 전문 분야의 이야기에 한정되고 일반 사람들에게는 그러한 용어를 들을 기회가 적었던 것 같다. 그것이 1975년대가 되어 비약적으로 퍼져 일상용어로서 정착한 것이다.

센서라는 용어가 사용되기 시작한 것은 1960년경인데 그렇다면 그 이전에는 센서(검출기)는 존재하지 않았는가 하면 그렇지는 않고 실은 훌륭하게 존재하여 각종 전기회로, 제어장치에 사용되어 왔었다. 그러나 이 단계에서는 검출기는 디텍터(Detector)로 불리고 센서라고는 부르지 않았던 것이다. 그러나 그 의미는 똑같은 것이다. 요컨대 어느 시기를 경계로 하여 검출기가 디텍터에서 센서로 명칭이 변경된 것이다.

지능형 자동차

- 지능형 자동차란 차량 내 센서 및 액츄에이터를 포함하는 전기전자 시스템을 장착하여 안전성을 극대화한 스마트 자동차를 일컫는다. 지능형 자동차의 구현을 위하여 다양한 전기전자 및 IT제어 기술이 필요하다. 계속적으로 기술적 발전을 거듭하고 있는 자동차는 첨단 감지센서와 지능형 영상장비로 전방 충돌회피, 차선이탈경고, 사각지대 감시, 후방감시 등의 기능을 할 수 있는 운전보조장치(ADAS, Advanced Driver Assistance System)의 발전을 가져왔다.

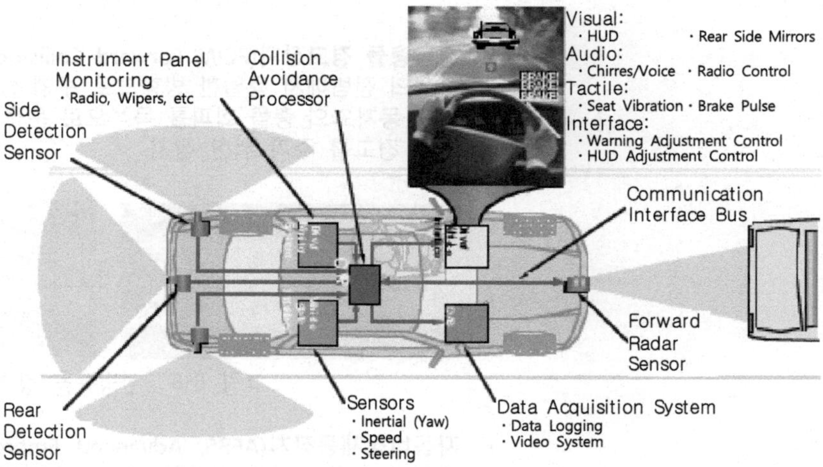

그림 8-5 운전보조장치

□ 전방 충돌회피 기능

- **적응순항제어장치(ACC, Adaptive Cruise Control System)** : 운전자의 설정조건에 의해 주행차선의 전방에서 동일한 방향으로 주행 중인 자동차를 자동으로 감지하여 그 자동차의 속도에 따라 자동적으로 가.감속하며 안전거리를 유지하고 목표 속도로 자동 주행하기 위한 장치

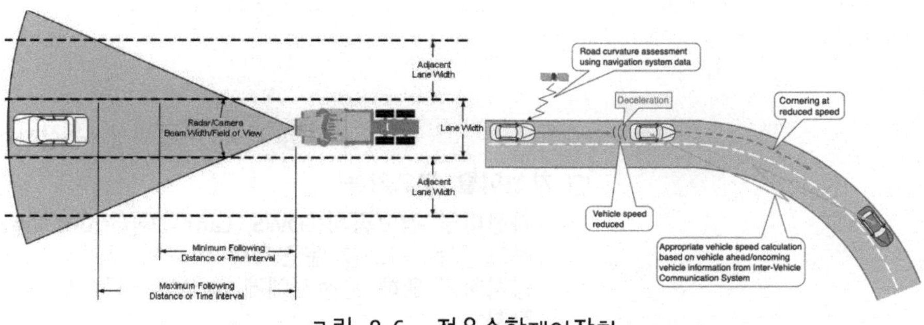

그림 8-6 적응순항제어장치

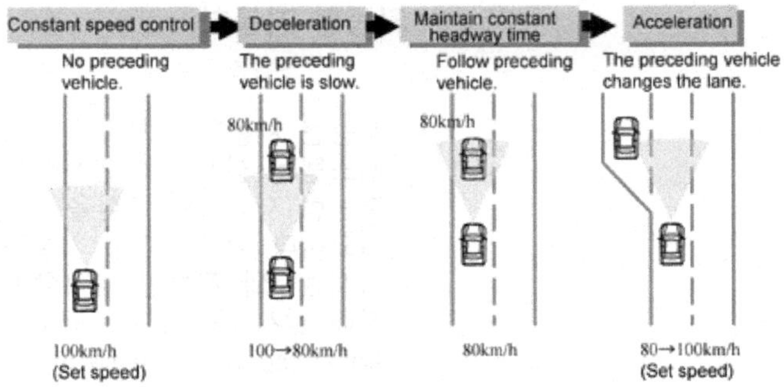

그림 8-7 적응순항제어장치

- **전방충돌 경고장치(FCW, Forward Collision Warning System)** : 주행 차선의 전방에서 동일한 방향으로 주행 중인 자동차를 감지하여 전방 자동차와의 충돌 회피를 목적으로 운전자에게 시각적, 청각적, 촉각적 경고를 주기 위한 장치

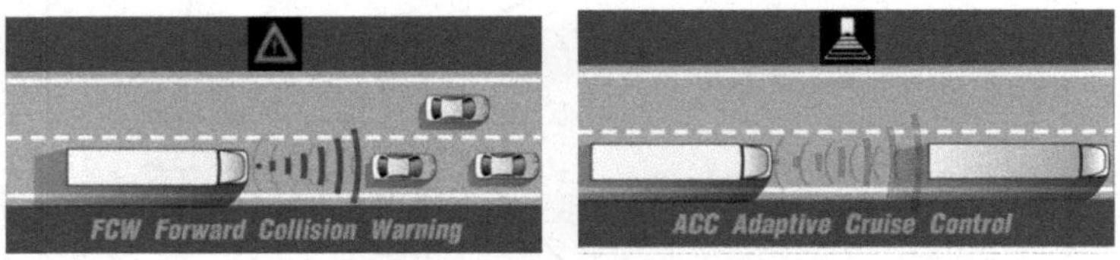

그림 8-8 전방충돌 경고장치

- **자동비상제동장치(AEBS, Advanced Emergency Braking System)** : 주행 차선의 전방에 위치한 자동차와의 충돌 가능성을 감지하여 운전자에게 경고를 주고 운전자의 반응이 없거나 충돌이 불가하다고 판단되는 경우, 충돌을 완화 및 회피시킬 목적으로 자동차를 자동적으로 감속시키기 위한 장치

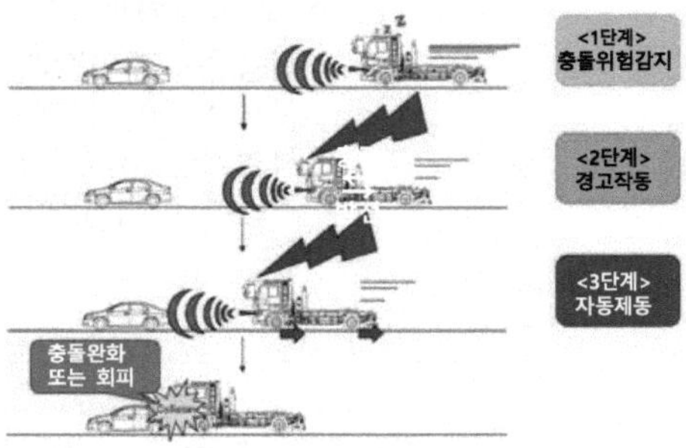

그림 8-9 자동비상제동장치

□ **차선이탈 경고기능**

- **차선이탈 경고장치(LDWS, Lane Departure Warning System)** : 주행하고 있는 차로를 운전자의 의도와 무관하게 벗어나 표류하는 것을 방지하기 위해 운전자에게 시각적, 청각적, 촉각적 경고를 주기 위한 장치

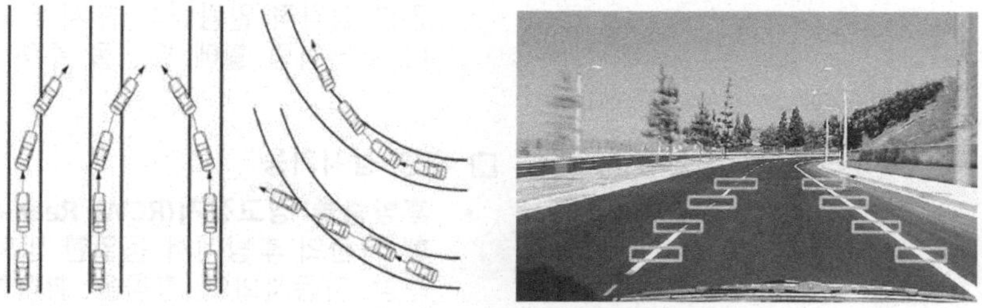

그림 8-10 차선이탈 경고장치

- **차선유지 보조장치(LKAS, Lane Keeping Assist System)** : 주행하고 있는 차로를 운전자의 의도와 무관하게 이탈하려는 것을 감지하여 운전자에게 경고를 주고 운전자의 반응이 없거나 차선을 이탈한다 판단되는 경우, 차선 이탈 방지를 위할 목적으로 본래 주행 중이던 차로로 복귀하도록 제어하는 장치

그림 8-11 차선유지 보조장치

□ **사각지대 감시기능**

- **사각지대 감시장치(BSD, Blind Spot Detection System)** : 접근하는 자동차 또한 사각지대에 위치한 자동차에 대한 정보를 운전자에게 제공하는 장치로 사각지대에 있는 자동차 등을 인지하지 못하고 차선을 변경하거나 근접하는 자동차로 인해 사고위험이 감지되는 경우 미연에 사고를 방지하기 위한 안전장치

그림 8-12 사각지대 감시장치

- 사각지대 감시장치는 자동차를 감지하는 센서와 감지 사항을 경고하여 표시하는 장치로 구성되어 있으며, 후사경 크기를 줄이거나 실내.외 후사경을 대신하는 것이 아니다. 사각지역을 감시하는 센서는

크게 레이더, 초음파, 영상 카메라 등이 있으며, 경고방식은 소리를 통한 청각적 알람방식, 후사경 등에 시각적으로 표시하는 방식, 시트나 스티어링 휠에 떨림을 주어 촉각적으로 인지할 수 있는 방법

□ **후방 감시기능**

- **후방충돌 경고장치(RCW, Rear-end Collision Warning System)** : 주행 차선의 후방에서 동일한 방향으로 주행 중인 자동차를 감지하고, 후방 자동차와의 충돌을 회피하거나 완화를 목적으로 운전자에게 시각적, 청각적, 촉각적 경고를 주기 위한 장치

그림 8-13 후방충돌 경고장치

인간은 눈, 코, 입, 귀 그리고 피부의 5가지 감각기관에 의하여 시각, 후각, 청각, 미각, 촉각을 느끼고 있으며, 이들 감각을 통하여 외계자극으로부터 정보를 얻어 판단하고 창조적 생활을 영위한다.

센서는 사람의 눈, 코, 입, 귀 등과 같은 역할을 하며, 감지한 정보를 인간의 두뇌에 해당하는 정보처리부에 전달, 판단을 내리게 한다. 즉 인간의 오감에 해당되는 것이 감지기이고 컴퓨터는 뇌에 해당된다.

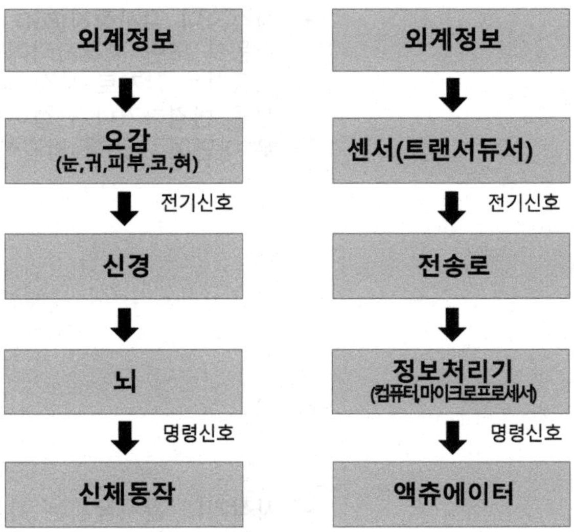

그림 8-14 인간과 일반 센서시스템의 명령 구성도

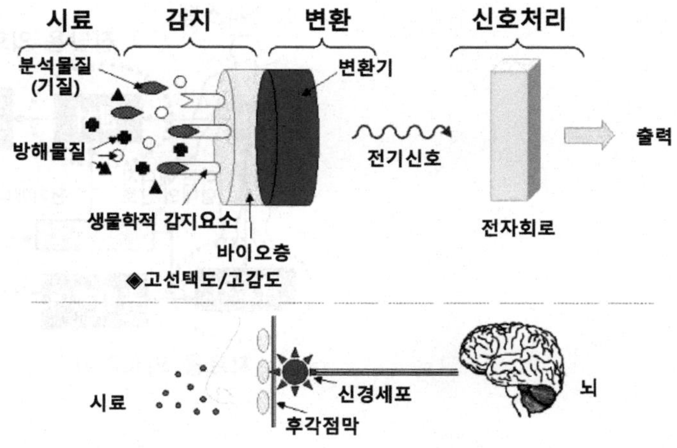

그림 8-15 센서시스템의 감지와 명령 구성도

대상이 되는 물리량은 앞에서 언급한 것 외에 자기, 변위, 진동, 가속도, 회전수, 유량, 유속, 액체성분, 가스성분, 가시광, 적외선, 초음파, 마이크로파, 자외선, 방사선, 엑스선 등 20여 종에 이르며 각각 쓰이는 재료도 다양하다.

현대의 고도 지식정보화 및 기술산업화 사회에서 가전제품, 전자계측기, 기계 및 기기, 공장자동화, OA기기, 수송기계 등 공업제품 뿐만 아니라 우주항공산업에 이르기까지 거의 모든 산업분야에 광범위하게 적용되는 센서는 핵심기술로서 필수적인 존재가 되고 있다.

에너지절약 · 자원절약 · 공해방지, 생산부문의 고효율화 · 정밀화, 주택 · 사무실의 각종 기기의 고성능화, 교통통제의 고도화, 재해방지 시스템의 효율화 등 사회 각 부문의 요구를 충족시키기 위해서는 정보처리 시스템과, 그 정보를 얻기 위한 각종 기기가 필요한데, 그 중심이 되는 것이 감지기이다.

출력신호로는 전기 신호가 많이 쓰이는데, 그것은 증폭·축적(메모리)·원격조작 등이 쉽고, 뇌에 해당하는 컴퓨터에 입력할 때 취급하기가 쉽기 때문이다.

능률적인 공장 운영을 위해 시작한 자동 조작은 초기에는 기계화된 장비의 정밀도를 높여주는데 불과했으나 이를 통한 대량 생산 체제는 자동화의 영역을 넓혀가게 만들었다. 이러한 자동화 영역 중의 하나가 공장 자동화(FA)이다. 생산체제가 복잡해짐에 따라 새로운 기술이 필요하게 되었는데 그 중 대표적인 것이 기계와 전자가 합쳐진 메카트로닉스(Mechatronics)분야이다. 메카트로닉스 중에서 센서(Sensor)는 메카트로닉스 시스템을 구성하는 피드백(Feedback)요소로서 주로 액추에이터 및 제어대상의 운동에 관련된 기계량을 검출하며 계산기 제어를 위하여 사용된다.

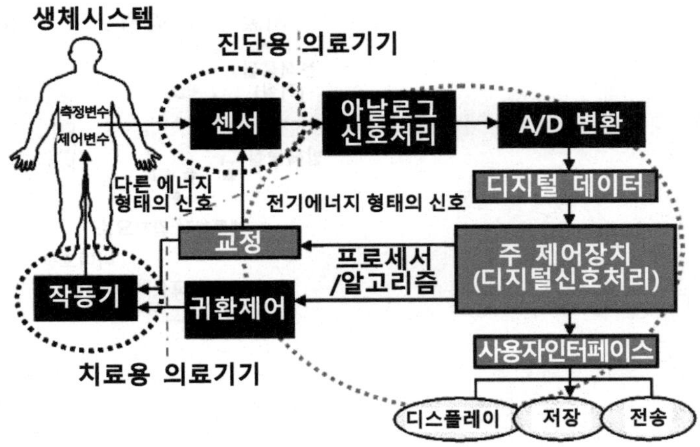

그림 8-16 센서와 생체시스템의 구성

인간이 느낄 수 있는 모든 감각을 센서로 다루기란 어려운 일이며 현대의 센서 부품들은 자기 · 변위 · 진동 · 가속도 · 회전수 · 유량 · 유속 · 액체성분 · 가스성분 · 가시광 · 적외선 · 초음파 · 마이크로파 · 자외선 · 방사선 · 엑스선 등 몇몇 물리량을 전기적인 신호로 검출해 산업현장, 서비스업, 의료업, 학계에서 활용하고 있다. 일반적으로 검출기라 하면 온도 · 압력 · 습도 등 여러 종류의 물리량을 감지 · 검출하거나 판별 · 계측하는 기능을 갖춘 소자로 흔히 센서라고도 한다. 센서에서 검출된 신호를 전기적 신호로 변환하여 마이크로 컨트롤러나, 컴퓨터가 인식할 수 있는 신호의 형태로 증폭, 축적, 조작 등을 걸쳐 응용 애플리케이션에 맞게 활용할 수 있다.

그림은 센서가 외부 시스템으로부터의 물리적, 역학적, 화학적 정보를 검출기가 감지하여 최종 컴퓨터 단계에서 인식할 수 있는 형태의 전기적 신호로 변환하는 프로세스를 블록다이어그램으로 도시화한 예이다.

센서는 응용 방법에 따라 자연재해 방지, 생태환경 감시, 도난 및 위험 감시, 에너지 자원감지, 자동화 시스템 및 가정의 홈오토메이션 구축에 응용할 수 있다. 예를 들어 진동을 감지하는 센서를 교통량이 많은 교량이나 고가도로에 설치하여 지진이나 홍수로 인한 균열 등을 감시하며 예측할 수 없는 불의의 사고로부터 인명안전을 위해 활용할 수 있다. 또한 진동 센서의 경우 먼 바다에서 발생하는 미세한 진동도 감지할 수 있어 지진 해일과 같은 미세한 환경변화도 감지하여 위험 수위를 예보하는데 활용할 수 있다.

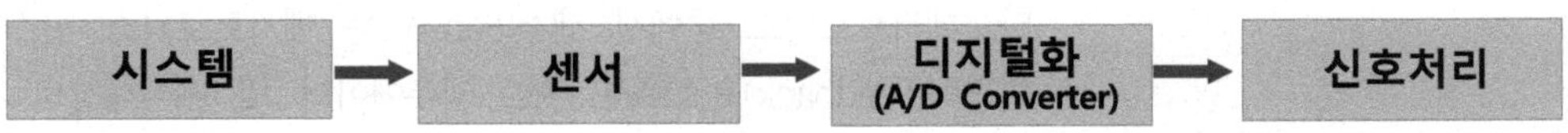

그림 8-17 센서의 신호처리 프로세서

뿐만 아니라 사람이 항상 감시할 수 없는 생물체의 서식지 특성을 분석하거나 이동경로를 추적하는 데에도 위치인식 센서를 이용할 수 있다.

[표 8-1 분야별 센서 부품의 응용]

분류	응용분야
상용 및 산업분야	• 자동차용 : 가속도 센서, 자이로, 압력센서 • 로봇용 : 컨트롤러 • 반도체 장치 : 프로브 카트
바이오 및 의료분야	• 바이오 센서 : 혈당 측정센서 • 바이오 칩 : DNA Lab, 프로틴 • 내시경용 부품 • 주사용 부품
통신 및 광학분야	• MOEMS : 광스위치 등 • FF스위치 • 차세대 무선 통신용
소비자 가전분야	• 마이크로 미러 디스플레이 • 잉젯프린트 헤드 • 칩 냉각기 • 대용량 데이터 저장장치
기타분야	• 방위산업분야, 항공레이더, 전자전장비용 센서 • 우주분야, 센서부품 리스트

센서의 역사

다음의 그림은 센서의 역사적 배경을 다룬 것이다. 이것은 센서를 반도체의 발명이나 컴퓨터의 변천과 섞어서 정리한 것이다.

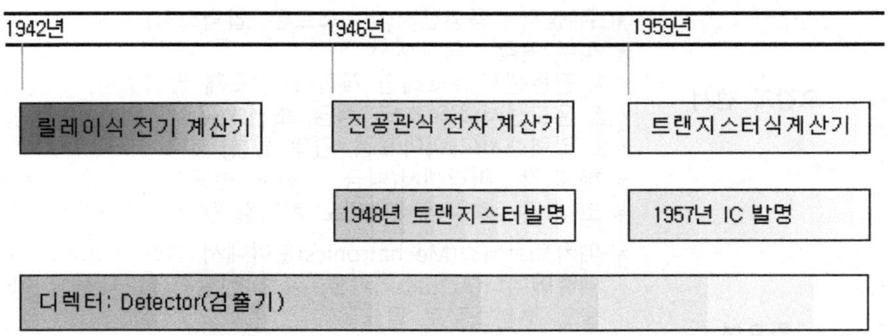

또한 일부 사람 중에는 센서를 일부러 검출기라고 번역하고 있는 사람이 있으나 이것은 생각해 볼 필요가 있다. 센서라는 용어가 가진 의미는 검출기보다는 훨씬 넓으며 또한 스마트한 울림을 가지고 있기 때문이다.

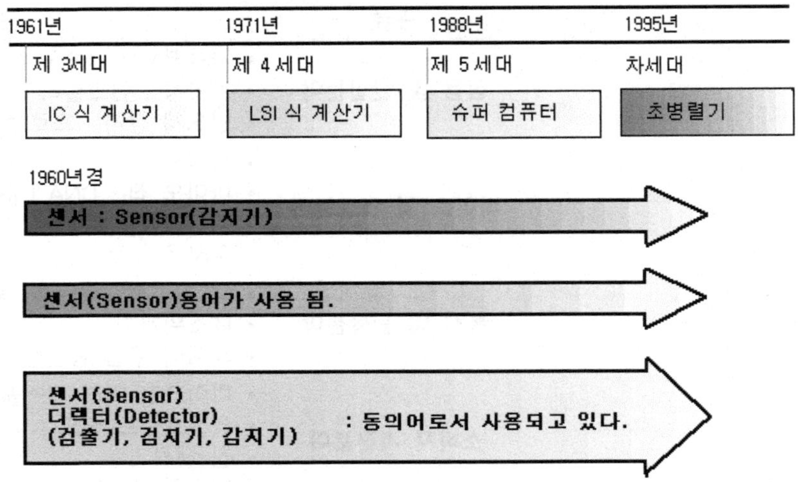

그림 8-18 센서의 역사적 배경

[표 8-2 센서의 유래 및 특징]

구분	비고
센서의 유래	• 라틴어로 지각, 느낌 등의 의미 • 인간의 5감 기능을 센스(Sense)라 함 • 리드SW. 패턴인식을 하는 시스템 레벨의 센서 • 최근에는 인텔리젼트 센서로 CPU 내장형. 복잡 다양성 • 지구자원조사, 환경파괴 실태조사에는 인공위성과 항공기에 탑재하는 장치로 발전 • 계측장치로 리모트 센싱으로 발전
오감과 센서	• 눈-시각 : 광센서(광도전소자, CCD, 영상(이미지)센서, 포토다이오드) • 귀-청각 : 음향센서(마이크로폰, 압력소자) • 피부-촉각 : 촉각센서 1. 진동센서(스트레인 게이지, 반도체 압력소자) 2. 온도센서(써미스터, 백금, 초전 센서) 3. 압력센서(다이아프램, 감압 필름) • 혀-미각 : 미각센서(백금, 산화물, 반도체 가스센서, 입자센서) • 코-후각 : 후각센서(바이오 케미칼 센서, 실리콘산 티탄산염)
필요성	• 메카트로닉스(Mechatronics)분야에서 생산 프로세서 기술(제어기술, 재료기술, 엑츄에이터(Actuator)기술, 정보 전달기술), 대용량 고속화 시스템 내에서 검출의 부분소자로 필요 • 자동화 시스템의 핵심요소로 로봇 핸들 다축 역학센서, x, y, z축 회전토크 검출위치 보정, 과부하방지, 역학센서로 필요 • 안전, 환경, 교통, 의료 분야에 필요

요구조건	• 입력상항 : 입력 레벨, 입력형태, 검출범위 • 출력상항 : 출력 레벨, 출력형태, S/N비 • 응답성 : 감도 또는 분해능, 응답속도 • 확도와 정도 : 교정과 검정, 선형성, 히스테리시스 특성, 드리프트, 노이즈(noise)보상, 온도보상 • 신뢰성 : 온도 리사이클 내성, 내충격성, EMC(전자정합성) • 안정성 : 내약품성, 호환성, 방폭성 • 내환경성 : 사용온도와 습도의 범위, 실제장치와 취급성 • 수명 : 자유로운 정비성, 조립성, 기타
처리정보	• 기계 - 길이, 두께, 변위, 액면, 속도, 가속도, 압력, 회전력, 유속, 회전각, 회전수, 질량, 힘, 중량, 진공도, 모멘트, 풍속, 유량, 진동 • 전기 - 전류, 전압, 전위, 전력, 전하, 임피던스, 저항, 인덕턴스, 용량 • 온도 - 온도, 비열, 열량 • 광 - 조도, 광도, 색, 자외선, 적외선, 변위 • 화학 - 순도, 농도, 성분, PH, 점도, 입도, 밀도, 비중, 액체, 고체분석 • 생체(의료) - 심전도, 혈압, 혈액, 맥박, 근전도, 망막전도, 혈액가스분압, 뇌파, 혈액산소농도, 체온 • 주파수, 음향, 방사선, 습도 등

8.2 센서의 구조

센서는 빛의 강도, 온도 등 목적하는 양을 효과적으로 검출하여 인식, 판단하는 소자나 기구 또는 시스템을 통칭하는 것으로 센서로부터 얻어지는 신호는 전기적 신호로 변화하는 과정이 필요하다. 따라서 센서는 변환기능을 가진 물질 또는 소자의 단독 혹은 복수의 조합으로 구성한다.

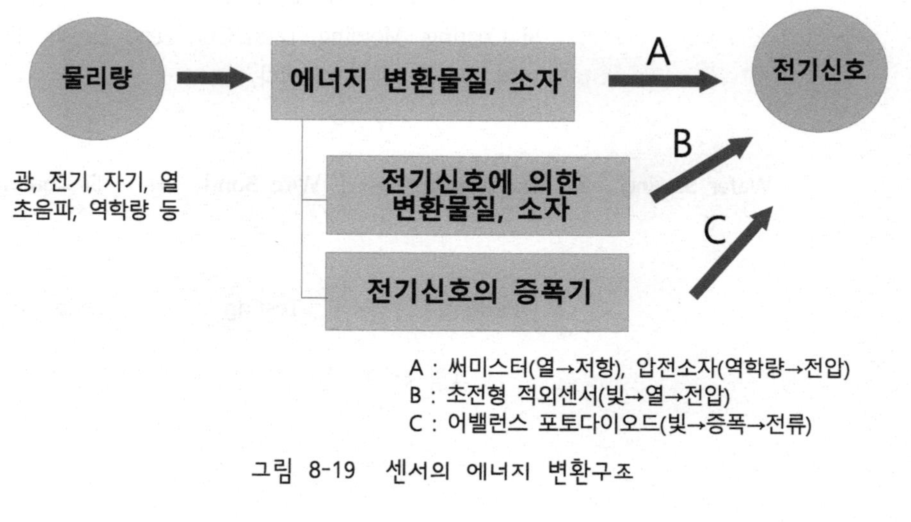

그림 8-19 센서의 에너지 변환구조

8.2.1 센서의 구조

센서는 측정 재료와 목적에 따라 다종다양한 종류가 있으며, 각 센서별 재료 및 구조 또한 각기 다양하다. 광센서를 예를 들어 그 구조와 제조공정을 알아보자.

광센서에도 포토다이오드, 포토커플러, 에미터 등 다양한 종류가 있지만 가장 기본적인 구조를 살펴보면 Chip, Lead frame, Au 와이어, 에폭시 봉지제 등으로 구성되어 있고 이 재료들 중에서 Chip과 Substrate 부분이 가장 가격비중이 높다.

[표 8-3 광 반도체 센서의 구조와 가격비중]

구분	가격비중
CHIP	30 - 50%
Substrate	10 - 50%
Ag 혹은 Au Paste(Chip와 Sub를 접착시켜주는 반도체재료)	5 - 10%
Au Wire(전극형성)	10 - 20%
에폭시 봉지제(외부로부터 보호하는 Packing 재료)	20 - 40%
Lead Finish(Lead의 산화방지 목적, 솔더링 혹은 도금)	5 - 10%
기타 재료	10 - 20%

8.2.2 센서의 제조공정

광 반도체 센서의 제조공정은 Wafer Sawing, Die Mount, Wire Bond, Si Coating, Molding, Lead Cut, Lead Finish, Testing, Packing의 과정을 거쳐 제품을 생산하게 된다.

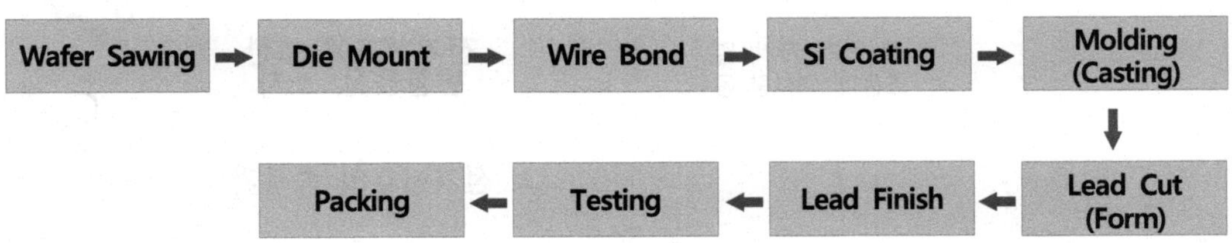

그림 8-20 광 반도체 센서의 제조공정

① Wafer Sawing : 6", 8"의 Wafer를 각각의 Chip을 구성시키기 위해 절단하는 공정
② Die Mount : Chip을 Sub-에 올려서 접착하는 공정(전도성 혹은 비전도성으로 접착하는 방식, Eutectic(유테텍), Solder 부착 방식 등이 있음)
③ Wire Bond : Chip의 Bo과 Sub-에 Au Wire(15 um~40 um 직경, 99.99%)를 이용하여 전극 형성
④ Si Coating : Option 사항으로써, 발광측의 보호를 목적으로 사용 혹은 Photocoupler 의 경우, 광의 Pipe 역할로서도 사용
⑤ Molding 혹은 Casting : 금형 혹은 플라스틱의 틀을 이용하여 에폭시 봉지제로 Packaging하는 공정
⑥ Lead Cut 혹은 Form : Lead 간 붙어 있는 Lead를 제거하거나 특정 형태로 Lead Forming을 하는 공정
⑦ Lead Finsh : Tin/Pb Free Plaing, Solder Dipping의 재료로서, 밖으로 나와 있는 Lead위에 작업되는 공정
⑧ Testing(외관 검사, 특성 검사): 제품의 양/불량을 판정
⑨ Packing, 출하

일반적인 센서의 Value chain은 그림과 같이 1단계 웨이퍼 칩 슬라이스 단계에서 센서 요소를 생성시킨 후, 2단계에서 리드프레임 위에 칩과 와이어, 커버 몰딩 작업을 거쳐 component를 생산한다. 다음으로 3단계에서 여러 회로들과 함께 조립공정을 거쳐 센서시스템을 생산하여 세트 제품에 활용하게 된다.

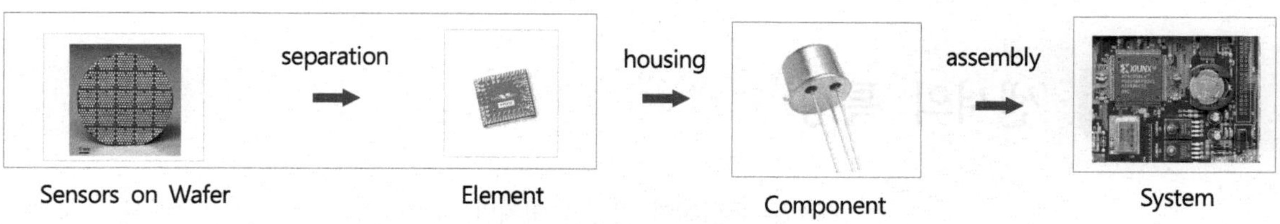

그림 8-21 센서의 Value Chain

8.2.3 기본구성

센서가 측정대상물로부터 검출하고자 하는 데이터를 효과적으로 얻기 위해서는 다른 정보를 갖는 센서와 각종 부속소자 또는 기기와 협력체계가 이루어져야 한다.

센서시스템은 물리현상, 화학현상 등의 측정환경에 대응한 다양한 형태의 측정신호를 감지장치를 통하여 검출한 다음, 정보를 판단하는 처리과정을 거쳐 우리가 원하는 형태의 정보로 변환되어 출력하는 과정으로 구성된다.

즉, 센서를 포함하는 측정환경과 센서출력을 전압, 전류, 디지털신호 등으로 변환 하여 제어 및 정보 처리하는 신호 제어부로 구성되어 총체적인 센서기구로서의 작용을 하게 된다.

출력부는 대상물을 움직이거나 일정한 상태를 유지시키는 제어시스템에 연결된다.

센서시스템에서 유출된 정보는 환경이나 대상에 작용하는 정보로 변환되고 변환 된 환경이나 대상의 상태는 다시 센서로 귀환되는 순환기구로서의 작용을 반복하게 된다.

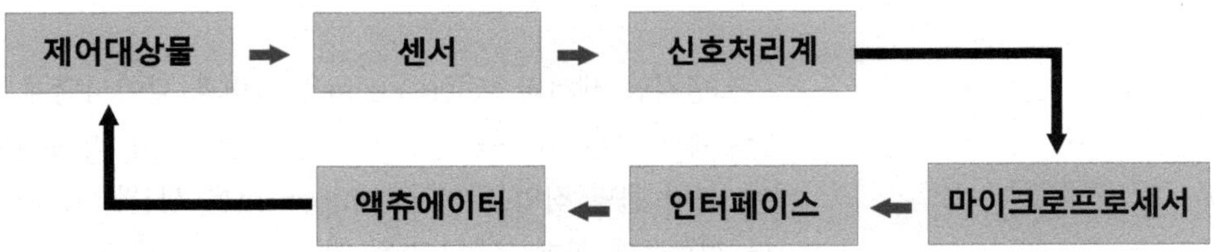

그림 8-22 센서시스템

8.3 센서의 특징

센서는 독립적인 기능은 없지만 다수의 검전기, 신호조절장치, 신호처리장치, 기억장치, 자료기록장치, 작동장치와 같은 커다란 시스템의 일부가 된다. 장치에서 센서의 역할은 본질적이거나 부분적이다.

센서는 외부영향과 외부자극의 변화에 대한 신호 시스템을 감지하는 입력장치에 속하기 때문이다. 센서는 항상 다른 종류의 자료수집 장치의 일부분이다. 종종 각각의 시스템 은 다양한 신호 반송 장치를 포함하고 있는 큰 제어 시스템의 일부가 되고 있다.

[표 8-4 인간감각과 센서와의 비교]

인간(오감)	인간(기관)	센서	
시각	눈	포토 센서(포토다이오드)	물리 센서
청각	귀	음파 센서(마이크로폰 센서)	
촉각	피부	압력 센서, 감온 센서	
후각	코	가스 센서, 바이오 센서	화학 센서
미각	혀	이온 센서, 바이오 센서	

인간의 감각과 지각, 지능에 의한 판단만으로는 도저히 대처할 수 없이 발전해 가는 산업에의 대응을 위해서 필연적으로 센서는 태어나고 있다. 센서 기술 또한 대처해야 할 대상의 특성에 맞춰 발전하여 왔으며, 앞으로도 확장되는 대처 대상을 따라서 한 없이 발전해 갈 것이다.

센서는 센서라는 단어가 생기기 훨씬 전부터 실제로 센서를 실생활에 활용해 왔는데, 나침반으로 방위를 감지하고 한란계를 만들어 온도를 측정하는 등, 센서는 인간의 5감(시각, 미각, 청각, 후각, 촉각)대신에 그 역할을 대신하고 정확성을 주는 기기로 발전해 왔으며, 현재는 인간의 5감으로 느낄 수 없는 현상, 예를 들면 적외선 등의 전자파, 에너지가 작은 초음파 등을 검출할 수 있는 미세 분야의 현상을 감지하는 기기로 지속적으로 발전해 가고 있다.

생산 시스템에 사용되는 장비가 자동화되면서, 센서를 사용한 각종 계측의 활용도는 지속적으로 증가하고 있으며, 센서 사용의 증가는 최종 사용자들에게 보다 높은 정도의 자동화, 보다 높은 비용효과, 생산품질의 개선, 생산속도의 향상, 사람과 기계에 대한 안전 성 제고 등의 목적에 기여하게 된다.

센서의 주된 응용분야는 공업계측 시스템이며, 이를 중심으로 발전되어 왔다. 그러나 산업이 고도화, 정보화됨에 따라 거의 모든 산업으로 응용범위가 확대됐으며, 환경보전, 재해방지, 공해감시, 이상 진단, 안전관리, 건강관리, 방범방재 등 인간의 복지와 번영에도 크게 기여하고 있다.

제조현장에 센서를 사용함으로써 결함을 조기에 탐지하고, 공정기능을 개선할 수 있으며, 융통성을 증가시킴은 물론, 동작의 편의성을 증가시킬 수 있어서 셋업 및 생산비용을 줄일 수 있다. 따라서 여기에 사용되는 센서는 기계 내부의 위치와 속도제어, 온도 모니터링 등의 측정 기술과 기계 주변에서의 공구 및 공작물 확인, 공구의 부러짐과 마모의 모니터링, 공작물 위치의 측정 등을 목적으로 한다. 공구분야에서 요구되는 센서에는 근접센서, 온도센서, 위치센서, 동력센서, 캐리퍼스 등이 있다.

자동화된 생산시스템의 하부 시스템으로서 산업용 로봇, 자동 포장기계는 고지능화, 고정밀화, 높은 융통성, 빠른 속도, 호환성 등의 개발 지침을 만족해야 한다. 이 분야에는 로봇 팔의 위치, 속도, 가속도를 제어하고, 공작물의 형상, 표면 상태, 광학적 패턴 등을 기록하기 위해 많은 센서를 필요로 한다.

과거에는 대부분 제어대상 시스템이 규모가 크지 않고 단순하므로 간단한 제어이론을 응용한 단일 제어기로 제어가 가능하였으나, 근래에 와서는 발전, 정유, 화 학, 비료, 제지, 자동차 등 중대형 플랜트가 건설되고, 그 안에 투입되는 계기 및 구동기기(Actuator)등이 정밀해지고 성능이 향상되었으며 그 수가 증가하는 추세에 있다.

따라서 플랜트를 제어할 때 고려해야 하는 대상의 수가 증가하며, 처리해야 하는 정보의 양도 늘어나게 되어 과거와 같이 단일 제어기를 이용한 방식에는 한계가 나타나고 있다.

이러한 한계를 극복하기 위해 동일한 기능을 가진 중형 제어기를 두 대 이상 배치하여 각자 독자적으로 시스템의 정보를 수집하고 보유하는 제어 알고리즘을 통 해 제어를 수행하며, 동급의 제어기 및 상 하위 제어기들 간에는 통신을 통해 정 보를 교환하는 방식의 분산 제어 방식이 등장하게 되었다.

1980년대를 통하여 플랜트 제어설비에 마이크로프로세서를 적용한 프로그래머블 컨트롤러(PLC) 또는 분산디지털 제어장치(DCS)의 사용이 급격히 증가하였다. 이 와 더불어 제어설비간의 온라인 통신기술 또한 비약적인 발전을 보게 되었다.

최근에는 산업공장의 자동분야에서 각기 다른 공장에 다양한 제작자의 제어장치 들 즉, PLC, 로보트 등의 제어장치를 공용의 데이터 통신장치를 이용하여 상호 정보교환 및 제어기능을 수행하고 있다.

중앙의 주제어장치와 현장의 센서, 구동 기기 등과의 신호전송을 종래의 병렬전송방식에서 직렬전송으로의 치환을 통한 데이터 통신은 물론 현장에 설치되는 지능형 장치에서 직접 프로세스 상태를 검출하여 구동 기기를 동작 시킬 수 있는 형태의 조직적이고 표준화된 통신 프로토콜(Protocol)이 이미 기초 단계의 개발이 종료된 상태이며, 보다 광범위한 적용을 위해 지속적으로 통신기술 의 표준화를 발전시키고 있는 상태이다.

로봇공학에서 센서는 주위 환경에 대해 내부의 되먹임 제어와 외부환경과의 상호작용에 사용되어진다. 동물과 인간은 비슷한 특징을 가진 센서를 가지고 있다 예를 들어 아침에 일어나 눈을 뜨기 전에 자신의 팔이 어떻게 놓여져 있고 다리가 어떻게 구부러져 있는지 볼 수는 없지만 느끼고 알 수 있다 이는 근육의 뉴런 신경세포가 뇌에 신호를 보내기 때문이며 근육이 수축, 긴장 그리고 이완함으로써 신호는 변화하고 뇌는 각 근육의 상태가 어떠한지 결정한다. 이와 마찬가지로 로봇에서 링크와 관절들이 움직임에 따라서 포텐쇼미터, 엔코더, 그리고 리졸버(resolver)와 같은 센서는 신호를 제어기에 보내어 각각의 관절이 어느 상태에 있는지 결정하게 한다 뿐만 아니라, 인간과 동물이 미각, 촉각, 청각, 시각 그리고 대화로써 외부 세계와 교신하는 것처럼 로봇도 주위 환경과 교신하는 비슷한 센서를 가지고 있다 어떤 로봇의 센서는 인간의 시각, 촉각, 그리고 미각과 기능상으로 흡사한 기능을 가진 것도 있다 그 밖의 다른 경우로는 로봇의 센서가 방사선 센서와 같이 인간이 가지고 있지 않는 기능을 가지고 있을 수도 있다.

그림 8-23 가변저항

그림 8-24 엔코더

그림 8-25 리졸버

8.4 센서의 분류

센서는 측정 대상물의 한계가 무한정인 만큼, 센서가 사용되는 재료나 그 기능이 개별적으로도 다종, 다양하다.

분류 방법은 구성방법, 측정대상, 구성재료, 기구에 의한 분류, 작용형식, 출력형식 등에 의해 분류할 수 있다. 센서는 이처럼 구분의 기준에 따라 많은 종류가 있으므로 이를 일일이 열거하기는 어렵지만 이들을 몇 가지로 분류해서 나타낸다.

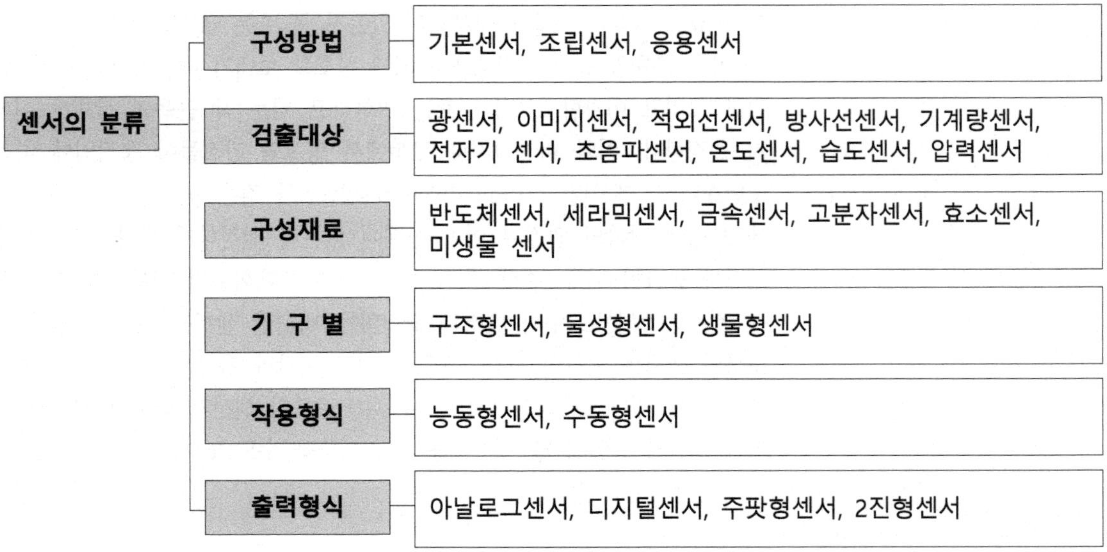

그림 8-26 센서의 분류

[표 8-5 센서의 분류]

분류 방법		센서 종류
1	구성방법	• 기본센서, 조립센서, 응용센서
2	검출대상	• 광센서, 이미지센서, 적외선센서, 방사선센서, 기계량센서, 전자기 센서, 초음파센서, 온도센서, 습도센서, 압력센서 등
3	구성재료	• 반도체센서, 세라믹센서, 금속센서, 고분자센서, 효소센서, 미생물 센서 등.
4	기구 별	• 구조형센서, 물성형센서, 생물형센서
5	작용형식	• 능동형센서, 수동형센서
6	출력형식	• 아날로그센서, 디지털센서, 주팟형센서, 2진형센서
기타	검출방법	• 역학적센서, 열역학적센서, 전기적센서, 자기적센서, 광학적센서, 전기화학적센서, 촉매화학적센서, 효소화학적센서, 미생물학적센서
	감지대상	• 물리센서, 화학센서, 생물(바이오)센서
	생물센서	• 기구형(또는 구조형), 물성형, 기구, 물성혼합형

8.4.1 구성방법에 의한 분류

센서를 구성방법에 의해 분류하면 기본센서, 조립센서, 응용센서로 구분할 수 있다.

① 기본센서 : 가장 기본이 되는 단일 소자로 구성된 것으로 홀 소자 등을 들 수 있다.

② 조립센서 : 다른 종류의 소자 또는 변환장치를 조립해서 구성된 것으로 많은 센서가 이 형태를 취하고 있다.

③ 응용센서 : 기본센서 또는 조립센서와 다른 여러 종류의 장치를 조합시켜 구성한 센서이다.

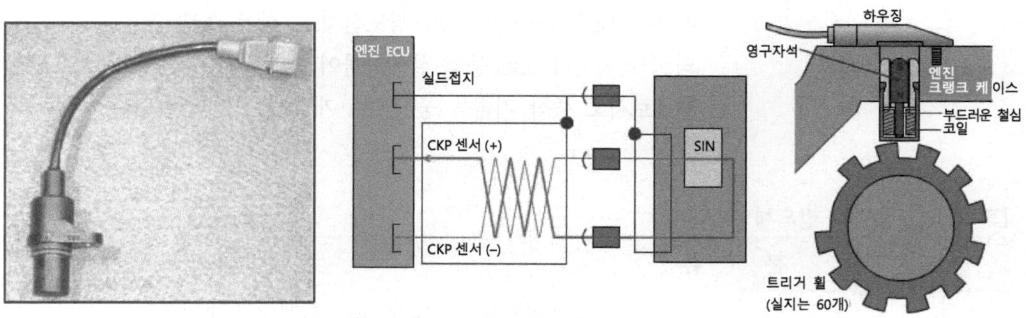

그림 8-27 홀 소자

8.4.2 검출대상에 의한 분류

센서의 측정 대상별 특성을 검출하는데 어떤 물리적 특성을 이용하느냐에 따라 구분하는 방법으로 이미지센서, 온도센서, 광센서, 압력센서, 가스센서, 유량·유 속센서, 근접센서 등으로 분류 할 수 있으며 각 분류 특징에 관해서는 주요 센서의 종류 부분에서 자세히 살펴보기로 하겠다.

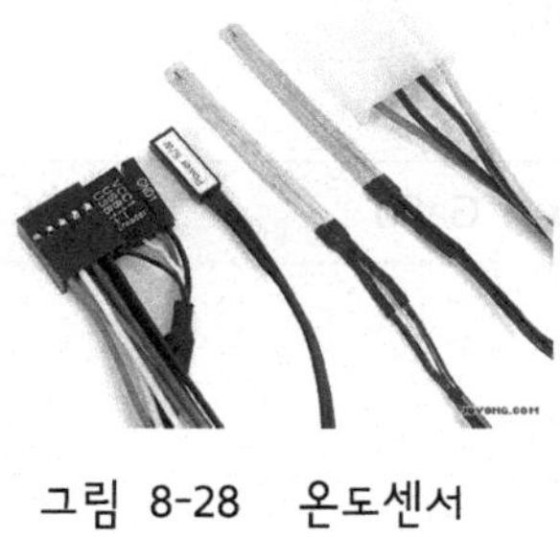

그림 8-28 온도센서

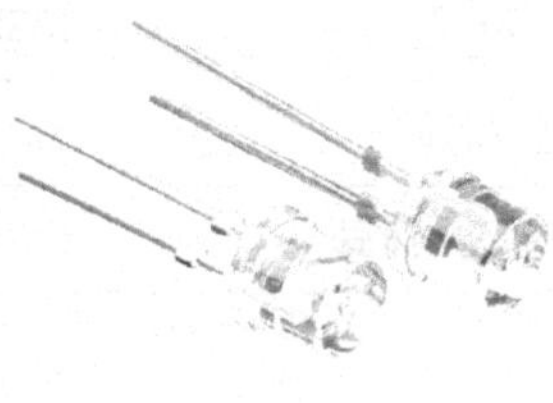

그림 8-29 광센서

그림 8-30 압력센서

8.4.3 구성재료에 의한 분류

센서의 구성 재료별에 따라 검출하는 대상과 능력이 차이를 보이게 된다. 따라서 센서에 주로 사용되는 재료를 기준으로 분류하면 크게 반도체, 세라믹, 유기재료(고분자), 금속재료, 복합재료 등으로 분류할 수 있다.

1) 반도체 재료 :

반도체의 동작을 응용한 센서는 옛날부터 그 원리가 알려져 있었다. 즉, 반도체는 도체와 절연체의 중간적인 성질을 가진 물질로서 대표적인 것에 Si나 Ge 또는 GaAs 등이 있는데 그 특성은 온도나 자기, 빛에 큰 영향을 받기 쉬운 것이다. 반도체 재료가 본격적으로 센서로 응용되기 시작한 것은 매우 오래전부터이고 주로 광도전재료, 예를 들면 Ag_2S등의 유화물, ZnO등의 산화물이나 SnSe등의 셀렌화물이 촬상관의 광전재료로서 또한 전자 감광재료로서도 증착 기술을 중심으로 개발이 진행되어 왔다.

[표 8-6 센서의 반도체 재료]

<table>
<tr><th colspan="4">분 류</th><th>대표적 반도체 재료</th></tr>
<tr><td rowspan="8">광 센서</td><td rowspan="5">광도전 효과형 재료</td><td rowspan="5">촬상관용 광도전 셀</td><td>자외광용</td><td>Se계, As_2Se_3계(X선...PbO)</td></tr>
<tr><td>가시광용</td><td>Sb_2S_3, PbO, CdSe, As-Te계, ZnS, CdTe계</td></tr>
<tr><td>적외광용</td><td>PbO, PbO, PbO-Sb_2S_3, PbO-PbS</td></tr>
<tr><td>가시광용</td><td>CdS, CdSe, ZnO, Se(X선, Y선...CdS)</td></tr>
<tr><td>적외광용</td><td>PbS, InSb, CdHgTe, Ge</td></tr>
<tr><td rowspan="3">광기전력 효과형 재료</td><td rowspan="3">포토 다이오드, CCD 포토 트랜지스터</td><td>자외광용</td><td>Au-ZnS, Ag-ZnS, Si</td></tr>
<tr><td>가시광용</td><td>Si, Ge</td></tr>
<tr><td>적외광용</td><td>Ge, SiInP, GaAs, InSb, InAs</td></tr>
<tr><td rowspan="2">자기 센서</td><td colspan="3">홀 효과형 소자재료</td><td>InSb, InAs, Si, Ge, GaAs</td></tr>
<tr><td colspan="3">자기 저항형 소자 재료</td><td>InSb, InAsBi</td></tr>
<tr><td rowspan="2">압력 센서</td><td colspan="3">압전 반도체 재료</td><td>Si</td></tr>
<tr><td colspan="3">피에조 저항 효과형 재료</td><td>Si, Ge, GaAs, GaSb</td></tr>
</table>

[표 8-7 센서용 세라믹 재료]

	출 력	재 료	비 교
온도센서	저항변화	$\ni O, FeO, CoO, CoO-Al_2O_2$SiC	온도계, 브로미터
		반도성 $BaTiO_2$(소결체)	과열 보호 센서
		VO_2, V_2O_3	온도 스위치
	자성변화	Mn-Zn계 페라이트	온도 스위치
위치센서	반사파변화	PZT: 티탄산지루콘산연	어군 감지기, 탐상기, 혈류계
광센서	기전력	$LiNbO_3$, $LaTaO_3$, PZT $SrTiO_3$	적외선 검출
	가시광	ZnS(Cu,Al), Y_2O_2S(EU)	컬러 TV 브라운관
		ZnS(Cu,Al)	X선 모니터
		CaF_2	열형광 선량계
가스센서	저항변화	Pt촉매/알루미나/Pt선	가연성 가스 농도계 경보기
		SnO_2, ZnO, r-Fe_2O_3 등	가스 경보기,자동차 배기 가스센서
	기전력		배기가스 센서, 불완전 연소센서
습도센서	저항	LiCl, P_2O_5, ZnO-Li_2O	습도계
		TiO_2, $NiFe_2$,O_4,$MgCr_2O_4$+TiO_2,ZnO	습도계
	유전율	Al_2O_3	습도계
이온센서	기전력	AgX, LaF_3, Ag_2S, 유리 박막,CdS, AgI	이온 농담 센서
	저 항	Si(Si_3 N4/SiO_2, Ag_2S, X용: AgX, PbO)	이온 민감성 FER(1S FET)

2) 세라믹 재료 :

세라믹 재료 기술이 발전하면서 많은 비금속 무기 물질이 우수한 기능의 센서 재료로 많이 사용된다. 세라믹은 단결정의 무질서 집합체이며 가장 간단한 정제법으로서는 1~수십[㎛]의 크기를 가진 미결정 입자를 조합하여 형성하고, 그것을 고온으로 소성함으로써 얻어진다. 센서에 이용되는 세라믹이 출현한 것은 최근으로 이것은 파인 세라믹(fine ceramic)이라 불리며 매우 순도가 높은 산화물 또는 천연으로 산출되지 않는 알루미나나 질화규소 등의 화합물을 합성하고 그것을 서브미크론의 분말로 정제하여 구워 굳힌 것이다.

3) 유기재료 :

유기물 및 고분자 재료는 옛적부터 전기절연재료, 전자부품의 유전체 재료로 널 리 연구되고 이용되어 왔다. 전기절연재료, 전자부품용 유전체 재료로 폴리에틸렌, 폴리프로필렌, 폴리스티렌 등의 열가소성 플라스틱과 페놀수지, 에폭시수지 등의 열경화성 플라스틱이 고분자 재료이며 그 외에 액체, 기체 상태의 유기재료 가 쓰인다. 최근에 유기 고분자 재료가 나타내는 광, 전기, 역학, 화학적 특성변화에 착안한 센서에의 응용에 관심이 쏠리고 있다.

4) 금속재료 :

순금속이나 합금계 금속은 종류가 많고 가공성이 우수하기 때문에 센서나 트랜스 듀서로서 여러 가지 용도로 연구되어 있다. 최근에 와서 금속재료는 센서의 구성상 여러 가지 형태로 사용되기 시작하여, 예를 들어 기능성을 강조한 것, 구조체 형성 및 센서의 보호, 안정을 담당하는 것 등 기계적, 전자적 센서에서 광범위하게 사용되고 있다.

5) 복합재료 :

고분자재료는 무기재료와 비교하여 유연성이나 성형성이 우수하지만 안전성이나 재현성 등 신뢰성 면에서는 떨어진다고 한다. 그러므로 분산질 재료와 결합체를 조합함으로써 유기재료와 무기재료의 양쪽의 장점을 겸비한 복합재료가 개발되었다.

센서재료로서 응용할 수 있는 복합재료에는 압전성 복합재료, 도전성 고분자 재료 및 바이메탈이 있으며 전자의 2개는 유기재료를 매트릭스에 무기재료와 복합화를 도모하여 양자의 장점을 합쳐 이루어지는 우수한 재료이고 후자는 이종 금속을 합성해 온도센서를 가능하게 한 것이다.

[표 8-8 도전성 고분자 복합 재료의 응용 예]

재 료 분 류 (체적 고유저항)	실 용 화 예	구성재료	
		매트릭스	필 터
전기 절연 저항 ($10^{10}\Omega\cdot cm$)	각종 절연 재료		
반도성 재료 ($10^{7} \sim 10^{10}\Omega\cdot cm$)	저저항 밴드(팩스 전극판)	니트릴 고무계 도료	금속 산화물
대전 방지 재료 ($10^{4} \sim 10^{7}\Omega\cdot cm$)	·정전기 제거기 ·비대전 컨베이어 벨트 ·의학용 고무 제품 ·도전 타이어	고무 플라스틱 합성 섬유	카본 블랙 금속 분말 탄소 섬유 금속 섬유

도전성 재료 $(10^{0} \sim 10^{4}\Omega\cdot cm$	·탄성전극 ·전기 도금 몰드 ·가열용 에리먼트 ·건축물의 전기 ·난방 옥외 설비	고무 플라스틱	카본 블랙 금속 분말 탄소 섬유
고도전성 재료 $(10^{-3} \sim 10^{4}\Omega\cdot cm)$	·도전성 도료 (실버페이트, 카본 페이트) ·도전성 잉크 (전기 프린트 배선) ·도전성 고무 ·도전성 접착제	고무 플라스틱 크실렌 수지 에폭시 수지	카본 블랙 금속 분말

8.4.4 기구에 의한 분류

1) 구조형 센서 :

구조체의 변환 기구를 이용한 것으로 주로 기계식 센서가 이에 속한다. 콘덴서 극판 변화를 이용해 압력을 측정하거나 차동변압기를 이용해 위치를 측정하는 경우 또는 다이어프램을 이용한 압력 측정 등과 같은 것들을 이 종류로 볼 수 있다. 따라서 대부분 가동부와 고정부로 구성되어 있는 것이 일반적이다.

2) 물성형 센서 :

물질이 갖고 있는 물리적인 특성 또는 자계, 전기량, 화학량, 온도, 습도, 압력 등과 같은 량에 대해 센서의 물리적 특성이 변하는 것을 이용한 것으로 최근의 많은 센서가 이에 속한다.

3) 혼합형 센서 :

기구형과 물성형이 혼합된 것으로 많은 센서가 이 형태를 취하고 있다.

4) 생물형 센서 :

미생물의 변화, 생체 조직의 변화 등과 같은 변화상태를 센서로 이용하는 것으로 주로 농업, 제약, 발효 및 식품공업과 같은 분야에 널리 이용되고 있다.

8.4.5 작용형식에 의한 분류

1) 능동형 센서 :

대상물에 가해지는 전압, 전류, 열 자극 등 에너지 상태변화를 검출하는 방식으로 외부 입력신호를 받은 센서는 직접 열이나 빛으로 변환되지 않고 센서자신의 특성이 변하여 전원회로의 흐름을 제어하는 기능을 갖는 것으로 레이더, 레이저를 이용한 형광 분석장치, 음향 분석장치, 초음파를 이용한 물체인식 또는 레벨 계측 등을 들 수 있다.

2) 수동형 센서 :

피검 대상의 물체에서 방출하는 정보를 그대로 이용하는 것으로써 외부의 입력신호를 받아서 센서 자신이 직접 에너지 변환되어 다른 에너지 형태로 출력하는 기능을 가진 센서를 말하며 적외선 온도계, 적외선 촬상장치, 자외선 검출기, 광 센서 등이 이에 속한다.

8.4.6 출력형식에 의한 분류

1) 아날로그형 :

센서의 신호가 아날로그 신호로 나오는 것으로 대부분의 센서는 이 종류이다. 이 신호는 전자회로를 이용해 디지털 신호로 변환하여 사용할 수 있다.

2) 디지털형 :

센서에서 나오는 신호가 주기적 또는 펄스 등과 같이 디지털 신호로 나오는 것으로 바이메탈 온도 스위치 등과 같은 것을 들 수 있으나 센서자체의 신호는 아날로그 신호로 볼 수 있고 여기에 전자회로를 첨부 한 것이 많다.

측정 혹은 검출하고자 하는 양이 물리량, 화학량, 역학량 이냐에 따라 물리센서, 화학센서, 역학센서 등으로 구분할 수 있다. 일반적으로 빛, 음, 자기 ,습도, 압력 등의 센서는 물리량을 감지하는 물리센서이고, 가스나 습도, 이온을 감지하는 센서는 화학센서로서 인간의 후각과 미각에 대응하고 있다. 아직까지 화학센서는 물리센서에 비해서 종류도 적고 성능도 불충분한 실태이지만, 앞으로 발전 가능성이 높은 센서이다. 또한 물리센서에 별도로 기계적인 역학량을 측정하는 센서를 역학센서로 구분한다.

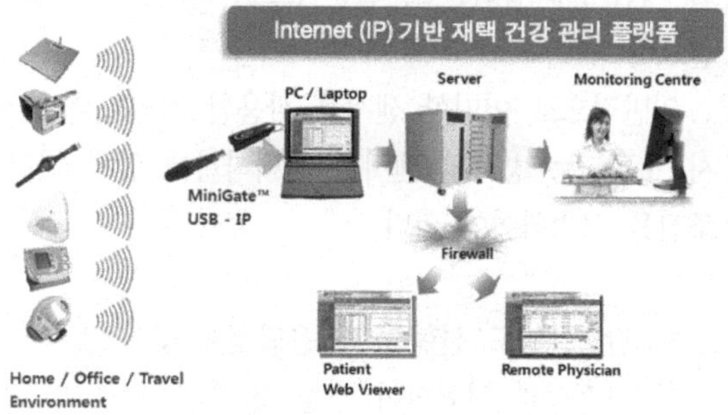

그림 8-31 건강관리 플랫폼

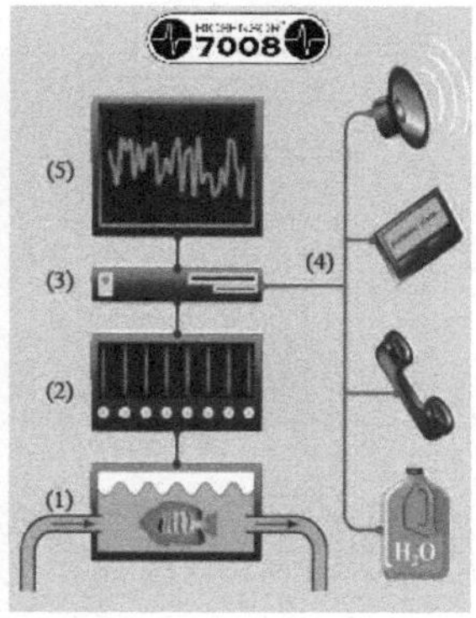

그림 8-32 bio-sensor

센서에는 이상의 종류 외에 생물을 직접 이용하여 고감도, 고선택성의 화학량 센서를 만들고 있다. 즉, 이것이 생물센서(bio-sensor)이다.

[표 8-9 감지대상에 따른 센서의 구분]

분류	감지 대상	센서
물리	광	광전도, 광결합형, 포토 다이오드
	온도	열전쌍, 서미스터, 온도계
	자기	Hall소자, 자기 저항 소자
	전기	분류기, 변류기
	초음파	조도계, 광량계, GM계수관
	역학	압력, 속도, 가속도, 위치, 변위, 유량
화학	습도	세라믹 센서, 결로 센서, 고분자막 센서
	가스	매연 센서, 반도체 가스 센서, 동성가스 센서
	이온	PH전극 센서, 이온선택 전극 센서
생물		유기생물

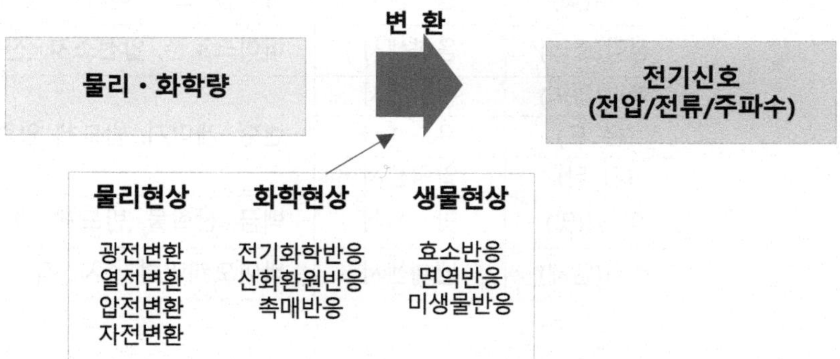

그림 8-33 센서의 변환기능

출력이 아나로그 신호인 경우 AD변환기를 거치며, 디지털인 경우에는 직접 계산기에 입력된다. 일반적으로 디지털 출력을 얻기 위해서는 전자회로가 필요하다.

일반적으로 어떠한 센서를 사용할 것인가를 결정하는 것은 해당 시스템에서 요구되는 방식의 센서를 선택하기에 앞서 먼저 다음과 같은 센서의 구비조건을 고려하여야 한다.

① 감도, 정도 선형성 및 응답성이 좋을 것
② 안정성과 신뢰성이 좋을 것
③ 내환경성과 보수성이 좋을 것
④ 측정대상의 특성이 외부환경의 영향을 적게 받을 것
⑤ 내구성이 좋고 가격이 저렴할 것

인간과 일반 센서시스템의 감지와 명령 구성도로서 여기서 엑츄에이터는 명령신호에 따라 실제로 동작을 수행하는 장치이다. 예를 들면, 밀폐된 공간 내에서 압력이 계속 증가할 때 압력정보는 센서를 통하여 정보처리기로 전송되고, 정보처리기는 압력이 어느 한계이상 증가하는 것을 막기 위하여 밸브를 열도록 명령한다. 이때 압력을 낮추기 위하여 실제로 벨브 동작을 수행하는 것은 액츄에이터이다.

새로운 복합기술로서 생산공정기술로 자리를 잡고 생산의 양과 질적 향상을 주도하고 있으며 앞으로도 제어기술, 재료기술, 액튜에이터 기술, 정보전달 기술 등의 지원을 받아 더욱 발전 할 것이다.

[표 8-10 인간의 오감과 센서의 관계]

인간의 감도	센서의 종류	센서 소자의 일례
시각(빛)	광 센서	광도전 소자, 이미지 센서, 포토다이오드
청각(소리)	음향센서	마이크로폰, 압전소자, 진동자
촉각(입력)	진동센서	변형, 게이지, 반도체 압력센서, 서미스터, 백금, 적외선
(온 도)	온도센서	
(기 타)	압력센서	
미 각(맛)	맛 센서	백금, 산화물, 반도체, 가스센서, 입자센서
취각(냄새)	냄새센서	바이오케미컬 소자, 지르코니아 센서

공장 자동화가 이루어지기 위해서는 각 시스템의 상태 및 변동에 대한 정보가 제공되어야 하는데 이를 위해서는 계측이 이루어져야 한다. 생산 공정에 있어서 자동화는 그 과정에서의 물리적 · 화학적 양의 계측이 요구에 맞게 행해지고 이를 제어기능 계통과 연결시킴으로써 가능하게 되는데 이러한 계측에서의 중요한 역할을 갖는 것이 센서이다.

한편 입력 에너지, 예를 들면 빛이나 음의 에너지 신호를 전기 신호로 변환해서 끄집어내는 장치를 트랜스듀서(Transducer)라고 부르고 센서와 구별하고 있다. 그러나 센서와 트랜스듀서는 기능이 겹치는 부분이 많으므로 이들을 구별하지 않고 「계측과 변환을 취급하는 기능을 갖는 것」을 넓게 센서라고 부르기로 한다.

센서가 취급하는 외계로 부터의 신호는 현저하게 증가하고 그것에 따라 정확한 정보를 신속히 얻는 것이 요구되고 있다. 일반적으로 센서는 인간의 5감의 기능을 보완, 확장한 인조 감각기관이며 인간이 분별하지 못하는 부분까지도 감지할 수 있는 기능을 보유하고 있다.

[표 8-11 센서가 계측 대상으로 하는 정보의 분류]

분 류	대 상
기 계	길이, 두께, 변위, 액면, 속도, 가속도, 회전각, 회전수, 질량, 중량, 힘, 압력, 진동도, 모멘트, 회전력, 풍속, 유속, 유량, 진동
음 향	음압, 소음
주파수	주파수, 시간
전 기	전류, 전압, 전위, 전력, 전하, 임피던스, 저항, 용량, 인덕턴스
온 도	온도, 열량, 비열,
광	조도, 광도, 색, 자외선, 적외선, 광변위
방사선	조사선량, 선량률
습 도	습도, 수분
화 학	순도, 농도, 성분, PH, 점도, 입도, 밀도, 비중, 기체 · 액체 · 고체 · 분석
생 체	심음, 혈압, 혈액, 맥박, 혈액 충격, 혈약 산소 포화도, 혈액 가스 분압, 기류량, 속도, 체온, 심전도, 뇌파, 근전도, 망막 전도, 심자도

8.5 향후 전개

최근 센서 및 센서기술의 수요는 산업 전 분야에 걸쳐 더더욱 높아지고 있다. 이러한 센서 기술은 현재 반도체 기술 등 첨단기술과 긴밀하게 연계되어 고성능화 센서의 요구도가 높아져, 종래에 사용되어 오던 각종 센서들의 형태나 성능을 개선하기 위한 방향과 복합화 쪽으로 개발 연구가 매우 활발하게 전개되고 있다.

센서기술의 수요는 광범위한 분야에 걸쳐 날로 높아지고 있으면서 고성능화를 요구하고 있다. 유망한 센서산업은 최근 크게 부각되고 있는 환경문제와 연관된 환경측정용 센서와 산업성이 높은 의료용 바이오센서, 그리고 MEMS 관련 센서 등이 제품 개발 면에서 매우 중요시되고 있다.

(1) MEMS(Micro Electro Mechanical System)관련 센서

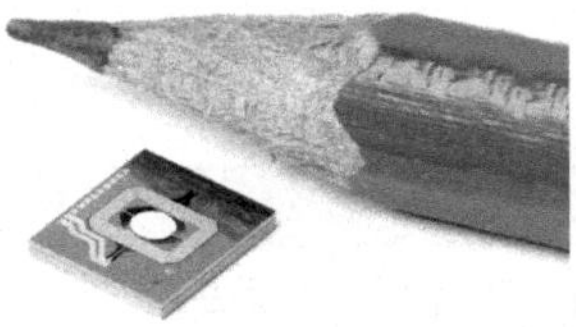

그림 8-4 Micro Electro Mechanical System

급격히 부각된 MEMS(Micro Electro Mechanical System)분야는 초소형 구조물, 센서, 액추에이터 등 미소 소자를 제작하고 이를 응용한 시스템을 제작하는 연구 분야이며, 국내외적으로 활발히 연구되고 있다. 통신, 바이오 등의 미래 산업의 핵심기술로서 위치를 굳히고 있다.

이제는 산업계의 전 분야에서도 활발한 MEMS분야가 적용된 새로운 기술들이 선보일 것이다. 센서 시장의 대부분을 차지하고 있는 일본과 미국은 현재 마이크로머시닝 기술이 한창 만개 중이다.

미국 정부는 센서기술을 핵심기술로 선정하여 2000년대 부터 개발을 강력히 추진해 오고 있으며 센서관련 업체만 하더라도, 1,400여개 업체 이상이 된다. 미국이 주도하고 있는 센서 기술 분야 중 하나가 마이크로머시닝 기술이다.

마이크로머시닝 기술은 대학에서 출발하여 현재 기업, 연구소 등에서 이를 응용한 센서 기술의 개발이 매우 활발히 일어나고 있으며, 물리센서 특히 압력, 유속유량, 속도가속도센서 및 광학센서 등 다양한 센서를 제조하고 있으며 이들에 대한 기술개발도 활발히 이루어지고 있다.

일본의 경우 화학센서의 종주국이고 각종 센서의 공급원으로 전 세계 센서시장을 석권하고 있으며, 현재 마이크로머시닝 기술에서 상당한 진보를 보이고 있다. 또한 세라믹 재료 센서 분야에서는 독보적인 자리를 차지하고 있다.

일본 센서기술의 강점을 말한다면 바로 복합재료 기술 등 센서재료기술 및 센서응용기술에서 다른 국가의 기술에 비해 상대적인 우위를 차지하고 있다는 것이다. 마이크로 화학센서와 신기능 재료의 개발로 탄생되어질 새로운 센서들이 앞으로 세계무대에 선 보일 것이다.

유럽의 센서 강호들인 네덜란드, 스웨덴 및 스위스 등지에서도 정교한 화학센서 개발에 선도적인 역할을 하고 있어 앞으로의 전망이 밝다. 이러한 미래의 세상에서 선진국과의 경쟁에서 충분한 경쟁력을 가지기 위해서는 연구 개발의 분야 및 인재에 대한 투자가 집중적으로 이루어져야 할 것이다.

센서기술은 국가 핵심 개발사업이므로 국가주도의 전략적인 정책이 정교하게 추진되어야 한다. 기술 및 시장정보의 체계화가 이루어지고, 산·학·연 협력 연구가 원활하게 행하여지며, 수요 중심의 개발이 추진되어야 할 것이고 자연스럽게 전문 인력의 양성 및 관련인력과 기업의 효율적인 정합이 이루어지도록 해야 할 것이다.

(2) 환경관련 센서

인류는 역사상 유례가 없는 최대의 생활권 환경오염 문제에 직면하고 있다. 이러한 문제의 해결은 특정 지역이나 한 국가의 문제가 아니라 지구촌 전체의 중대한 공동과제로 제기되고 있다. 따라서 환경오염으로 인한 보건위생상의 위해 현상을 방지하고, 인간의 환경을 쾌적하게 보전하려는 환경공학의 영역과 그 중요성은 갈수록 커지고 있다.

세계무역기구(WTO)의 출범과 한국의 OECD 가입에 따라 환경과 무역의 연계강화 및 환경정책의 변화에 대처하고자, 국내에서는 1992년부터 국가경쟁력의 중요한 요인으로 부각되고 있는 환경과학기술의 발전을 위하여 'G7 환경공학기술 개발사업'을 실시하고 있다. 이에 따라 환경공학기술 개발 사업비를 점차 늘리고 있지만, 아직도 절대 액수는 선진국에 비하여 매우 낮은 수준이다.

(3) 바이오 테크놀러지(Bio technology)관련 센서

인체의 유용한 특성을 이용해서 여러가지 공업적 공정, 공업적 규모로 이루어지는 생화학적 공정을 말한다. 공학 또는 생명공학이라고도 한다. DNA 재조합 기술을 응용한 여러가지 새로운 과학적 방법 등도 이에 속한다.

생물공학의 정의와 대상 내용은 시대에 따라 크게 변화되어 왔다. 현재는 생명과학의 전체 분야를 학제간의 구별 없이 연구하는 기초적 학문과 이를 기반으로 새로운 기술의 개발을 목적으로 삼은 응용분야를 모두 내포하고 있다.

유전공학이 대두되면서 바이오테크놀로지란 용어를 쓰기 시작했지만 유전자 공학의 공업적 응용에 국한되지 않고 발효공학, 하이브리도마공학, 농업공학(동식물의형질전환)등 광범위한 내용을 포용한다.

바이오 테크놀러지의 시초는 생명체의 구조와 기능을 모방하여 공학적 기계생산 또는 그 공정을 응용해서 물질을 생산하는 데서 비롯되었다. 1960년대까지는 미생물을 이용한 발효공업과 같은 식품, 조미료, 알콜 생산의 산업적 공정 및 생산과 의약품을 개발하는 분야였다.

1960년대 이후 컴퓨터기술의 개발과 함께 로봇 제어기술을 뒷받침하는 인공지능에 관한 연구, 인간의 작동에 적합한 기계설계를 위한 인간공학의 연구 등이 등장했다. 특히 생물계에 존재하는 피드백 조절을 이용한 동물의 신경계와 운동의 조화를 적극적으로 활용하는 과학기술이 대두하였는데 이를 바이오닉스(bionics)라고도 한다.

병의 치료와 진단에 전자공학기술을 활용한 분야를 의용공학이라 하며, 인체의 생리적 특성을 공학적 측면에서 연구하는 생체 공학과 구별한다. 생체기능의 메커니즘이 분자 수준에서 이해되면서 생체공학 분야의 응용은 방대한 영역을 점유했다.

1970년대에는 생체의 기능조절을 공학에 응용하려는 시도가 도입되었으며, 1970년대 후반부터 바이오기술은 대상과 영역이 급속히 확대되어 생물공학의 전성기로 진입하였다. 종래의 미생물공학은 주로 유전공학으로 발전되었으나 현재는 그 외에 발생공학, 세포공학 등과 같이 새로운 분야가 개척되었다.

이 분야에서는 생물 구조의 여러 단위 수준에서 인위적인 조작을 통해 인간의 입장에서 보다 더 편리한 특징과 성질을 지닌 생물체의 일부 또는 전 개체를 만들기 위한 연구가 진행되고 있다. 인공심장과 같은 인공장기나 조직의 개발도 재활의학 측면에서 연구영역이 넓어지고 있다. 1980년대는 생물학 전체 분야가 생물공학과 연관되어 있다.

(4) 자동차용 센서 시장

자동차의 안전성 추구와 관련 법률의 제정에 의하여 구조와 부품의 개선은 필수 과제가 되고 있다. 향후, 효과적인 감시 제어 시스템의 수요는 증가하여 MEMS 센서의 판매고에도 영향을 줄 것으로 예상된다.

북미 경자동차용 센서 OEM 시장의 수요는 전기·전자 혁신이 가져온 이용의 확대가 시장을 견인하고 있다.

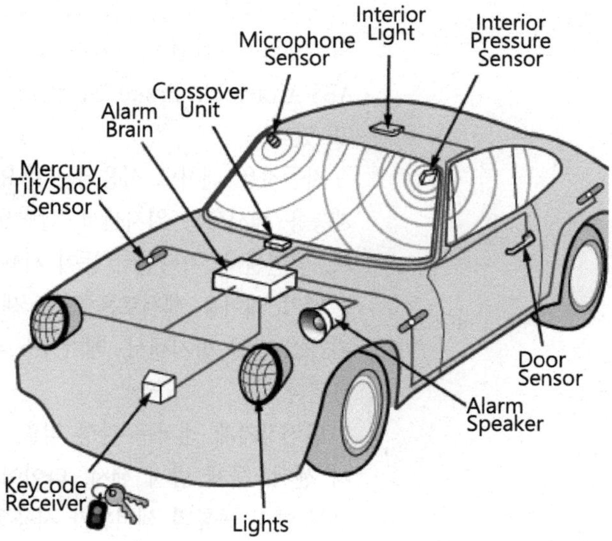

자동차용 센서 수요는 과거 5년간 완만한 신장에 머물렀지만, 새롭게 장착이 의무화된 전자시스템 가운데에서 그 선두인 새로운 센서의 도입과, 시장의 요청에 의한 기술의 가속화로 인해, 향후 5년간은 급속히 확대될 것으로 예상된다. 북미에서 일반적인 경자동차에 장착되는 센서의 평균수는 최근 10년간 큰폭으로 증가하였다.

센서가 가장 많이 도입되고 있는 분야로 확립하고 있는 부분이 엔진과 드라이브 트레인이다. 장기적으로 보면 차량 플랫폼의 다른 영역 정도로는 신장하지 않을 것으로 예상된다. OEM 제조업자가 현재 사용되고 있는 발전된 제품으로 새로운 요건에 대응하고 있기 때문에 비용이 이 분야에서의 신기술의 도입을 막고 있는 경향이 있다.

배기가스 제어 관련 센서에 대한 수요는 최근 급증하고 있다. 미국, 캐나다는 규제를 강화하기 때문에, 장래에도 호조를 보일 것으로 예상된다. 이 분야에서 산소센서의 매상액이 호조를 보여 고성능화와 함께 확대 속도가 빨라지고 있다.

안전, 보안 어플리케이션은 규제 당국으로부터의 의무 부여와 시장 요청이 있으므로, 최대의 잠재적 기회를 자동차센서 OEM 제조업자에게 가져올 것으로 보인다. 주요 성장분야는 의무화된 타이어 압력센서, 의무화와 시장의 요청에 의한 에어백 추가, 의무화된 자동차용 탑승자 검지 센서, 그리고, 시장의 요청에 의한 차간거리 제어시스템에서 채용되는 전방 차간거리 제어 센서이다.

북미시장은 전자안정 프로그램(ESP)이나 전자제어 브레이크 시스템 등의 고성능 안전·보안시스템 도입에서 유럽에 뒤떨어져 있다. 또한, ABS(Anti-lock Brake System)는 시장 침투율 60%로 그 속도가 떨어지고 있다.

자동차용 센서로 사용되는 주요 어플리케이션을 보면, 엔진 및 동력 전달계통용 센서로는 위치센서, 압력센서, MAF센서, 온도센서, 속도센서, 노크센서, 액면센서, 기타센서 등이 사용된다.

배기 제어용 센서로는 산소 센서, 배기 재순환 제어 밸브 위치 센서, 배기가스 발산 방지센서, 배기가스 온도 센서, 기타 배기 제어용 센서 등이 사용된다.

안전장치계 센서는 관성 검출 센서 차륜 속도 검출 센서 탑승자 위치, 탐지 센서, 물체 탐지 센서, 타이어 공기압 탐지 센서, 기타 안전장치계 센서 등의 여러 종류의 센서류가 사용된다.

메카트로 MEMS는 잉크젯 프린터 헤드, HDD의 자기 헤드가 중심이고, 자사의 프린터에 MEMS 기술을 적용하고 있는 여러 세계적 기업들이 참가하고 있다.

스마트 센서는 자동차, 항공우주방위, 산업용 기계, 의료, 나아가 최근에는 국방보안 분야에서 여러 용도로 이용되고 있다. 복잡한 현상을 실시간으로 처리할 수 있는 기능과 함께 그 용도는 확대되어 많은 주목을 받고 있는 센서이다.

자동차 분야에서는 전복방지(주행 경고 등), 공조(AC기능개량 등) 등에서, 국가안전용 도로는 스마트 빌(구조결함탐사 등), 방사선 방어(오염감지 등) 등으로, 산업용으로는 악성진동감지, 클린룸의 HVAC 비용삭감, 용접 품질 유지용 등으로 사용된다.

[표 8-12 자동차용 MEMS 센서의 종류와 수량]

종류	구분	에어백	안정화	롤오버	공기압경보
압력센서	고압	-	8-6	-	-
	저압	-	-	-	4-5
가속도센서	10G 이상	8-6			
	1G 이하		2	1	
각속도센서(자이로)		-	1	8-2	
센서 합계		8-6	4-9	2-3	4-5

우주와 방위 분야에서는 센서통합, 포탄(연소방지 등), 보안 경보오작동방지 등으로 사용되고 의료용 도로는 인간로봇, 환자 감시, 분자진단 등으로 사용된다. 세계의 스마트 센서 기술은 유럽의 단말기 기술이 혈당치 테스트용, 북미의 단말기 기술은 지문검출 용, 아시아의 단말기 기술은 미세관 전원 등에 강점을 가지고 있다.

보안부문에 대한 어플리케이션은 바이오매트릭스(피부 감지 ID 등), 무기감지(휴대무기의 발견 등), 안전장치(전자경비 로봇 등), 생물제제의 방지(생물제제의 검출 등), 환경 모니터링(원격 실내조정 등) 등에 적용된다.

과거 20년간 컴퓨터의 소형화가 계속되어, 센서는 인간의 지각 변화에도 영향을 끼칠 만큼 고성능이면서도 지능화되어 발전해 왔다. 이와 같은 스마트 센서는 컴퓨터 등의 내장에 의하여 센싱과 연산 기능을 통합하고 검출 데이터의 축적, 가공, 전송 등을 가능하게 한다. 제조기기와의 통합에 의한 생산라인의 관리나 효율 향상, 무선 기술, 바이오 매트릭스와의 통합에 의한 보안 분야에서의 활용, 인체 내 현상 데이터의 검출과 같은 의약 부문에 대한 응용 등, 폭넓은 용도가 기대되어 전 세계적으로 연구 개발이 진행되고 있다.

9장

전기자동차

그림 9-1
전기자동차의 질주

현대 사회에 가장 중요한 교통수단은 자동차이다. 이는 마치 현대 사회에서 스마트 폰과 같이 생활에 선택이 아니라 필수적인 물품이 되었다. 이러한 자동차는 인간에게 편리하고 윤택한 생활을 제공해 주고 있지만, 도시와 같은 인구 밀집 지역에서는 배기가스에 의한 공기 오염, 주행 중 발생하는 소음과 같은 심각한 환경 문제를 발생시키고 있다. 이에 석유를 태우는 자동차는 대기오염의 주범으로 찍힌 지 오래다. 결국 환경오염으로 인한 인류 생존권의 위협은 세계적인 환경 보호 운동을 촉진하고 국제환경규제를 강화하게 하고 있다.

글로벌 자동차 시장의 성장 정체에도 불구하고 기술의 진보와 정부의 규제는 스마트카, 친환경차 시장의 고속 성장을 이끌 전망이다. 우리가 그리는 **미래자동차의 핵심은 '기술과 환경'이다. 기술측면에서 스마트카의 궁극적인 모습은 자율주행이며 환경측면에서는 전기자동차로의 변화가 핵심이다.**

전자 및 정보통신 기술의 발전은 자동차 산업의 패러다임을 급속히 변화시켜 미래형 자동차는 친환경자동차에서 지능형 자동차로 진화하면서 시스템의 지능화 및 다양화로 더욱더 전자장치의 비중이 증가하고 있다.

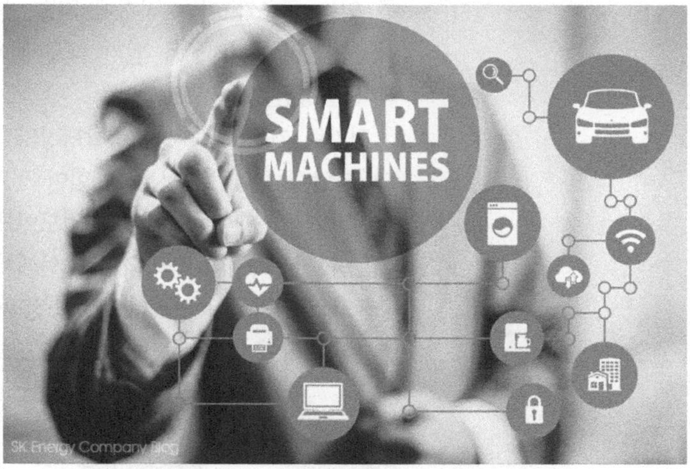

그림 9-2 스마트카 = 전기자동차 + 자율주행자동차

9.1 전기자동차의 등장

높은 수준의 환경기술과 환경친화적 산업구조를 가진 국가들은 지구 환경보전을 명분으로 그린라운드(Green Round)를 결성했으며 미국의 캘리포니아주를 비롯한 여러 주에서는 자동차 배기가스의 이산화탄소가 지구온난화의 주요인으로 지적되면서 선진국에서는 배기기준을 강화하고 무공해 자동차(ZEV ; Zero Emission Vehicle)와 저공해 자동차 의무 판매를 포함한 자동차 배기가스 규제를 입법화해 각국의 자동차 회사는 이에 대응하기 위한 친환경기술을 개발해야하는 어려움에 직면하게 됐다.

석유자원 고갈, 지구온난화 등 유한한 자원과 환경보호라는 글로벌 명제 아래 세계 자동차 메이커는 친환경자동차인 전기자동차(EV : Electric Vehicle 혹은 BEV : Battery Electric Vehicle)에 대한 관심이 날로 높아지고 있다. 이러한 시점에서 22세기를 바라보면서 산업시설 및 수송수단의 무공해 특성을 가진 전기자동차의 개발은 필연적이다.

전기자동차는 자동차의 엔진구조가 기존 엔진과 같이 연소로부터 에너지를 얻는 구조가 아닌 전기에너지를 통해 구동되는 엔진이 설치된 자동차이다. 전기로 에너지원을 얻기 때문에 배기가스나 환경오염이 없으며, 소음도 작다는 장점을 가지고 있다.

전기로 가는 자동차는 폭발행정의 과정이란 없는 관계로 소음이 없게 된다. 다만 동력을 발생시키는 힘이 전기의 힘이므로 동력 전달과정에서 차륜을 회전시킬 때 날 수 있는 정도이므로 기름을 태워서 폭발행정을 거치는 폭음의 연속과정이 생략되므로 인해서 조용할 수밖에 없다. 전기의 새로운 충전과 발전과정이 연속적으로 충전되어져야 할 것이다. 그래서 전기의 힘이 충분하도록 운행 중에도 충전이 되도록 하는 기술이 중요하다.

그림 9-3 자동차별 온실가스 배출량 비교(1 Km당)

환경문제 → 석유자원 고갈 → 차세대 자동차 개발

그림 9-4 차세대 자동차의 개발의 필요성

선진 각국에서는 전기자동차의 조기 실용화를 위하여 정부 차원의 대규모 투자와 아울러 강제 보급 정책을 추진하고 있다. 우리나라도 세계적인 추세에 부응하여 대형 국가과제로 선정하여 지원하고 있으며, 자동차 제작회사들도 이에 적극 참여하고 있으므로 전기자동차의 개발 및 실용화 전망은 밝다고 할 수 있다.

자율주행차란(Self-Driving Car)

자율주행차란(Self-Driving Car)

- 자율주행자동차는 Auto Driving Car 혹은 Self-Driving Car라고 불린다. 차량을 운전자가 직접 운전하지 않고 차량 스스로 도로에서 달리는 것을 뜻한다. 자동차를 이용해 사람이 목적지로 이동하고 짐을 실어 나르는 것에서 한 단계 더 발전하여 '스스로 운전하는 자동차'를 말한다. 운전자가 타지 않는 무인차와는 다르다.
- 구글과 애플 같은 정보기술 업체는 물론 BMW·벤츠·도요타 등 완성차 업체들은 자율주행차 기술 개발에 사활을 걸고 치열한 경쟁을 벌이고 있다. 세계적으로 2020년에 초기 상용화가 될 전망이다. 자율주행자동차가 실현되기 위해서는 이미 개발됐거나 앞으로 개발되어야 할 스마트 기술들의 결합이 필요하다. 센서(인지), 매핑(비교), 인식판단(해석), 통신(명령) 등과 같은 기술이다.
- 센서는 사람의 눈과 귀를 대신해 주변 환경을 정확히 인지할 수 있도록 도와주는 카메라, 레이더, 라이다, 전방감지센서 등으로 이뤄진다 또, 이를 통해 수집된 데이터가 거리, 도로 상황 등을 점과 선의 좌표로 나타내는 매핑(비교)이 되면, 각종 센서를 통해 수집된 데이터를 해석, 조향, 가속, 감속, 정지 등의 상황에 따라 적합한 운행을 하게 된다.
- 자동차의 자율주행을 위해선 차 간 충돌을 막아주고 차 간 거리를 자동으로 유지하는 기술(HDA)이 필수이다. 이와 함께 차선이탈 경보 시스템(LDWS), 차선유지 지원 시스템(LKAS), 후측방 경보 시스템(BSD), 어드밴스트 스마트 크루즈 컨트롤(ASCC), 혼잡구간 주행지원 시스템(TJA), 자동 긴급제동 시스템(AEB) 등의 기술들이 복합적으로 사용된다.

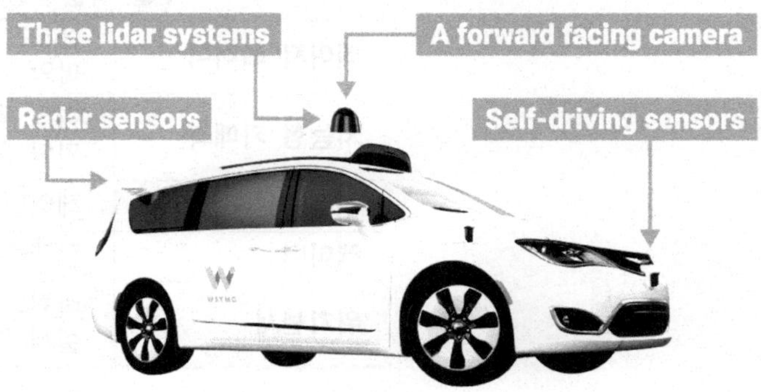

자율주행차의 구성

세계각국 자율주행차 각축

- 자동차 산업은 최근 가장 빠르게 패러다임이 변화하고 있는 분야다. 자율주행차뿐만 아니라 커넥티드카, 전기자동차 등 미래 자동차 산업의 지도를 바꿔 놓을 분야에 투자를 집중하고 있다. 시대 흐름을 제대로 읽지 못하고 변화하지 못하면 국가 및 기업 경쟁력이 크게 뒤처질 수 있다는 우려감 때문이다.
- 특히, 한·중·일 3국은 자율자동차 부문에서 패러다임 변화를 선도하기 위해 총력을 기울이고 있다. 그동안 한·중·일 3국은 글로벌 전자시장을 이끌어 왔다. 이를 무기로 전자와 자동차를 융합한 자율주행차 연구개발(R&D)과 투자를 확대하고 있다. 앞으로 가장 큰 변화가 있을 것으로 예상되는 부문인 만큼 업계는 시장 변화에 촉각을 곤두세웠다.
- 전기자동차의 대중화는 단순히 에너지원의 변화를 뜻하는 게 아니다. 기존 자동차 산업의 구조와 세계 경제의 근간을 송두리째 바꿔 놓는 놀라운 산업의 재편이 일어난다. 나아가 전기자동차는 4차 산업혁명이 가져다 줄 첨단기술의 새 '발명품'으로 다시 태어나게 된다.
- 자율주행기능은 물론 사물인터넷(IoT)으로 무장되어 있어 위성은 물론 지상의 모든 교통체계와 연결되어 작동하는 첨단기기로 탈바꿈하게 된다. 차선, 횡단보도, 교통신호등, 가로등, 네비게이션, 사람, 건물, 고속도로, 하이패스, 다른 차량, 119 구조대, 경찰서 등 거의 모든 주변 사물과도 연결되어 운전자와 탑승자가 실시간으로 차량 주변의 모든 정보를 알 수 있도록 해준다. 승객의 안전까지 완벽하게 지켜준다. 차량 이동량에 따라 자동으로 교통신호등이 바뀌고 차가 없으면 가로등이 꺼지는 일은 상식적인 것이 된다.

1	**친환경차 · 고연비**	2	**스마트카** (자율주행 · 커넥티비티)

2025년 미래자동차의 키워드

구글 자율주행차 핵심 장치와 기능	
레이저 레이더	360도 회전하며 레이저를 이용해 위치 파악
지능형 카메라	여러 각도의 동영상을 조합해 음파탐지기와 물체 포착
주행 컴퓨터	레이더로 취합된 정보로 가속·제동 지시
레이더	장애물과의 거리 차이 인식
위치센서	바퀴의 움직임을 파악해 지도상 위치와 실제 위치 오차 없앰

더불어 순수한 전기자동차의 단점을 보완하기 위한 즉, 완벽한 전기자동차의 전 단계라고 할 수 있는 하이브리드 전기자동차(HEV : Hybrid Electric Vehicle), 플러그인 하이브리드 전기자동차(PHEV : Plug-in HEV) 등에 대한 연구도 활발히 진행되고 있다. 하이브리드 전기자동차는 전기자동차와는 달리 주행거리에 제한을 받지 않으며, 엔진의 효율이 가장 좋은 회전속도에서 발전기를 회전시킴으로써 생성된 에너지를 축전지에 충전하고, 도심지에서는 전기자동차 모드로 주행하기 때문에 대도시의 대기오염을 줄일 수 있는 장점이 있다.

9.1.1 친환경차 등장

최근 자동차 산업의 가장 큰 화두는 친환경 자동차라고 할 수 있다. 2008년 유가 급등으로 각국의 모터쇼에서 대부분의 주제가 친환경 자동차 일색으로 변화했다. 특히 석유자원의 고갈, 지구온난화라는 전 세계적 과제와 더불어 자동차업계의 신성장 동력 및 차세대 패권을 차지하기 위한 이해관계가 맞물리면서 더 이상 미래 일로 치부할 수 없는 현재진행형 과제가 되고 있다.

(1) 석유자원의 고갈

석유자원 고갈의 논리적 토대는 1956년 미국 지질학자 킹 허버트 박사의 피크 오일(Peak oil) 이론이 유명한데, 석유 생산량이 기하급수적으로 확대되었다가 특정 시점을 정점으로 급격히 줄어드는 현상을 말한다. 피크오일은 석유 소비의 급증에 비해 새로운 유전 발견이 부진하거나, 정유시설의 미흡한 투자, 전쟁 등으로 석유 생산이 한계에 부딪혔을 때에 나타난다. 즉 석유의 부족 보다는 공급량이 정해져 있기 때문에 발생한다고 보고 있다. 허버트 박사는 95년 피크 오일을 예측하였으나 1, 2차 석유파동에 의한 석유 절감 효과로 빗나갔다. 그러나 국제 에너지기구는 그 이후에도 중국, 인도의 경제성장으로 에너지 수요가 증가하는 반면, 석유공급량은 한정되어 있어 심각한 석유 수급 불균형을 겪을 것으로 내다보았다. 수요량 대비 석유공급량이 2010년 85%에서 2020년 66% 수준으로 낮아질 것으로 전망한 바 있다.

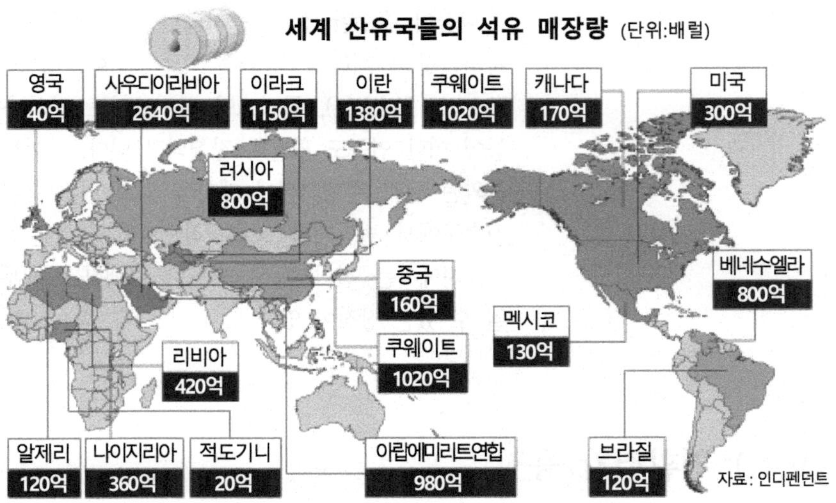

그림 9-5 세계 산유국들의 석유매장량(단위:배럴)

석유자원의 부족 여부, 피크 오일의 시기 예측이 중요하다기 보다는 더 이상 석유가격이 싸지 않은 시점이 도래했다는 것이며, 이로 인해 대체연료와 연료저감이 중요해진 이유라는 점을 간과해서는 안될 것이다.

(2) 환경 규제

자동차관련 환경규제는 미국, EU, 일본 등 선진국을 중심으로 규제가 강화되고 있으며 한국, 중국 등 주요 자동차 생산국들도 기술변화에 뒤처지지 않기 위해 규제강화에 동참하고 있다.

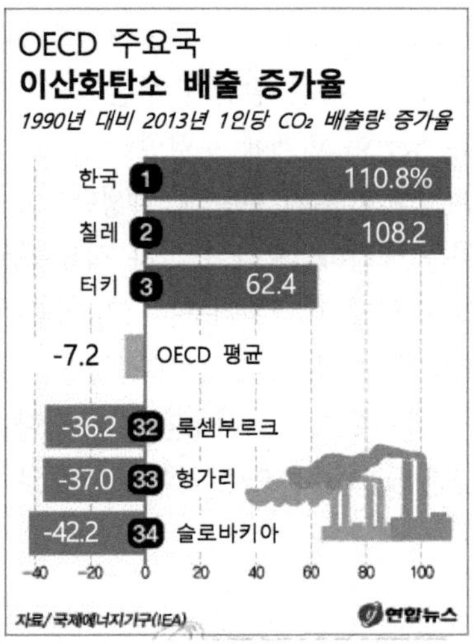

그림 9-6 주요국 CO_2 배출증가율

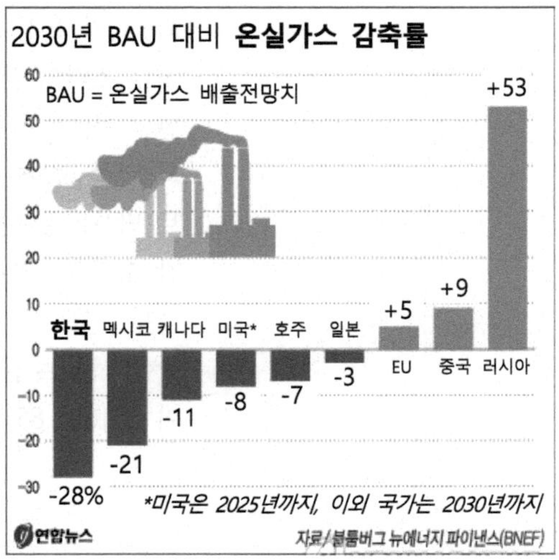

그림 9-7 2030년 BAU대비 온실가스 감축율

자동차 시장이 성숙한 나라에서는 여러가지 의미로 자동차 배출가스 규제를 갖고 있다. 이른바 잘사는 선진국일수록 환경 보호에 관심이 많기 때문에 규제가 엄격할 수도 있다. 하지만 그 뒤에 숨겨져 있는 것은 이러한 배출가스 규제가 환경을 보호한다는 명목 하에 기술적 장벽으로 작용하여 자국의 자동차 산업을 보호하는 수단이 될 수도 있는 것이다.

기존에는 HC, CO, NOx 등 인체에 해로운 3가지 배출가스에 대하여 규제를 해왔었지만, 최근에는 온실가스에 관심이 높아지면서 유럽을 시작으로 CO_2배출량 또한 규제가 되고 있다. 실제 우리나라에서도 그 흐름에 맞춰 자동차에 붙는 에너지 소비 효율 등급 스티커에 CO_2배출량도 표시하고 있다.

아무리 연료가 완전 연소가 된다고 해도 배출되는 가스에는 CO_2와 H_2O가 포함되어 있기 마련이다. 그러므로 CO_2를 규제한다는 것은 최소한의 연료를 태우는 방법 밖에 없으며, 이것은 결국 연비와 직결되는 문제이다. CO_2를 규제한다는 것은 연비, 결국 엔진의 총체적인 기술에 대한 기술적 장벽이 하나 생기는 것이다.

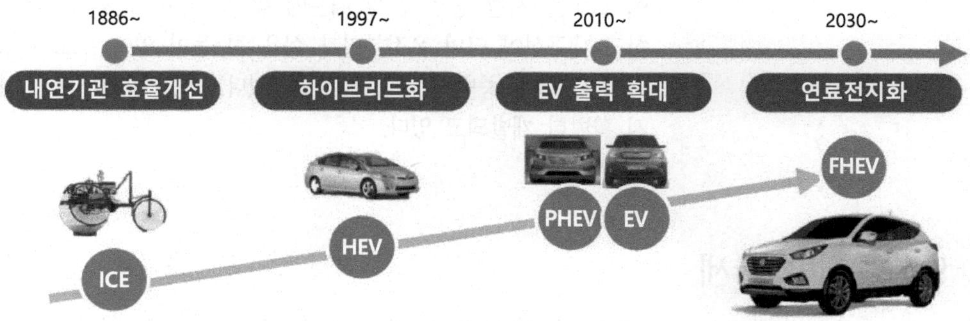

그림 9-8 친환경차·고연비 –친환경차 기술발전 방향

[표 9-1 전기자동차 구분]

구 분	특 징	
하이브리드 전기자동차	Hybrid EV. **HEV**	• 동력원으로 전기모터와 내연기관을 동시에 쓰는 자동차
플러그인 HEV	Plug-in Hybrid EV. **PHEV**	• 동력원은 전기만 쓰지만 충전에 필요한 내연기관을 내장한 자동차
전기자동차	Battery Electric Vehicle. **BEV**	• 순수 전기로만 움직이는 자동차.
연료전지 자동차	Fuel Cell EV. **FCEV**	• 수소탱크를 통해 수소와 산소를 반응시켜 전기를 생성하는 연료전지가 내연기관을 대체한 자동차

내연기관 자동차(ICV : internal combustion vehicle)와 전기자동차(EV : Electric vehicle)의 대표적인 차이는 에너지원으로부터 출발한다. 내연기관 자동차는 탄화수소계 연료를 엔진의 내부에서 압축, 발화, 폭발, 팽창 시켜서 나오는 에너지를 이용하는 것이다. 에너지의 변환을 아주 간단하게 표현하자면 석유상태에서의 화학적 에너지가 산화(연소) 시키면서 발생되는 열, 압력, 소리 등의 에너지 중 압력에너지를 바퀴가 구를 수 있게 하는 운동에너지로 변환한다.

이에 대해 전기자동차는 축전지에 축전되어 있는 화학에너지를 방전될 때의 전기에너지로 변환하여 모터를 구동시키는 운동에너지로 변환한다.

실제로 내연기관 자동차는 에너지 변환단계가 더 복잡하게 표현된다. 좀 더 넓게 본다면 연료전지자동차(FCV : fuel cell vehicle)나 태양전지자동차도 모터에 전기를 공급한다는 것은 동일하다. 단 이 경우에는 전기가 연료전지나 태양전지 내부에 화학적 에너지 형태로 축전되는 경우가 아니라 알코올이나 수소 등의 연료 또는 태양광이나 태양열 같은 에너지원으로부터 생산되는 경우이다.

배터리에 축적된 전기로 모터를 회전시켜서 자동차를 구동시키는 전기자동차는 가솔린 자동차보다 먼저 제작되었으나, 배터리의 무거운 중량, 충전에 걸리는 시간 등의 문제 때문에 활성화되지 못했다. 그래도 구조가 간단하고 내구성이 크며 운전하기가 쉬운 점 등이 있어 주로 여성용으로 미국에서 1920년대 중반까지 소량 생산되었다. 최근 공해문제가 심각해지면서 다시 활발히 개발되고 있다.

9.1.2 개발 추세

양산된 전기자동차 1호는 미국 캘리포니아 주 지역에서 시판되었든 고성능 전기자동차 GM EV1이다. GM은 90년대 들어 적극 개발해 온 전기자동차를 96년부터 시판하였다. 이 전기자동차는 배기가스는 물론이고 소음도 없이 1회 충전으로 160 km를 달릴 수 있었으며, 시속 130 km의 속도 주행이 가능했다.

2010년 이후 닛산 리프, GM 쉐보레 볼트(Volt) 등 1세대 전기자동차가 시장에 등장했다. 그러나 기존의 전기자동차들은 배터리 충전에 8시간 이상 걸리고 1회 충전 시 주행거리 150 km 이하로 주행거리가 짧아 아직 실용성이 많이 떨어진다.

그러나 주행거리를 기존보다 두 배 이상 늘리고, 가격은 절반으로 낮춘 2세대 전기자동차의 등장은 향후 시장 전망을 더 밝게 하고 있다. 전기자동차 선두 업체인 GM과 테슬라가 주행거리 300 km 이상, 가격 3만 달러대

그림 9-9 쉐보레 볼트 EV

모델을 발표하면서 전기자동차 시장이 주목받고 있다.

쉐보레 볼트 EV 모델은 1회 충전거리 383 km를 인증 받았다. 이는 지금까지 국내에 판매중이거나 출시를 앞둔 전기자동차 중 최장거리다. 볼트EV의 심장인 배터리는 LG화학의 60 kwh 리튬이온 배터리로 미국 홀랜드 공장에서 생산된다.

테슬라 모델 3는 기본 모델에서 시속 100 km까지 가속하는 데 6초 미만, 항속 거리는 완충 후 약 354 km정도이며, 55 kWh 원통형 리튬이온 배터리가 장착된다.

르노가 공개한 전기자동차 ZOE의 신형 모델은 배터리 용량이 기존 22 KWh에서 41 KWh로 늘려 주행거리가 400 km에 달한다.

중국 업체들의 공세도 이어진다. 세계 최대의 전기자동차 생산업체인 BYD가 다임러와 합작을 통해 내놓을 2세대 덴자 전기자동차는 주행거리가 400 km에 달하는 것으로 알려졌다.

테슬라 전기자동차를 위협하는 루시드 모터스의 루시드 에어(Lucid Air)는 최대 130 kWh 용량의 배터리를 탑재할 수 있는 프리미엄 세단이다. 최대 주행거리는 약 643 km에 달한다. 테슬라 모델 S의 가장 큰 용량인 100 kWh를 뛰어 넘었다. 루시드 모터스의 배터리는 삼성 SDI가 공급한다.

[표 9-2 자동차별 주행거리 비교]

구분	바테리용량(KWh)	주행거리(Km)	완충시간(예상)	바테리 공급사
BMW i3	21	132	3 ~ 5시간	삼성SDI
닛산 리프	24	132	4 ~ 5시간	AESC
현대 아이오닉	28	191	4 ~ 5시간	LG화학
BMW 뉴 i3S	33	300	4 ~ 5시간	삼성SDI
테슬라 모델3(표준)	55	354	6 ~ 8시간	파나소닉
기아 니로 EV	60	380	8 ~ 9시간	SK이노베이션
GM 볼트(Bolt)	60	383	8 ~ 9시간	LG화학
현대 코나 EV	60	390	8 ~ 9시간	LG화학
닛산 리프 2세대	60	400	8 ~ 9시간	AESC
르노 조에(ZOE)	41	400	8 ~ 9시간	LG화학
테슬라 모델3(장거리)	75	450	9 ~ 10시간	파나소닉
테슬라 모델s 90D	90	512	10 ~ 12시간	파나소닉
테슬라 모델s P100D	100	594	11 ~ 12시간	파나소닉
루시드 에어	130	643	11 ~ 12시간	삼성SDI

평균 *30 KWh/200 Km *60 KWh/400 Km *90 KWh/500 Km / 주행거리는 국가별 인정기준이 다름

그림 9-10 주요 전기자동차 비교

테슬라 `모델3` vs GM `볼트` vs BMW `i3` vs 닛산 `리프`

- 테슬라가 1회 충전으로 354 km 달리는 전기자동차 모델3(55 KWh)를 소개하면서 GM, BMW, 닛산 등 경쟁업체들이 바짝 긴장했다. 모델3는 플래그십 세단 모델S, 대형 SUV 모델X에 적용된 기술을 그대로 담으면서 가격은 절반 이하로 낮췄다.
- 테슬라 모델3의 가장 큰 특징은 주행 성능이다. 정지 상태에서 시속 100 km를 내기까지 6초밖에 걸리지 않는다. 동급 내연기관 차량인 BMW 320d(7.4초)보다 가속력이 뛰어나다. 배터리 용량은 44 kWh, 66 kWh 둘 가운데 선택할 수 있다. 기존의 전기자동차보다 두세 배 큰 용량이다. 이 때문에 주행거리도 두 배 이상 늘었다. 모델3는 테슬라 오토파일럿 시스템을 갖춰 경쟁 전기자동차 가운데 유일하게 자율주행이 가능한 모델이다.
- 테슬라 모델 3의 가장 큰 경쟁 상대는 1회 충전으로 383 km 주행이 가능한 GM 쉐보레 볼트(Bolt)다.
- BMW i3는 주행 성능과 친환경 면에서 모델3와 비교된다. i3는 후륜구동 방식을 적용, 역동적 주행이 가능하다. 125 kW급 전기모터를 장착해 정지 상태에서 시속 100 km까지 주행 속도가 6.8초 만에 도달한다. 다만 높은가격 가격과 짧은 주행거리(132 km)는 단점이다. BMW가 출시하는 전기자동차 신형 i3는 주행가능 거리가 300 km(유럽기준)로 확장됐다. 기존 모델이 최고 132km(국내기준)였던 것과 비교하면 2배 이상 주행거리를 늘렸다.
- 현재 글로벌 전기자동차 시장의 왕좌는 닛산 `리프`가 보유하고 있다. 지난 5년 동안 누적 판매량이 20만대 이상이다. 하지만 모델3는 공개 후 나흘 만에 닛산 리프의 기록을 잠재적으로 깼다. 리프는 한 번 충전하면 주행거리 132 km대에서 대폭 개선해 400 km 이상 주행거리를 확보할 계획이다.

그림 9-11 쉐보레 전기자동차 볼트(BOLT)

그림 9-12 닛산 전기자동차 리프

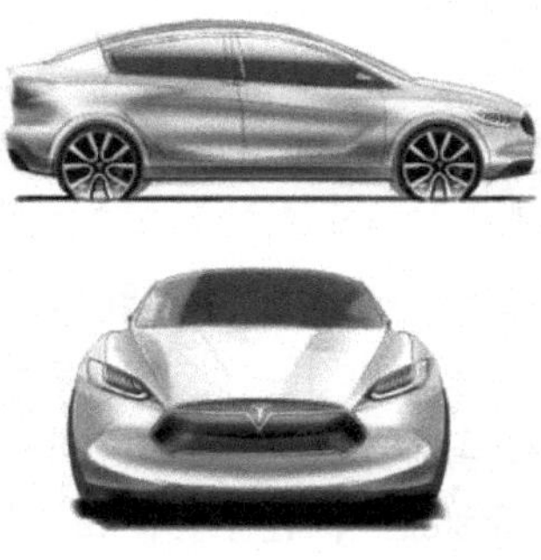

그림 9-13 테슬라 모델 3

전기자동차가 최근 들어 각광을 받는 것은 미국과 유럽 등을 중심으로 배기가스 규제가 높아지고 있으며, 유가가 급등하고 있기 때문이다. 특히 환경에 대한 인식이 높아지면서 화석연료를 사용하는 기존 차량보다 친환경적인 전기자동차에 대한 인식이 높아지고 있다. 배터리와 구동 모터 등이 주요 부품인 전기자동차는 기계공학보다 전자공학 등 IT 비중이 높다. 그렇기 때문에 기술의 발전도 내연기관 자동차와 달리 급속도로 성장하고 있다.

물론 전기자동차도 단점이 있다. 충전하는데 시간이 오래 걸리고, 전용 충전 시스템도 필요하다. 한번 충전으로 갈 수 있는 주행거리가 짧다는 점, 배터리를 주기적으로 교체해야 하는 점이나 안정성도 해결해야할 문제이다.

전기자동차가 가솔린이나 디젤엔진을 탑재한 현재의 차량처럼 시속 100 km까지 가속이 수초만에 가능하고, 폭발적인 힘을 내기까지는 기술력이 부족하지만, 출퇴근과 간단한 볼일을 보기 위한 일반적인 이동수단의 용도라면 상용화가 바로 눈앞에 와있다. 일부에서는 전기자동차가 구현되기에는 아직 시기가 이르다고 주장하고 있지만, 1년에 두 배씩 성장하는 IT부문 성장세를 대입해보면 현실은 훨씬 빠르게 다가오고 있다.

자동차 대국이라 불리던 미국 빅 3업체들의 경쟁력이 약화되면서 생존을 위해 들고 나온 전략이 소형차와 플러그인 하이브리드 전기자동차이며, 단일국 자동차 수요로는 이미 세계 1위에 올라선 중국도 뒤쳐진 자국 자동차산업의 도약을 위해 배터리 베이스의 전기자동차를 집중 지원할 태세다. 일본의 경우 하이브리드 전기자동차 상용화 10년에 따른 기술축적 노하우, 압도적인 하이브리드 전기자동차 점유율 등을 고려해 볼 때 가장 선도적인 지위를 보유하고 있는 것으로 평가받고 있지만 시장의 상황은 어떤 에너지원의 자동차가 표준이 될지, 언제 시장이 폭발적으로 성장할지 아직 미지수여서 차세대 자동차 타입별 기술개발과 시장별 대응에 소홀할 수 없는 환경이다.

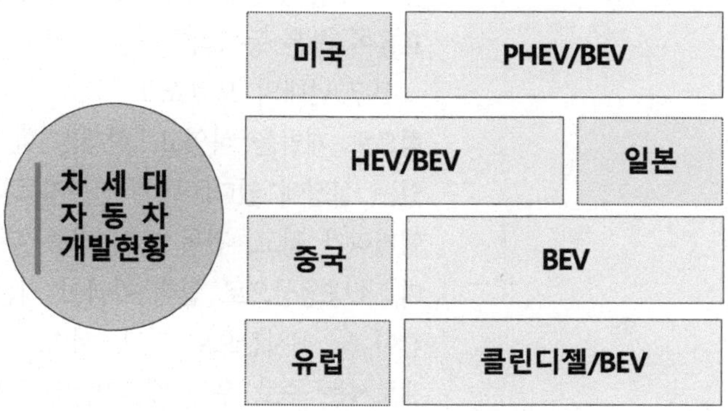

그림 9-14 세계 각국의 차세대자동차 집중 개발현황

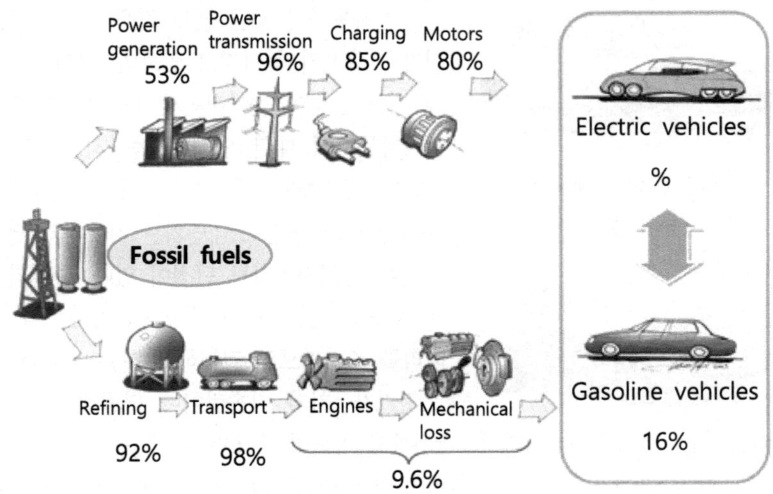

그림 9-15 가솔린차와 전기자동차의 에너지효율 비교

현재의 전기자동차 성능은 주행거리, 주행성능 등에서 기존의 가솔린 자동차에 많이 뒤지며, 가격 및 유지보수 시스템에서 불리한 위치에 있으므로 대중적 보급에 어려움이 많다. 그러나 컴퓨터의 발달과 전력전자장치의 발전에 힘입어 전기자동차는 더욱 보편적인 교통수단으로 발전할 것이다. 특히 정보통신 시대의 도래로 인하여 한정된 도로에서 최대의 교통량을 관리하기 위한 교통체계(ITS; Intelligent Transportation System)와 관련하여서도 전기자동차의 연구는 더욱 가속화될 것이다.

전기자동차란 내연기관 대신에 축전지에 저장된 전기에너지로 전동기를 작동시켜 동력을 발생시키고, 이를 동력전달장치를 통해 차륜을 회전시켜 주행하는 차량으로 1830년 프랑스에서 개발되어 19세기 중반에 실용화되어 교통수단으로 사용 된지가 1세기를 넘게 되었다. 전기자동차는 배기가스가 없어 무공해이며, 내연기관의 폭발음이 없어 저소음이고, 또한 에너지 이용효율이 좋은 등 많은 장점이 있다.

1970년대의 오일쇼크 이후 에너지적인 문제에서 미국, 일본 등에서 본격적으로 개발을 하였고, 현재는 환경적 측면에서 개발의 필요성이 증대되고 있는 실정에 있다. 특히 전기자동차는 내연기관 자동차에 비해 1회 충전주행거리가 짧고, 전동기 및 각종 부품의 소형, 경량화 및 고효율화가 어려우며, 소량생산으로 인해 가격이 기존의 차들에 비해 2∼3배 비싸며, 충전시간이 6∼8시간으로 길고, 서비스 시스템 부족으로 그 보급이 미미하고, 현재로서는 주로 우유 배달차, 업무 연락차, 특수지역용(공원, 호텔, 강연장)등 제한적으로 사용하고 있는 실정이다.

그러나 최근 환경오염(대기오염), 에너지 절약 대책의 일환으로 전기자동차 개발, 성능 향상, 보급추진의 중요성이 증대되고 있다. 이중 2003년부터 미국의 캘리포니아 주에서는 대기보전법이 발효되어 무공해 자동차(ZEV: Zero Emission Vehicle) 일정 비율 판매를 의무화하고 있다.

한편, 전기자동차 기술은 전지, 전기, 전자, 재료, 차량 등 복합기술로 지금까지는 선진 각국이 기술을 보유하고 있고, 기술 개발 경쟁이 심화됨에 따라 주요기술의 이전기피 등 기술정보의 차단의 벽은 높아지고 있다. 이에 우리나라 정부는 전기자동차 기술개발을 핵심과제로 선정하여 핵심요소기술을 집중개발 할 계획을 갖고 있다.

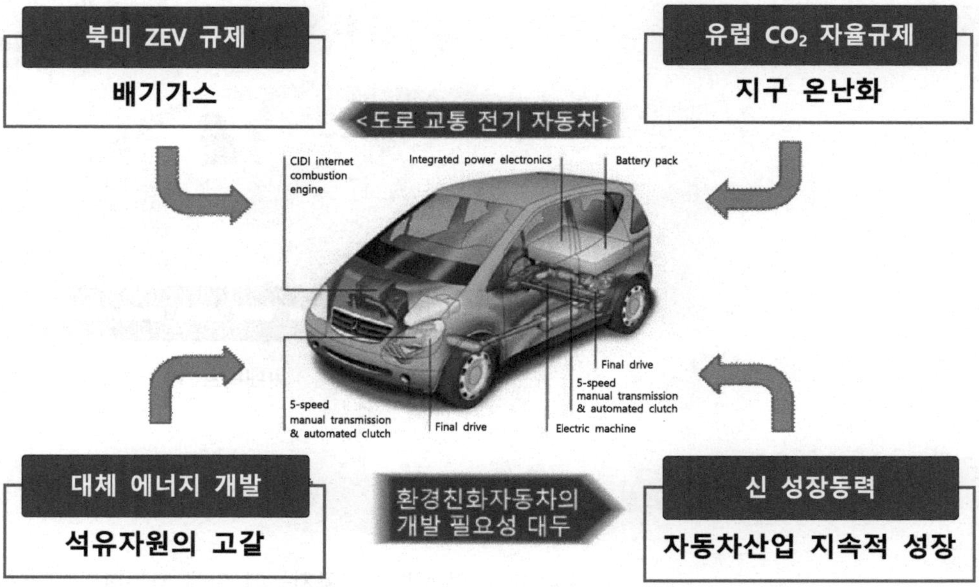

그림 9-16 전기자동차의 필요성

[표 9-3 전기자동차의 장단점]

장 점	단 점
• 무공해 또는 저공해이며 초저소음 • 운전 및 유지보수 용이 • 수송에너지 다변화 가능(원자력, 수력, 석탄화력, 풍력 등으로 발전된 전기를 사용) • 충전부하로 수요창출(심야전력 이용)	• 주행성능이 나쁨(가속성능, 등판능력 최고속도 등) • 1회 충전주행거리가 짧다. • 고가(소규모 시험생산 3배정도) • 전기자동차 사용여건 미비(법령, 충전시스템, 전기료 우대 등 부수적 여건 미비)

커넥티드카 차세대 자동차 핵심으로 부상

- 커넥티드 카(Connected Car)란 자동차와 IT기술을 융합해 상시 네트워크에 연결된 차량을 의미하며, 외부 네트워크와의 연결성에 기반한 '커넥티드 카(Connected Car)'에 대한 운전자들의 관심과 수요가 크게 늘고 있다. IT 및 전기·전자 산업과 융합한 커넥티드 카가 자동차 산업의 신성장동력으로 부상한 것이다. 이 분야에서 주도권을 잡기 위한 자동차 업체들의 경쟁도 더욱 가속화될 전망이다.

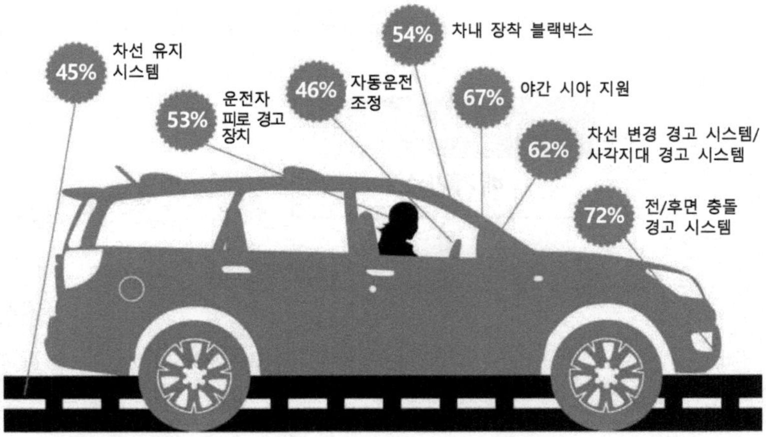

커넥티드 카

제4차 산업혁명

- 제 4차 산업혁명은 인공지능에 의해 자동화와 연결성이 극대화되는 산업환경의 변화를 의미한다. 2016년 1월 20일 스위스 다보스에서 열린 세계경제포럼에서 처음 언급된 개념이다.
- 4차 산업혁명의 핵심은 융합이다. 클라우스 슈밥 세계경제포럼 회장은 '물리적 시스템·전자적 시스템·생물적 시스템이 대융합한 인류 역사 최대의 혁명이 되어 쓰나미처럼 밀려올 것' 이라고 말했다.
- IoT와 인공지능을 기반으로 사이버 세계와 물리적 세계가 네트워크로 연결돼 하나의 통합 시스템으로서 지능형 CPS(cyber-physical system)을 구축할 것이란 예측이다. 이 상태에서 각각의 하드웨어들은 스마트폰처럼 데이터를 축적해 이를 필요에 따라 해석해가며 스스로 자동 갱신한다. 이 같은 과정을 통해서 제조업과 인간을 둘러싼 시스템 운용방식은 대폭적인 변화를 맞을 것으로 예상된다.

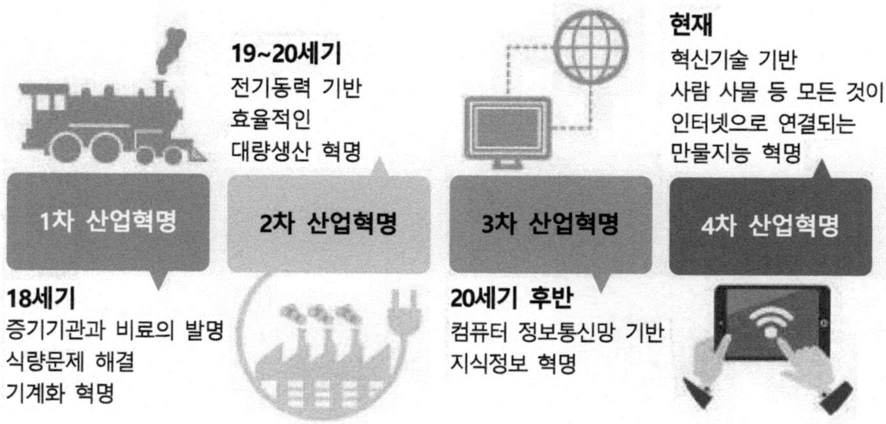

산업혁명의 구분

9.2 전기자동차의 구분

전기자동차는 전기를 동력원으로 움직이는 차량을 말한다. 전기모터나 내연기관을 동시에 사용하는 엔진이 둘 이상인 하이브리드 전기자동차(Hybrid EV : HEV), 동력원으로는 전지에 저장한 전기만을 사용하고 필요에 따라 충전을 시켜줄 수 있는 조그만 내연기관을 가진 플러그인 하이브리드(Plug-in Hybrid EV : PHEV), 그리고 전기자동차는 Battery로만 가는 전기자동차(Battery Electric Vehicle : BEV), 연료전지 자동차(Fuel cell Electric Vehicle : FCEV) 등 크게 4 종류로 나눌 수 있다. 이하에서의 전기자동차는 HEV, PHEV, BEV, FCEV를 통칭한다.

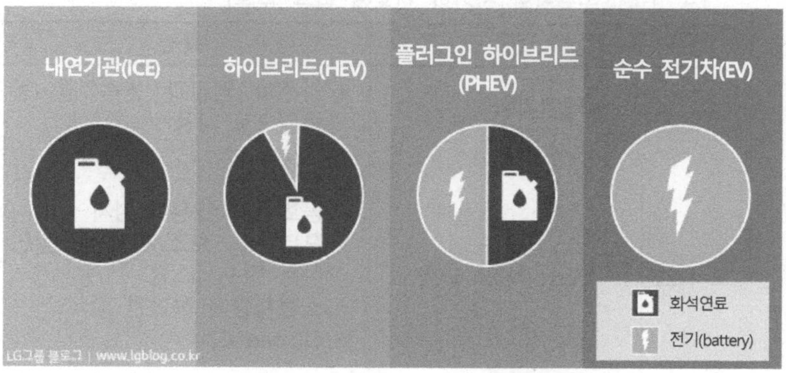

그림 9-17 자동차 종류별 사용하는 에너지원

그림 9-18 chevy-volt-concept

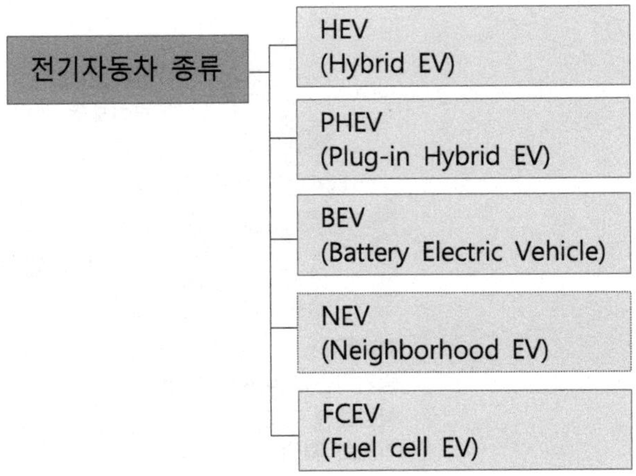

그림 9-19 전기자동차 종류

전기자동차(EV)의 구분은 자동차 동력원으로써 전기화의 정도로 구분해 볼 수 있다. 즉 전기에너지 사용률에 의해

① 기존의 엔진과 변속기를 동력원으로 사용하는 내연기관(Internal Combustion Engine)

② 정지 시 엔진이 정지되어 연료를 저감하는 Micro(Mild) HEV

③ 기존 엔진에 모터로 보조하는 Soft(Power assist) HEV

④ 전기 모터가 출발과 가속 시에만 역할을 하는게 아니라 주행에 주된 역할을 하는 Hard(Full) HEV

⑤ 기본적으로 전기모터로 움직이지만 배터리 범위를 넘어서는 거리는 엔진을 이용해 발전기를 돌리는 방식인 Plug-in HEV

⑥ 순수 배터리로만 운행하는 EV 또는 수소연료전지를 이용하는 FCEV 등의 순서로 구분이 가능하다.

[표 9-4 동력원의 전기화 정도에 따른 구분]

구 분		특징	
내연기관		• 기존의 엔진과 변속기를 동력원으로 사용	• **엔진**
HEV	**Micro(Mild) HEV**	• 공회전시 엔진이 정지 • **모터는 보조(재시동)**역할만 하는 단순시스템 • **소형차량**에 적합한 방식 • **Citroen C2**	• **엔진**+모터(보조미비)

<table>
<tr><td rowspan="2">HEV</td><td>Soft(Power assist) HEV</td><td>• 기존 엔진에 모터로 보조
• 전기 주행모드가 없다.
• 재시동이나 가속순간에만 모터가 엔진을 보조
• 대부분의 병렬형 방식
• 현대자동차아반테 LPI HEV 및 혼다자동차의 시빅</td><td>• 엔진(주) + 모터(보조)</td></tr>
<tr><td>Hard(Full) HEV</td><td>• 전기 모터가 출발과 가속시에만 역할을 하는게 아니라 주행에 주된 역할
• (저속시)전기 주행모드가 있다.
• 하이브리드의 주류가 될 것
• 직렬형/혼합형(직.병렬형)
• 도요타의 프리우스 대표적 예</td><td>• 모터(주) + 엔진(보조)</td></tr>
<tr><td colspan="2">PHEV(Plug-in HEV)</td><td>• 기본적으로 전기모터로 움직이지만 축전지 범위를 넘어서는 거리는 엔진을 이용해 발전기를 돌리는 방식
• 동력원은 전기만 쓰지만 충전에 필요한 내연기관을 내장한 자동차
• 가정용 콘센트를 이용해 자동차를 충전시키는 구조</td><td>• 모터(주)+엔진(전지 충전)</td></tr>
<tr><td colspan="2">BEV</td><td>• 순수 전기로만 움직이는 자동차.</td><td>• 모터(전지)</td></tr>
<tr><td colspan="2">FCEV</td><td>• 연료전지에서 발생하는 순수 전기로만 움직이는 자동차.</td><td>• 연료전지 +모터</td></tr>
</table>

하이브리드 전기자동차는 엔진과 모터와 같이 두 개 이상의 동력원을 가진 자동차로 정의될 수 있고, 전기자동차는 순수 배터리를 사용하는 자동차로 정의될 수 있다. 특히 전기자동차는 배기가스가 전혀 배출되지 않으며, 내연기관에 비해 부품수가 현저히 감소하고 낮은 속도에서도 더 높은 토크를 낼 수 있다. 궁극적으로는 하이브리드 전기자동차가 전기자동차의 과도기적 성격을 지니고 있다는 점에서 전기자동차를 하이브리드 전기자동차를 포함한 넓은 의미로 쓰기도 한다.

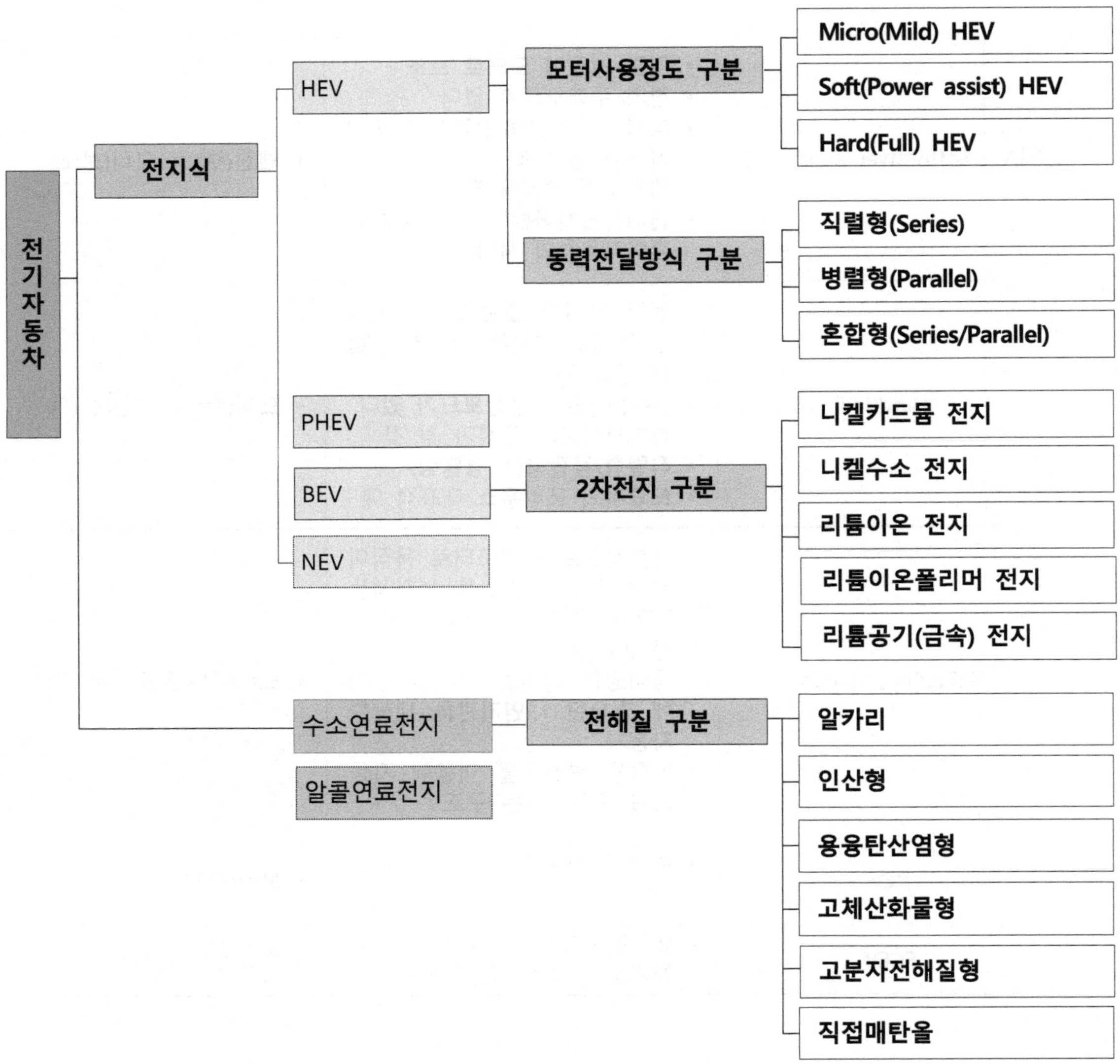

그림 9-20 전기자동차의 종류

하이브리드 전기자동차의 경우, 두가지 이상의 동력원을 사용하기 때문에 전기자동차에 비해 여러 가지로 분류가 되는데 동력전달 방식에 따라 직렬형(Series), 병렬형(Parallel), 혼합형(Series/Parallel)이 있으며, 모터 사용정도에 따라 Micro(Mild) HEV, Soft(Power assist) HEV, Hard(Full) HEV로 분류된다.

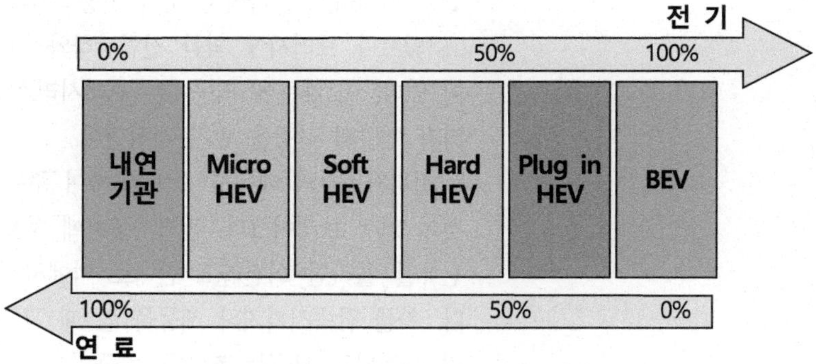

그림 9-21 에너지 사용률에 의한 분류

9.3 메터니즘 및 문제점

가솔린차의 구동력은 엔진에서 나오지만 전기자동차는 모터에서 나온다. 엔진은 회전수와 출력은 액셀 패달로 조절한다. 모터는 이 기능을 위해 컨트롤러를 부착해야 하는데 이것이 간단한 문제가 아니다.

모터에는 직류모터와 교류모터가 있다. 직류모터는 고정자의 전극을 마이너스와 플러스로 바꿔주기 위해 브러시가 필요하다. 교류모터는 브러시가 필요 없으나 교류의 타이밍을 모터로 얻고 싶은 토크나 회전수에 맞춰 조정하는 것이 어려워 효율이 낮았었다. 요즘에는 회전자와 고정자의 위치관계를 정확히 알아서 교류전류를 흘리는 방식이 개발돼 마치 브러시가 없는 직류모터와 같은 성능을 낼 수 있게 됐다. 그리고 모터에 걸리는 전압은 회전수와 전류 양쪽에 관계된다. 전기자동차로 평지를 달리며 속도를 높이려면 전압을 올리면 되고 고갯길에서 같은 속도로 달리고 싶으면 전압을 올리고 회전수를 유지한 채 전류를 증가시키면 된다.

컨트롤러는 전지에서 얻은 직류전압을 조정하는 장치로 컨버터라고 부른다. 교류모터의 경우는 직류전압을 교류전압으로 바꿔주며 전압을 조절해야 하며 이것을 인버터라고 부른다. 직류전압을 손쉽게 조절하는 방법은 저항을 만들어주는 것이나 에너지손실이 많아 보다 효율이 높은 반도체 소자가 개발되고 있다.

인버터는 컨버터와 같은 작용을 하면서 직류를 교류로 변환시키는 기능을 해야 한다. 직류를 교류로 만들기 위해 변조기가 사용된다. 그래서 인버터는 컨버터에 비해 구조가 복잡하다. 자동차용 모터는 토크와 회전수를 조절하기 쉽고 전체적으로 가벼운 것이 이상적이다. 현재는 직류분권식이 주류를 이루고 있으나 브러시에 의한 전압강하와 기계적 손실로 효율이 떨어지는 결점이 있다. 이 때문에 최근에는 브러시리스 DC모터라고 불리는 유도식 교류모터가 개발돼 각광을 받기 시작했다.

전기자동차의 에너지 소비를 줄여 주는 데 있어 매우 중요한 역할을 하는 것이 회생 브레이크다. 전기자동차에 사용되는 모터는 발전기와 구조가 같아 전류를 흘리면 회전하고 반대로 밖에서 힘을 걸어 회전시키면 발전기가 된다. 차를 감속시키거나 제동을 할 때 그 힘으로 모터를 회전, 전기를 발전시켜 축전지로 보내는 장치를 만들면 전기소모량을 많이 줄일 수 있다. 일반적으로 엔진차를 전기자동차로 개조하는 경우에는 엔진 위치에 모터를 장착하고 트랜스미션과 디퍼렌셜기어를 그대로 사용하는 일이 많다. 그러나 전기자동차에 사용되는 모터들은 저속에서 고속까지 무단으로 부드럽게 변환시킬 수 있기 때문에 반드시 변속기와 감속기가 필요하지는 않다. 실제로 최근에 오리지널 전기자동차로 개발된 차들은 바퀴를 각각 하나씩 돌리도록 여러 개의 모터가 장착돼 있다.

가솔린차와 달리 현재의 전기자동차는 주행거리가 짧기 때문에 가솔린차의 감각으로 운전하다가는 길거리에서 멈추기 십상이다. 그래서 남아 있는 전력량을 아는 일이 매우 중요하다.

보통 배터리액의 비중 또는 전압을 측정하는 두 가지 방식이 있다. 그런데 배터리 중 주위 온도에 따라 남아 있는 전력량이 달라지는 것도 있어 계기를 만드는 일이 쉽지 않다.

전기자동차 탈수록 주행거리 짧아져 최대 단점

- 쉐보레 전기자동차 볼트(Bolt) EV의 주행거리가 최대 143마일(230 km)까지 줄어들 수 있는 것으로 확인돼 주목된다. 해외 자동차 전문 매체 블로그는 쉐보레 전기자동차 볼트 EV가 배터리 보증 기간인 8년 동안 전지 용량이 최대 40% 줄어든다고 전했다. 이는 GM이 '쉐보레 볼트 EV 오너 매뉴얼'에 직접 기술한 부분인 것으로 확인됐다.
- GM은 볼트EV 오너 매뉴얼를 통해 "다른 모든 배터리처럼 고압추진 배터리의 용량은 시간과 마일리지에 따라 감소될 수 있다"며 "이용 방법에 따라, 전지 용량은 보증 기간 동안 최소 10%에서 최대 40% 가량 줄어들 수 있다"고 설명했다.
- 쉐보레 볼트 EV의 1회 완충 시 최대 주행거리는 238마일(383 km)이다. 전지용량이 40% 가량 줄어들 경우, 8년 뒤 쉐보레 볼트 EV로 달릴 수 있는 거리는 143마일(230 km)정도에 불과하다. 다만, GM이 어떤 방식으로 '최대 40%'라는 계산을 도출했는지는 전해지지 않았다.

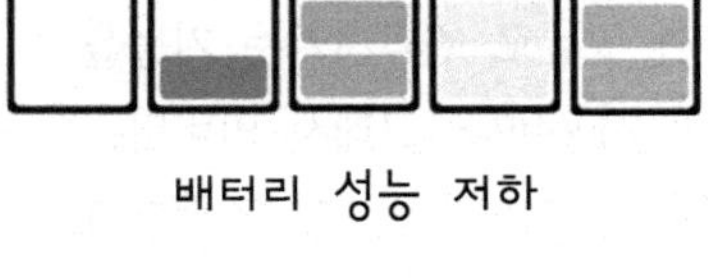
배터리 성능 저하

- 배터리 성능 저하는 비단 볼트EV에서만 나타나는 문제가 아니라, 모든 전기자동차가 공통으로 갖고 있는 단점이기도 하다. 가령 닛산 리프의 경우, 지난 2012년 평균 37도 이상의 지역에서 배터리 용량이 급격히 감소해 대체 패키지를 마련하는 등 해결책을 제시한 사례가 있다.
- 2013년형 테슬라 모델S에서 같은 문제가 발견되기도 했다. 당시 2014 그린카 리포트에 따르면, 테슬라 모델S 전지용량은 누적 주행거리 5만마일(8만467 km) 이상에서 6% 정도 감소하는 것으로 조사된 바 있다.

9.3.1 전기자동차 상용화 장애

전기자동차 관련 기술의 눈부신 발전과 놀라운 수준의 상용 모델들을 살펴보면 순수한 전기자동차(EV)의 본격적인 시대가 눈앞에까지 다가온 것처럼 느끼게 한다.

그러나 EV가 본격적으로 상용화 되고 기존의 내연기관 자동차를 완전히 대체하기 위해서는 여전히 많은 문제들이 산재해 있는데, 이런 문제들은 지금과 같은 전통적 접근방법으로는 해결이 쉽지 않다.

(1) 충전인프라

전기자동차 상용화의 가장 큰 걸림돌은 배터리로 인한 비싼 가격이 가장 먼저 떠오르지만, 사실은 배터리 충전기술과 그 인프라 구축이 더 해결하기 어려운 문제이다.

전기자동차가 일반 대중에게 주저 없이 선택되기 위해서는 기존의 내연기관 자동차와 같이 운전자가 쉽고 빠르게 연료(에너지)를 보충할 수 있어야 한다. 이와 관련하여 국내는 물론 전 세계적으로 충전스탠드로 대표되는 충전 인프라를 갖추기 위한 기술 개발과 연구가 한창 진행 중이다.

현재 정부의 정책과 지원으로 일부 공공기관 등에서 시범적으로 일정수의 전기자동차를 구입하고 충전시설을 갖추어 운영하는 등의 시도가 추진되고 있다. 전기자동차의 구매가 일반 소비자들에게까지 확산되기 위해서는 충분한 충전인프라가 미리 조성되어야 하지만 충전스탠드를 통하여 요구되는 환경을 구축하는 것은 쉬운 문제가 아니다. 더구나, 향후 100만대, 1000만대 이상이 도로를 주행하는 본격적인 전기자동차 시대를 감안할 때, 이것은 더욱 불가능해 보인다.

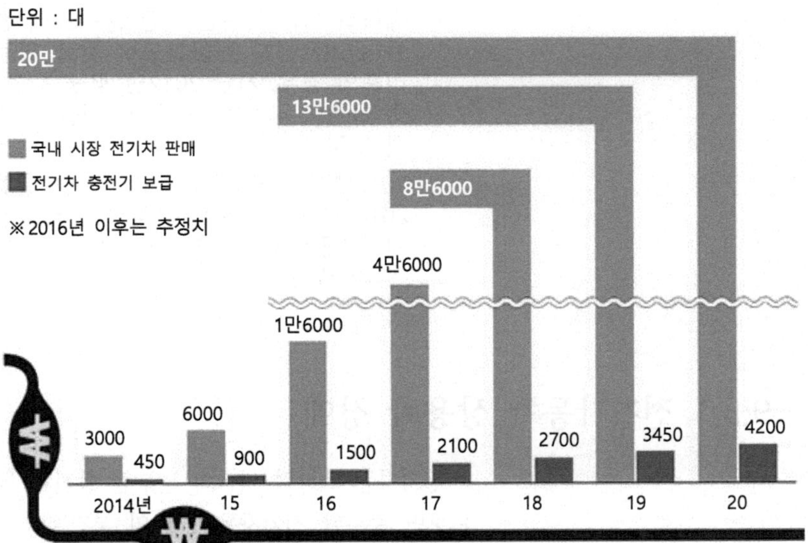

그림 9-22 국내 전기자동차 충전기 설치 예상대수

대부분 개인차고 시설이 없는 국내의 주거 환경에서 집안의 전기를 이용하여 충전을 한다는 가정은 하기 어렵다. 이것은 결국 전기자동차를 구입하는 소유자의 주거지 인근에 충전스탠드를 갖춘 전용의 주차공간이 확보되어 제공되어야 함을 의미한다. 뿐만 아니라 자동차가 운행되는 극장, 식당, 쇼핑센터, 체육시설, 도로 휴게소 등 모든 공공장소의 주차장에도 전기자동차를 위한 전용의 공간이 필요하다.

따라서 필요한 충전시설, 충전스탠드의 수는 보급되는 전기자동차 숫자의 최소 3배수 이상이 되어야 할 것으로 예상된다. 즉, 전기자동차의 본격적 상용화로 전국에 약 100만대 이상이 보급된다면, 충전시설은 약 300만개 정도가 시설되어야 하고, 이와 같은 막대한 숫자의 충전시설 확충은 경제적으로뿐만 아니라 물리적으로도 가능할 것 같지 않다. 또한, 이렇게 마련된 주차공간은 장애인용 주차공간과 같이 전기자동차를 위해 사용이 제한되어야 하며, 그만큼 주차공간의 낭비가 발생하게 된다. 이 문제는 그렇지 않아도 도심의 주차난이 심각한 우리나라와 해외 선진국 등에서 도저히 채택할 수 없는 정책이 되게 한다.

이웃나라 일본의 경우 특정 시범지역을 선정하여 일정 기간 내에 일정량 이상의 전기자동차를 보급한다는 원대한 계획을 가지고 있지만, 막대한 정부의 보조금과 정책적 지원에도 불구하고 일반 국민들에게 얼마나 원활하게 보급이 될 수 있을지는 두고 보아야 할 일이다.

그림 9-23 PHEV 충전 스탠드

(2) 충전 소요시간

그림 9-24 전기자동차 충전

전기자동차 상용화의 또 다른 결정적 문제는 충전에 소요되는 시간이다.

전기자동차가 완전히 상용화되고, 기존의 내연기관 자동차를 대체할 수 있기 위해서는 시내주행용 또는 출퇴근용 이라는 용도의 제한이 있어서는 안 된다. 또한 전기자동차 사용자가 자동차의 운행계획을 미리 수립하고, 이에 맞추어 사전에 충분히 배터리를 충전해 두거나, 또는 운행 중에도 언제 어디에서 충전할 것인지에 대한 계획을 미리 세운다는 등의 사용상 제약도 없어야 할 것이다.

이를 위해서는 충전스탠드 또는 충전소 등 전기자동차 충전 인프라가 충분히 갖추어져 있어서 필요한 경우 언제 어떤 상황에서도 손쉽게 충전시설에 접근할 수 있어야 한다. 이 때 충전 또한 화석연료의 보충과 같이 신속하게 마무리될 수 있어야 한다.

이와 관련하여 국내외에서 급속 충전기술에 대한 연구가 활발히 진행되고 있으나 여전히 30분 정도의 시간이 소요된다. 급속 충전기술이 보편화되어 모든 충전소에서 30분만에 배터리 충전을 완료할 수 있다고 가정해도 사용자에게 이 소요시간은 전기자동차 선택을 재고하게 하는 중요한 결함이 된다.

그나마 현재의 충전인프라 구축 현황은 8시간 이상이 소요되는 보통충전 방식을 표준으로 채택하고 있으며, 급속충전은 배터리 수명에 미치는 영향 등의 이유로 최소한의 수량으로 긴급한 상황에서만 이용할 수 있도록 시설되고 있다. 이와 같은 상황에서 아무리 충분한 수의 충전인프라가 구축된다고 하여도, 소비자들은 충전에 소요되는 시간으로 인해 전기자동차의 구입을 쉽게 결정하지 못할 것이다.

[표 9-5 전기자동차 완속 충전시간 / 1세대]

제작사		기아	르노삼성	한국GM	BMW	기아	닛산	현대
차량명		RAY (경형) 	SM3 (중형) 	SPARK (소형) 	i3 (중형) 	SOUL (중형) 	LEAF (중형) 	아이오닉 (중형) 
승차인원		4인승용	5인승용	4인승용	4인승용	5인승용	5인승용	5인승용
최고속도		130 km/h	135 km/h	145 km/h	150 km/h	145 km/h	140 km/h	165 km/h
1회충전 주행거리		91 km	135 km	128 km	132 km	148 km	132 km	191 km
충전시간	완속	6시간	3~4시간	6~8시간	3~5시간	4~5시간	4~5시간	4~5시간
	급속	25분	30분	20분	30분	25분	30분	25분

배터리가격 뚝뚝... 5년내 2000만원대 전기자동차 나온다

- 전기자동차용 배터리 가격이 오는 2020년 현재 보다 약 60% 저렴한 수준으로 떨어질 것이라는 전망이 나왔다. 순수전기자동차(EV) 기준으로 통상 전체 제조원가의 30~40%를 배터리가 차지한다는 점을 고려하면, 오는 2020년 이후에는 기존 내연기관차와 전기자동차의 가격이 거의 비슷해질 것으로 보인다.
- 업계에 따르면 올해 기준으로 1 kwh당 200달러 안팎인 전기자동차용 리튬이온 배터리의 가격이 내년 160~140달러로 내려간 뒤 2020년에는 100달러 수준까지 떨어질 것으로 전해졌다.
- 업계 관계자는 연비규제 강화로 자동차용 배터리의 수요는 계속 늘어날 것이라며 2008년 당시 1 kwh당 1000달러 수준이었던 배터리 가격이 200달러대 안팎으로 떨어진 것을 고려하면 5년 안에 100달러 진입도 가능할 것이라고 말했다. 실제로 일부 배터리 제조업체는 이미 100달러대 중·후반의 가격에 배터리 셀을 공급하는 것으로 알려졌다.
- 배터리 셀 가격이 100달러 수준까지 내려가면 산술적으로 2만달러(약 2500만원) 초·중반에 주행거리 300 km 수준의 전기자동차를 만들 수 있다. 통상 전기자동차 가격에서 배터리와 관련 부품이 차지하는 비중은 30~40% 수준이라는 점을 고려하면, 320 km(60 kwh)를 주행하는 전기자동차를 만들기 위해 드는 배터리 비용이 약 6000달러(약 750만원)라는 계산이 나온다.

전기차 배터리 공급가격 예상치

(단위 : 1 kwh 당 달러)

2008년	2016년	2017년	2020년
1000달러	250~160달러	160~140달러	100달러

자료 : 업계 취합

모델별 배터리 셀 가격 (단위 : 1 kWh 당 달러)

모델명	가격
테슬라 모델3	140~130
테슬라 모델S	210
GM Volt	350
GM Bolt	145
BMW i3	400
닛산 리프	370

출처 : 미래에셋증권

전기차 배터리 가격 전망 <단위:달러/kwh>

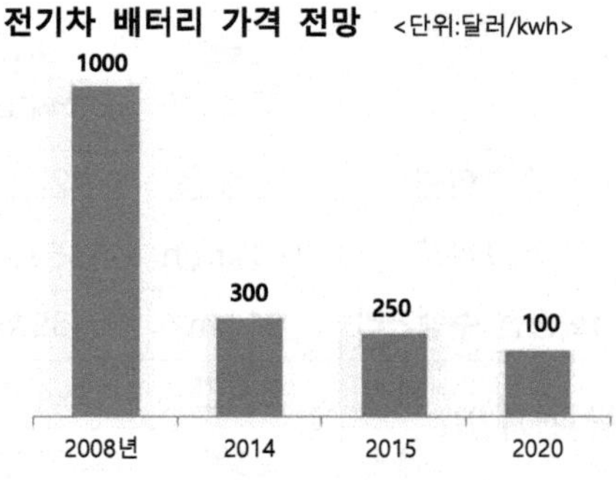

(3) 전기자동차 가격

또 다른 결정적 장애는 전기자동차의 보급가격에 있다.

앞에서 살펴본 여러 장애로 인해, 전기자동차의 시장진입은 처음부터 많은 난항을 겪을 것이 너무나 확실하다. 따라서 자동차 개발업체 또는 배터리 생산업체에서 처음부터 공격적인 시설투자와 연구개발을 할 수 없으며, 이와 같은 가정은 제한된 판매시장에서 막대한 투자비의 회수를 고민하게 만든다.

자동차 제조회사는 전기자동차가 시장에서 시장원칙에 의해 스스로 자생할 수 있는 경쟁력을 갖추지 않는 한 본격적으로 상용화 될 수 없음을 알고 있다. 이를 위해서는 배터리 용량을 최소화하면서 주행거리의 한계를 극복하고 가격경쟁력을 갖추는 등 세 마리 토끼를 한번에 잡아야 한다.

현재 출시되고 있는 대부분의 전기자동차가 몇몇의 예외적인 차종을 제외하고는 경차와 소형차에 국한되고, 그러면서도 주행거리를 충분히 늘리지 못하는 등이 이와 같은 이유에서이다.

결국 현재와 같은 접근에서 전기자동차는 본격적인 상용화를 기대하기 어려우며, 제한된 시장과 수요에 직면하여 자동차와 배터리회사에서는 제품의 가격을 충분히 인하하는 등의 시장전략을 전개할 수 없다.

[표 9-6 전기자동차 모델별 출시시기, 주행거리, 가격비교]

	모델명	출시 시기	주행거리(EPA)	가격
1세대	미쓰비시 i-MiEV	2010년	100km	$23,760
	닛산 리프	2011년	120km	$29,040
	GM 스파크	2013년	135km	$25,960
	BMW i3	2013년	135km	$38,500
	르노 Zoe	2013년	170km	$23,650
2세대	폭스바겐 e-Golf	2014년	135km	$38,500
	테슬라 모델X	2015년	350km	$88,000
	GM Bolt	2016년	385km	$37,400
	닛산 리프 2세대	2018년	300km 이상	$29,990
3세대	테슬라 모델3	2017년	300km 이상	$35,000
	폭스바겐 I.D.	2019년	400km~600km	$30,000
	다임러 EQ	2019년	500km	$50,000
	GM New EV	2021년	483km	–

따라서 지금 시장에 출시되고 있는 경차와 소형차류의 전기자동차로는 배터리 가격 때문에 출고가가 높아 사실상 정부와 지자체의 보조금 없이는 구매하기가 쉽지 않다. 따라서 정부의 제도적 규제와 제정적 지원이 동시에 이루어지는 시범도시 등에 제한적으로 보급되어 그 가능성을 시험하는 수준의 보급에서 그칠지도 모른다.

가격 면에서 불리한 전기자동차의 초기 시장 창출을 위해 정부의 보조금 지원, 세금인하, 의무구매제도 등 적극적인 역할이 필요하며, 전기자동차 보급을 위해서는 차량가격 인하, 주행거리 증가, 충전시간 단축 등의 시급한 문제 해결이 필요하다.

9.3.2 전기자동차가 환경에 미치는 영향

(1) 대기공해

지구 온난화의 주범이 이산화탄소란 사실은 익히 알고 있는 사실이다. 이산화탄소의 주범은 시커먼 배기가스를 내뿜는 내연기관 자동차이다. 연료를 태워 엔진을 움직이기 때문에 이산화탄소, 미세먼지, 매연 등의 불순물을 내뿜을 수밖에 없다.

전기자동차는 화학발전을 통해 전기를 만든다는 것을 가정하더라도 이산화탄소 배출은 극미한 수준입니다. 만약, 태양열, 지열, 풍력 등 발전의 과정마저 친환경적이라면 이산화탄소 배출은 제로이며, 이는 궁극의 친환경 해법이라고 할 수 있다.

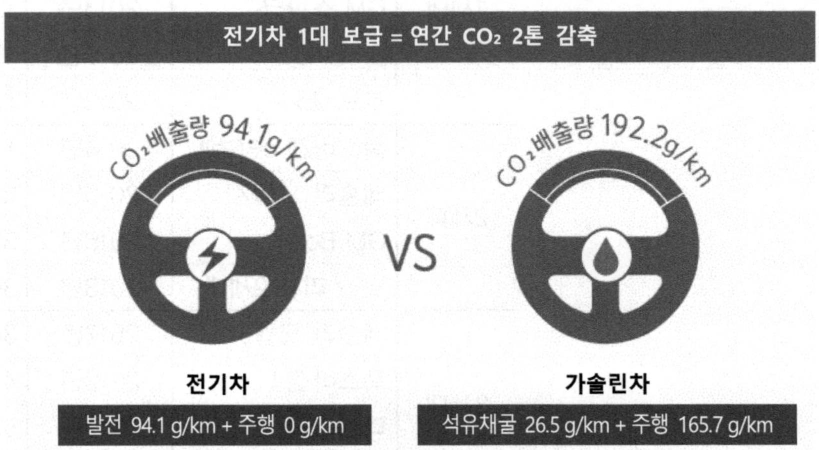

그림 9-25 전기자동차와 가솔린차 CO_2 배출량 비교

석유자원을 이용한 자동차를 전기자동차로 대체하려는 움직임에 대해 일부 환경 전문가들은 전기자동차가 환경적으로 우수한 것은 아니라는 반론을 제기하기도 한다.

발전소에서 전기를 만들기 위해서는 여전히 화석 연료를 태워야 하기 때문이다. 하지만 원유를 100%로 볼 때, 전기자동차의 에너지 이용률은 12.5%인 반면, 가솔린 자동차의 이용률은 겨우 9.3%에 지나지 않으며, 전기는 화력발전을 비롯한 석유자원 이외에 원자력, 수력, 조력 등 개발 가능한 에너지원이 다양하다는 점에서 긍정적이라고 볼 수 있다.

발전소의 배출 가스는 자동차의 배출가스에 비해 감시와 조절이 용이하며, 발전소에서는 연료를 고열로 가열하기 때문에 내연기관자동차의 연소에 비해 효율이 좋아 결과적으로 배출되는 가스도 적다.

(2) 재활용문제

내연기관자동차에 비해 재활용문제에 있어 크게 다른 부분은 배터리라고 보며, 현재 납 배터리의 경우 약 97%가 재활용되고 있어, 니켈카드뮴 등 중금속계통의 배터리를 제외하고는 크게 문제시 되고 있지 않다.

전기자동차 배터리의 재활용

- 2세대 전기자동차 모델 출시가 시작되면서 폐차되는 전기자동차 배터리를 재활용하는 배터리 재활용 시장이 열리고 있다. 해외 주요 기업이 이 시장을 빠르게 선점하기 위해 사업에 속도를 내고 있다. 한국에서도 재활용 사업에 나선 중소기업이 속속 등장하고 있지만 아직 반환되는 배터리 재활용 처리 규정이 미비, 시장 활성화가 더딘 편이다. 배터리에는 희귀 금속과 소재가 많아 재활용 시 경제 파급 효과도 큰 만큼 지원 정책 수립이 시급하다는 지적이 나오고 있다.
- 업계에 따르면 이차전지 핵심 소재인 리튬과 코발트 수급 불안정 우려가 커지고 전기자동차 시장의 자원 선순환 문제도 대두되면서 폐전지 재활용 사업이 대안으로 주목받고 있다.
- 캐나다 배터리 재활용 스타트업 리사이클(Li-Cycle)은 전기자동차 붐을 타고 2030년까지 1100만톤의 리튬이온 배터리가 폐기될 것으로 전망했다. 이차전지 소재 업체 벨기에 유미코아는 2500만파운드(약 370억원)를 투입, 전기자동차 배터리 재활용 시범 공정을 운영하고 있다. 2025년이 되면 상당한 규모를 갖추게 될 것으로 전망된다.
- 미국 온투테크놀로지는 부품을 모두 분해하지 않고 폐전지에서 이차전지 전극용 소재를 추출하는 방식으로 재활용을 시도하고 있다.

- 일본 스미토모금속광산도 최근 사용이 끝난 차량용 리튬이온 배터리와 이차전지 제조 과정에 발생하는 불순물에서 구리와 니켈을 회수, 자원화하는 재활용 사업을 시작했다.
- 테슬라도 기가팩토리 내에 폐전지 소재를 재활용할 수 있는 시스템을 갖췄다. 테슬라 경영진 두 명이 배터리 재활용 업체 임원을 맡고 있다는 사실이 외신 보도를 통해 알려지기도 했다.

(3) 유지보수문제

내연기관 자동차에 비하여 구성하는 부품의 수가 적다. 따라서 고장률이 적고, 유지보수가 쉬우며, 수리에 소요되는 시간, 비용, 자원이 절약된다.

10년 타고다닐 차라면... 휘발유보다 전기자동차가 이득

- 전기자동차를 10년 동안 타고 다니면 휘발유차와 비교해 유지비가 500만원 이상 적게 드는 것으로 나타났다.
- KEI의 보고서에 따르면, 올해부터 2025년까지 차량을 운행한다고 가정할 때 순수전기자동차(EV)는 동급의 휘발유차보다 유지비용이 571만원 적게 들었다. 전기와 휘발유를 번갈아 사용하는 플러그인하이브리드차(PHEV)는 휘발유차에 비해 182만원을 아낄 수 있었다. 반면 수소전기자동차(FCEV)는 오히려 휘발유차보다 유지비가 1,419만원이나 더 들었다. 이는 차 값과 세금, 연간 주행거리 1만5,000 km 기준 연료비 등을 총 소유비용(TCO)으로 합산, 비교한 결과다.
- 결국 지금 소비자 입장에서 차를 산다면 전기·하이브리드차를 타는 것은 장기적으로 이득이지만, 수소차는 손해라고 볼 수 있다. KEI 부연구위원은 "수소차는 차량 가격이 상대적으로 높아 아직 민간에 보급되기엔 한계가 있다"고 설명했다. 실제 조사 대상 수소차 가격은 휘발유차보다 2배 이상 비쌌다.

전기차와 휘발유차 유지비 비교

(단위:만원)

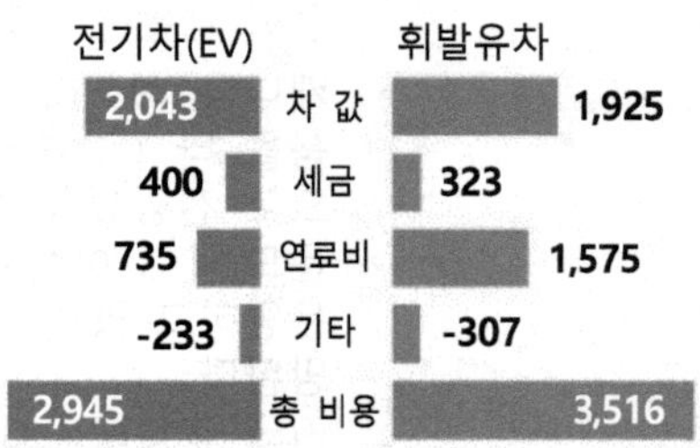

연간 주행거리 1만5,000 km 10년 운행 기준.
자료:KEI 보고서

9.3.3 전기자동차 개발의 필요성

(1) 21세기 육상교통수단으로서의 주요 역할

21세기에는 전용 가이드 웨이(Guide way) 방식의 간선 교통시스템과 전기자동차에 의한 근거리 교통수단을 병용하는 이중 모드(Dual mode) 시스템이 등장하고 공유개념의 소형, 고기능 자동차를 이용한 시티 카(City car) 방식이 도입될 것으로 생각된다. 이러한 교통수단으로는 도심권에서의 전기자동차, 지하전철, 도시 간 교통은 고속 전철 등이 주종을 이룰 것으로 예상된다.

(2) 환경 공해 문제의 해결

환경 공해 문제의 해결을 위해서는 배기가스가 없고, 저소음의 청정 환경을 조성할 수 있어야 한다. 전기자동차의 경우 청정 에너지(Clean energy)인 전력을 사용하므로 배기가스나 소음의 발생이 거의 없는 교통수단으로서, 점진적인 국내 보급 확대를 유도하고자 노력하고 있다.

한편, 앞에서도 언급했듯이, 미국에서는 대기 보전법의 의회 통과(90. 10. 27)에 따라 캘리포니아 주에서는 20003년부터 무공해 차량(ZEV)의 판매를 촉진, 10%를 의무화하고 있으나 초저공해 차량(Ultra Low Emission Vehicle : ULEV)까지 포함하면 약 25%를 점유할 것으로 예상된다.

(3) 에너지원 다원화로 미래의 에너지 문제 해결

앞으로 화석연료 고갈시를 대비한 에너지 대체가 시급한 실정에 있다. 전기자동차의 경우, 2차 에너지인 전기에너지를 사용하므로 화석연료가 아닌 원자력, 수력, 대체에너지 등이 이용 가능하며, 이러한 장점을 활용하여 에너지 공급원의 다원화를 모색할 수 있다.

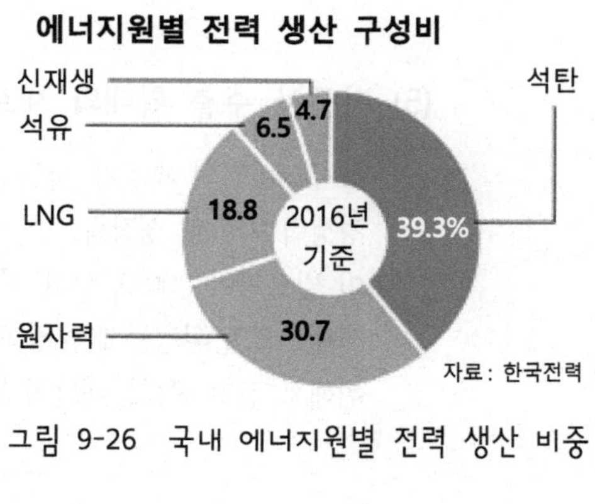

그림 9-26 국내 에너지원별 전력 생산 비중

(4) 에너지 이용 효율의 증대로 에너지 절약

가솔린 자동차는 총 에너지 효율이 10.3%인 데 비해 전기자동차는 17.8%로 에너지 효율이 약 70% 더 높아 에너지 절약 효과가 크다.

또한 전기자동차는 충전 시 심야의 잉여전력을 사용할 수 있어 고가의 발전 설비를 효율적으로 활용할 수 있다는 장점이 있다.

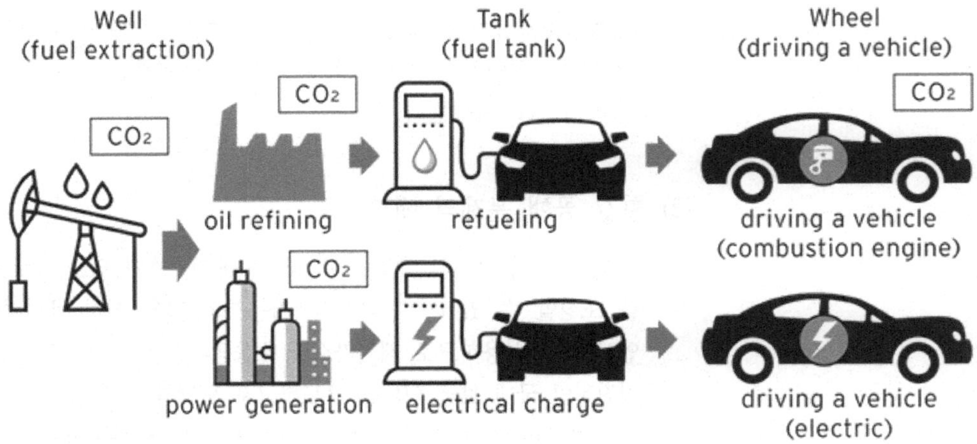

그림 9-27 Well-to-Wheel의 개념도

[표 9-7 동력원에 따른 효율 비교]

구분	Well to Tank 연료생산효율(%)	Tank to Wheel 차량효율(%)	Overall Efficiency 총괄효율(%)
가솔린 내연기관	88	18	**16**
디젤 내연기관	89	22	20
하이브리드 자동차	88	30	24
전기자동차	**42**	**80**	**31**
연료전지 자동차	75	48	36

(5) 자동차 수출 확대와 새로운 시장 개척

우리나라의 자동차 산업은 80년대 이후 크게 신장되어 왔으나, 최근 기술 경쟁력 약화로 성장속도가 둔화되고 있는 실정이고, 미국의 경우 대기보전법이 발효되어 2003년부터 일정비율의 전기자동차 판매를 의무화하고 있는 등 세계적으로 환경문제가 강화되고 있다. 따라서 앞으로 자동차 수출의 확대를 위해서 전기자동차 개발이 필수적이다.

그 외 전기자동차는 조작이 간단하고 대기 온도에 무관하게 확실히 시동이 되며, 엔진의 진동이 없어 차량수명이 길어 경제성이 좋고, 운전이 용이한 등의 장점을 갖고 있어 개발이 필요하다.

9.4 전기자동차 시장 전망

EV1 이후 세계각국의 자동차 업체들은 간간히 쓸 만한 전기자동차를 내놓았지만 각종 규제법규와 자동차 회사, 석유업체, 정부 등의 이해관계가 맞물려 본격적인 실용화는 되지 못했다.

하지만 2000년대에 들어 유가는 급격히 오르게 되고 특히 2008년의 세계금융위기는 유가 100달러/배럴 시대를 열게 된다. 그 이후로 우리나라 같은 경우 휘발유는 리터당 천 원대 후반, 디젤은 천 원대 중반을 유지하며 본격적인 고유가 시대를 열게 된다.

그리고 지난 100년간의 화석연료 과잉 사용에 대한 결과는 우리나라를 비롯한 전 세계에 걸쳐 기상이변이라는 커다란 재앙을 가져오게 된다. 급기야 환경 재앙을 막기 위한 탄소배출 규제 및 화석연료 사용 규제 등의 회담이 열리게 되고 우리나라도 이젠 발등에 불이 떨어지게 되면서 그린정책을 펼치게 된다.

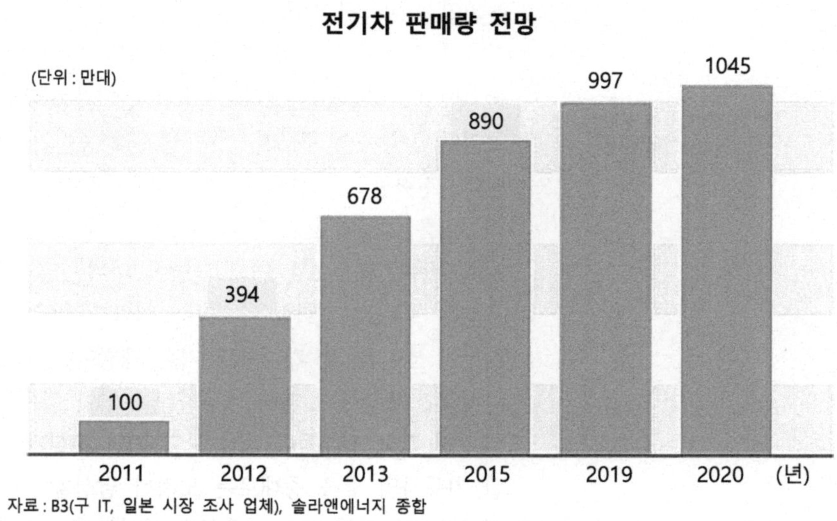

그림 9-28 전기자동차 판매량 전망

그린정책의 한 부분으로서 전기자동차도 다시 연구가 활발해지고 있다. GM은 스스로 폐기처분 했던 전기자동차를 다시 연구하기 시작했다.

경유차 음모론[진실 혹은 거짓]

- 폭스바겐의 경유차 배기가스 배출량 조작사건으로 다시 전기자동차에 관심이 쏠리고 있다.
- 유럽에서는 경유차가 대세이나 폭스바겐의 '클린 디젤' 구호가 허구로 드러나면서 전기자동차가 대체재로 떠오른 것
- 1996년 미국 GM이 생산한 전기자동차 EV1는 당시로선 놀라운 성능을 갖췄다. 그런데 석유재벌들의 음모에 못 견딘 GM이 제품을 수거해 사막에 폐기했다. 이 바람에 전기자동차 기술개발은 20년 더뎌졌다.
- 2009년 도요타 사태 때도 미국의 음모론이 제기됐다. 미국 차가 판매부진으로 허덕일 때 도요타는 미국 등지에서 가속페달 문제로 700만대를 리콜하고, 12억 달러를 보상했다.
- 이번에는 르노-닛산 회장이 '미국 음모설'을 제기했다. 유럽 경유차 기술을 견제하기 위한 시도라는 것.[진실 혹은 거짓]

친환경 전기자동차의 확산이 거스를 수 없는 대세로 자리잡고 있다. 세계 각국 정부의 자동차연비 및 배기가스 규제가 갈수록 강화되면서 전기자동차의 입지는 갈수록 확고해질 전망이다. 당분간 하이브리드형의 전기자동차가 주류를 이루겠지만, 향후 10년 후면 전기로만 가는 자동차의 비중이 이에 못지않게 높아질 것이다.

이러한 전기자동차의 확산과 진화는 자동차산업은 물론 관련 산업에 적잖은 변화의 물결을 예고하고 있다. 전기자동차의 핵심 부품의 하나인 전지를 둘러싼 공급사슬 구조가 기술 발전과 충전인프라의 영향을 받아 재편될 것이다. 전력산업의 경우 충전인프라는 전력판매의 새로운 수익원이 될 것이며, 이를 지능적으로 관리 운영하는 것과 관련된 산업들이 성장할 것이다. 전기자동차 확산으로 인해 명암이 나뉘는 분야도 있을 것이고, 사업모델이 새로운 형태로 진화할 수 있는 영역도 있을 것이다. 기업들로서는 이러한 변화의 흐름을 잘 간파하고 기술 개발이나 인프라 구축, 사업모델 개발 등 다각적인 측면에서 미리 대응하는 노력이 필요하다.

선진 각국 정부들이 내놓은 2020년 온실가스 배출 기준은 현재의 내연기관 자동차의 효율 증대로는 도저히 달성할 수 없는 목표로 평가되고 있다. 배기가스가 전혀 없는 자동차를 라인업에 추가시켜 생산, 판매해야만 도달할 수 있는 목표라는 이야기다.

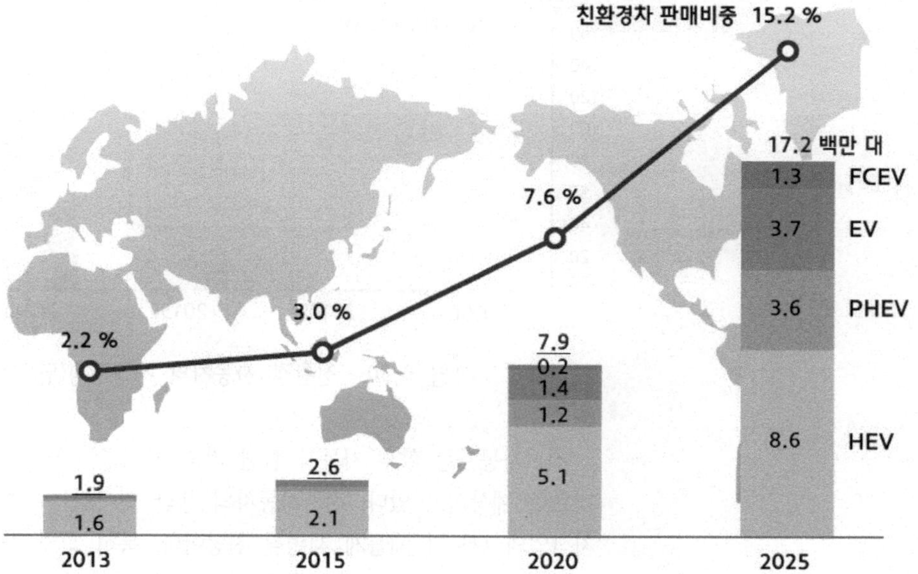

그림 9-29 연도별 친환경차 판매비중

결국, 공급 측면에서 전기자동차의 확산은 앞으로 자동차산업의 대세로 보인다. 정부 정책 환경이 자동차 기업들로 하여금 전기자동차 개발과 출시에 압력을 넣고 있으며, 자동차 기업들도 이를 따를 수밖에 없는 입장이다. 미국에서는 연비 기준과 배기가스 배출량 정책을 확정 발표하였다. 여기서 미국 정부는 캘리포니아 주정부, 환경보호단체, 자동차 기업 등 연비 및 온실가스 규제와 관련한 이해관계자들의 합의를 통해 결정된 사항이라는 것을 강조하였다. 향후 일관된 정책 추진을 예상할 수 있다.

자동차 배기가스 규제가 강화되면서 자동차기업들이 선택할 수 있는 대안은 기존 내연기관의 효율을 대폭 향상시키던가, 클린 디젤이나 전기자동차의 생산 비중을 높이던가 하는 것으로 좁혀진다. 내연기관 자동차의 이산화탄소 배출을 현재보다 30%~40%만큼 줄이기 위해서는 소형 경량화, 파워트레인 개선, 혁신적 직접 연료분사 기술 등과 함께 하이브리드 기술이 꼭 필요하다. 전기 모터와 내연기관 엔진의 작동 특성을 살펴보면 저속에서는 전기모터가 내연기관보다 훨씬 출력이 좋다. 고속에서는 상황이 역전된다. 현 내연기관 연비의 대부분은 저속 주행 시 잃어버린다. 그렇기 때문에 전기모터와 내연기관 엔진을 조합할 경우 출력과 연료 효율을 동시에 높일 수 있게 되는 것이다.

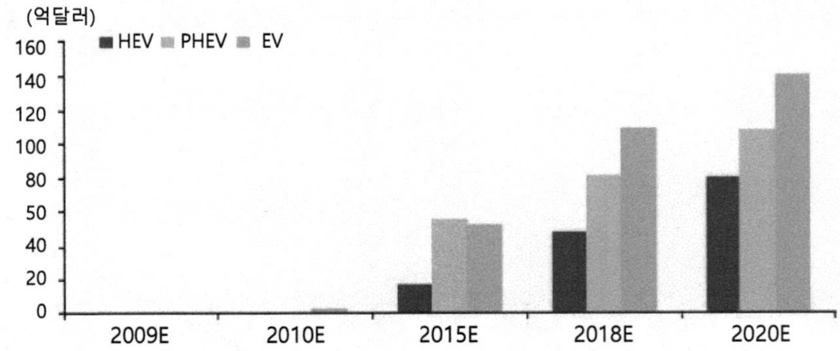

그림 9-30 친환경 자동차의 시장전망(단위:억달러)

전기자동차는 향후 자동차 관련 기술 및 산업구조를 근본적으로 변화시킬 것으로 예상되고 있다. 전기자동차의 생산 및 보급이 본격화되면 세계 자동차산업의 판도가 새롭게 재편될 전망이다. 특히 최대 자동차 수요시장인 중국이 전기자동차 개발에 박차를 가하면서 그동안 전기자동차에 소극적이던 주요 완성차 업체들이 경쟁적으로 전기자동차 개발에 나서고 있는 등 친환경차와 관련된 새로운 판도가 빠르게 진행되고 있다. 또한 각국 정부는 미래 자동차산업의 경쟁구도를 좌우할 전기자동차 부문에서 관련 정책들을 적극적으로 추진하고 있다.

북미에서 가장 많이 팔린 전기자동차를 꼽으라면 단연 쉐보레 볼트다. 2010년 1세대에 이어 5년 만에 2세대 볼트EV가 출시가 예정되면서 세계인의 주목을 받고 있다. 1세대 볼트의 브레이크 이질감 등 단점을 모두 보완해 2세대는 만족스러운 주행과 디자인으로 평가받고 있다. 볼트EV의 장점은 1회 충전으로 서울에서 부산까지 주파할 수 있다는 점이다. 북미 인증 기준이 무려 383 km다. 이는 국내 전기자동차 시장에서 최대 주행거리를 자랑하는 기록이다.

현대자동차의 전기자동차 아이오닉 일렉트릭은 최근 현대차가 공개한 도심 주행거리 측정에서 평균시속 50 km/h, 단 한 번의 충전으로 351 km를 달렸다. 환경부가 인증한 1회 충전시 최대 주행거리는 191.2 km지만 실험을 통해 8시간 동안 달린 결과 공식 주행거리의 1.8배가 높게 측정됐다. 서울에서 대전까지 160 km임을 감안해볼 때 아이오닉의 주행거리 실험은 상당한 결과이다. 아이오닉은 최근 미국 환경보호청(EPA)가 선정한 연간 연료비가 가장 낮아 경제성 평가 1위로 꼽히기도 했다.

전기자동차 주행거리에 대한 불편한 진실

테슬라 모델 S의 배터리 펙 배치도

몇년 전까지만 해도 아직 실험용에서 벗어나지 못하고 있었던 전기자동차를 단숨에 상업용으로 양산하여 전기자동차의 대중화를 이끈 테슬러의 비결은 무엇일까?

테슬러 이전의 전기자동차는 밧데리 충전용량이 작아서 태양열 전기자동차처럼 차체를 가볍고 작게 제작해야만 했다. 저용량의 밧데리를 장착한 결과 당연히 출력이 낮고 1회 충전 후 주행거리도 짧아서 최고속도는 고작해야 40~60 km/h, 주행거리도 고작 수십 km에 불과했다.

- 그런데 테슬러는 달랐다. 그들은 대체 왜 전기자동차는 작고, 저속이어야만 하는가, 그냥 기존 내연기관 자동차처럼 크고 빠르게 만들지 못할 이유가 뭔가, 라며 획기적이면서도 간단한 해결책을 내놨다. 그런데 그 해결책이란게 너무 단순하고 간단한 것이라서 이제까지 왜 아무도 이런 시도를 하지 않았는지 허탈할 지경이다.
- **그 비결은 그냥 차체를 크게 만들어서 밧데리 장착량을 늘렸다. 밧데리 장착량이 늘어나니까 출력이 세지고, 1회 충전 후 주행거리도 획기적으로 늘어났다.**

[바테리용량과 주행거리]

구분	1회 충전주행거리(Km)	바테리용량(KWh)
BMW i3	132	21
닛산 리프	132	24
테슬라 모델3	354	55
GM 볼트(Bolt)	383	60
테슬라 모델s P100D	594	100
루시드 에어	643	130

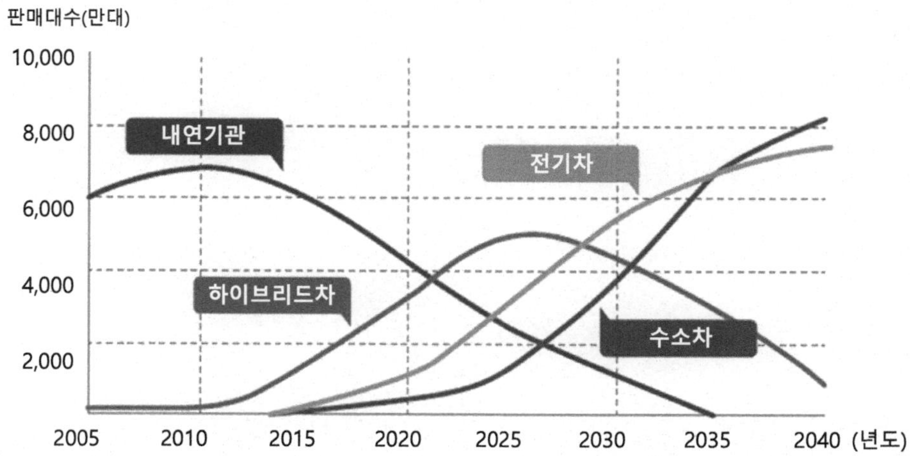

그림 9-31 친환경 자동차의 시장전망

새로운 전기자동차 시대의 도래에 따른 기술 간, 산업 간, 경쟁국 간 급속한 재편에 대처하기 위해서는 새로운 전략과 인프라가 요구된다. 전기자동차의 경쟁우위 확보 및 시장선점, 기술 도입을 위해서는 정부의 역할이 무엇보다 중요하다. 중국정부는 기존 내연기관차에서의 경쟁열위를 친환경차를 통해 만회하고 선도자 기회를 얻기 위해 적극적으로 나서고 있다. 주요국들은 중앙정부, 지자체, 기업간의 협력시스템을 구축하고 자동차산업의 기술 패러다임의 변화에 부응해 연관 산업, 대중소기업, 대학 및 연구소가 능동적으로 참여할 수 있는 개방형 생태계를 조성하여 동반 성장을 유도하고 있다.

우리나라 자동차산업도 빠르게 진전되고 있는 전기자동차 시장에 대응하여 시장을 선점하기 위해서는 업체들의 개발의지와 더불어 정부가 전기자동차 관련 표준이나 정책을 만들고 전기자동차 보급 확산을 위한 보조금 마련과 인프라 구축 등 많은 노력이 필요하다.

찾 아 보 기

L

M

O

P

R

S

T

U

V

W

X

ㄱ

ㄴ

ㄷ

ㄹ

ㅁ

ㅂ

ㅅ

ㅇ

ㅈ

ㅎ

쉽게 배우는
전기전자공학 2판

2018년 9월 1일 초판 인쇄

2018년 9월 6일 인쇄 발행

저 자	정용욱, 정구섭
발 행 인	송기수
발 행 처	도서출판 GS인터비전
편 집 처	도서출판 GS인터비전
표지디자인	디자인 붐
인 쇄 처	DOUBLE B
등록번호	제 25100-2016-000050호
I S B N	979-11-5576-250-9(93560)

주 소	서울 은평구 증산로 15길 69 2층
전 화	02-976-7898, 02-3272-7898.
팩 스	02-6468-7898
홈페이지	gsintervision.co.kr
E-Mail	gsinter7@gmail.com

정 가 30,000원